机械设计基础课程设计

（第5版）

主　编　王志伟　孟玲琴
副主编　李文雅　张　野　张　涛
参　编　孟凡净　吴　飞　张艳华

北京理工大学出版社
BEIJING INSTITUTE OF TECHNOLOGY PRESS

内容简介

本书第5版是在第4版的基础上，根据近年来教学实践改革，结合第4版的使用经验及相关标准的更新修订而成。本书共分为三部分：第一部分为机械设计基础课程设计指导，包括绪论、机械传动系统的总体设计、减速器的构造、润滑和传动零件的设计、圆柱齿轮减速器装配工作图设计、圆锥-圆柱齿轮减速器装配工作图设计、圆柱蜗杆减速器装配工作图设计、减速器零件工作图设计、编写课程设计说明书、课程设计总结和答辩准备、课程设计图纸折叠方法等内容；第二部分为机械设计基础课程设计参考图例，包括常用的减速器装配工作图参考图例和减速器零件工作图参考图例；第三部分为机械设计基础课程设计常用标准和规范，包括常用机械材料、常用设计数据和一般设计标准、电动机、连接件和紧固件、滚动轴承、润滑与密封、公差配合、表面粗糙度和齿轮、蜗杆传动精度等内容。

本书可作为高等院校机械类和近机械类各专业"机械设计基础课程设计"的教材，也可供有关专业师生和工程技术人员参考。

版权专有　侵权必究

图书在版编目（CIP）数据

机械设计基础课程设计 / 王志伟，孟玲琴主编. --5版. —北京：北京理工大学出版社，2021.6

ISBN 978-7-5682-9892-6

Ⅰ.①机…　Ⅱ.①王…②孟…　Ⅲ.①机械设计-课程设计-高等学校-教材　Ⅳ.①TH122-41

中国版本图书馆CIP数据核字（2021）第111020号

出版发行 / 北京理工大学出版社有限责任公司
社　　址 / 北京市海淀区中关村南大街5号
邮　　编 / 100081
电　　话 / (010)68914775(总编室)
(010)82562903(教材售后服务热线)
(010)68944723(其他图书服务热线)
网　　址 / http://www.bitpress.com.cn
经　　销 / 全国各地新华书店
印　　刷 / 唐山富达印务有限公司
开　　本 / 787毫米×1092毫米　1/16
印　　张 / 16.25
字　　数 / 372千字
版　　次 / 2021年6月第5版　2021年6月第1次印刷
定　　价 / 69.00元

责任编辑 / 多海鹏
文案编辑 / 多海鹏
责任校对 / 周瑞红
责任印制 / 李志强

图书出现印装质量问题，请拨打售后服务热线，本社负责调换

前　　言

《机械设计基础课程设计》是继《机械设计基础》课程学习后设置的一个理论联系实际的重要实践性教学环节，是使学生在理论学习和生产实践基础上迈向工程设计的一个转折点。随着机械设计国家标准的更新，本教材也历经修订至第5版。自2007年8月（第1版）出版以来，至今第5版已几十次印刷达数十万册，受到兄弟院校师生厚爱。

本书编写的指导思想是：将机械传动系统方案设计、机械传动强度设计以及零部件结构设计等内容有机结合，达到强化学生的机械系统设计意识、培养产品总体设计能力的目的；以机械传动系统方案设计和零部件结构设计为课程设计重点，强化学生的创新意识，培养解决实际问题能力；强化学生现代设计意识，培养知识综合运用能力。

本书共分三部分：第一部分为机械设计基础课程设计指导，包括绪论、机械传动系统的总体设计、减速器的构造、润滑和传动零件的设计、圆柱齿轮减速器装配工作图设计、圆锥-圆柱齿轮减速器装配工作图设计、圆柱蜗杆减速器装配工作图设计、减速器零件工作图设计、编写课程设计说明书、课程设计总结和答辩准备、课程设计图纸折叠方法等内容；第二部分为机械设计基础课程设计参考图例，包括常用的减速器装配工作图参考图例和减速器零件工作图参考图例；第三部分为机械设计基础课程设计常用标准和规范，包括常用机械材料、常用设计数据和一般设计标准、电动机、连接件和紧固件、滚动轴承、润滑与密封、公差配合、表面粗糙度和齿轮、蜗杆传动精度等内容。本书可作为高等院校机械类和近机械类各专业“机械设计基础课程设计”实践教学环节的教材和设计指导书，也可供有关专业师生和工程技术人员参考。

《机械设计基础课程设计》第5版编写修订的原则及内容为：

1. 以继承为主，在保留前4版中设计内容和方法严谨性的基础上，对本书内容进行了适当优化和调整，使本书既可用于“机械设计基础”课程体系中“机械原理”部分“机械系统方案课程设计”，又可用于“机械设计基础”课程体系中“机械设计”部分“机械系统结构及强度课程设计”。

2. 更新了教材中常用的机械设计标准和规范，保持了本书内容的领先性和设计资料的准确性。

3. 教材内容采用双色印刷，教材中重点突出部分（重点、知识点、图形中重点线条）标出颜色属性，使教材的“可学性”特色更加突出。

4. 在第一部分“机械设计基础课程设计指导”最后页增设了一级斜齿圆柱齿轮减速器

和二级斜齿圆柱齿轮减速器设计示例的二维码链接，可供设计参考。

5. 针对学生课程设计资料上交时图纸折叠不规范问题，在第9章增设图纸折叠方法内容，强化学生工程技能训练的实用性。

6. 制作了与本书配套的多媒体教学系统，可供教师教学使用，使用本书作为教材的教师可在北京理工大学出版社网站下载或与本书主编联系索取，联系 E-mail：hnjzmlq@163.com。

参加第5版修订编写工作的教师有：王志伟、孟玲琴、李文雅、张野、张涛、孟凡净、吴飞、张艳华。由王志伟、孟玲琴担任主编，李文雅、张野、张涛担任副主编，全书由王志伟教授统稿。

西安交通大学机械设计研究所张鄂教授对本书进行了精心细致的审阅，郑州轻工业大学张德海教授和河北农业大学李威教授对本书内容提供了许多宝贵的修改意见，北京理工大学出版社对本书修订版的出版提供了支持和帮助，在此表示衷心的感谢。

编　者

目 录

第一部分 机械设计基础课程设计指导

第二部分 机械设计基础课程设计参考图例

第三部分 机械设计基础课程设计常用标准和规范

第一部分

机械设计基础课程设计指导

第1章 绪　论

1.1 课程设计的目的、内容和要求

1.1.1 课程设计的目的

机械设计基础是高等工科院校机电类专业学生的主干课程，与其配套的课程设计是学生首次较全面地进行机械传动系统运动学、动力学分析和机械结构设计的一个十分重要的实践性教学环节。其目的是：

（1）进一步加深学生的课本知识，并运用所学理论和方法进行一次综合性设计训练，从而培养学生独立分析问题和解决问题的能力；

（2）使学生具有初步的设计机械运动方案以及设计机械传动系统的结构与强度的能力，增强对机械设计中有关运动学、动力学和主要零部件的工作能力分析与设计的完整概念；

（3）提高学生综合运用知识的能力，增强对机械设计工作的了解和认识，使学生具备计算、制图和使用技术资料的能力，并初步掌握计算机程序的编制，能利用计算机解决有关工程设计的问题。

1.1.2 课程设计的内容

机械设计基础课程设计一般选择由机械设计基础课程所学过的大部分零部件所组成的机械传动系统或结构较简单的机械作为设计题目，较常采用的是以减速器为主体的机械传动系统，其主要设计内容如下：

（1）传动方案的分析和拟定；
（2）电动机的选择与传动系统运动和动力参数的计算；
（3）传动件（如齿轮或蜗杆传动、带传动）的设计；
（4）轴的设计；
（5）轴承及其组合部件设计；
（6）键连接和联轴器的选择与校核；
（7）润滑设计；
（8）箱体、机架及附件的设计；
（9）装配工作图和零件工作图的设计与绘制；
（10）设计计算说明书的编写。

机械设计基础课程设计一般要求每个学生完成以下工作：
（1）装配工作图 1 张（A1 号或 A0 号图纸）；
（2）零件工作图 1～3 张（传动件、轴和箱体、机架等，具体由教师指定）；
（3）设计计算说明书一份。

课程设计完成后应进行总结和答辩。

本章列选若干套机械设计基础课程设计题目，可供选题时参考。

1.1.3　课程设计的要求

在课程设计过程中，要求每个学生做到：

（1）了解机械产品设计过程和设计要求，以机械总体设计为出发点，采用系统分析的方法，合理确定机械运动方案和结构布局；

（2）以所学知识为基础，针对具体设计题目，充分发挥自己的主观能动性，独立地完成课程设计分配的各项任务，并注意与同组其他同学进行协作与协调；

（3）在确定机械工作原理、构思机械运动方案等过程中，要有意识地采用创新思维方法，设计出原理科学、方案先进、结构合理的机械产品；

（4）对设计题目进行深入分析，收集类似机械的相关资料，通过分析比较，吸取现有机械中的优点，并在此基础上发挥自己的创造性，提出几种可行的运动方案，通过比较分析，优选出 1～2 种方案进行进一步设计；

（5）仔细阅读本教材，并随时查阅机械设计基础教材和有关资料，在认真思考的基础上提出自己的见解；

（6）正确使用课程设计参考资料和标准规范，认真计算和绘图，应使设计图样符合国家标准，计算过程和结果正确；

（7）在条件许可时，尽可能多地采用计算机辅助设计技术，完成课程设计中分析计算和图形绘制；

（8）在课程设计过程中，应有专用记录本，并注意将方案构思、机构分析以及设计计算等所有工作都仔细记录在记录本上，最后将记录本上的内容进行分类整理，补充完善，即可形成设计计算说明书。

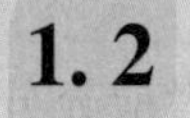

1.2 课程设计的步骤和注意事项

1.2.1 课程设计的步骤

课程设计的具体步骤如下：

（1）设计准备。认真阅读设计任务书，明确设计要求、工作条件、设计内容；通过阅读有关资料、图纸、参观实物和模型，了解设计对象；准备好设计需要的图书、资料和用具；拟定设计计划等；

（2）传动系统的总体设计。确定传动系统的传动方案；计算电动机的功率、转速，选择电动机的型号；计算传动系统的运动和动力参数（确定总传动比，分配各级传动比，计算各轴的转速、功率和转矩等）；

（3）传动零件的设计计算。减速器以外的传动零件设计计算（带传动、链传动等）；减速器内部的传动零件设计计算（齿轮传动、蜗杆传动等）；

（4）减速器装配工作草图设计。绘制减速器装配工作草图，选择联轴器，初定轴径；选择轴承类型并设计轴承组合的结构；定出轴上力作用点的位置和轴承支承跨距；校核轴及轮毂连接的强度；校核轴承寿命；箱体和附件的结构设计；

（5）工作图设计。装配工作图设计；零件工作图设计；

（6）整理编写设计计算说明书，总结设计的收获和经验教训。

为帮助学生拟订好设计进度，表 1-1 给出了各阶段所占总工作量的大致百分比，供设计时参考。教师可根据学生是否按时完成各阶段的设计任务来考察其设计能力，并作为评定成绩量化考核的依据之一。

表 1-1 设计进度表

序 号	设 计 内 容	占总设计工作量百分比/%
1	传动系统的总体设计	5
2	传动零件的设计计算	10
3	减速器装配工作草图设计	30
4	装配工作图设计	30
5	零件工作图设计	10
6	整理编写设计计算说明书	10
7	答 辩	5

1.2.2 课程设计实施过程中注意事项

在机械设计基础课程设计的实施过程中，需要注意如下事项：

(1) 机械设计是一个循序渐进、逐步完善和提高的过程。设计者应充分认识到设计过程是一项复杂的系统工程，要从机械系统整体需要考虑问题。成功的设计必须经过反复的推敲和认真的思考才能获得，设计过程不会是一帆风顺的，要注意循序渐进，逐步完善。通常设计和计算、绘图和校核、方案设计与结构设计要交叉结合进行。

(2) 巩固机械设计基本技能，注重设计能力的培养。机械设计的内容繁多，而所有的设计内容都要求设计者将其明确无误地表达为图样或软件形式，并经过制造、装配方能成为产品。机构设计、工作能力计算和结构设计等是机械设计中必备的知识和基本技能。学生应自觉加强理论与工程实践的结合，掌握认识、分析、解决问题的基本方法，提高设计能力。

(3) 汲取传统经验，发挥主观能动性，勇于创新。机械设计基础课程设计题目多选自工程实际中的常见问题，设计中有很多前人的设计经验可供借鉴。学生应注意了解、学习和继承前人的设计经验，同时又要发挥主观能动性，勇于创新，锻炼发现问题、分析问题和解决问题的能力。

(4) 从整体着眼，提高综合设计素质。在设计过程中，注意先总体设计，后零部件设计；先概要设计，后详细设计；先运动设计，后结构设计。遇到设计难点时，要从设计目标出发，在满足工作能力和工作环境要求的前提下，首先解决主要矛盾，逐渐化解其他矛盾；鼓励使用成熟软件和计算机辅助设计。

(5) 正确处理传统设计与创新设计的关系，优先选用标准化、系列化产品，力求做到技术先进、安全可靠、经济合理、使用维护方便。适当采用新技术、新工艺和新方法，以提高产品的技术经济性和市场竞争能力。

1.3 课程设计题目和设计任务书

1.3.1 冲床冲压机构、送料机构及传动系统的设计

1. 设计任务

设计一冲制薄壁零件冲床的冲压机构、送料机构及其传动系统。该冲床的工艺动作如图1-1（a）所示，上模先以比较大的速度接近坯料，然后以匀速进行拉延成型工作，此后上模继续下行将成品推出型腔，最后快速返回。上模退出下模以后，送料机构从侧面将坯料送至待加工位置，完成一个工作循环。冲床的传动系统如图1-2所示。

试设计能使上模按上述运动要求加工零件的冲压机构和从侧面将坯料推送至下模上方的送料机构，以及冲床的传动系统，并绘制减速器装配工作图。

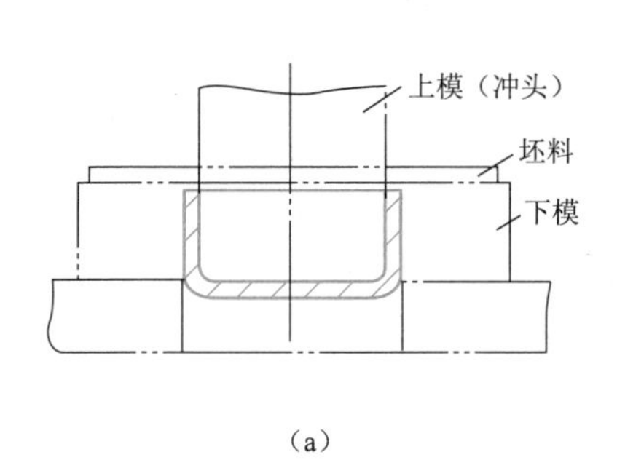

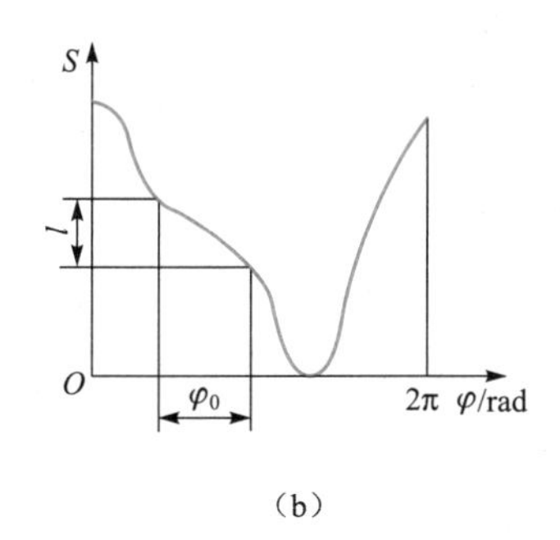

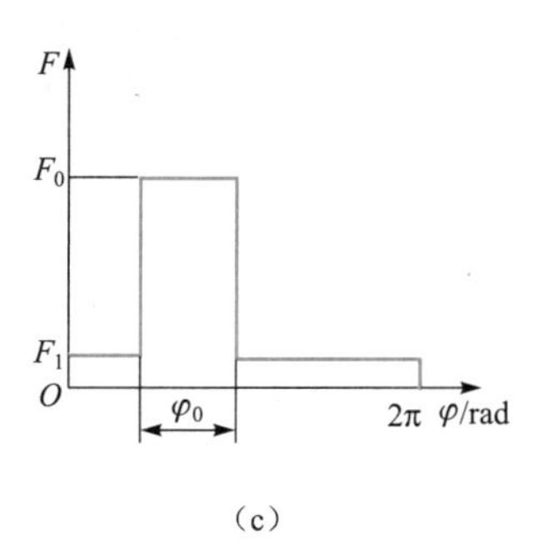

图 1-1 冲床工艺动作与上模运动、受力情况

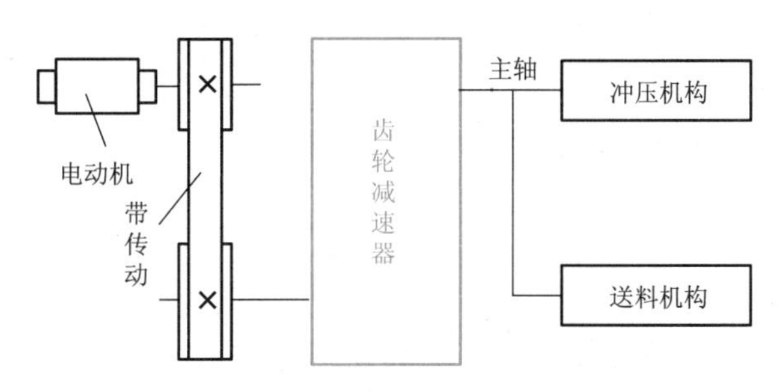

图 1-2 冲床的传动系统示意图

2. 原始数据与设计要求

（1）动力源是电动机，下模固定，上模做上下往复直线运动，其大致运动规律如图 1-1（b）所示，具有快速下沉、等速工件进给和快速返回的特性。

（2）机构应具有较好的传力性能，特别是工作段的压力角 α 应尽可能小；传动角 γ 大于或等于许用传动角 $[\gamma]=40°$。

（3）上模到达工作段之前，送料机构已将坯料送至待加工位置（下模上方）。

（4）生产率约每分钟 70 件。

（5）上模的工作段长度 $l=30\sim100$ mm，对应曲柄转角 $\varphi_0=(1/3\sim1/2)\pi$；上模总行程长度必须大于工作段长度的两倍以上。

（6）上模在一个运动循环内的受力如图 1-1（c）所示，在工作段所受的阻力 $F_0=$ 5 000 N，在其他阶段所受的阻力 $F_1=50$ N。

（7）行程速度变化系数 $K\geqslant1.5$。

（8）送料距离 $H=60\sim250$ mm。

（9）机器运转的不均匀系数 δ 不超过 0.05。

1.3.2 平板搓丝机的执行机构综合与传动系统设计

1. 设计题目

图 1-3 为平板搓丝机结构示意图，该机器用于搓制螺纹。电动机 1 通过 V 带传动 2、齿轮传动 3 减速后，驱动曲柄 4 转动，通过连杆 5 驱动下搓丝板（滑块）6 往复运动，与固定

上搓丝板7一起完成搓制螺纹功能。滑块往复运动一次，加工一个工件。送料机构（图中未画）将置于料斗中的待加工棒料8推入上、下搓丝板之间。

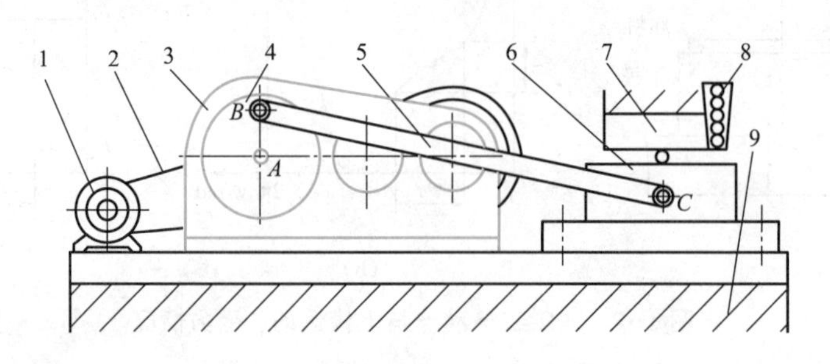

图 1-3 平板搓丝机结构示意图

2. 设计数据与要求

平板搓丝机设计数据如表1-2所示。

表 1-2 平板搓丝机设计数据

分组	最大加工直径/mm	最大加工长度/mm	滑块行程/mm	搓丝动力/kN	生产率/(件 · min^{-1})
1	8	160	300～320	8	40
2	10	180	320～340	9	32
3	12	200	340～360	10	24
4	14	220	360～380	11	20

该机器室内工作，故要求振动及噪声小，动力源为三相交流电动机，电动机单向运转，载荷较平稳。工作期限为10年，每年工作300天，每天工作8小时。

3. 设计任务

（1）针对图1-3所示的平板搓丝机传动方案，依据设计要求和已知参数，确定各构件的运动尺寸，绘制机构运动简图。

（2）假设曲柄等速转动，画出滑块 C 的位移、速度和加速度的变化规律曲线。

（3）在工作行程中，滑块 C 所受的阻力为常数（搓丝动力，见表1-2），在空回行程中，滑块 C 所受的阻力为常数1 kN；不考虑各处摩擦、其他构件重力和惯性力的条件下，分析曲柄所需的驱动力矩。

（4）确定电动机的功率与转速。

（5）取曲柄轴为等效构件，确定应加于曲柄轴上的飞轮转动惯量。

（6）设计减速传动系统中各零部件的结构尺寸。

（7）绘制减速传动系统的装配工作图和齿轮、轴的零件工作图。

（8）编写课程设计说明书。

1.3.3 加热炉推料机的执行机构综合与传动系统设计

1. 设计题目

图 1-4 为加热炉推料机结构总图与机构运动示意图。该机器用于向热处理加热炉内送料。推料机由电动机驱动，通过传动系统使推料机的执行构件（滑块）5 做往复移动，将物料 7 送入加热炉内。设计该推料机的执行机构和传动系统。

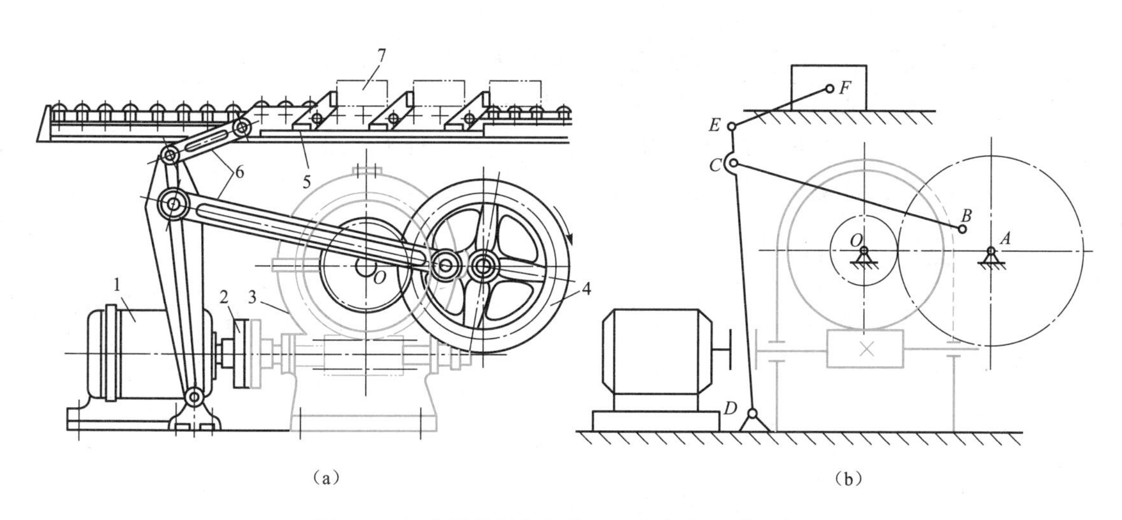

图 1-4 加热炉推料机结构总图与机构运动示意图

2. 设计参数与要求

加热炉推料机设计参数如表 1-3 所示。该机器在室内工作，要求冲击振动小。原动机为三相交流电动机，电动机单向转动，载荷较平稳，转速误差<4%；使用期限为 10 年，每年工作 300 天，每天工作 16 小时。

表 1-3 加热炉推料机设计参数

参数 \ 分组	1	2	3	4	5
滑块运动行程 H/mm	220	210	200	190	180
滑块运动频率 n/(次 · min^{-1})	20	30	40	50	60
滑块工作行程最大压力角 α/(°)	30	30	30	30	30
机构行程速度变化系数 K	1.25	1.4	1.5	1.75	2
构件 DC 长度 l_{DC}/mm	1 150	1 140	1 130	1 120	1 100
构件 CE 长度 l_{CE}/mm	150	160	170	180	200
滑块工作行程所受阻力（含摩擦阻力）F_{r1}/N	500	450	400	350	300
滑块空回行程所受阻力（含摩擦阻力）F_{r2}/N	100	100	100	100	100

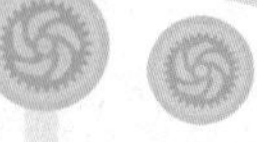

3. 设计任务

（1）针对图 1-4 所示的加热炉推料机传动方案，依据设计要求和已知参数，确定各构件的运动尺寸，绘制机构运动简图。

（2）假设曲柄 AB 等速转动，画出滑块 F 的位移和速度的变化规律曲线。

（3）在工作行程中，滑块 F 所受的阻力为常数 F_{r1}；在空回行程中，滑块 F 所受的阻力为常数 F_{r2}。不考虑各处摩擦、其他构件重力和惯性力的条件下，分析曲柄所需的驱动力矩。

（4）确定电动机的功率与转速。

（5）取曲柄轴为等效构件，确定应加于曲柄轴上的飞轮转动惯量。

（6）设计减速传动系统中各零部件的结构尺寸。

（7）绘制减速传动系统的装配工作图和齿轮、轴的零件工作图。

（8）编写课程设计说明书。

1.3.4 减速传动系统设计

第 1 题 设计一带式输送机传动用的 V 带传动及斜齿圆柱齿轮减速器。传动简图如图 1-5，设计参数列于表 1-4。

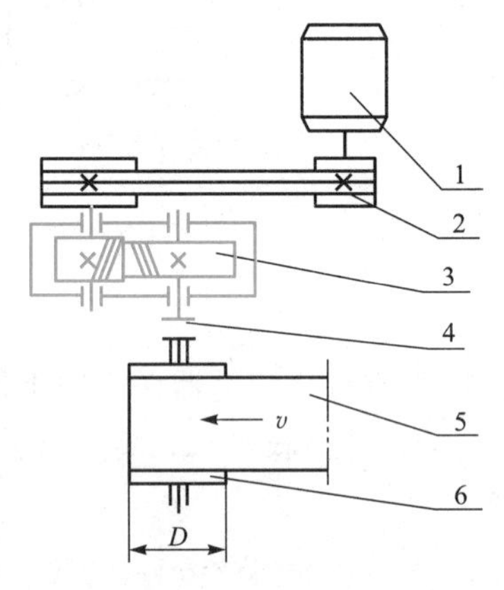

图 1-5 带式输送机传动简图

1—电动机；2—V 带传动；3—减速器；4—联轴器；5—输送带；6—输送带鼓轮

表 1-4 带式输送机的设计参数

参数 \ 题号	1-A	1-B	1-C	1-D
输送带牵引力 F/kN	2	1.25	1.5	1.8
输送带速度 v/(m·s^{-1})	1.3	1.8	1.7	1.5
输送带鼓轮的直径 D/mm	180	250	260	220

注：1. 带式输送机运送散粒物料，如谷物、型砂、煤等；
2. 输送机运转方向不变，工作载荷稳定；
3. 输送带鼓轮的传动效率为 0.97；
4. 工作寿命 15 年，每年 300 个工作日，每日工作 16 小时。

第 2 题 设计一链板式输送机传动用的 V 带传动及直齿锥齿轮减速器。传动简图如图 1-6，设计参数列于表 1-5。

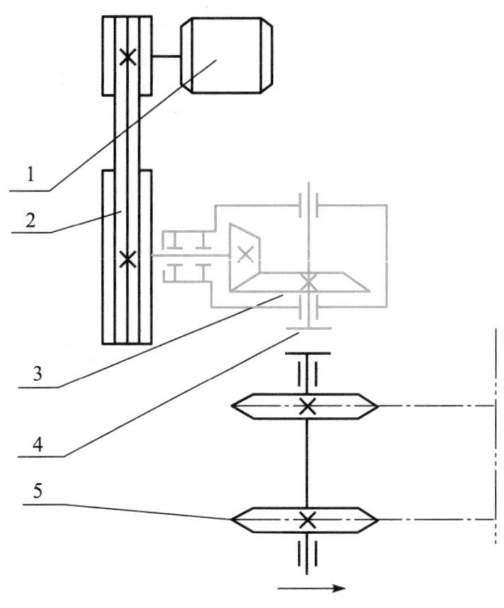

图 1-6 链板式输送机传动简图

1—电动机；2—V 带传动；3—减速器；4—联轴器；5—输送机的链轮

表 1-5 链板式输送机的设计参数

参数 \ 题号	2-A	2-B	2-C	2-D
输送链的牵引力 F/kN	1	1.2	1.4	1.5
输送链的速度 v/（m·s^{-1}）	0.9	0.75	0.8	0.7
输送链链轮的节圆直径 d/mm	105	92	115	100
注：1. 链板式输送机在仓库、行李房或装配车间运送成件物品，运转方向不变，工作载荷稳定； 2. 工作寿命 15 年，每年 300 个工作日，每日工作 16 小时。				

第 3 题 如图 1-7 所示，设计某车间喷涂处理装置中传送链的减速器。单班制工作，通风情况不良。设计参数列于表 1-6。

表 1-6 传送链传动的设计参数

已知条件	题 号				
	3-A	3-B	3-C	3-D	3-E
牵引力/kN	2	2.5	2.75	3.0	3.5
传送速度/(m·s^{-1})	0.9	0.8	0.7	0.8	0.65
链轮齿数	8	9	8	10	11
链节/mm	150	160	125	150	160
使用期限/年	5	6	7	6	6

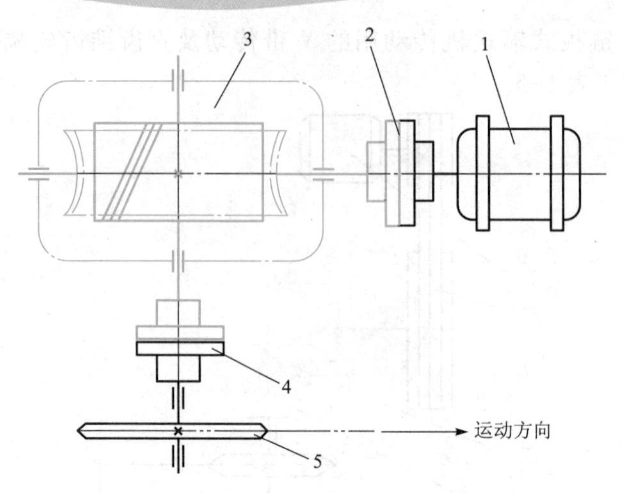

图 1-7　单级蜗杆减速器传送链传动简图

1—电动机；2—联轴器；3—减速器；4—联轴器；5—链轮

第4题　设计如图 1-8 所示的用于带式运输机上的二级圆柱齿轮减速器。工作有轻微振动，经常满载，空载启动，单向运转，单班制工作。运输带允许速度误差为 5%。减速器小批生产，使用期限为 5 年。设计参数列于表 1-7。

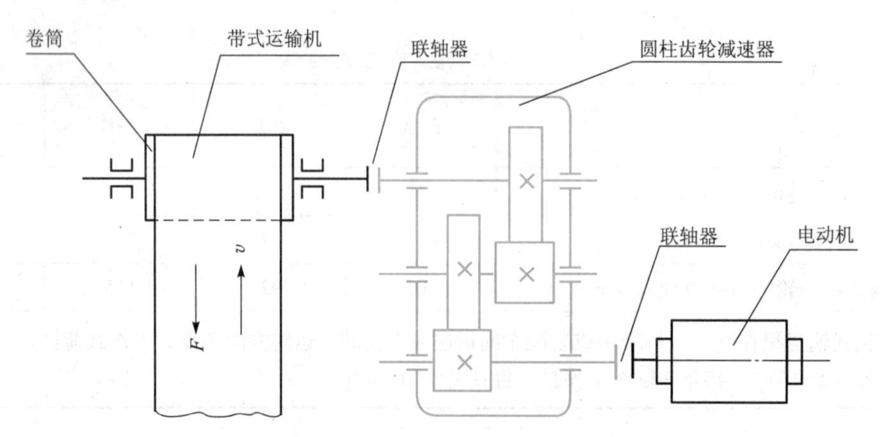

图 1-8　带式运输机传动简图

表 1-7　带式运输机设计参数

原始数据	题号						
	4-A	4-B	4-C	4-D	4-E	4-F	4-G
运输带拉力 F/kN	2	1.8	2.4	2.2	1.6	2.1	2.6
卷筒直径 D/mm	300	350	300	300	400	350	300
运输带速度 v/(m·s^{-1})	0.9	1.1	1.2	0.9	1	1.2	1

第5题　设计一用于带式运输机上的同轴式二级圆柱齿轮减速器，如图 1-9 所示。工作平稳，单向运转，两班制工作。运输带允许速度误差为 5%。减速器成批生产，使用期限 10 年。设计参数列于表 1-8。

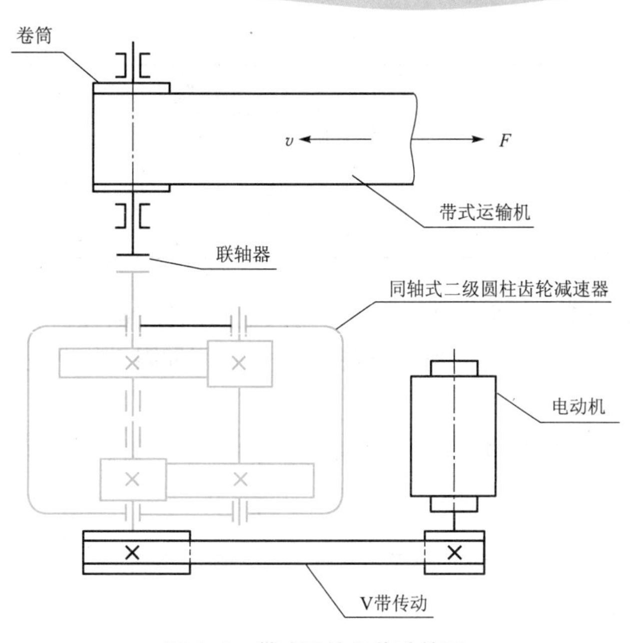

图 1-9 带式运输机传动简图

表 1-8 带式运输机设计参数

原始数据	题号						
	5-A	5-B	5-C	5-D	5-E	5-F	5-G
运输机工作轴扭矩 $T/(\mathrm{N\cdot m})$	1 300	1 350	1 400	1 450	1 500	1 550	1 600
运输带速度 $v/(\mathrm{m\cdot s^{-1}})$	0. 65	0. 70	0. 75	0. 80	0. 85	0. 90	0. 80
卷筒直径 D/mm	300	320	350	350	350	400	350

第 6 题 设计如图 1-10 所示用于带式运输机上的圆锥-圆柱齿轮减速器。工作常满载，空载启动，工作有轻微振动，不反转。单班制工作。运输机卷筒直径 D=320 mm，运输带允许速度误差为 5%。减速器为小批生产，使用期限 10 年。设计参数列于表 1-9。

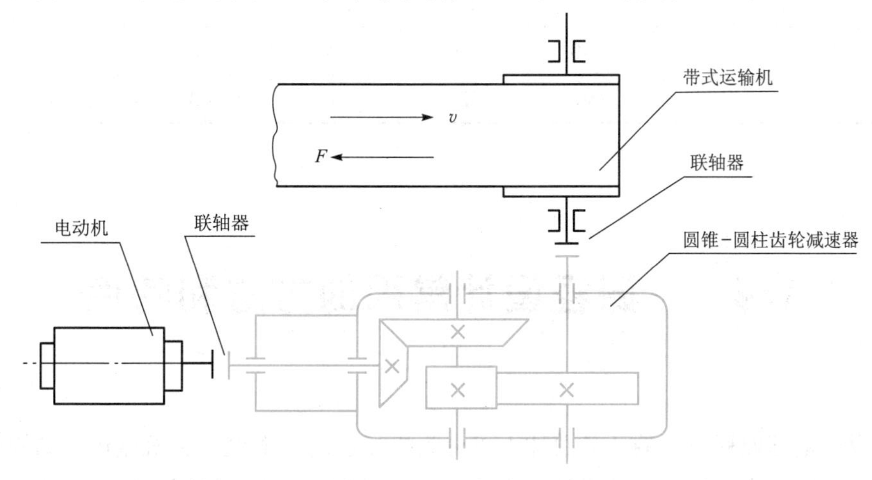

图 1-10 带式运输机传动简图

表 1-9 带式运输机设计参数

原 始 数 据	题 号					
	6-A	6-B	6-C	6-D	6-E	6-F
运输带工作拉力 F/kN	2	2.1	2.2	2.3	2.4	2.5
运输带工作速度 v/（m·s^{-1}）	1.2	1.3	1.4	1.5	1.55	1.6

第 7 题 设计如图 1-11 所示用于带式运输机上的蜗杆-圆柱齿轮减速器。运输机单班制工作，传动平稳。传送带允许的速度误差为 5%。使用期限 8 年。设计参数列于表 1-10。

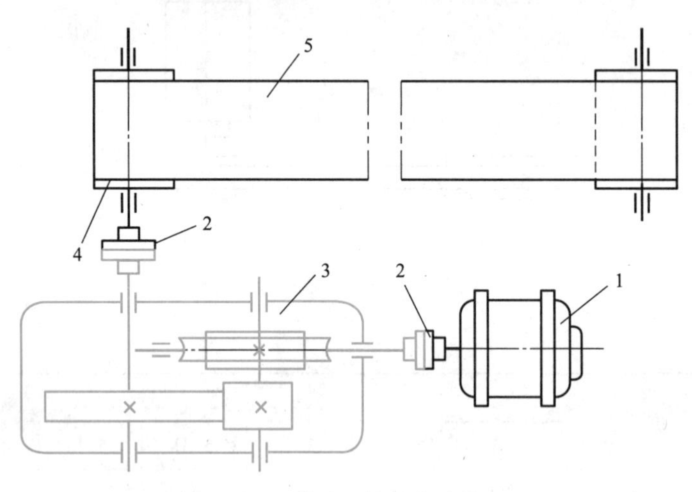

图 1-11 带式运输机传动简图

1—电动机；2—联轴器；3—减速器；4—滚筒；5—传送带

表 1-10 设计参数

原 始 数 据	题 号					
	7-A	7-B	7-C	7-D	7-E	7-F
传送带牵引力/kN	5.5	6.8	6.5	6.5	6.6	7.0
传送带运行速度/（m·s^{-1}）	0.40	0.35	0.42	0.45	0.38	0.30
滚筒直径/mm	350	320	350	400	380	320

1.4 课程设计常用的方法和特点

机械设计基础课程设计的任务总体上可分为机械运动方案设计和机械传动结构设计两大部分，这两大部分也是机械产品设计的主体内容。因此，课程设计所采用的方法与机械产品

设计方法基本上是一致的，可划分为传统设计方法和现代设计方法两大类。

1.4.1　传统设计方法和特点

传统设计方法是以经验总结为基础，运用力学和数学或实验而形成的经验、公式、图表、设计手册等作为设计依据，通过经验公式、简化模型或类比改造等方法进行设计。传统设计在设计应用中不断得到完善和提高，是符合当代技术水平的有效方法之一，故机械设计基础课程介绍的机构和零件设计方法大多属于传统设计。

传统设计方法在设计机械产品时，首先凭借设计者直接或间接的经验，通过类比分析等方法来确定机械运动方案，一般应拟定几个方案，并对其进行分析评价，选出最佳方案；其次借助近似的力学公式或经验公式确定重要零件的基本尺寸，不重要的零件（或结构复杂的零件）则进行类比设计。由此可见，传统设计方法具有很大的局限性，主要表现在：① 方案的拟订很大程度上取决于设计者的个人经验，即使同时拟定了好几个方案，也难获得最优方案；② 在分析计算工作中，由于受人工计算条件的限制，只能采用静态的或近似的方法，故影响了设计质量；③ 设计工作周期长，效率低，成本高。因此，传统设计方法正在逐渐被现代设计方法所取代。

1.4.2　现代设计方法和特点

近些年以来，随着科技发展，新工艺、新材料的出现，微电子技术、信息处理技术及控制技术等新技术对机械产品的渗透和有机结合，与设计相关的基础理论的深化和设计思想的更新，使机械设计跨入了现代设计阶段，该阶段使用的新兴理论和方法称为现代设计方法。

与传统设计方法相比，现代设计方法的主要特点是：① 研究设计的全过程；② 突出设计者的创造性；③ 用系统工程处理人—机—环境的关系；④ 寻求最优的设计方案和参数；⑤ 动态地、精确地分析和计算机械的工作性能；⑥ 将计算机全面地引入设计全过程。

目前，采用较多的现代设计方法有：优化设计、可靠性设计、计算机辅助设计、动态设计、虚拟设计等。

现代设计是在传统设计基础上发展起来的，它继承了传统设计的精华。由于传统设计发展到现代设计有一定的时序性和继承性，所以当前正处在逐步普及阶段。

在机械设计基础课程设计中，传统设计方法和现代设计方法都可能用到，有时会交替使用，有时会混合使用，但一般来说，在现阶段，传统设计方法还是机械设计基础课程设计的主体方法。随着电子计算机和机械设计与分析软件等的普及，现代设计方法会逐渐取代传统设计方法，成为课程设计、乃至于机械产品设计的主体方法。

第2章 机械传动系统的总体设计

机械传动系统的总体设计，主要包括分析和拟定传动方案、选择原动机、确定总传动比和分配各级传动比以及计算传动系统的运动和动力参数。

2.1 分析和拟定传动系统方案

2.1.1 传动系统方案应满足的要求

机器通常由原动机（电动机、内燃机等）、传动系统和工作机三部分组成。

根据工作机的要求，传动系统将原动机的运动和动力传递给工作机。实践表明，传动系统设计的合理性，对整部机器的性能、成本以及整体尺寸都有很大影响。因此，合理地设计传动系统是整部机器设计工作中的重要一环，而合理地拟定传动方案又是保证传动系统设计质量的基础。

传动方案一般由运动简图表示，它直接地反映了工作机、传动系统和原动机三者间运动和动力的传递关系。在课程设计中，学生应根据设计任务书拟定传动方案。如果设计任务书中已给出传动方案，学生则应分析和了解所给方案的优缺点。

传动方案首先应满足工作机的性能要求，适应工作条件、工作可靠，此外还应结构简单、尺寸紧凑、成本低、传动效率高和操作维护方便等。要同时满足上述要求往往比较困难，一般应根据具体的设计任务有侧重地保证主要设计要求，选用比较合理的方案。图2-1所示为矿井输送用带式输送机的三种传动方案。由于工作机在狭小的矿井巷道中连续工作，因此对传动系统的主要要求是尺寸紧凑、传动效率高。图2-1（a）方案宽度尺寸较大，带

传动也不适应繁重的工作要求和恶劣的工作环境；图2-1（b）方案虽然结构紧凑，但蜗杆传动效率低，长期连续工作，不经济；图2-1（c）方案宽度尺寸较小，传动效率较高，也适于恶劣环境下长期工作，是较为合理的。

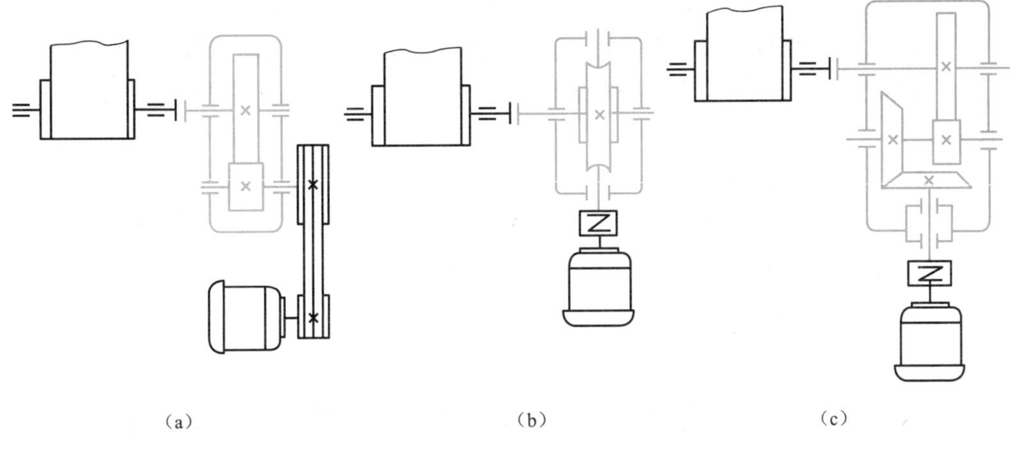

图2-1 带式输送机传动方案比较

2.1.2 拟定传动系统方案时的一般原则

由上例方案分析可知，在选定原动机的条件下，根据工作机的工作条件拟定合理的传动方案，主要是合理地确定传动系统，即合理地确定传动机构的类型和多级传动中各传动机构的合理布置。下面给出传动机构类型和各类传动机构布置及原动机选择的一般原则。

1. 传动机构类型的选择原则

合理地选择传动类型是拟定传动方案时的重要环节。常用传动机构的类型、性能和适用范围可参阅机械设计基础教材。表12-6中列出了常用机械传动的单级传动比推荐值，可参考选用。在机械传动系统中，各种减速器应用很多，常用减速器的类型、特点和应用可见表2-1。

在选择传动机构类型时依据的一般原则为：

（1）小功率传动，宜选用结构简单、价格便宜、标准化程度高的传动机构，以降低制造成本；

（2）大功率传动，应优先选用传动效率高的传动机构，如齿轮传动，以降低能耗；

（3）工作中可能出现过载的工作机，应选用具有过载保护作用的传动机构，如带传动，但在易爆、易燃场合，不能选用带传动，以防止摩擦静电引起火灾；

（4）载荷变化较大，换向频繁的工作机，应选用具有缓冲吸振能力的传动机构，如带传动；

（5）工作温度较高、潮湿、多粉尘、易爆、易燃场合，宜选用链传动、闭式齿轮或蜗杆传动；

（6）要求两轴保持准确的传动比时，应选用齿轮或蜗杆传动。

2. 各类传动机构在多级传动中的布置原则

在多级传动中，各类传动机构的布置顺序不仅影响传动的平稳性和传动效率，而且对整

个传动系统的结构尺寸也有很大影响。因此，应根据各类传动机构的特点合理布置，使各类传动机构得以充分发挥其优点。常用传动机构的一般布置原则是：

（1）带传动承载能力较低，但传动平稳，缓冲吸振能力强，宜布置在高速级；

（2）链传动运转不平稳，有冲击，宜布置在低速级；

（3）蜗杆传动效率低，但传动平稳，当其与齿轮传动同时应用时，宜布置在高速级；

（4）当传动中有圆柱齿轮和锥齿轮传动时，锥齿轮传动宜布置在高速级，以减小锥齿轮的尺寸；

（5）对于开式齿轮传动，由于其工作环境较差，润滑不良，为减少磨损，宜布置在低速级；

（6）斜齿轮传动比较平稳，常布置在高速级。

2.2 常用减速器的类型、特点和应用

常用减速器的类型、特点和应用见表2-1。

表2-1　常用减速器的类型、特点和应用

类型		简图	传动比	特点和应用
单级圆柱齿轮减速器			≤10 常用： 直齿≤4 斜齿≤6	直齿轮用于较低速度（$v\leqslant 8$ m/s），斜齿轮用于较高速度场合，人字齿轮用于载荷较重的传动中
二级圆柱齿轮减速器	展开式		8～40	一般采用斜齿轮，低速级也可采用直齿轮。总传动比较大，结构简单，应用最广。由于齿轮相对于轴承为不对称布置，因而沿齿宽载荷分布不均匀，要求轴有较大刚度
	同轴式		8～40	减速器横向尺寸较小，两大齿轮浸油深度可以大致相同。结构较复杂，轴向尺寸大，中间轴较长、刚度差，中间轴承润滑较困难
	分流式		8～40	一般为高速级分流，且常采用斜齿轮；低速级可用直齿或人字齿轮。齿轮相对于轴承为对称布置，沿齿宽载荷分布较均匀。减速器结构较复杂。常用于大功率、变载荷场合

续表

类型	简图	传动比	特点和应用
单级锥齿轮减速器		直齿≤6 常用≤3	传动比不宜太大，以减小大齿轮的尺寸，便于加工
圆锥-圆柱齿轮减速器		8～40	锥齿轮应置于高速级，以免使锥齿轮尺寸过大，加工困难
蜗杆减速器	（a）蜗杆下置式 （b）蜗杆上置式	10～80	结构紧凑，传动比较大，但传动效率低，适用于中、小功率和间歇工作场合。蜗杆下置时，润滑、冷却条件较好。通常蜗杆圆周速度 $v \leq 4 \sim 5$ m/s 时用下置式；$v > 4 \sim 5$ m/s 时用上置式

2.3 原动机类型和参数的选择

2.3.1 原动机类型及选择原则

根据动力源的不同，常用原动机可分为四大类型，即电动机、内燃机、液压电动机和气压电动机等。在选择原动机的类型时，主要应从以下三个方面进行考虑：

（1）执行构件的载荷特性、运动特性，机械的结构布局、工作环境、环保要求等；

（2）原动机的机械特性、适应的工作环境、输出参数可控制性、能源供应情况等；

（3）机械的经济性、效率、质量、尺寸等。

由于电力供应的普遍性，且电动机具有结构简单、价格便宜、效率高、控制和使用方便等优点，目前，大部分固定机械均优先选用电动机作为原动机。下面简单介绍电动机的类型与参数的选择。

2.3.2 电动机的类型和结构形式的选择

电动机是一种标准系列产品，使用时只需合理选择其类型和参数即可。电动机的类型有交流电动机、直流电动机、步进电动机和伺服电动机等。直流电动机和伺服电动机造价高，多用于一些有特殊需求的场合；步进电动机常用于数控设备中。由于交流异步电动机结构简单、成本低、工作稳定可靠、容易维护，且交流电源易于获得，故是机械设备最常用的原动机。一般工程上常用三相异步交流电动机，其中Y系列为全封闭自扇冷式笼型三相异步电

动机，电源电压380 V，用于非易燃、易爆、腐蚀性工作环境，无特殊要求的机械设备，如机床、农用机械、输送机等，也适用于某些起动转矩有较高要求的机械，如压缩机等。YZ系列和YZR系列分别为笼型转子和绕线转子三相异步电动机，具有较小转动惯量和较大过载能力，可适用于频繁启制动和正反转工作状况，如冶金、起重设备等。对有特殊要求的工作场合，应按特殊要求选择，如井下设备防爆要求严格，可选用防爆电动机等。最常用的结构形式为封闭型卧式电动机。

常用的Y系列、YZ系列和YZR系列电动机的技术数据、外形和安装尺寸见本书第13章。

2.3.3 电动机容量的选择

选择电动机容量就是合理确定电动机的额定功率。决定电动机功率时要考虑电动机的发热、过载能力和启动能力三方面因素，但一般情况下电动机容量主要由运行发热条件而定。电动机发热与其工作情况有关。对于载荷不变或变化不大，且在常温下长期连续运转的电动机，只要其所需输出功率不超过其额定功率，工作时就不会过热，可不进行发热计算。电动机容量可按下述步骤确定。

1. 工作机所需功率 P_W

工作机所需功率 P_W 应由机器工作阻力和运动参数计算确定。课程设计时可按设计任务书给定的工作机参数计算求得。

当已知工作机主动轴的输出转矩 T(N·m) 和转速 n_W(r/min) 时，则工作机主动轴所需功率

$$P_W=\frac{Tn_W}{9\,550}\ (\mathrm{kW}) \tag{2-1}$$

如果给出带式输送机驱动卷筒的圆周力（即卷筒牵引力）F(N)和输送带速度 v(m/s)，则卷筒轴所需功率

$$P_W=\frac{Fv}{1\,000}\ (\mathrm{kW}) \tag{2-2}$$

输送带速度 v 与卷筒直径 D(mm)、卷筒轴转速 n_W（r/min）的关系为

$$v=\frac{\pi Dn_W}{60\times1\,000}\ (\mathrm{m/s}) \tag{2-3}$$

2. 电动机的输出功率 P_d

考虑传动系统的功率损耗，电动机输出功率为

$$P_d=\frac{P_W}{\eta} \tag{2-4}$$

式中 η——从电动机至工作机主动轴之间的总效率，即

$$\eta=\eta_1\eta_2\cdots\eta_n \tag{2-5}$$

其中 η_1、η_2、…、η_n 分别为传动系统中各传动副、联轴器及各对轴承的效率，其数值见第12章中表12-7。

3. 确定电动机额定功率 P_{ed}

根据计算出的功率 P_d 可选定电动机的额定功率 P_{ed}，应使 P_{ed} 等于或稍大于 P_d。

2.3.4 电动机转速的选择

同一类型、同一功率的三相异步交流电动机，有几种不同的同步转速（即磁场转速），一般常用电动机同步转速有3 000 r/min、1 500 r/min、1 000 r/min、750 r/min等几种。同步转速低的电动机，磁极数多，其外廓尺寸及重量大，价格高；而同步转速高的电动机，磁极数少，尺寸和质量小，价格低。因此，确定电动机转速时，应从电动机和传动系统的总费用、传动系统的复杂程度及其机械效率等各个方面综合考虑。当执行构件的转速较高时，选用高转速电动机能缩短运动链，简化传动环节，提高传动效率。但如果执行构件的速度很低，则选用高转速电动机时，会使减速装置增大，机械传动部分的成本会大幅度增加，且机器的机械效率也会降低很多。因此，电动机的转速选择，必须从整机的设计要求出发，综合考虑，为能较好地保证方案的合理性，应试选2～3种型号电动机，经初步计算后择优选用。

选择电动机转速时，可先根据工作机主动轴转速 n_W 和传动系统中各级传动的常用传动比范围，推算出电动机转速的可选范围，以供参照比较，即

$$n_d' = (i_1' i_2' \cdots i_n') n_W \tag{2-6}$$

式中 n_d'——电动机转速可选范围；

i_1'、i_2'、…、i_n'——各级传动的传动比范围，见表12-6。

根据选定的电动机类型、结构、功率和转速，从标准中查出电动机型号后，应将其型号、额定功率、满载转速、电动机中心高、轴伸尺寸、键槽尺寸等记录下来备用，具体格式可见2.6节中总体设计示例。

2.4 机械传动系统的总传动比和各级传动比的分配

2.4.1 总传动比的计算

由选定电动机的满载转速 n_m 和工作机主动轴的转速 n_W，可确定传动系统的总传动比为

$$i = \frac{n_m}{n_W} \tag{2-7}$$

由于传动系统是由多级传动串联而成，因此总传动比是各级传动比的连乘积，即

$$i = i_1 i_2 \cdots\cdots i_n \tag{2-8}$$

2.4.2 各级传动比的合理分配

设计多级传动系统时，需将总传动比分配到各级传动机构。分配传动比时通常应考虑以下几方面：

（1）各级传动机构的传动比应在推荐值的范围内（见表12-6），不应超过最大值，以利发挥其性能，并使结构紧凑。

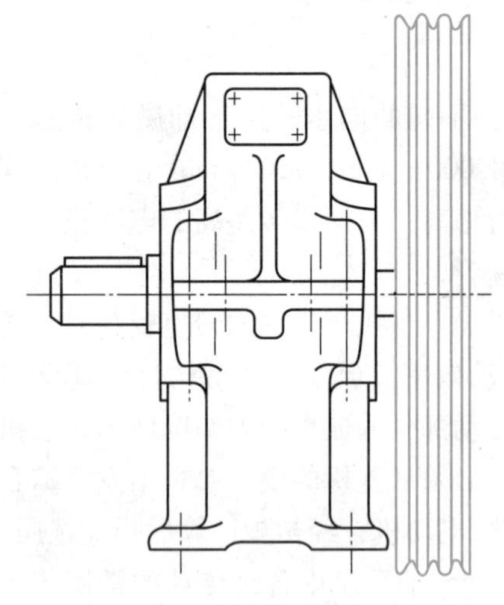

图 2-2 大带轮直径过大

（2）应使各级传动的结构尺寸协调、匀称。例如，由 V 带传动和齿轮传动组成的传动系统（如图 2-2 所示），V 带传动的传动比不能过大，否则会使大带轮半径超过减速器的中心高，造成尺寸不协调，并给机座设计和安装带来困难。

（3）应使传动装置外廓尺寸紧凑，质量轻。如图 2-3 所示二级圆柱齿轮减速器，在相同的总中心距和总传动比情况下，方案（b）具有较小的外廓尺寸。

（4）在减速器设计中常使各级大齿轮直径相近，以使大齿轮有相接近的浸油深度。如图 2-3（b）所示，高、低速两级大齿轮直径相近，且低速级大齿轮直径稍大，其浸油深度也稍深一些，有利于浸油润滑。

（5）应避免传动零件之间发生干涉碰撞。如图 2-4 所示，当高速级传动比过大时就可能发生高速级大齿轮与低速轴发生干涉的情况。

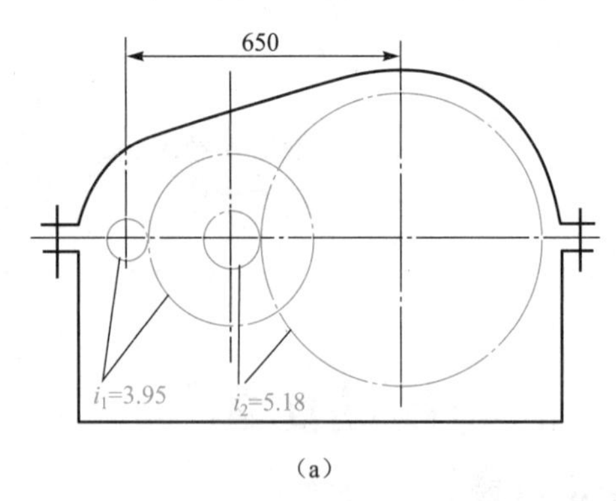

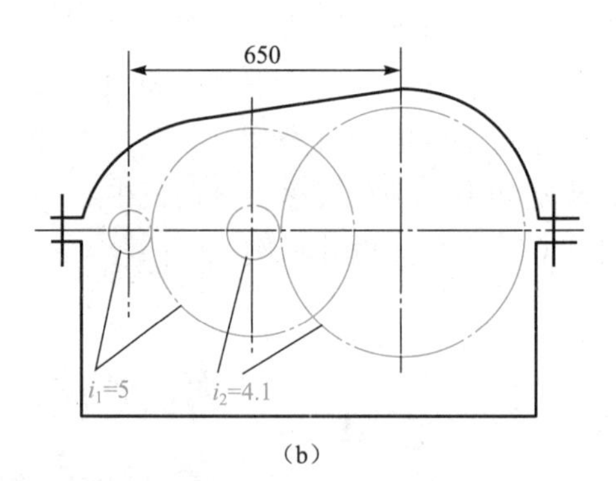

图 2-3 传动比分配对结构尺寸影响

设计二级以上的减速器时，合理分配各级传动比是很重要的。考虑到上述问题，这里推荐一些传动比的分配方法，供设计减速器时参考。

（1）对于二级卧式圆柱齿轮减速器，为使两级的大齿轮有相近的浸油深度，高速级传动比 i_1 和低速级传动比 i_2 可按下列方法分配：

展开式和分流式减速器

$$i_1=(1.1\sim1.5)i_2$$

同轴式减速器 $i_1=i_2$

（2）对于圆锥-圆柱齿轮减速器，为使大锥齿轮直径不致过大，高速级锥齿轮传动比可取 $i_1\approx0.25i$，且 $i_1\leqslant3$，此处 i 为减速器总传动比。但当要齿轮浸油深度大致相等时，也可取 $i_1\approx3.5\sim4$；

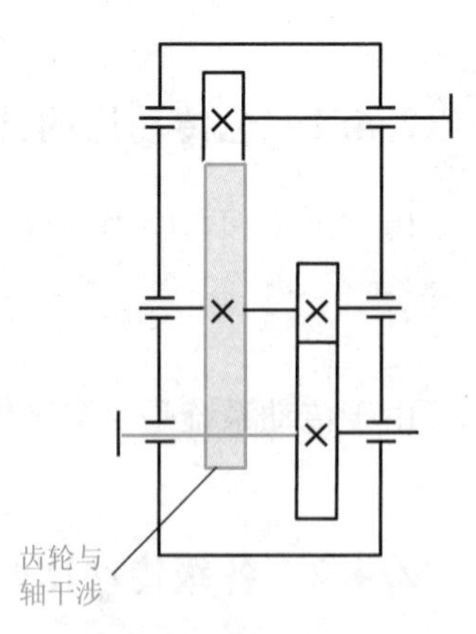

图 2-4 传动比分配不合理使传动零件干涉

(3) 对于蜗杆-齿轮减速器，常取低速级圆柱齿轮传动比 $i_2=(0.03\sim0.06)i$，i 为减速器总传动比；

(4) 对于齿轮-蜗杆减速器，齿轮传动在高速级，分配传动比时，为了使箱体紧凑和便于润滑，通常取齿轮传动的传动比 $i_1\leqslant2\sim2.5$。

传动比分配时要考虑各方面要求和限制条件，可以有不同分配方法，常需拟定多种分配方案进行比较。

以上分配的各级传动比只是初始值，待有关传动零件参数确定后，再验算传动系统实际传动比是否符合设计任务书的要求。如果设计要求中没有特别规定工作机转速的误差范围，则一般传动系统的传动比允许误差可按±3%～5%考虑。

2.5 机械传动系统运动和动力参数的计算

进行传动零件的设计计算时，需计算各轴的输入功率、转速和转矩。为便于计算，将各轴从高速轴至低速轴依次定为Ⅰ轴、Ⅱ轴、Ⅲ轴……，电动机轴定为 I_0 轴。

以图2-5所示带式输送机减速传动系统为例，当已知电动机额定功率 P_{ed}、满载转速 n_m、各级传动比及传动效率后，即可计算各轴的输入功率、转速和转矩。

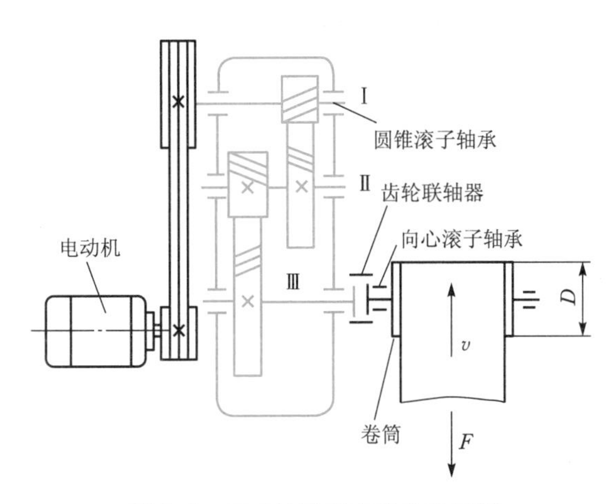

图2-5 带式输送机减速传动系统

2.5.1 各轴的输入功率

各轴输入功率分别为

$$P_{\mathrm{I}}=P_{ed}\eta_{01}\quad(\mathrm{kW})\tag{2-9}$$

$$P_{\mathrm{II}}=P_{\mathrm{I}}\eta_{12}=P_{ed}\eta_{01}\eta_{12}\quad(\mathrm{kW})\tag{2-10}$$

$$P_{\mathrm{III}}=P_{\mathrm{II}}\eta_{23}=P_{ed}\eta_{01}\eta_{12}\eta_{23}\quad(\mathrm{kW})\tag{2-11}$$

式中 P_{ed}——电动机额定功率，kW；

P_{I}、P_{II}、P_{III}——Ⅰ轴、Ⅱ轴、Ⅲ轴的输入功率，kW；

η_{01}——电动机轴与Ⅰ轴之间带传动的效率；

η_{12}——Ⅰ轴和Ⅱ轴之间高速级传动的效率，包括Ⅰ轴上的一对轴承和高速级齿轮副的效率；

η_{23}——Ⅱ轴和Ⅲ轴之间低速级传动的效率，包括Ⅱ轴上的一对轴承和低速级齿轮副的效率。

2.5.2 各轴的转速

各轴转速分别为

$$n_{\mathrm{I}}=\frac{n_m}{i_0}\quad(\mathrm{r/min})\tag{2-12}$$

$$n_{\mathrm{II}}=\frac{n_{\mathrm{I}}}{i_1}=\frac{n_m}{i_0 i_1}\quad(\mathrm{r/min})\tag{2-13}$$

$$n_{\mathrm{III}}=\frac{n_{\mathrm{II}}}{i_2}=\frac{n_m}{i_0 i_1 i_2}\quad(\mathrm{r/min})\tag{2-14}$$

式中 n_m——电动机的满载转速，r/min；

n_{I}、n_{II}、n_{III}——Ⅰ轴、Ⅱ轴、Ⅲ轴的转速，r/min；

i_0、i_1、i_2——电动机轴至Ⅰ轴、Ⅰ轴至Ⅱ轴、Ⅱ轴至Ⅲ轴之间的传动比。

2.5.3 各轴的输入转矩

各轴输入转矩分别为

$$T_{\mathrm{I}}=9\ 550\frac{P_{\mathrm{I}}}{n_{\mathrm{I}}}\quad(\mathrm{N\cdot m})\tag{2-15}$$

$$T_{\mathrm{II}}=9\ 550\frac{P_{\mathrm{II}}}{n_{\mathrm{II}}}\quad(\mathrm{N\cdot m})\tag{2-16}$$

$$T_{\mathrm{III}}=9\ 550\frac{P_{\mathrm{III}}}{n_{\mathrm{III}}}\quad(\mathrm{N\cdot m})\tag{2-17}$$

将运动和动力参数的计算结果整理后列表备查，具体格式可见2.6节中总体设计示例。

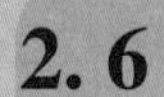

2.6 机械传动系统的总体设计示例

图2-5为带式输送机减速传动系统方案，已知卷筒直径 $D=250$ mm，输送带的有效拉力 $F=9\ 800$ N，输送带速度 $v=0.5$ m/s，在室内常温下长期连续工作，环境有灰尘，电源为三相交流，电压为380 V，要求对该带式输送机减速传动系统进行总体设计。

解：1. 电动机的选择

（1）选择电动机类型和结构形式。

减速器在常温下连续工作，载荷平稳，对启动无特殊要求，但工作环境灰尘较多，故选用Y型全封闭自扇冷式笼型三相异步电动机，电源电压为380 V。结构形式为卧式电动机。

（2）确定电动机的功率。

工作机所需功率

$$P_W=\frac{Fv}{1\ 000}=\frac{9\ 800\times 0.5}{1\ 000}=4.9\ \text{kW}$$

电动机的工作功率

$$P_d=\frac{P_W}{\eta}$$

电动机到输送带的总效率为

$$\eta=\eta_1\eta_2^4\eta_3^2\eta_4\eta_5$$

由表 12-7 查得，V 带传动效率 $\eta_1=0.96$；滚子轴承效率 $\eta_2=0.98$（三对齿轮轴轴承和一对卷筒轴轴承。本题设计工作功率较小，设计时齿轮轴的轴承也可初选角接触球轴承）；齿轮副效率 $\eta_3=0.97$（齿轮精度为 8 级）；齿轮联轴器效率 $\eta_4=0.99$；卷筒效率 $\eta_5=0.96$，代入得

$$\eta=0.96\times 0.98^4\times 0.97^2\times 0.99\times 0.96=0.79$$

$$P_d=\frac{P_W}{\eta}=\frac{4.9}{0.79}=6.2\ \text{kW}$$

查表 13-1，选电动机额定功率为 7.5 kW。

（3）确定电动机的转速。

卷筒轴工作转速为

$$n_W=\frac{60\times 1\ 000v}{\pi D}=\frac{60\times 1\ 000\times 0.5}{3.14\times 250}=38.2\ \text{r/min}$$

按表 12-6 推荐的传动比合理范围，取 V 带传动的传动比 $i_1'=2\sim4$；由表 2-1 知，二级圆柱齿轮减速器传动比 $i_2'=8\sim40$，则总传动比合理范围为 $i_a'=16\sim160$，电动机转速的可选范围为

$$n_d'=i_a'n_W=(16\sim160)\times 38.2=611\sim6\ 112\ \text{r/min}$$

符合这一范围的同步转速有 750 r/min、1 000 r/min、1 500 r/min 和 3 000 r/min 四种，可查得四种方案，见表 2-2。

表 2-2　电动机参数

方　　案	电动机型号	额定功率/kW	电动机转速/(r · min^{-1})	
			同步转速	满载转速
1	Y132S2-2	7.5	3 000	2 900
2	Y132M-4	7.5	1 500	1 440
3	Y160M-6	7.5	1 000	970
4	Y160L-8	7.5	750	720

综合考虑减轻电动机及传动系统的质量和节约资金，选用第二方案。因此选定电动机型号为 Y132M-4，其主要性能如表 2-3 所示。

表 2-3 Y132M-4 电动机主要性能

电动机型号	额定功率/kW	同步转速 $/(r\cdot min^{-1})$	满载转速 $/(r\cdot min^{-1})$	$\frac{堵转转矩}{额定转矩}$	$\frac{最大转矩}{额定转矩}$
Y132M-4	7.5	1 500	1 440	2.2	2.2

Y132M-4 电动机主要外形和安装尺寸见表 2-4。

表 2-4 Y132M-4 电动机主要外形和安装尺寸 mm

中心高 H	外形尺寸 $L\times(AC/2+AD)\times HD$	安装尺寸 $A\times B$	轴伸尺寸 $D\times E$	平键尺寸 $F\times G$
132	515×345×315	216×178	38×80	10×33

2. 计算传动系统的总传动比和分配各级传动比

（1）传动系统的总传动比

$$i_a=\frac{n_m}{n_W}=\frac{1\ 440}{38.2}=37.7$$

（2）分配传动系统传动比

$$i_a=i_0 i$$

式中 i_0、i——带传动和减速器的传动比。

为使 V 带传动外廓尺寸不致过大，初步取 $i_0=2.8$，则减速器传动比

$$i=\frac{i_a}{i_0}=\frac{37.7}{2.8}=13.46$$

所得减速器传动比值符合一般二级展开式圆柱齿轮减速器传动比的常用范围。

（3）分配减速器的各级传动比。按浸油润滑条件考虑，取高速级传动比 $i_1=1.3i_2$，而 $i=i_1 i_2=1.3i_2^2$,所以

$$i_2=\sqrt{\frac{i}{1.3}}=\sqrt{\frac{13.46}{1.3}}=3.22$$

$$i_1=\frac{i}{i_2}=\frac{13.46}{3.22}=4.18$$

3. 机械传动系统运动和动力参数的计算

（1）各轴的输入功率。

电动机轴 $P_0=P_{ed}=7.5\ kW$

Ⅰ轴 $P_{\text{I}}=P_{ed}\eta_{01}=P_{ed}\eta_1=7.5\times0.96=7.2\ kW$

Ⅱ轴 $P_{\text{II}}=P_{\text{I}}\eta_{12}=P_{\text{I}}\eta_2\eta_3=7.2\times0.98\times0.97=6.84\ kW$

Ⅲ轴 $P_{\text{III}}=P_{\text{II}}\eta_{23}=P_{\text{II}}\eta_2\eta_3=6.84\times0.98\times0.97=6.5\ kW$

卷筒轴 $P_{\text{IV}}=P_{\text{III}}\eta_{34}=P_{\text{III}}\eta_2\eta_4=6.5\times0.98\times0.99=6.31\ kW$

（2）各轴的转速。

Ⅰ轴 $$n_{\text{I}}=\frac{n_m}{i_0}=\frac{1\ 440}{2.8}=514.29\ r/min$$

Ⅱ轴 $$n_{\mathrm{II}}=\frac{n_{\mathrm{I}}}{i_1}=\frac{514.29}{4.18}=123.04\ \mathrm{r/min}$$

Ⅲ轴 $$n_{\mathrm{III}}=\frac{n_{\mathrm{II}}}{i_2}=\frac{123.04}{3.22}=38.2\ \mathrm{r/min}$$

卷筒轴 $$n_{\mathrm{IV}}=n_{\mathrm{III}}=38.2\ \mathrm{r/min}$$

（3）各轴的转矩。

电动机轴 $$T_0=9\ 550\times\frac{P_0}{n_0}=9\ 550\times\frac{7.5}{1\ 440}=49.74\ \mathrm{N\cdot m}$$

Ⅰ轴 $$T_{\mathrm{I}}=9\ 550\times\frac{P_{\mathrm{I}}}{n_{\mathrm{I}}}=9\ 550\times\frac{7.2}{514.29}=133.7\ \mathrm{N\cdot m}$$

Ⅱ轴 $$T_{\mathrm{II}}=9\ 550\times\frac{P_{\mathrm{II}}}{n_{\mathrm{II}}}=9\ 550\times\frac{6.84}{123.04}=530.9\ \mathrm{N\cdot m}$$

Ⅲ轴 $$T_{\mathrm{III}}=9\ 550\times\frac{P_{\mathrm{III}}}{n_{\mathrm{III}}}=9\ 550\times\frac{6.5}{38.2}=1\ 625\ \mathrm{N\cdot m}$$

卷筒轴 $$T_{\mathrm{IV}}=9\ 550\times\frac{P_{\mathrm{IV}}}{n_{\mathrm{IV}}}=9\ 550\times\frac{6.31}{38.2}=1\ 577.5\ \mathrm{N\cdot m}$$

将机械传动系统运动和动力参数的计算数值列于表2-5中。

表2-5　机械传动系统运动和动力参数的计算数值

计算项目	电动机轴	高速轴Ⅰ	中间轴Ⅱ	低速轴Ⅲ	卷筒轴
功率/kW	7.5	7.2	6.84	6.5	6.31
转速/($\mathrm{r\cdot min^{-1}}$)	1 440	514.29	123.04	38.2	38.2
转矩/(N·m)	49.74	133.7	530.9	1 625	1 577.5
传动比	2.8	4.18	3.22	1	
效率	0.96	0.95	0.95	0.97	

第3章 减速器的构造、润滑和传动零件的设计

3.1 减速器的构造

减速器的构造因其类型、用途不同而异。但无论何种类型的减速器，其基本构造都是由轴系部件、箱体及附件三大部分组成。图3-1、图3-2、图3-3分别为单级圆柱齿轮减速

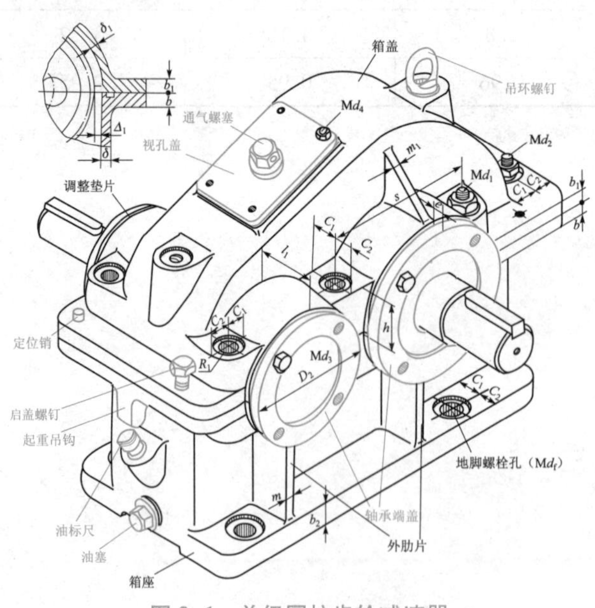

图3-1　单级圆柱齿轮减速器

器、锥齿轮减速器、蜗杆减速器的构造图。图中标出了组成减速器的主要零部件名称、相互关系及箱体的部分结构尺寸。下面对组成减速器的三大部分作简要介绍。

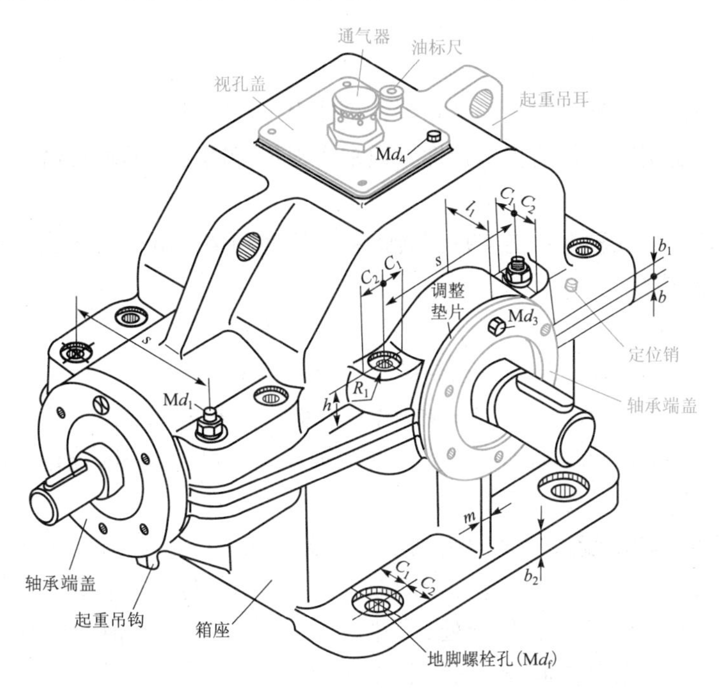

图 3-2　锥齿轮减速器

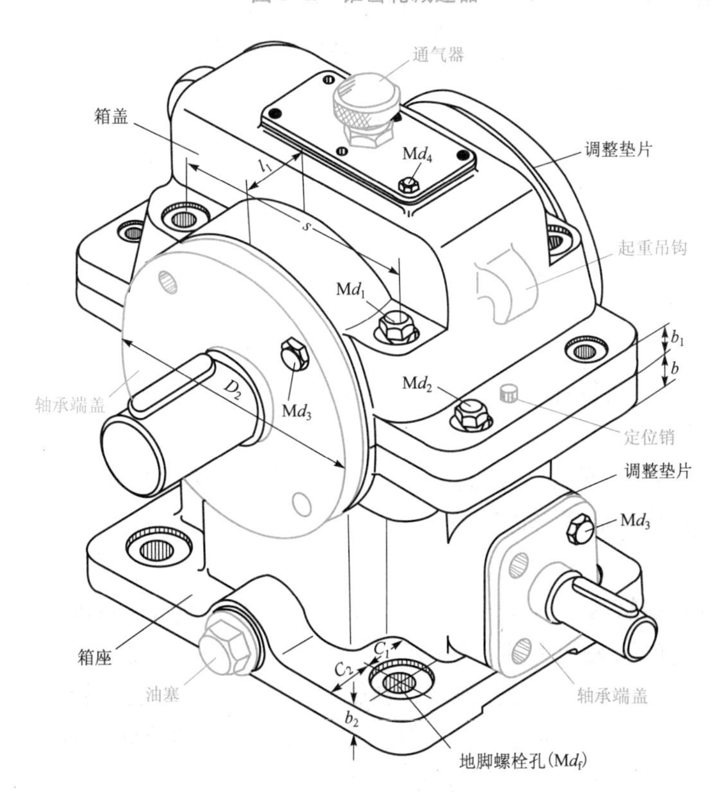

图 3-3　蜗杆减速器

3.1.1 减速器的轴系部件

减速器的轴系部件包括传动零件、轴和轴承组合。

1. 传动零件

减速器箱体外传动零件有链轮、带轮等；箱体内传动零件有圆柱齿轮、锥齿轮、蜗杆蜗轮等。传动零件决定了减速器的技术特性，通常也根据传动零件的种类命名减速器。

2. 轴

传动零件必须安装在轴上才能实现回转运动和传递功率。减速器普遍采用阶梯轴。传动零件和轴多以平键连接。

3. 轴承组合

轴承组合包括轴承、轴承端盖、密封装置以及调整垫片等。

（1）轴承　轴承是支承轴的部件。由于滚动轴承摩擦系数比普通滑动轴承小，运动精度高，在轴颈尺寸相同时，滚动轴承宽度比滑动轴承小，可使减速器轴向结构紧凑，润滑、维护简便等，所以减速器广泛采用滚动轴承（简称轴承）。

（2）轴承端盖　轴承端盖用来固定轴承，承受轴向力，以及调整轴承间隙。轴承端盖有嵌入式和凸缘式两种。凸缘式调整轴承间隙方便，密封性好；嵌入式质量较轻。

（3）密封　在输入和输出轴外伸处，为防止灰尘、水汽及其他杂质浸入轴承，引起轴承急剧磨损和腐蚀，以及防止润滑剂外漏，需在轴承端盖孔中设置密封装置。

（4）调整垫片　为了调整轴承间隙，有时也为了调整传动零件（如锥齿轮、蜗轮）的轴向位置，需放置调整垫片。调整垫片由若干薄软钢片组成。

3.1.2 减速器的箱体

减速器的箱体是用以支持和固定轴系零件，保证传动零件的啮合精度、良好润滑及密封的重要零件。箱体重量约占减速器总重量的50%。因此，箱体结构对减速器的工作性能、加工工艺、材料消耗、质量及成本等有很大影响，设计时必须全面考虑。

减速器的箱体按毛坯制造工艺和材料种类可以分为铸造箱体（如图3-1、图3-2、图3-3所示）和焊接箱体（如图3-4所示）。铸造箱体材料一般多用铸铁（HT150、HT200）。铸造箱体较易获得合理和复杂的结构形状，刚度好，易进行切削加工，但制造周期长，质量较大，因而多用于成批生产。焊接箱体相比铸造箱体壁厚较薄，质量轻1/4～1/2，生产周期短，多用于单件、小批量生产。但用钢板焊接时容易产生热变形，故要求较高的焊接技术，焊接成型后还需进行退火处理。

减速器箱体从结构形式上可以分为剖分式箱体和整体式箱体。剖分式箱体由箱座与箱盖两部分组成，用螺栓连接起来构成一个整体。剖分面多为水平面，与传动零件轴心线平面重合，有利于轴系部件的安装和拆卸，如图3-1至图3-4所示。剖分面必须有一定的宽度，并且要求仔细加工。为了保证箱体的刚度，在轴承座处设有加强肋。箱体底座要有一定的宽度和厚度，以保证安装稳定性与刚度。一般减速器只有一个剖分面。对于大型立式减速器，为便于制造和安装，也可采用两个剖分面。整体式箱体质量轻、零件少、机体的加工量也少，但轴系装配比较复杂。

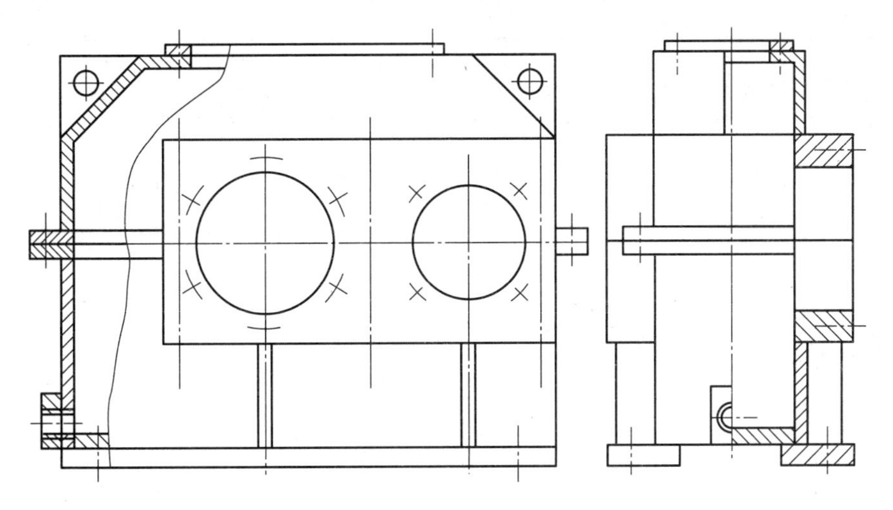

图 3-4　焊接箱体

箱体结构尺寸及相关零件的尺寸关系经验值见表 3-1 和表 3-2。

表 3-1　铸铁减速器箱体结构尺寸　　mm

名　称	符号	减速器类型及尺寸关系			
		齿轮减速器		圆锥齿轮减速器	蜗杆减速器
箱座壁厚	δ	一级	$0.025a+1\geqslant8$	$0.0125(d_{m1}+d_{m2})+1\geqslant8$ 或 $0.01(d_1+d_2)+1\geqslant8$ d_1、d_2—小、大圆锥齿轮的大端直径 d_{m1}、d_{m2}—小、大圆锥齿轮的平均直径	$0.04a+3\geqslant8$
		二级	$0.025a+3\geqslant8$		
		三级	$0.025a+5\geqslant8$		
		考虑铸造工艺，所有壁厚都不应小于 8			
箱盖壁厚	δ_1	一级	$(0.8\sim0.85)\delta\geqslant8$	$(0.8\sim0.85)\ \delta\geqslant8$	蜗杆在上：$\approx\delta$ 蜗杆在下： $0.85\ \delta\geqslant8$
		二级	$(0.8\sim0.85)\delta\geqslant8$		
		三级	$(0.8\sim0.85)\delta\geqslant8$		
箱座凸缘厚度	b	1.5δ			
箱盖凸缘厚度	b_1	$1.5\delta_1$			
箱座底凸缘厚度	b_2	2.5δ			
地脚螺栓直径	d_f	$0.036a+12$		$0.018(d_{m1}+d_{m2})+1\geqslant12$ 或 $0.015(d_1+d_2)+1\geqslant12$	$0.036a+12$
地脚螺栓数目	n	$a<250$ 时，$n=4$ $a=250\sim500$ 时，$n=6$ $a>500$ 时，$n=8$		$n=\dfrac{箱座底凸缘周长之半}{200\sim300}\geqslant4$	4

续表

名　称	符号	减速器类型及尺寸关系		
		齿轮减速器	圆锥齿轮减速器	蜗杆减速器
轴承旁连接螺栓直径	d_1	$0.75d_f$		
箱盖与箱座连接螺栓直径	d_2	$(0.5\sim0.6)d_f$		
连接螺栓 d_2 的间距	l	150～200		
轴承端盖螺钉直径	d_3	$(0.4\sim0.5)d_f$		
视孔盖螺钉直径	d_4	$(0.3\sim0.4)d_f$		
定位销直径	d	$(0.7\sim0.8)d_2$		
d_f、d_1、d_2 至外箱壁距离	C_1	见表3-2		
d_f、d_1、d_2 至凸缘边缘距离	C_2	见表3-2		
轴承旁凸台半径	R_1	C_2		
凸台高度	h	根据低速级轴承座外径确定，以便于扳手操作为准		
外箱壁至轴承座端面距离	l_1	$C_1+C_2+(5\sim8)$		

表3-2　螺栓的安装尺寸 C_1、C_2　　mm

螺栓直径	M8	M10	M12	(M14)	M16	(M18)	M20	(M22)	M24	(M27)	M30
$C_1\geqslant$	13	16	18	20	22	24	26	30	34	36	40
$C_2\geqslant$	11	14	16	18	20	22	24	26	28	32	34
沉头座直径	18	22	26	30	33	36	40	43	48	53	61

3.1.3　减速器的附件

为了使减速器具备较完善的性能，如注油、排油、通气、吊运、检查油面高度、检查传动零件啮合情况、保证加工精度和装拆方便等，在减速器箱体上常需设置某些装置或零件，将这些装置和零件及箱体上相应的局部结构统称为减速器附属装置（简称为附件）。它们包括：视孔与视孔盖、通气器、油标、放油孔与放油螺塞、定位销、启盖螺钉、吊运装置等。减速器各附件在箱体上的相对位置见图3-1至图3-3。

1. 视孔和视孔盖

为了便于检查箱体内传动零件的啮合情况以及便于将润滑油注入箱体内，在减速器箱体的箱盖顶部设有视孔。为防止润滑油飞溅出来和污物进入箱体内，在视孔上应加设视孔盖。

2. 通气器

减速器工作时箱体内温度升高，气体膨胀，箱内气压增大。为了避免由此引起密封部位的密封性能下降造成润滑油向外渗漏，应在视孔盖上设置通气器，使箱体内的热膨胀气体能自由逸出，保持箱内压力正常，从而保证箱体的密封性。

3. 油标

油标是用于检查箱体内油面高度，以保证传动零件的润滑。一般油标应设置在箱体上便于观察、油面较稳定的部位。

4. 放油孔与放油螺塞

为了便于排出油污，在减速器箱座底部设有放油孔，并用放油螺塞和密封垫圈将其堵住。

5. 定位销

为了保证每次拆装箱盖时，仍保持轴承座孔的安装精度，需在箱盖与箱座的连接凸缘上配装两个定位销。

6. 启盖螺钉

为了保证减速器的密封性，常在箱体剖分面上涂有水玻璃或密封胶，这样箱盖和箱座便黏附在一起，给箱体拆分造成困难。为便于拆卸箱盖，通常在箱盖凸缘上设置1～2个启盖螺钉。拆卸箱盖时，拧动启盖螺钉，便可顶起箱盖。

7. 吊运装置

为便于搬运和装卸箱盖，在箱盖上装有吊环螺钉，或铸出吊耳、吊钩。为便于搬运箱座或整个减速器，在箱座两端连接凸缘处铸出吊钩。

3.2 减速器的润滑

减速器传动零件和轴承都需要良好的润滑，其目的是为了减少摩擦、磨损，提高效率，防锈，冷却和散热。减速器润滑对减速器的结构设计有直接影响，如油面高度和需油量的确定关系到箱体高度的设计；轴承的润滑方式影响轴承的轴向位置和阶梯轴的轴向尺寸等。因此，在确定减速器结构尺寸前，应先确定减速器润滑的有关问题。

3.2.1 传动零件的润滑

绝大多数减速器传动零件都采用油润滑，其润滑方式多为浸油润滑。对高速传动，则为压力喷油润滑。

1. 浸油润滑

如图 3-5 所示，浸油润滑是将传动零件一部分浸入油中，传动零件回转时，粘在其上的润滑油被带到啮合区进行润滑。同时，油池中的油被甩到箱壁上，可以散热。这种润滑方式适用于齿轮圆周速度 $v<12$ m/s，蜗杆圆周速度 $v<10$ m/s 的场合。

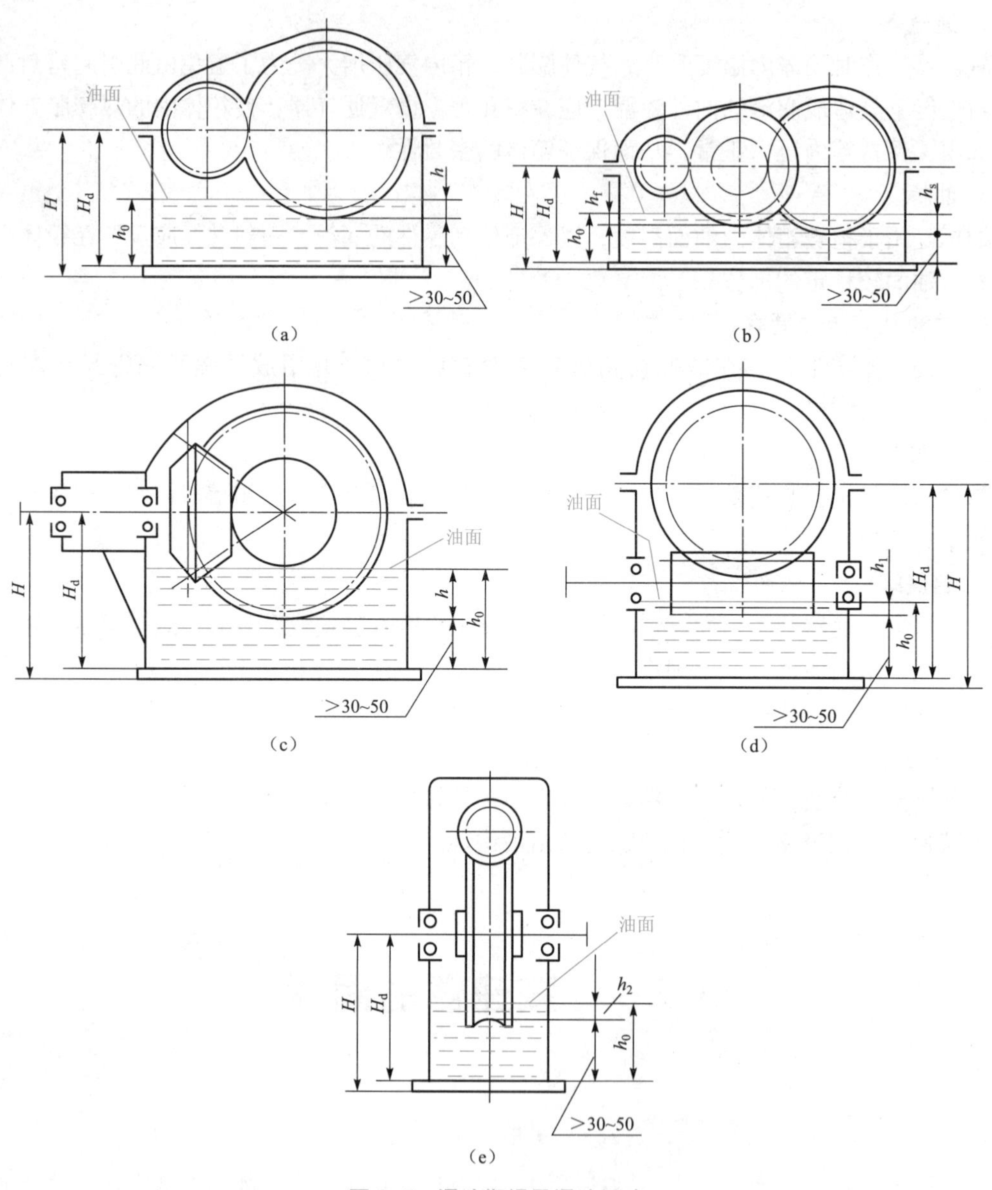

图 3-5　浸油润滑及浸油深度

箱体内应有足够的润滑油，以保证润滑及散热的需要。为了避免油搅动时沉渣泛起，齿顶到油池底面的距离应大于 30～50 mm。为保证传动零件充分润滑且避免搅油损失过大，合适的浸油深度见表 3-3。

表 3-3　传动零件浸油深度推荐值

减速器类型		传动件浸油深度
单级圆柱齿轮减速器（图3-5（a））		m<20 mm 时，h 约为 1 个齿高，但不小于 10 mm m>20 mm 时，h 约为 0.5 个齿高
二级或多级圆柱齿轮减速器（图3-5（b））		高速级大齿轮，h_f 约为 0.7 个齿高，但不小于 10 mm。低速级大齿轮，h_s 按圆周速度大小而定，速度大取小值。当 v=0.8～1.2 m/s 时，h_s 约为 1 个齿高（但不小于 10 mm）～1/6 个齿轮半径；当 v≤0.5～0.8 m/s 时，h_s≤(1/6～1/3) 齿轮半径
锥齿轮减速器（图3-5（c））		整个齿宽浸入油中（至少半个齿宽）
蜗杆减速器	蜗杆下置（图3-5（d））	h_1=(0.75～1)h，h 为蜗杆齿高，但油面不应高于蜗杆轴承最低一个滚动体中心
	蜗杆上置（图3-5（e））	h_2 同低速级圆柱大齿轮浸油深度

在传动零件的润滑设计中，还应验算油池中的油量 V 是否大于传递功率所需的油量 V_0。对于单级减速器，每传递 1 kW 的功率需油量为 0.35～0.7 L。对多级传动，需油量应按级数成倍地增加。若 $V<V_0$，则应适当增大减速器中心高 H，以增大箱体容油率。

设计二级或多级齿轮减速器时，应选择适宜的传动比，使各级大齿轮浸油深度适当。如果低速级大齿轮浸油过深，超过表 3-3 的浸油深度范围，则可采用带油轮润滑，如图 3-6 所示。

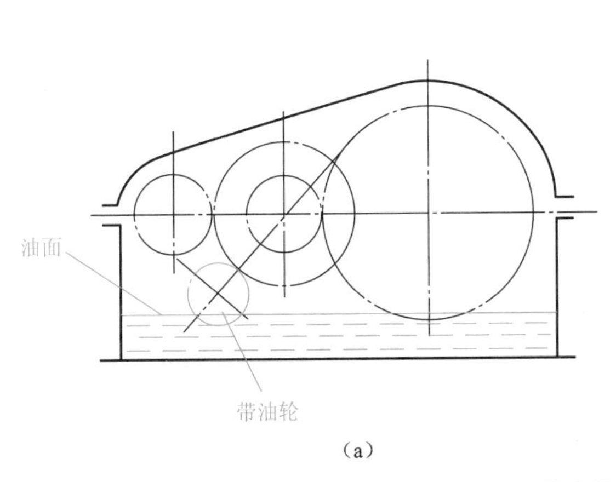

(a)

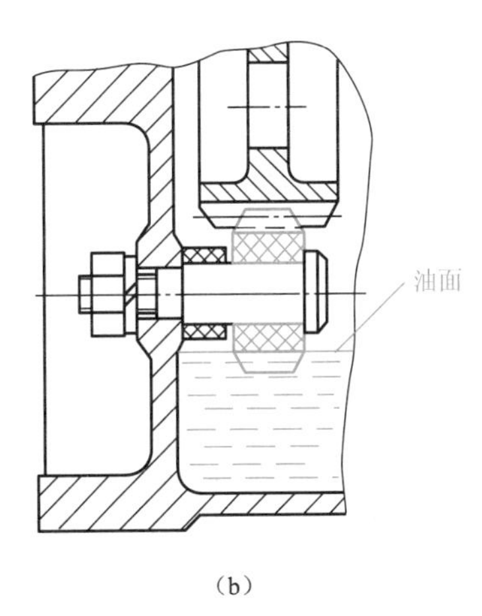

(b)

图 3-6　带油轮润滑

2. 喷油润滑

如图 3-7 所示，当齿轮圆周速度 v>12 m/s，或蜗杆圆周速度 v>10 m/s 时，粘在传动零件上的油由于离心力作用易被甩掉，啮合区得不到可靠供油，而且搅油使油温升高，此时宜

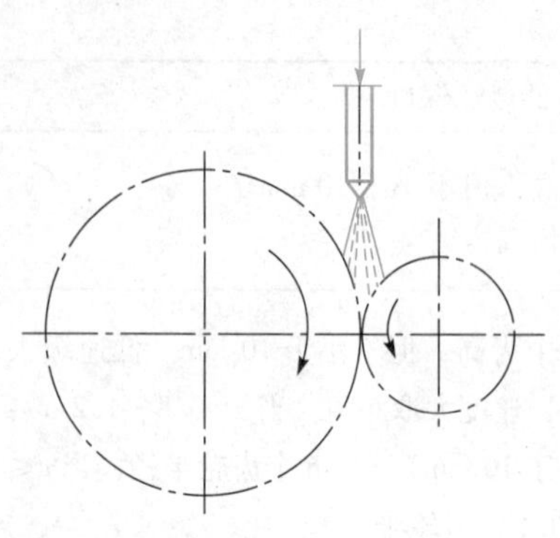

图 3-7　喷油润滑

采用喷油润滑，即由油泵或中心供油站以一定的压力供油，经喷嘴将润滑油喷到轮齿的啮合面上。当 $v \leqslant 25$ m/s 时，喷嘴位于轮齿啮入边或啮出边均可；当 $v > 25$ m/s 时，喷嘴应位于轮齿啮出的一边，以便借润滑油及时冷却刚啮合过的轮齿，同时亦对轮齿进行润滑。喷油润滑也适用于速度不高，但工作条件繁重的重型或重要减速器。

3.2.2　滚动轴承的润滑

对齿轮减速器，当浸油齿轮的圆周速度 $v < 2$ m/s 时，滚动轴承宜采用脂润滑；当齿轮的圆周速度 $v \geqslant 2$ m/s 时，滚动轴承多采用油润滑。对蜗杆减速器，下置式蜗杆轴承用浸油润滑，蜗轮轴承多用脂润滑或刮板润滑。

1. 脂润滑

脂润滑易于密封、结构简单、维护方便。采用脂润滑时，滚动轴承的内径和转速的积 dn 一般不宜超过 2×10^5 mm · r/min。为防止箱内油进入轴承而使润滑脂稀释流出，应在箱体内侧设封油盘，如图 3-8 所示。

2. 飞溅润滑

减速器内只要有一个传动零件的圆周速度 $v > 2$ m/s，即可利用浸油传动零件旋转使润滑油飞溅润滑轴承。一般情况下在箱体剖分面上制出油沟，使溅到箱盖内壁上的油流入油沟，从油沟导入轴承，如图 3-9 所示。

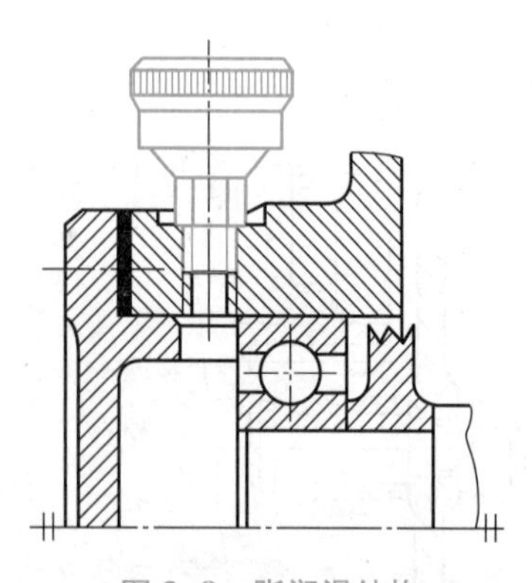

图 3-8　脂润滑结构

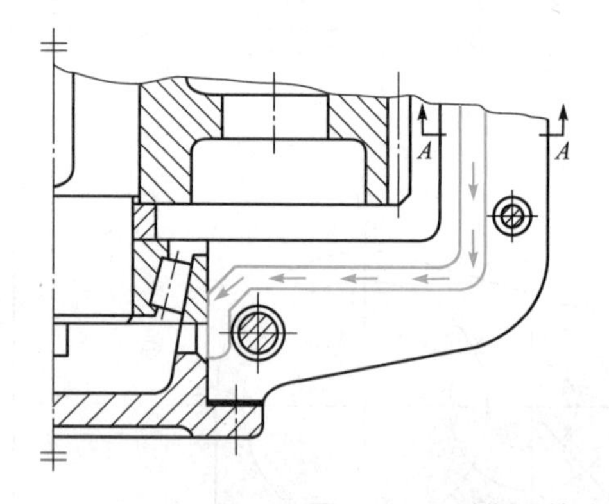

图 3-9　飞溅润滑的油沟

当传动零件 $v > 3$ m/s 时，飞溅的油形成油雾，可以直接润滑轴承。

3. 刮板润滑

当下置蜗杆的圆周速度 $v > 2$ m/s，但蜗杆位置低，飞溅的油难以到达蜗轮轴承，此时轴承可采用刮板润滑，如图 3-10 所示。

4. 浸油润滑

适用于中、低速的下置蜗杆轴承的润滑，高速时因搅油剧烈易造成严重过热。

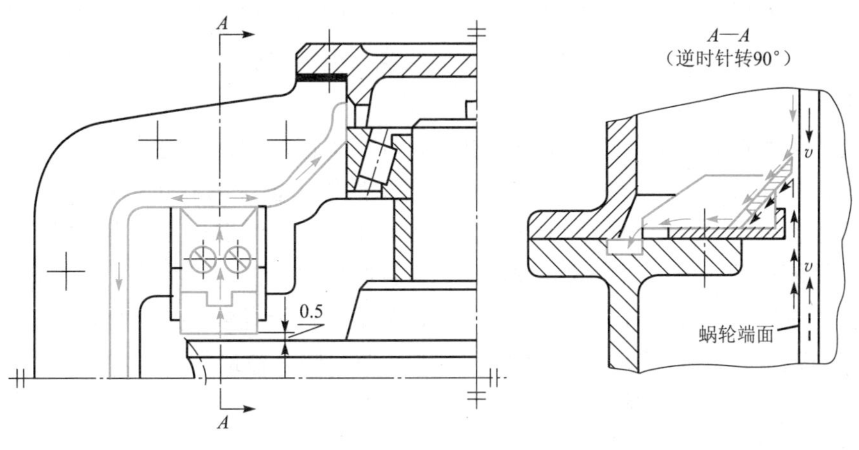

图 3-10　刮板润滑的结构

3.3 机械传动系统传动零件的设计计算

传动系统是由各种类型的零、部件组成的，其中决定其工作性能、结构布置和尺寸大小的主要是传动零件。而支承零件和连接零件等都要根据传动零件的需求来设计，所以，一般应先设计传动零件。传动零件的设计包括确定传动零件的材料、热处理方法、参数、尺寸和主要结构。减速器是独立、完整的传动部件，为了使设计减速器时的原始条件比较准确，通常应先设计减速器外的传动零件，例如带传动、链传动和开式齿轮传动等。

各类传动零件的设计方法在机械设计基础教材有详细陈述，这里不再重复。下面仅就设计传动零件时应注意的问题做简要的提示。

3.3.1　箱体外传动零件的设计计算

通常，由于课程设计的学时限制，减速器外的传动零件只需确定主要参数和尺寸，而不进行详细的结构设计。装配工作图只画减速器部分，一般不画减速器外传动零件。

减速器外常用的传动零件有普通 V 带传动、链传动和开式齿轮传动。

1. 普通 V 带传动

设计普通 V 带传动所需的已知条件主要有：原动机种类和所需的传递功率；主动轮和从动轮的转速（或传动比）；工作要求及对外廓尺寸、传动位置的要求等。设计内容包括：确定 V 带的型号、长度和根数；带轮的材料和结构；传动中心距以及带传动的张紧装置等。

设计时应检查带轮的尺寸与传动系统外廓尺寸是否相适应，例如装在电动机轴上的小带轮直径与电动机中心高是否相称；其轴孔直径和长度与电动机轴直径和长度是否相对应；大带轮外圆是否与机架干涉等。如有不合理的情况，应考虑改选带轮直径，重新设计。

在确定大带轮轴孔直径和长度时，应与减速器输入轴轴伸的直径和长度相适应，轴孔直

径一般应符合标准规定。带轮轮毂长度与带轮轮缘长度不一定相同，一般轮毂长度 l 可按轴孔直径 d 的大小确定，常取 $l=(1.5\sim2)d$。而轮缘长度则取决于带的型号和根数。

2. 链传动

设计链传动所需的已知条件主要有：载荷特性和工作情况；传递功率；主动链轮和从动链轮的转速；外廓尺寸；传动布置方式以及润滑条件等。设计内容包括：确定链条的节距、排数和链节数；链轮的材料和结构尺寸；传动中心距；张紧装置以及润滑方式等。

与前述带传动设计中应注意的问题类似，设计时应检查链轮直径尺寸、轴孔尺寸、轮毂尺寸等是否与减速器或工作机相适应。链轮的齿数最好选择奇数或不能整除链节数的数，一般限定 $z_{min}=17$，而 $z_{max}\leqslant120$。为避免使用过渡链节，链节数最好取为偶数。当采用单排链传动而计算出的链节距过大时，应改选双排链或多排链。

3. 开式齿轮传动

设计开式齿轮传动所需的已知条件主要有：传递功率；转速；传动比；工作条件和尺寸限制等。设计内容包括：选择材料；确定齿轮传动的参数（齿数、模数、螺旋角、变位系数、中心距、齿宽等）；齿轮的其他几何尺寸和结构以及作用在轴上力的大小和方向等。

开式齿轮只需计算轮齿弯曲强度，考虑到齿面的磨损，应将强度计算求得的模数加大10%～20%。

开式齿轮传动一般用于低速，为使支承结构简单，常采用直齿。由于润滑及密封条件差，灰尘大，故应注意材料配对的选择，使之具有较好的减摩和耐磨性能。

开式齿轮轴的支承刚度较小，齿宽系数应取小些，以减轻轮齿偏载。

尺寸参数确定后，应检查传动的外廓尺寸，如与其他零件发生干涉或碰撞，则应修改参数重新计算。

3.3.2　箱体内传动零件的设计计算

在设计箱体内传动零件时，它们前一级传动的传动比可能有误差，为不使传动比的误差累积过大，在设计时应对初定的传动比作相应的调整后再进行设计。齿轮传动和蜗杆传动的设计步骤与公式可参阅机械设计基础教材。

1. 圆柱齿轮传动

（1）齿轮材料及热处理方法的选择，要考虑齿轮毛坯的制造方法。当齿轮的齿顶圆直径 $d_a\leqslant400\sim500$ mm 时，一般采用锻造毛坯；当 $d_a>400\sim500$ mm 时，因受锻造设备能力的限制，多采用铸造毛坯；当齿轮直径与轴的直径相差不大时，应将齿轮和轴做成一体，选择材料时要兼顾齿轮及轴的一致性要求；同一减速器内各级大小齿轮的材料最好对应相同，以减少材料牌号和简化工艺要求。

（2）齿轮传动的几何参数和尺寸应分别进行标准化、圆整或计算其精确值。例如模数必须标准化；中心距和齿宽应该圆整；分度圆、齿顶圆和齿根圆直径、螺旋角、变位系数等啮合尺寸必须计算其精确值。要求长度尺寸精确到小数点后三位（单位为 mm），角度精确到秒。为便于制造和测量，中心距应尽量圆整成尾数为 0 或 5。对直齿圆柱齿轮传动，可以通过调整模数 m 和齿数 z，或采用变位来达到；对斜齿圆柱齿轮传动，还可以通过调整螺旋角 β 来实现中心距尾数圆整的要求。

齿轮的结构尺寸都应尽量圆整，以便于制造和测量。轮毂直径和长度，轮辐的厚度和孔径，轮缘长度和内径等，按设计资料给定的经验公式计算后，进行圆整。

（3）齿宽 b 应是一对齿轮的工作宽度，为易于补偿齿轮轴向位置误差，应使小齿轮宽度大于大齿轮宽度，若大齿轮宽度取 b_2，则小齿轮齿宽取 $b_1=b_2+(5\sim10)$ mm。

2. 锥齿轮传动

（1）直齿锥齿轮的锥距 R、分度圆直径 d（大端）等几何尺寸，应按大端模数和齿数精确计算至小数点后三位数值，不能圆整。

（2）两轴交角为90°时，分度圆锥角 δ_1 和 δ_2 可以由齿数比 $u=z_2/z_1$ 算出，其中小锥齿轮齿数 z_1 可取17～25。u 值的计算应达到小数点后第三位，δ 值的计算应精确到秒。

（3）大、小锥齿轮的齿宽应相等，按齿宽系数 $\phi_R=b/R$ 计算出齿宽 b 的数值应圆整。

3. 蜗杆传动

（1）由于蜗杆传动的滑动速度大，摩擦和发热剧烈，因此要求蜗杆蜗轮副材料具有较好的耐磨性和抗胶合能力。一般是在初估滑动速度的基础上选择材料，蜗杆副的滑动速度 v_s 可由下式估计

$$v_s=5.2\times10^{-4}n_1\sqrt[3]{T_2} \qquad (\text{m/s})$$

式中　n_1——蜗杆转速，r/min；

T_2——蜗轮轴转矩，N·m。

待蜗杆传动尺寸确定后，应校核滑动速度和传动效率，如与初估值有较大出入，则应重新修正计算，其中包括检查材料选择是否恰当。

（2）为了便于加工，蜗杆和蜗轮的螺旋线方向应尽量取为右旋。

（3）模数 m 和蜗杆分度圆直径 d_1 要符合标准规定。在确定 m、d_1、z_2 后，计算中心距应尽量圆整成尾数为0或5，为此，常需将蜗杆传动做成变位传动，即对蜗轮进行变位，变位系数应在 $1>x>-1$ 之间，如不符合，则应调整 d_1 值或改变蜗轮1～2个齿数。

（4）蜗杆分度圆圆周速度 $v<4\sim5$ m/s 时，一般将蜗杆下置；$v>4\sim5$ m/s 时，则将其上置。

（5）连续工作的闭式蜗杆传动因发热大，易产生胶合，应进行热平衡计算，但应在蜗杆减速器装配工作草图完成后进行。

3.3.3　选择联轴器类型和型号

联轴器工作时其主要功能是连接两轴并起到传递转矩的作用，除此之外还应具有补偿两轴因制造和安装误差而造成的轴线偏移的功能，以及具有缓冲、吸振、安全保护等功能。对于传动系统要根据具体的工作要求来选定联轴器类型。

对中、小型减速器的输入轴和输出轴均可采用弹性柱销联轴器，其加工制造容易，装拆方便，成本低，并能缓冲减振。当两轴对中精度良好时，可采用凸缘联轴器，它具有传递扭矩大，刚性好等优点。

输入轴如果与电动机轴相连，转速高、转矩小，也可选用弹性套柱销联轴器。如果是减速器低速轴（输出轴）与工作机轴连接用的联轴器，由于轴的转速较低，传递的转矩较大，又因为减速器轴与工作机轴之间往往有较大的轴线偏移，因此常选用无弹性元件的挠性联轴

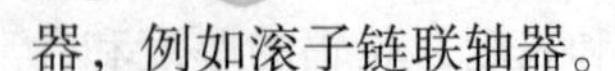

器，例如滚子链联轴器。

联轴器型号按计算转矩进行选取（参阅第14章表14-43至表14-49），所选定的联轴器，其轴孔直径的范围应与被连接两轴的直径相适应。应注意减速器高速轴外伸段轴径与电动机的轴径不应相差很大，否则难以选择合适的联轴器。电动机选定后，其轴径是一定的，应注意调整减速器高速轴外伸端的直径。

3.3.4 初选滚动轴承

滚动轴承的类型应根据所受载荷的大小、性质、方向，轴的转速及其工作要求进行选择。若只承受径向载荷或主要是径向载荷而轴向载荷较小，轴的转速较高，则选择深沟球轴承。若轴承承受径向力和较大的轴向力或需要调整传动零件（如锥齿轮、蜗杆蜗轮等）的轴向位置，则应选择角接触球轴承或圆锥滚子轴承。由于圆锥滚子轴承装拆调整方便，价格较低，故应用最多。

根据初算轴径，考虑轴上零件的轴向定位和固定，确定出安装轴承处的轴径，再假设选用轻系列或中系列轴承，这样可初步定出滚动轴承型号。至于选择得是否合适，则有待于在减速器装配工作草图设计中进行轴承寿命验算后再行确定。

第4章 圆柱齿轮减速器装配工作图设计

4.1 减速器装配工作图设计概述

4.1.1 减速器装配工作图设计内容和步骤

减速器装配工作图表达了减速器的设计构思、工作原理和装配关系，也表达了各零件间的相互位置、尺寸和结构形状。它是绘制零件工作图的基础，又是对减速器部件组装、调试、检验及维修的技术依据。设计装配工作图时要综合考虑工作要求、材料、强度、刚度、磨损、加工、装拆、调整、润滑和维护以及经济性诸因素，并要用足够的视图表达清楚，一般应包括以下四方面内容：

（1）完整、清晰地表达减速器全貌的一组视图；

（2）必要的尺寸标注；

（3）技术要求及调试、装配、检验说明；

（4）零件编号、标题栏、明细表。

设计减速器装配工作图一般按以下步骤进行：

（1）设计装配工作图的准备（准备阶段）；

（2）初步绘制减速器装配工作草图（第一阶段）；

（3）减速器轴系零部件的设计计算（第二阶段）；

（4）减速器箱体和附件的设计（第三阶段）；

（5）完成装配工作图（第四阶段）。

装配工作图设计的各个阶段不是绝对分开的，会有交叉和反复。在设计过程中，随时要对前面已进行的设计作必要的修改。

4.1.2　设计装配工作图的准备（准备阶段）

开始绘制减速器装配工作图前，应做好必要的准备工作。

1. 确定结构设计方案

通过阅读有关资料，看实物、模型、录像或减速器拆装实验等，了解各零件的功能、类型和结构，做到对设计内容心中有数。分析并初步确定减速器的结构设计方案，其中包括箱体结构（剖分式或整体式）、轴及轴上零件的固定方式、轴的结构、轴承的类型、润滑及密封方案、轴承端盖的结构（凸缘式或嵌入式），以及传动零件的结构等。

2. 准备原始数据

根据已进行的计算，取得下列数据：

（1）电动机的型号、电动机轴直径、轴伸长度、中心高；

（2）各传动零件主要尺寸参数，如齿轮分度圆直径、齿顶圆直径、齿宽、中心距、锥齿轮锥距、带轮或链轮的几何尺寸等；

（3）联轴器型号、毂孔直径和长度尺寸、装拆要求；

（4）初选轴承的类型及轴的支承形式（双固式或固游式）；

（5）键的类型和尺寸系列。

3. 选择图纸幅面、视图、图样比例及布置各视图的位置

装配工作图应用 A0 或 A1 号图纸绘制，一般选主视图、俯视图、左视图并加必要的局部视图。为加强真实感，尽量采用 1∶1 或 1∶2 的比例尺绘图。布图之前，估算出减速器的轮廓尺寸（参考表 4-1），并留出标题栏、明细表、零件编号、技术特性表及技术要求的位置，合理布置图面。

4.1.3　装配工作图设计注意事项

减速器装配工作图设计应由内向外进行，先画内部传动零件，然后画箱体、附件等。三个视图设计要穿插进行，绝对不能以一个视图画到底。

装配工作图的设计过程中既包括结构设计，又有校核计算。计算和画图需要交叉进行，边画图，边计算，反复修改以完善设计。

装配工作图上某些结构（如螺栓、螺母、滚动轴承等），可以按机械制图国家标准关于简化画法的规定绘制。对同类型、尺寸、规格的螺栓连接可只画一组，但所画的这一组必须在各视图上表达完整，其他组用中心线表示。

课程设计是在教师指导下进行的，为了更好地达到培养设计能力的要求，提倡独立思考、严肃认真、精益求精的学习态度，绘图要严格，尺寸要准确。

4.2 初步绘制减速器装配工作草图（第一阶段）

初步绘制装配工作草图是设计减速器装配工作图的第一阶段，基本内容为：在选定箱体结构形式的基础上，确定各传动零件之间及传动零件与箱体内壁的相对位置。

4.2.1 视图选择与布置图面

如图 4-1 所示，减速器装配工作图通常用三个视图并辅以必要的局部视图来表达，同时，还要考虑标题栏、明细表、技术要求、尺寸标注等所需的图面位置。绘制装配工作图时，应根据传动装置的运动简图和由计算得到的减速器内部齿轮的直径、中心距，估计减速器的外形尺寸，合理布置三个主要视图，视图的大小可按表 4-1 进行估算。

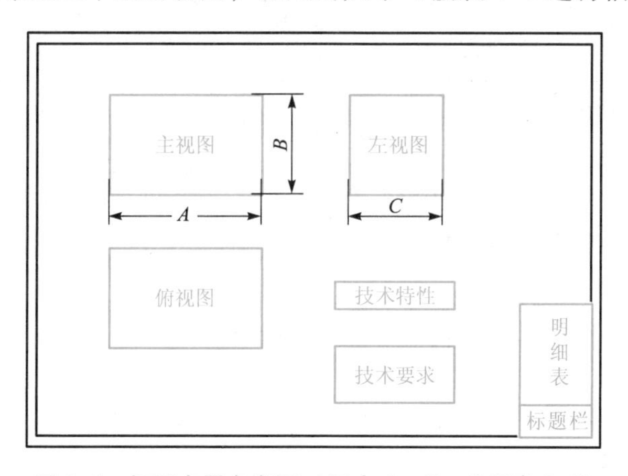

图 4-1 视图布置参考图（图中 A、B、C 见表 4-1）

表 4-1 视图大小估算表

	A	B	C
一级圆柱齿轮减速器	$3a$	$2a$	$2a$
二级圆柱齿轮减速器	$4a$	$2a$	$2a$
圆锥-圆柱齿轮减速器	$4a$	$2a$	$2a$
一级蜗杆减速器	$2a$	$3a$	$2a$
注：a 为传动中心距。对于二级传动，a 为低速级的中心距。			

4.2.2 确定齿轮位置和箱体内壁线

圆柱齿轮减速器装配工作图设计时，一般从主视图和俯视图开始。在主视图和俯视图位置画出齿轮的中心线，再根据齿轮直径和齿宽绘出齿轮轮廓位置。为保证全齿宽接触，通常使小齿轮较大齿轮宽5～10 mm。

为了避免因箱体铸造误差造成齿轮与箱体间的距离过小造成运动干涉，应使大齿轮齿顶圆至箱体内壁之间、齿轮端面至箱体内壁之间分别留有适当距离 Δ_1 和 Δ_2。高速级小齿轮一侧的箱体内壁线还应考虑其他条件才能确定，故暂不画出。

在设计二级展开式齿轮减速器时，还应注意使两个大齿轮端面之间留有一定的距离 Δ_4；使中间轴上大齿轮与输出轴之间保持一定距离 Δ_5，如不能保证，则应调整齿轮传动的参数。

减速器各零件之间的位置尺寸见表4-2，单级齿轮减速器各零件之间的位置见图4-2，二级齿轮减速器各零件之间的位置见图4-3。

表4-2　减速器零件的位置尺寸　　mm

代号	名　称	荐用值	代号	名　称	荐用值
Δ_1	齿轮顶圆至箱体内壁的距离	≥1.2δ，δ为箱座壁厚	Δ_2	齿轮端面至箱体内壁的距离	>δ（一般取≥10）
Δ_3	轴承端面至箱体内壁的距离 轴承用脂润滑时 轴承用油润滑时	 Δ_3=10～12 Δ_3=3～5	H	减速器中心高	≥$r_a+\Delta_6+\Delta_7$
Δ_4	旋转零件间的轴向距离	10～15	L_1	箱体内壁至轴承座孔端面的距离	=$\delta+C_1+C_2+(5\sim8)$，C_1、C_2见表3-2
Δ_5	齿轮顶圆至轴表面的距离	≥10	e	轴承端盖凸缘厚度	见表4-4
Δ_6	大齿轮齿顶圆至箱底内壁的距离	>30～50（图3-5）	L_2	箱体内壁轴向距离	
Δ_7	箱底至箱底内壁的距离	δ+（3～5）	L_3	箱体轴承座孔端面间的距离	

4.2.3　确定箱体轴承座孔端面位置

根据箱体壁厚 δ 和由表3-2确定的轴承旁螺栓的安装尺寸 C_1、C_2，按表4-2初步确定轴承座孔的长度 L_1，可画出箱体轴承座孔外端面线，如图4-2和图4-3所示。

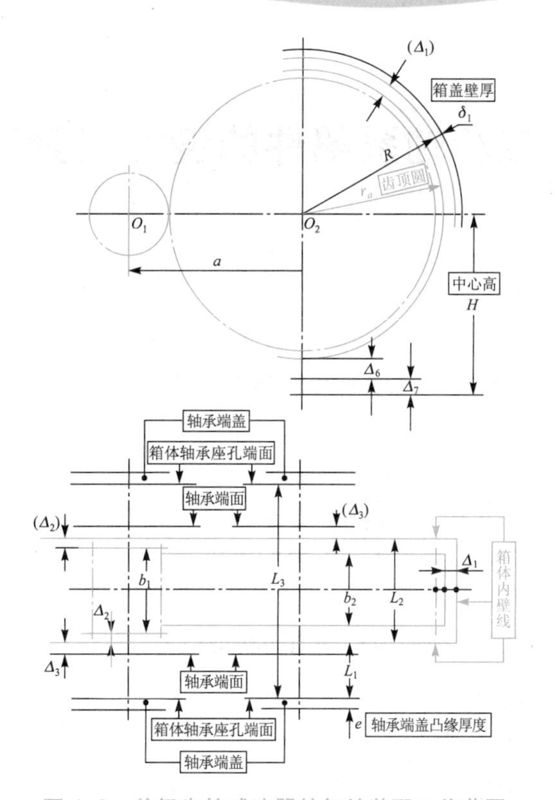

图 4-2　单级齿轮减速器的初绘装配工作草图

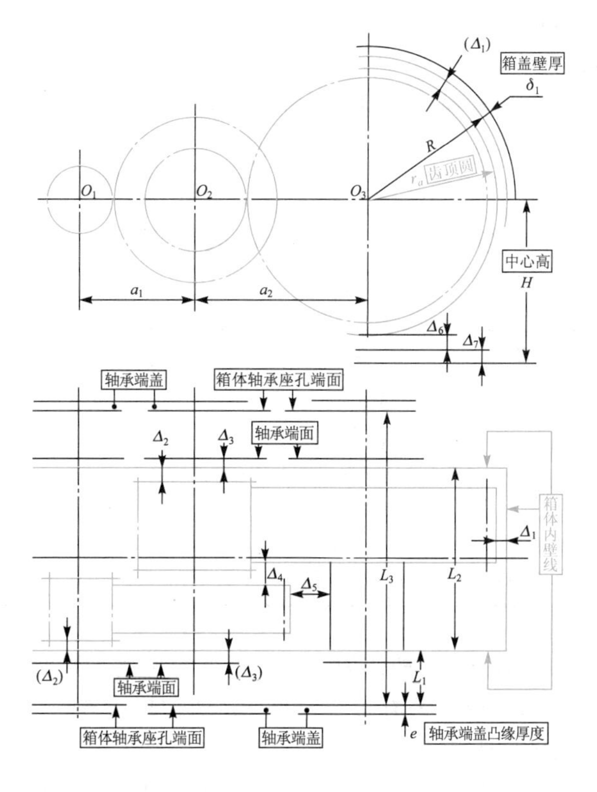

图 4-3　二级齿轮减速器的初绘装配工作草图

4.3 轴和轴系部件的设计（第二阶段）

4.3.1 轴径的初步估算

轴的结构设计要在初步估算出最小轴径的基础上进行。轴径可按扭转强度估算，即假定轴只受转矩，根据轴上所受转矩估算轴的最小直径，并用降低许用扭转剪应力的方法来考虑弯矩的影响。

由工程力学可知，受转矩作用的圆截面轴，其强度条件为

$$\tau_T=\frac{T}{W_T}=\frac{9.55\times10^6P}{0.2d^3n}\leqslant[\tau_T] \tag{4-1}$$

式中 τ_T、$[\tau_T]$——轴的扭转剪应力和许用扭转剪应力，MPa；

T——转矩，N · mm；

P——轴所传递的功率，kW；

W_T——轴的抗扭截面模量，$W_T=\frac{\pi d^3}{16}\approx0.2d^3$，$mm^3$；

d——轴的直径，mm；

n——轴的转速，r/min。

由上式，经整理得满足扭转强度条件的轴径估算式为

$$d\geqslant\sqrt[3]{\frac{9.55\times10^6}{0.2[\tau_T]}}\sqrt[3]{\frac{P}{n}}=C\sqrt[3]{\frac{P}{n}} \tag{4-2}$$

式中 C——由轴的材料和承载情况确定的常数，见表4-3。

表4-3 轴常用材料的 $[\tau_T]$ 和 C 值

轴的材料	Q235，20	Q275，35	45	40Cr、35SiMn、42SiMn、38SiMnMo、20CrMnTi
$[\tau_T]$ /MPa	12～20	20～30	30～40	40～52
C	158～134	134～117	117～106	106～97

注：1. 表中 $[\tau_T]$ 已考虑了弯矩对轴的影响。

2. 当弯矩相对转矩较小或只受转矩时，C 取较小值；当弯矩较大时，C 取较大值。

3. 当用Q235、Q275及35SiMn时，C 取较大值。

按式（4-2）计算出的轴径，一般作为轴的最小处的直径。如果在该处有键槽，则应考虑键槽对轴的强度的削弱。一般，若有一个键槽，d 值应增大5%；有两个键槽，d 值应增大10%，最后需将轴径圆整为标准值。

若外伸轴用联轴器与电动机轴相连，则应综合考虑电动机轴径及联轴器孔径尺寸，适当

调整初算的轴径尺寸。

4.3.2　轴的结构设计

轴的结构设计是在初步估算轴径的基础上进行的。为满足轴上零件的装拆、定位、固定要求和便于轴的加工，通常将轴设计成阶梯轴。轴的结构设计的任务是合理确定阶梯轴的形状和全部结构尺寸。

1. 轴各段直径的确定

（1）轴上装有齿轮、带轮和联轴器处的直径，如图4-4中的d和d_3应取标准值（参照表12-9）。而装有密封元件和滚动轴承处的直径，如d_1、d_2、d_5，则应与密封元件和轴承的内孔径尺寸一致。轴上两个支点的轴承，应尽量采用相同的型号，便于轴承座孔的加工。

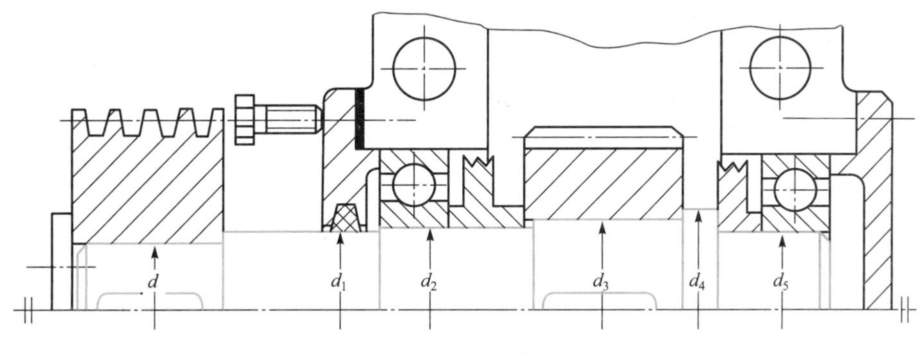

图4-4　轴的结构设计

（2）相邻轴段的直径不同即形成轴肩。当轴肩用于轴上零件定位和承受轴向力时，应具有一定的高度，如图4-4中d—d_1、d_3—d_4—d_5所形成的轴肩。一般的定位轴肩，轴肩高度可取（0.07～0.1）d。用作滚动轴承内圈定位时，轴肩的直径应按轴承的安装尺寸要求取值（见表15-1至表15-6）。

如果两相邻轴段直径的变化仅是为了轴上零件装拆方便或区分加工表面时，轴肩高度取1～2 mm即可（如图4-4中d_1—d_2、d_2—d_3的变化），也可以采用相同公称直径而取不同的公差值。

（3）为了降低应力集中，轴肩处的过渡圆角不宜过小。用作零件定位的轴肩，零件毂孔的倒角（或圆角半径）应大于轴肩处过渡圆角半径，以保证定位的可靠（见图4-5）。一般配合表面处轴肩和零件孔的圆角、倒角尺寸见表12-11。装滚动轴承处轴肩的过渡圆角半径应按轴承的安装尺寸要求取值（见表15-1至表15-6）。

（4）为了便于切削加工，一根轴上的过渡圆角应尽可能取相同的半径，退刀槽取相同的宽度，倒角尺寸相同；一根轴上各键槽应开在轴的同一母线上，若开有键槽的轴段直径相差不大时，尽可能采用相同宽度的键槽，以减少换刀的次数；需要磨削的轴段，应留有砂轮越程槽（越程槽尺寸见表12-12），以便磨削时砂轮可以磨到轴肩的端部，需切削螺纹的轴段，应留有退刀槽，以保证螺纹牙均能达到预期的高度。

2. 轴各段长度的确定

轴各段的长度主要取决于轴上零件（传动零件、轴承）的宽度以及相关零件（箱体轴

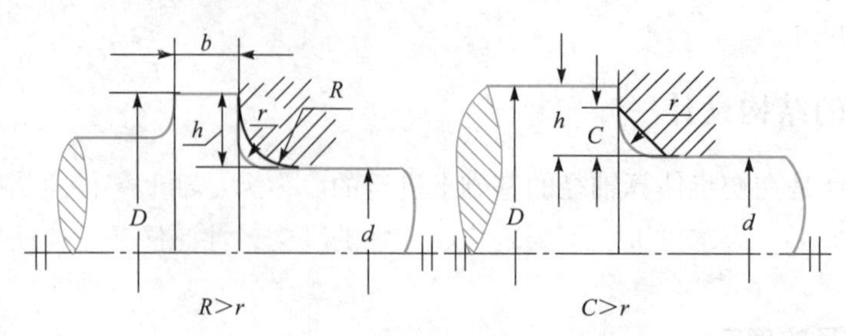

图 4-5　轴肩和零件孔的圆角、倒角

承座、轴承端盖）的轴向位置和结构尺寸。

（1）对于安装齿轮、带轮、联轴器的轴段，当这些零件靠其他零件（套筒、轴端挡圈等）顶住来实现轴向固定时，该轴段的长度应略短于相配轮毂的宽度，以保证固定可靠，如图 4-4 中安装齿轮和带轮的轴段。

（2）安装滚动轴承处轴段的轴向尺寸由轴承的位置和宽度来确定。

根据以上对轴的各段直径尺寸设计和已选的轴承类型，可初选轴承型号，查出轴承宽度和轴承外径等尺寸（见表 15-1 至表 15-6）。轴承内侧端面的位置（轴承端面至箱体内壁的距离 Δ_3）可按表 4-2 确定。

应注意，轴承在轴承座中的位置与轴承润滑方式有关。轴承采用脂润滑时，常需在轴承旁设封油盘，轴承距离箱体内壁较远，见图 4-10。当采用油润滑时，轴承应尽量靠近箱体内壁，可只留少许距离（Δ_3 值较小），见图 4-11。

确定了轴承位置和已知轴承的尺寸后，即可在轴承座孔内画出轴承的图形。

（3）轴的外伸段长度取决于外伸轴段上安装的传动零件尺寸和轴承端盖的结构。如采用凸缘式轴承端盖，应考虑装拆轴承端盖螺栓所需的距离（见图 4-4）。当外伸轴装有弹性套柱销联轴器时，应留有装拆弹性套柱销的必要距离（见图 4-6）。

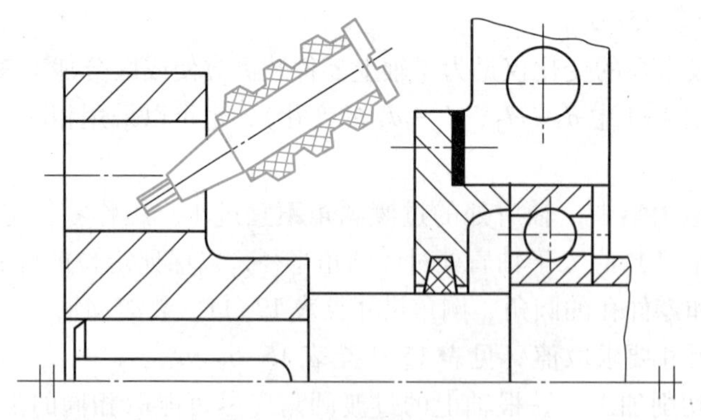

图 4-6　轴的外伸段长度的确定

3. 轴上键槽的尺寸和位置

平键的剖面尺寸根据相应轴段的直径确定（见表 14-35），键的长度应比轴段长度短。键槽不要太靠近轴肩处，以避免由于键槽加重轴肩过渡圆角处的应力集中。键槽应靠近轮毂装入侧轴段端部，以利装配时轮毂的键槽容易对准轴上的键。

按照以上所述方法，可设计轴的结构，并在图4-2或图4-3的基础上，完善减速器装配工作草图。图4-7所示为完成轴系设计后单级圆柱齿轮减速器的装配工作草图内容。

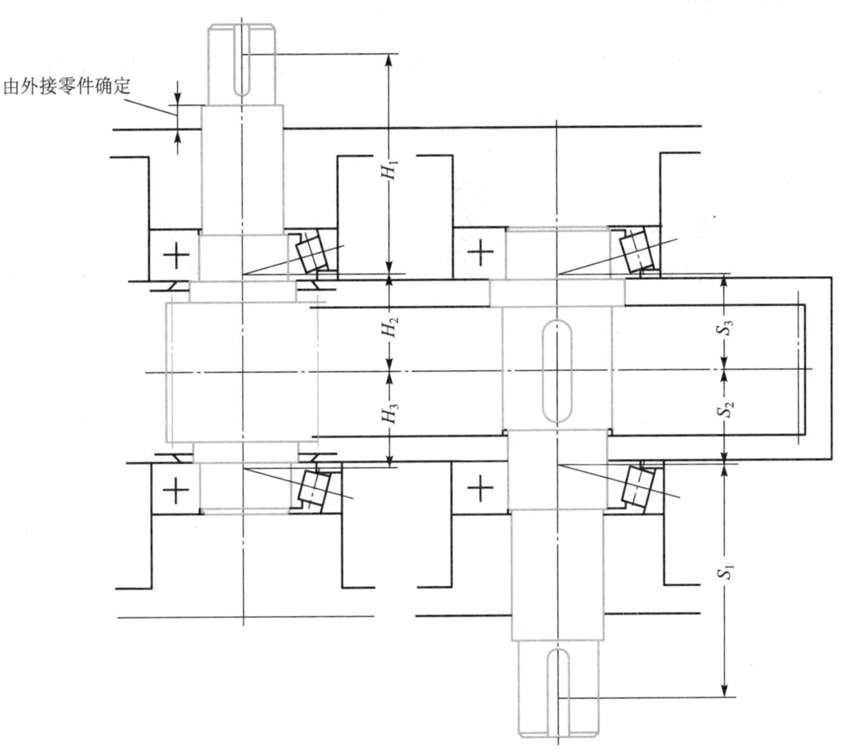

图4-7　完成轴系设计后单级圆柱齿轮减速器装配工作草图

4.3.3　轴、轴承和键连接的校核计算

1. 确定轴上力作用点及支承跨距

轴上力作用点及支承跨距可从装配工作草图定出。传动零件的力作用线位置，可取在轮缘宽度的中点。滚动轴承支反力作用点与轴承端面的距离 a，可查轴承标准（见第15章）。

2. 进行轴、轴承和键连接的校核计算

力作用点及支承跨距确定后，便可求出轴所受的弯矩和扭矩。这时应选定轴的材料，综合考虑受载大小、轴径粗细及应力集中等因素，确定一个或几个危险剖面，对轴的强度进行校核。如果校核不合格，则须对轴的一些参数，如轴径、圆角半径等作适当修改；如果强度裕度较大，不必马上改变轴的结构参数，待轴承寿命以及键连接强度校核之后，再综合考虑是否修改或如何修改的问题。实际上，许多机械零件的尺寸是由结构确定的，并不完全决定于强度。

对滚动轴承应进行寿命、静载及极限转速的验算。一般情况下，可取减速器的使用寿命为轴承寿命，也可取减速器的检修期为轴承寿命，到时便更换。验算结果如不能满足使用要求（寿命过短或过长），可以改用其他宽度系列或直径，必要时可以改变轴承类型。

对于键连接，应先分析受载情况、尺寸大小及所用材料，确定危险零件进行验算。若经校核强度不合格，当相差较小时，可适当增加键长；当相差较大时，可采用双键，其承载能力按单键的1.5倍计算。

根据校核计算的结果，必要时应对装配工作草图进行修改。

4.3.4 齿轮的结构设计

齿轮的结构设计与齿轮的几何尺寸、毛坯、材料、加工方法、使用要求及经济性等因素有关。进行齿轮的结构设计时，必须综合地考虑上述各方面的因素。通常是先按齿轮的直径大小，选定合适的结构形式，然后再根据推荐的经验数据，进行结构设计。

对于直径很小的钢制齿轮，当为圆柱齿轮时（图4-8（a）），若齿根圆到键槽底部的距离 $e<2m_t$（m_t 为端面模数）；当为锥齿轮时（图4-8（b）），按齿轮小端尺寸计算而得的 $e<1.6m$ 时，均应将齿轮和轴做成一体，叫做齿轮轴。若 e 值超过上述尺寸时，齿轮与轴以分开制造较为合理。

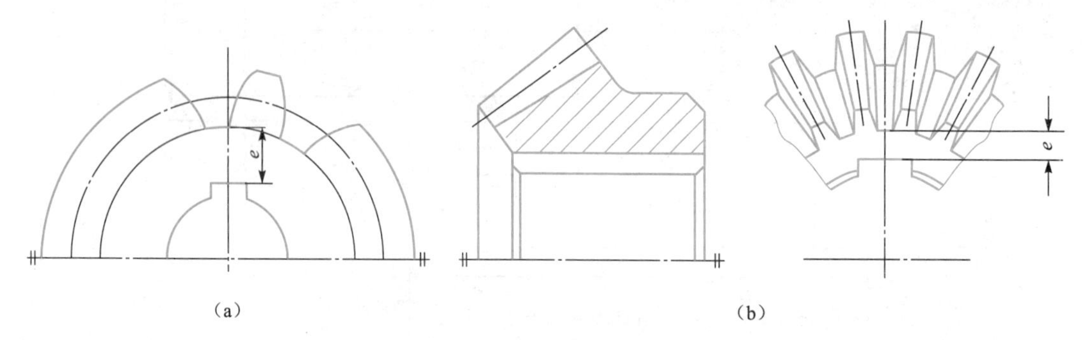

图4-8 齿轮的结构尺寸 e

当齿顶圆直径 $d_a \leqslant 160$ mm 时，可以做成实心结构的齿轮（图4-8）。当齿顶圆直径 $d_a<500$ mm时，可做成辐板式结构。为了节约贵重金属，对于尺寸较大的圆柱齿轮，可做成组装齿圈式的结构。齿圈用钢制，而轮芯则用铸铁或铸钢。

具体的齿轮结构设计可参阅机械设计基础教材。

4.3.5 滚动轴承的组合设计

1. 轴的支承结构形式和轴系的轴向固定

按照对轴系轴向位置的不同限定方法，轴的支承结构可分为三种基本形式，即两端固定支承、一端固定一端游动支承和两端游动支承。它们的结构特点和应用场合可参阅机械设计基础教材。

普通齿轮减速器，其轴的支承跨距较小，较常采用两端固定支承。轴承内圈在轴上可用轴肩或套筒作轴向定位，轴承外圈用轴承端盖作轴向固定。

设计两端固定支承时，轴的热伸长量可由轴承自身的游隙进行补偿（图4-9（a）下半部所示），或者在轴承端盖与外圈端面之间留出热补偿间隙 $c=0.2\sim0.4$ mm，用调整垫片（图4-9（a）上半部所示）调节。对于角接触球轴承和圆锥滚子轴承，不仅可以用垫片调节，也可用调整螺钉调整轴承外圈的方法来调节（图4-9（b））。

2. 轴承端盖的结构

轴承端盖的作用是固定轴承、承受轴向载荷、密封轴承座孔、调整轴系位置和轴承间隙

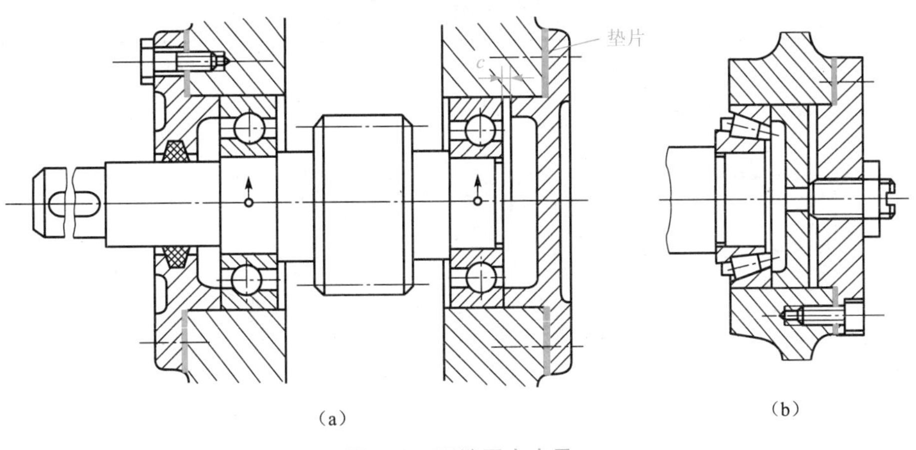

图 4-9　两端固定支承

等。其类型有凸缘式和嵌入式两种。

凸缘式轴承端盖用螺钉固定在箱体上，调整轴系位置或轴系间隙时不需开箱盖，密封性也较好。凸缘式轴承端盖结构尺寸见表 4-4。

嵌入式轴承端盖不用螺栓连接，结构简单，但密封性差。在轴承端盖中设置 O 形密封圈能提高其密封性能，适用于油润滑。另外，采用嵌入式轴承端盖时，利用垫片调整轴向间隙要开启箱盖。嵌入式轴承端盖结构尺寸见表 4-5。

当轴承用箱体内的油润滑时，轴承端盖的端部直径应略小些并在端部开槽，使箱体剖分面上输油沟内的油可经轴承端盖上的槽流入轴承（参阅图 3-9、图 3-10 和图 4-11）。

表 4-4　凸缘式轴承端盖结构尺寸　　mm

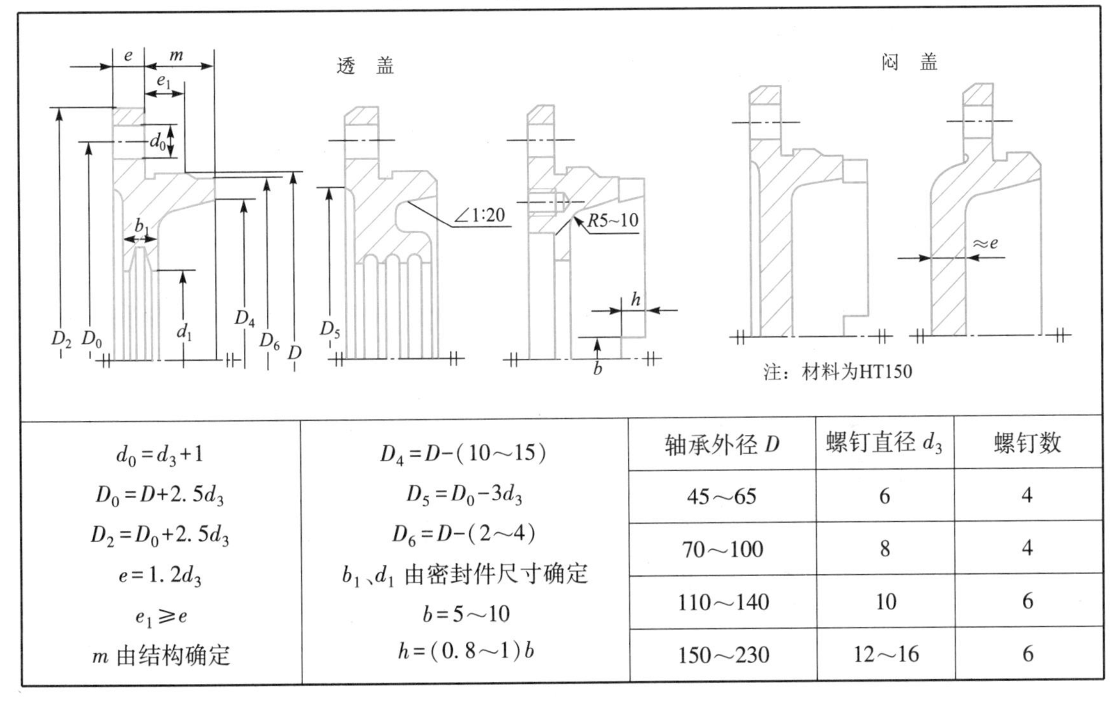

<table>
<tr><td rowspan="5">$d_0=d_3+1$
$D_0=D+2.5d_3$
$D_2=D_0+2.5d_3$
$e=1.2d_3$
$e_1\geqslant e$
m 由结构确定</td><td rowspan="5">$D_4=D-(10\sim15)$
$D_5=D_0-3d_3$
$D_6=D-(2\sim4)$
b_1、d_1 由密封件尺寸确定
$b=5\sim10$
$h=(0.8\sim1)b$</td><td>轴承外径 D</td><td>螺钉直径 d_3</td><td>螺钉数</td></tr>
<tr><td>45～65</td><td>6</td><td>4</td></tr>
<tr><td>70～100</td><td>8</td><td>4</td></tr>
<tr><td>110～140</td><td>10</td><td>6</td></tr>
<tr><td>150～230</td><td>12～16</td><td>6</td></tr>
</table>

表 4-5 嵌入式轴承端盖结构尺寸 mm

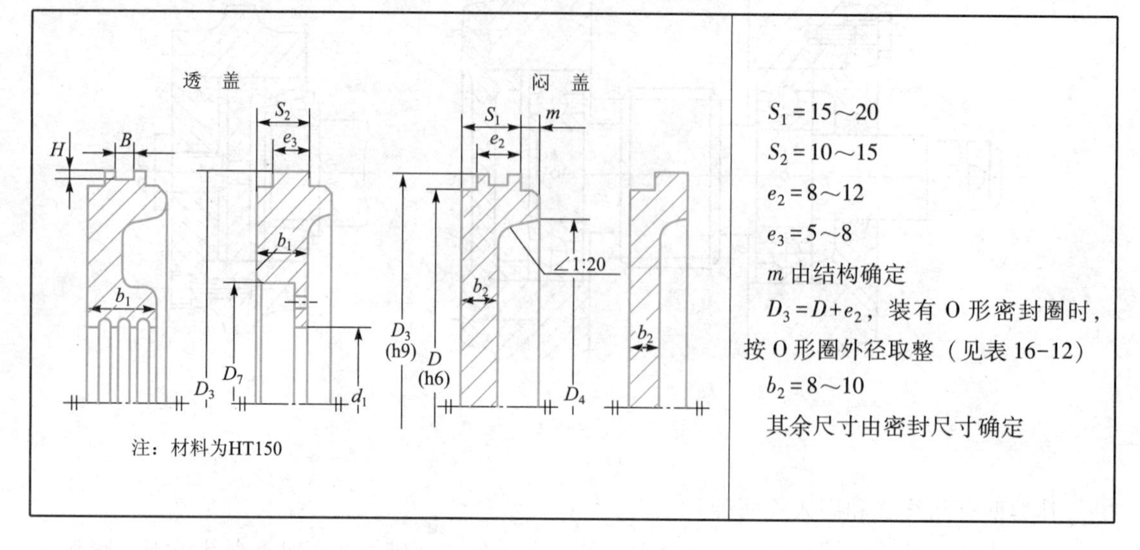

$S_1=15\sim20$
$S_2=10\sim15$
$e_2=8\sim12$
$e_3=5\sim8$
m 由结构确定
$D_3=D+e_2$，装有 O 形密封圈时，按 O 形圈外径取整（见表 16-12）
$b_2=8\sim10$
其余尺寸由密封尺寸确定

在装配工作图设计时，可按表 4-4 或表 4- 5 确定出轴承端盖各部分尺寸，并绘出其结构。

3. 滚动轴承的润滑

按照第 3 章 3. 2. 2 所述，选定减速器滚动轴承的润滑方式后，要相应的设计出合理的轴承组合结构，保证可靠的润滑和密封。

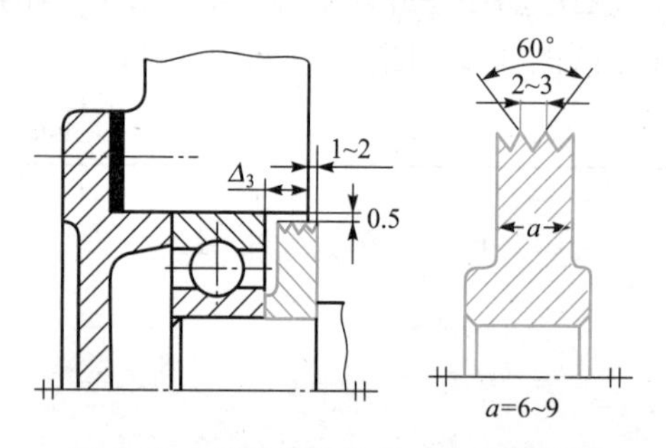

图 4-10 封油盘结构尺寸和安装位置

当轴承采用脂润滑时，为防止箱内润滑油进入轴承，造成润滑脂稀释而流出，通常在箱体轴承座内端面一侧装设封油盘。其结构尺寸和安装位置见图 4-10。

当轴承采用油润滑时，若小齿轮布置在轴承近旁，而且直径小于轴承座孔直径时，为防止齿轮啮合时（特别是斜齿轮啮合时）所挤出的热油大量冲向轴承内部，增加轴承的阻力，应在小齿轮与轴承之间装设挡油盘。图 4-11（a）的挡油盘为冲压件，适用于成批生产；图 4-11（b）的挡油盘由车制而成，适用于单件或小批生产。

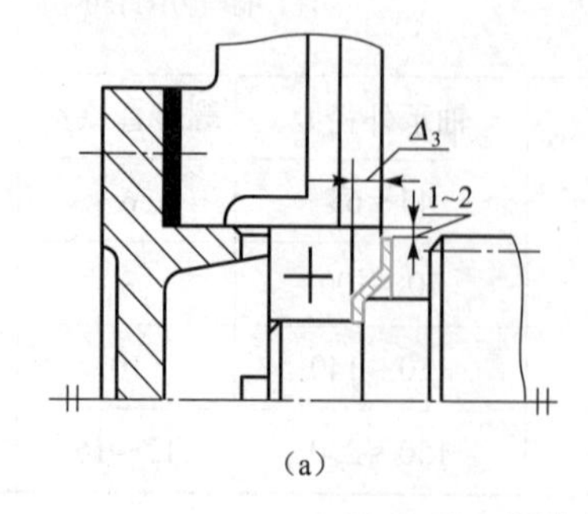

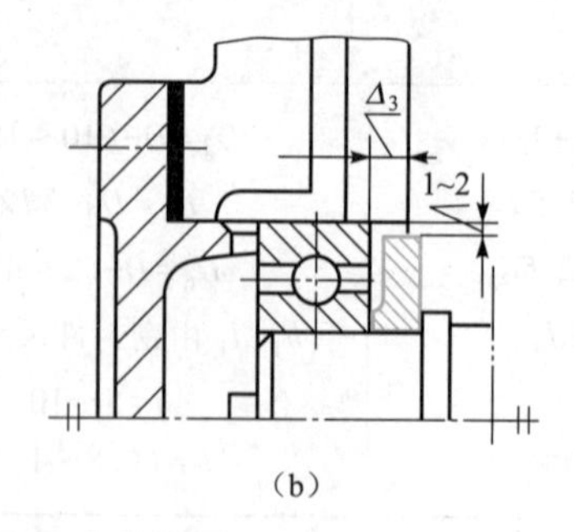

图 4-11 挡油盘的结构和安装位置

4. 轴外伸端的密封

在减速器输入轴和输出轴的外伸端，应在轴承端盖的轴孔内设置密封件。密封装置分为接触式密封和非接触式密封两类。

(1) 接触式密封。

① 毡圈密封。如图 4-12 所示，将 D 稍大于 D_0，B_1 大于 b，d_1 稍小于轴径 d 的矩形截面浸油毡圈嵌入梯形槽中，对轴产生压紧作用，从而实现密封。

毡圈及梯形槽尺寸见表 16-11。

毡圈密封结构简单，但磨损快，密封效果差。它主要用于脂润滑和接触面速度不超过 5 m/s的场合。

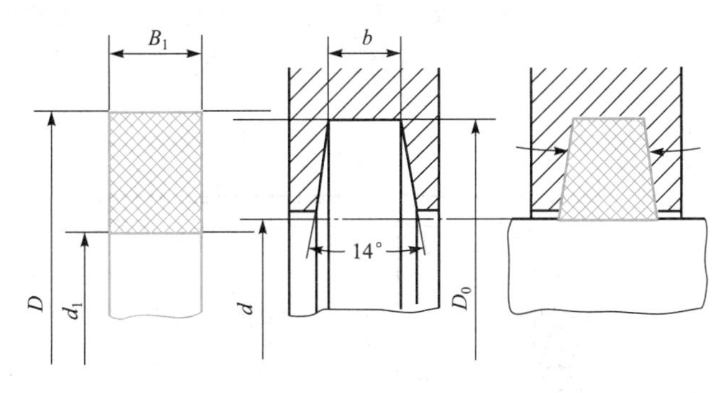

图 4-12　毡圈密封

② 唇形密封圈密封。图 4-13 所示为常用的内包骨架式唇形密封圈，它利用密封圈唇形结构部分的弹性和弹簧圈的箍紧作用实现密封。

唇形密封圈因内有金属骨架，与孔紧配合装配即可。当以防止漏油为主时，唇向内侧；以防止外界灰尘污物侵入为主时，唇向外侧；防漏油和防灰尘都重要时，两密封圈相背安装，或安装一个带防尘副唇的密封圈。唇形密封圈及透盖上安装槽的尺寸见表 16-13。

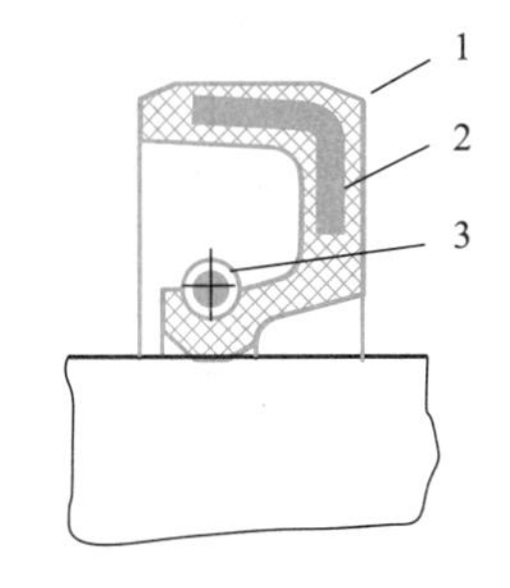

图 4-13　唇形密封圈密封

1—圈体；2—骨架；3—弹簧圈

毡圈和唇形密封圈密封时，为尽量减轻磨损，要求与其相接触轴的表面粗糙度值小于 1.6 μm。

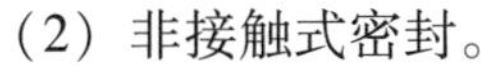

(2) 非接触式密封。

① 油沟密封。利用轴与轴承端盖孔之间的油沟和微小间隙充满润滑脂实现密封，其间隙愈小，密封效果愈好。

油沟式密封槽的结构尺寸见表 16-15。

油沟式密封结构简单，但密封效果较差，适用于脂润滑及较清洁的场合。

② 迷宫密封。利用固定在轴上的转动元件与轴承端盖间构成的曲折而狭窄的缝隙中充满润滑脂来实现密封。

迷宫式密封槽的结构尺寸见表 16-16。

迷宫式密封效果好，密封件不磨损，可用于脂润滑和油润滑的密封。若与其他形式的密封配合使用，密封效果更好。

选择密封方式，要考虑密封处的轴表面圆周速度、润滑剂种类、密封要求、工作温度、环境条件等因素。表4-6列出了几种密封适用的轴表面圆周速度和工作温度，供设计时参考。

表4-6　常用密封适用的工作条件

密封方式	毡圈密封	唇形密封圈密封	油沟密封	迷宫密封
适用的轴表面圆周速度/($m \cdot s^{-1}$)	<5	<8	<5	<30
适用的工作温度/℃	<90	-40～100	低于润滑脂熔化温度	

按照上述设计内容和方法逐一完成减速器各轴系零件的结构设计和轴承组合结构设计。图4-14所示为完成轴承组合设计后单级圆柱齿轮减速器的装配工作草图。

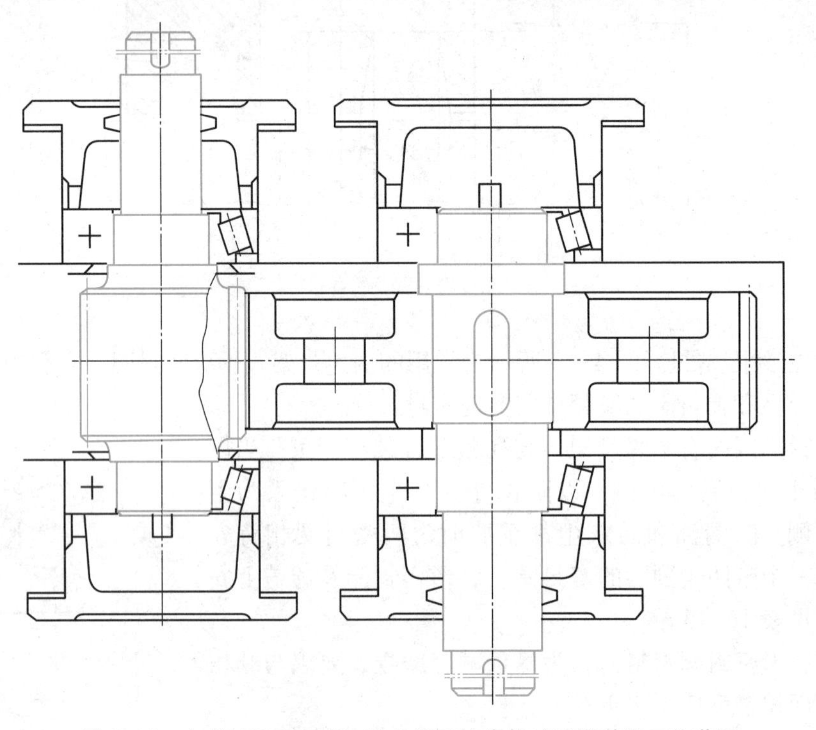

图4-14　完成轴承组合设计后单级圆柱齿轮减速器装配工作草图

4.4　减速器箱体及附件设计（第三阶段）

本阶段的设计绘图工作应在三个视图上同时进行，必要时可增加局部视图。绘图时应按先箱体，后附件；先主体，后局部；先轮廓，后细节的顺序进行。

4.4.1　箱体的结构设计

箱体起着支承轴系、保证传动零件和轴系正常运转的重要作用。在已确定箱体结构形式和箱体毛坯制造方法以及前两阶段已进行的装配工作草图设计的基础上，可全面地进行箱体的结构设计。

1. 箱体壁厚及其结构尺寸的确定

箱体要有合理的壁厚。轴承座、箱体底座等处承受的载荷较大，其壁厚应更厚些。箱座、箱盖、轴承座、底座凸缘等的壁厚可参照表3-1确定。

2. 轴承旁连接螺栓凸台结构尺寸的确定

（1）确定轴承旁连接螺栓位置。如图4-15所示，为了增大剖分式箱体轴承座的刚度，轴承旁连接螺栓距离应尽量小，但是不能与轴承端盖连接螺钉相干涉，一般 $S \approx D_2$，D_2 为轴承端盖外径。用嵌入式轴承端盖时，D_2 为轴承座凸缘的外径。当两轴承座孔之间安装不下两个螺栓时，可在两个轴承座孔间距的中间安装一个螺栓。

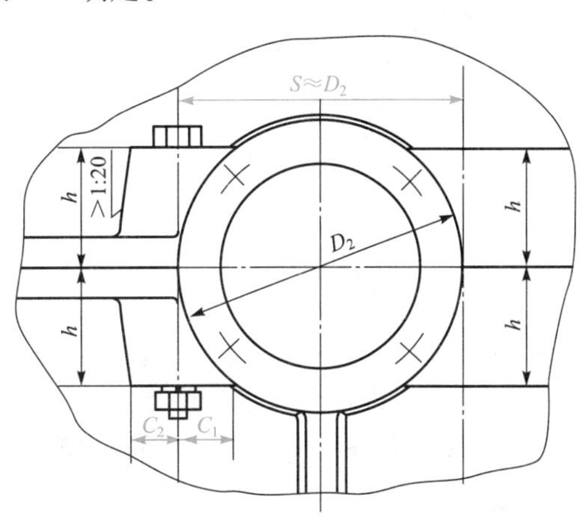

图4-15　轴承旁连接螺栓凸台的设计

（2）确定凸台高度 h。在最大的轴承座孔的轴承旁连接螺栓的中心线确定后，根据轴承旁连接螺栓直径 d_1 确定所需的扳手空间 C_1 和 C_2 值，用作图法确定凸台高度 h。用这种方法确定的 h 值不一定为整数，可向大的方向圆整为R20标准数列值（见表12-9）。其他较小轴承座孔凸台高度，为了制造方便，均设计成等高度。考虑铸造拔模，凸台侧面的斜度一般取1∶20（见图4-15）。

3. 确定箱盖顶部外表面轮廓

对于铸造箱体，箱盖顶部一般为圆弧形。大齿轮一侧，可以轴心为圆心，以 $R=r_{a2}+\Delta_1+\delta_1$ 为半径画出圆弧作为箱盖顶部的部分轮廓。在一般情况下，大齿轮轴承座孔凸台均在此圆弧以内。而在小齿轮一侧，用上述方法取的半径画出的圆弧，往往会使小齿轮轴承座孔凸台超出圆弧，一般最好使小齿轮轴承座孔凸台在圆弧以内，这时圆弧半径 R 应大于 R'（R' 为小齿轮轴心到凸台处的距离）。如图4-16（a）为用 R 为半径画出小齿轮处箱盖的部分轮廓。当然，也有使小齿轮轴承座孔凸台在圆弧以外的结构（图4-16（b））。

在初绘装配工作草图时，在长度方向小齿轮一侧的内壁线还未确定，这时根据主视图上的内圆弧投影，可画出小齿轮侧的内壁线。

画出小齿轮、大齿轮两侧圆弧后，可作两圆弧切线。这样，箱盖顶部轮廓便完全确定了。

4. 确定箱座高度 H 和油面

箱座高度 H 通常先按结构需要来确定，然后再验算是否能容纳按功率所需要的油量。如果不能，再适当加高箱座的高度。

减速器工作时，一般要求齿轮不得搅起油池底的沉积物。这样，要保证大齿轮齿顶圆到

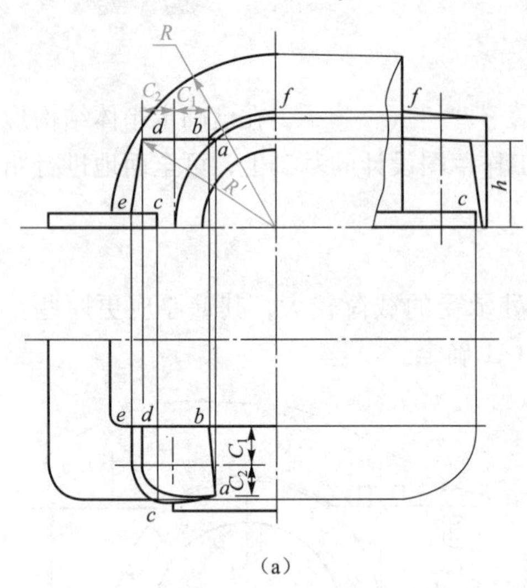
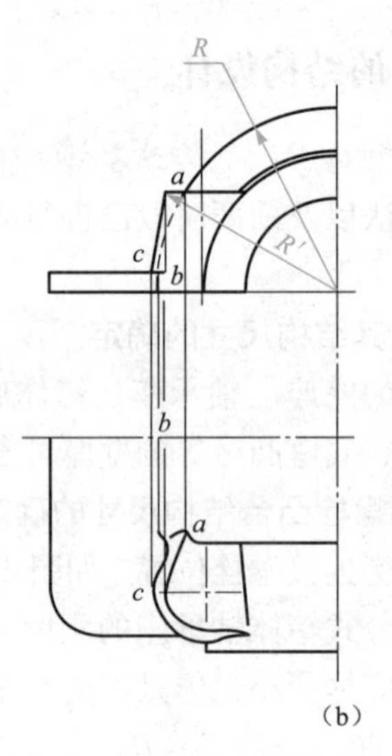
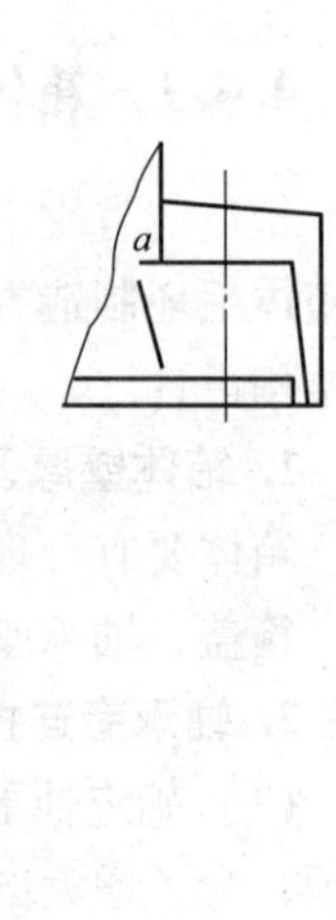

（a）　　（b）

图 4-16　小齿轮一侧箱盖圆弧的确定和凸台三视图

油池底面的距离大于 30～50 mm（如图 3-5 所示），即箱座的高度 $H \geqslant r_{a2}$+(30～50) mm+δ+(3～5) mm，并将其值圆整为整数。

圆柱齿轮润滑时的浸油深度和减速器箱体内润滑油量的确定见第 3 章 3. 2. 1。

5. 油沟的结构尺寸确定

当利用箱体内传动零件溅起来的油润滑轴承时，通常在箱座的凸缘面上开设油沟，使飞溅到箱盖内壁上的油经油沟进入轴承（见图 3-9）。

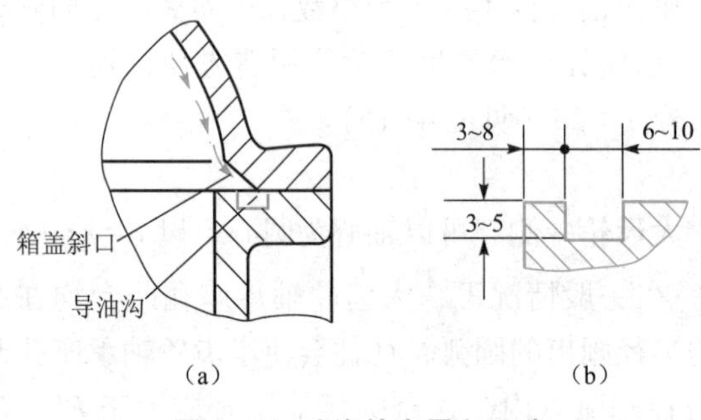

图 4-17　油沟的布置和尺寸

油沟的布置和油沟尺寸（见图4-17）。油沟可以铸造（图 4-18（a）），也可铣制而成。图 4-18（b）所示为用指状铣刀铣制的油沟，图 4-18（c）为用盘铣刀铣制的油沟。铣制油沟由于加工方便、油流动阻力小，故较常应用。

6. 箱盖、箱座凸缘及连接螺栓的布置

箱盖与箱座连接凸缘、箱底座凸缘要有一定宽度，可参照表 3-1 确定。另外，还应考虑安装连接螺栓时，要保证有足够的扳手活动空间。

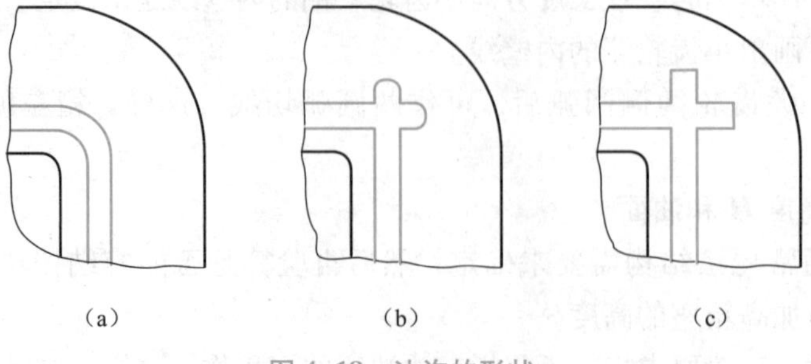

（a）　　（b）　　（c）

图 4-18　油沟的形状

轴承座外端面应向外凸出 5～8 mm，以便切削加工。箱体内壁至轴承座孔外端面的距离 L_1（轴承座孔长度）为

$$L_1=\delta+C_1+C_2+(5\sim8)\ \text{mm}$$

布置凸缘连接螺栓时，应尽量均匀对称。为保证箱盖与箱座接合的紧密性，螺栓间距不要过大，对中小型减速器不大于 150～200 mm。布置螺栓时，与其他零件间也要留有足够的扳手活动空间。

7. 箱体结构设计还应考虑的几个问题

（1）足够的刚度。箱体除有足够的强度外，还需有足够的刚度，后者和前者同样重要。若刚度不够，会使轴和轴承在外力作用下产生偏斜，引起传动零件啮合精度下降，使减速器不能正常工作。因此，在设计箱体时，除有足够的壁厚外，还需在轴承座孔凸台上、下做出刚性加强肋板。

（2）良好的箱体结构工艺性。箱体的结构工艺性，主要包括铸造工艺性和机械加工工艺性等。

箱体的铸造工艺性：设计铸造箱体时，力求外形简单、壁厚均匀、过渡平缓。在采用砂模铸造时，箱体铸造圆角半径一般可取 $R\geqslant5$ mm。为使液态金属流动畅通，壁厚应大于最小铸造壁厚（最小铸造壁厚见表 12-13）。还应注意铸件应有 1∶10～1∶20 的拔模斜度。

箱体的机械加工工艺性：为了提高劳动生产率和经济效益，应尽量减少机械加工面。箱体上任何一处加工表面与非加工表面要分开，不使它们在同一平面上。采用凸出还是凹入结构应视加工方法而定。轴承座孔端面、视孔、通气器、吊环螺钉、放油螺塞等处均应凸起 3～8 mm。支承螺栓头部或螺母的支承面，一般多采用凹入结构，即沉头座。沉头座锪平时，深度不限，锪平为止，在图上可画出 2～3 mm 深，以表示锪平深度。箱座底面也应铸出凹入部分，以减少加工面。

为保证加工精度，缩短工时，应尽量减少加工时工件和刀具的调整次数。因此，同一轴线上的轴承座孔的直径、精度和表面粗糙度应尽量一致，以便一次镗成。各轴承座的外端面应在同一平面上，而且箱体两侧轴承座孔端面应与箱体中心平面对称，便于加工和检验。

4.4.2 附件的结构设计

减速器各种附件的作用见第 3 章 3.1.3。设计时应选择和确定这些附件的结构尺寸，并将其设置在箱体的合适位置。

1. 视孔和视孔盖

视孔应设在箱盖的上部，以便于观察传动零件啮合区的位置，其尺寸应足够大，以便于检查和手能伸入箱内操作。

视孔盖可用轧制钢板或铸铁制成，它和箱体之间应加纸质密封垫片，以防止漏油。如图 4-19（a）为轧制钢板视孔盖，其结构轻便，上下面无需机械加工，无论单件或成批生产均常采用；如图 4-19（b）为铸铁视孔盖，制造时需制木模，且有较多部位需进行机械加工，故应用较少。

视孔盖的结构和尺寸可参照表 4-7 确定，也可自行设计。

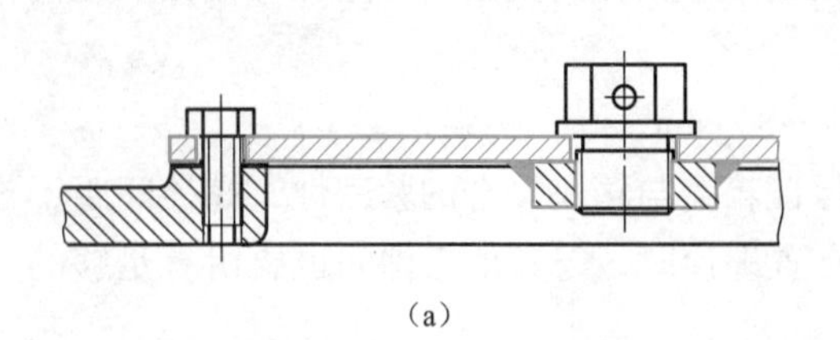

（a）

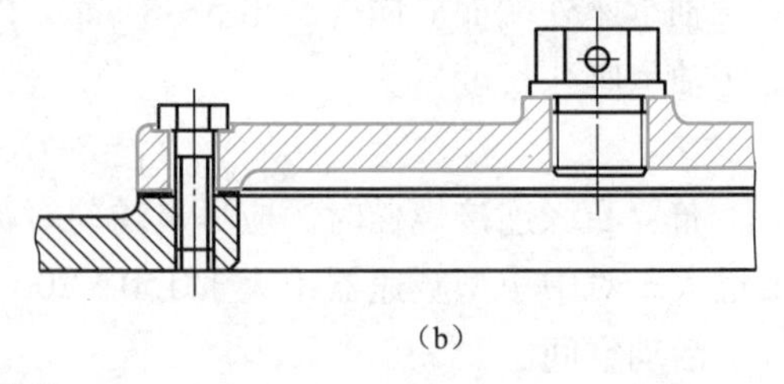

（b）

图 4-19　视孔盖

表 4-7　视孔盖的结构尺寸

mm

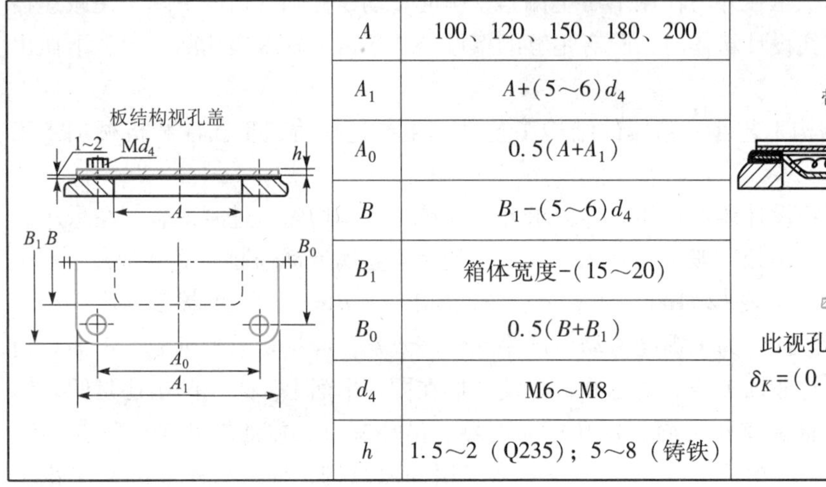

A	100、120、150、180、200
A_1	$A+(5\sim6)d_4$
A_0	$0.5(A+A_1)$
B	$B_1-(5\sim6)d_4$
B_1	箱体宽度-(15～20)
B_0	$0.5(B+B_1)$
d_4	M6～M8
h	1.5～2（Q235）；5～8（铸铁）

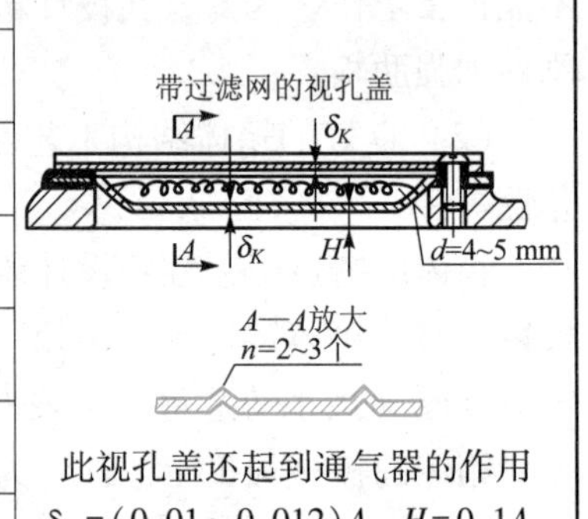

此视孔盖还起到通气器的作用

$\delta_K=(0.01\sim0.012)A_1$；$H=0.1A_1$

2. 通气器

通气器多安装在视孔盖上或箱盖上。如表 4-8 中图所示，当通气器安装在钢板制视孔盖上时，用一个扁螺母固定，为防止螺母松脱落到箱内，将螺母焊在视孔盖上，这种形式结构简单，应用广泛；安装在铸造视孔盖或箱盖上时，要在铸件上加工螺纹孔和端部平面。

选择通气器类型时应考虑其对环境的适应性，其规格尺寸应与减速器大小相适应。常见通气器的结构和尺寸见表 4-8 至表 4-10。

表 4-8　通气螺塞（无过滤装置）

mm

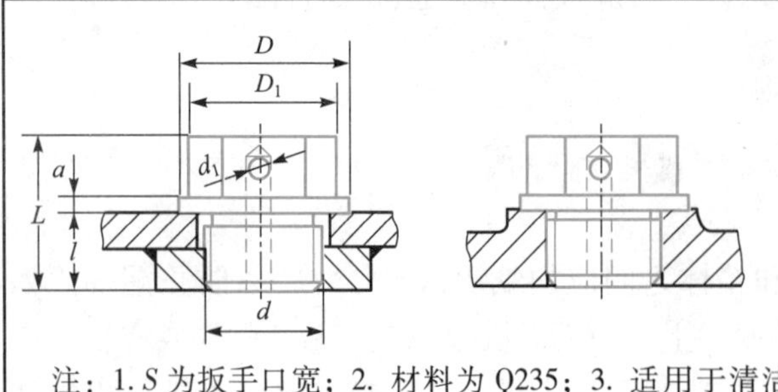

注：1. S 为扳手口宽；2. 材料为 Q235；3. 适用于清洁的工作环境

d	D	D_1	S	L	l	a	d_1
M12×1.25	18	16.5	14	19	10	2	4
M16×1.5	22	19.6	17	23	12	2	5
M20×1.5	30	25.4	22	28	15	4	6
M22×1.5	32	25.4	22	29	15	4	7
M27×1.5	38	31.2	27	34	18	4	8

表 4-9 通气帽（经一次过滤） mm

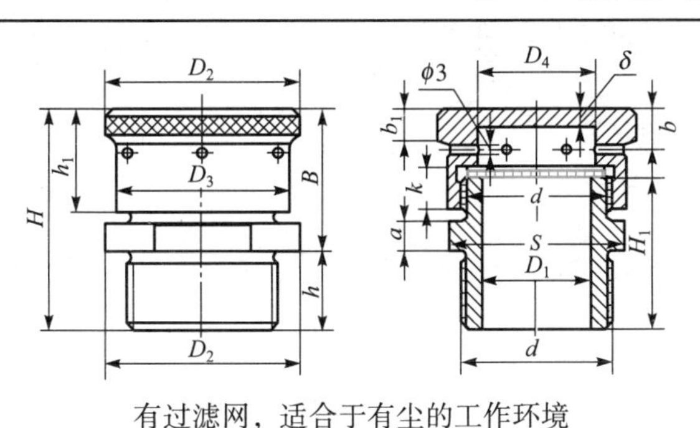

有过滤网，适合于有尘的工作环境

d	D_1	D_2	D_3	D_4	B	h	H	H_1
M27×1.5	15	36	32	18	30	15	45	32
M36×2	20	48	42	24	40	20	60	42
M48×3	30	62	56	36	45	25	70	52

d	a	δ	k	b	h_1	b_1	S	孔数
M27×1.5	6	4	10	8	22	6	32	6
M36×2	8	4	12	11	29	8	41	6
M48×3	10	5	15	13	32	10	55	8

表 4-10 通气器（经两次过滤） mm

此通气器经两次过滤，防尘性能好

d	d_1	d_2	d_3	d_4	D	a	b	c
M18×1.5	M33×1.5	8	3	16	40	12	7	16
M27×1.5	M48×1.5	12	4.5	24	60	15	10	22

d	h	h_1	D_1	R	k	e	f	S
M18×1.5	40	18	25.4	40	6	2	2	22
M27×1.5	54	24	39.6	60	7	2	2	32

3. 油标

常用的油面指示器有圆形油标、长形油标、管状油标、油标尺等形式。其结构和尺寸见表 16-6 至表 16-9。

油标尺（图 4-20）的结构简单，在减速器中较常采用。油标尺上有表示最高及最低油面的刻线。装有隔离套的油标尺（图 4-20（b））可以减轻油搅动的影响。

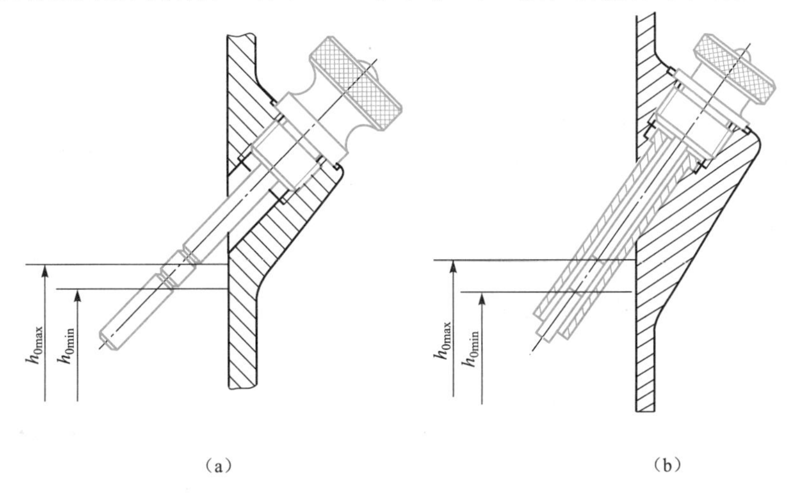

图 4-20 油标尺

油标尺多安装在箱体侧面，设计时应合理确定油标尺插孔的位置及倾斜角度，既要避免箱体内的润滑油溢出，又要便于油标尺的插取及油标尺插孔的加工（见图 4-21）。油标尺座凸台的画法可参照图 4-22。

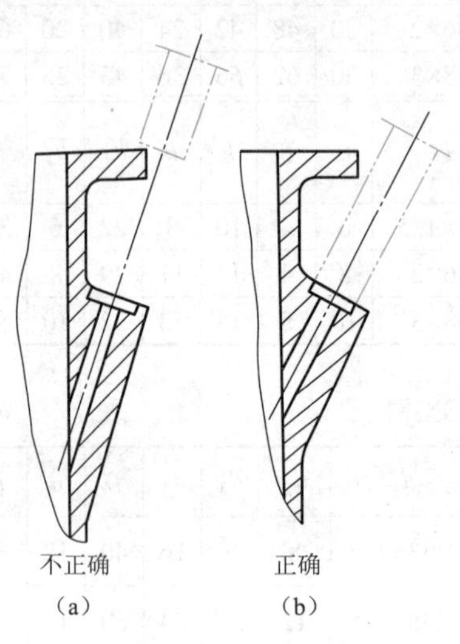

图 4-21　油标尺的安装位置

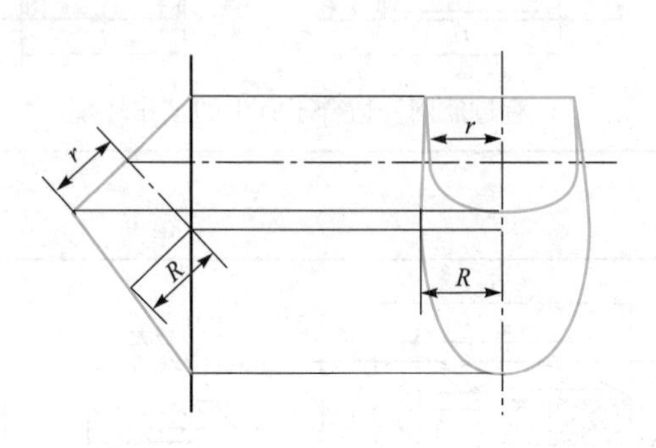

图 4-22　油标尺座凸台的设计

4. 放油孔和放油螺塞

如图 4-23 所示，为了将污油排放干净，放油孔应设置在油池的最低处，平时用螺塞堵住。采用圆柱螺塞时，箱座上装螺塞处应设置凸台，并加封油圈，以防润滑油泄漏。放油孔不能高于油池底面，以避免油排放不干净。图 4-23（a）所示为不正确的放油孔位置设置（污油排放不干净），图 4-23（b）、（c）两种结构均可，但图（c）有半边螺孔，其攻螺纹工艺性较差，一般不采用。

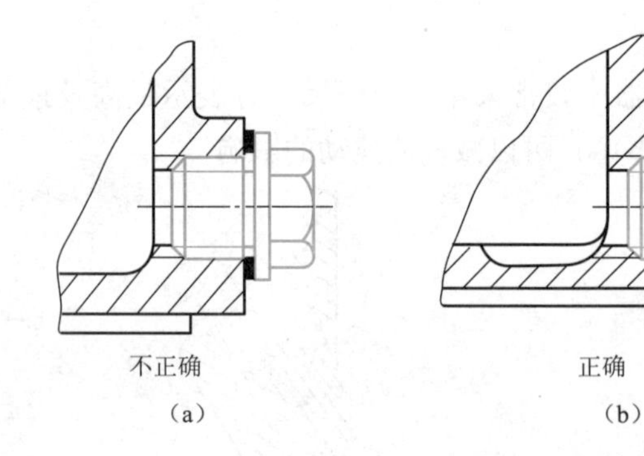

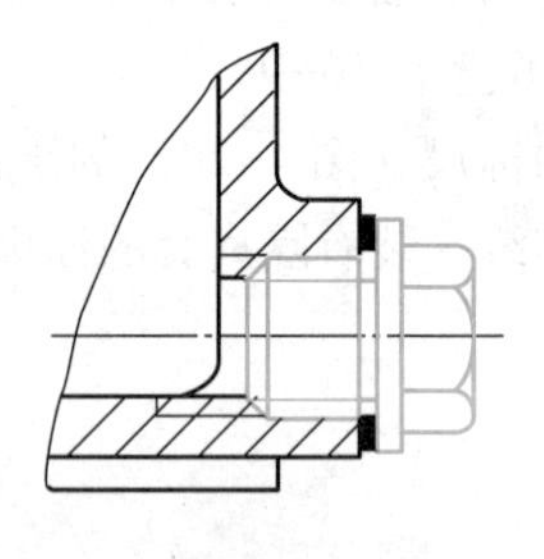

正确（攻螺纹工艺性较差）

(c)

图 4-23　放油孔的位置

放油螺塞及封油圈的结构和尺寸见表 16-10。

5. 定位销

定位销有圆锥形和圆柱形两种结构。为保证重复拆装时定位销与销孔的紧密性和便于定位销拆卸，应采用圆锥销。一般取定位销直径 $d=(0.7\sim0.8)d_2$，d_2 为箱盖和箱座凸缘连接螺栓直径（见表 3-1）。其长度应大于上下箱体连接凸缘的总厚度，并且装配成上、下两头均有一定长度的外伸量，以便装拆，见图 4-24。圆锥销的尺寸见表 14-38。

6. 启盖螺钉

如图 4-25 所示，启盖螺钉设置在箱盖连接凸缘上，其螺纹有效长度应大于箱盖凸缘厚度，钉杆端部要做成圆形或半圆形，以免损伤螺纹。启盖螺钉直径可与凸缘连接螺栓直径相同，这样必要时可用凸缘连接螺栓旋入螺纹孔顶起箱盖。

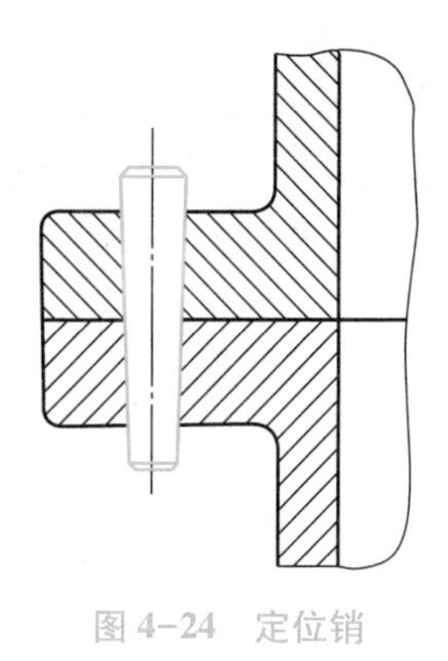

图 4-24　定位销

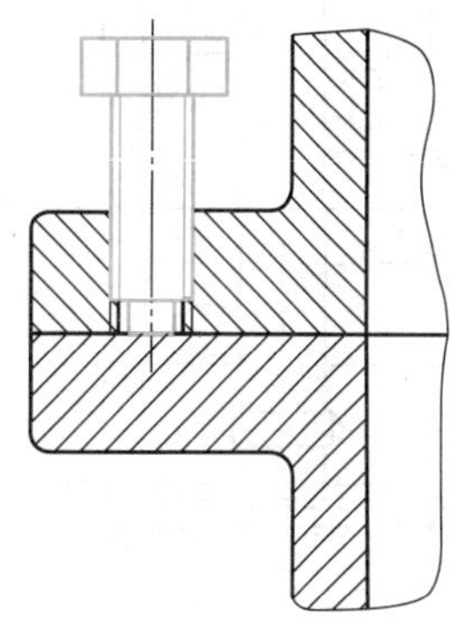

图 4-25　启盖螺钉

7. 吊运装置

减速器吊运装置有吊环螺钉、吊耳、吊钩、箱座吊钩等。

吊环螺钉可按起吊质量选择，其结构尺寸见表 14-15。为保证起吊安全，吊环螺钉应完全拧入螺孔。箱盖安装吊环螺钉处应设置凸台，以使吊环螺钉孔有足够的深度。

箱盖吊耳、吊钩和箱座吊钩的结构尺寸参照表 4-11，设计时可根据具体条件进行适当修改。

表 4-11　吊耳、吊钩的结构尺寸　　mm

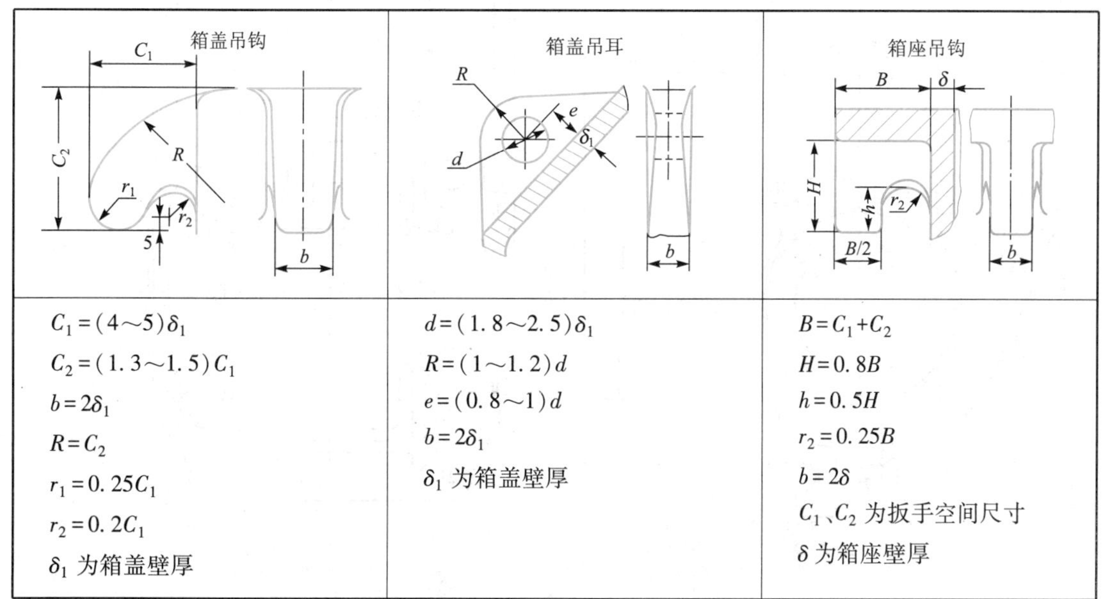

箱盖吊钩	箱盖吊耳	箱座吊钩
$C_1=(4\sim5)\delta_1$ $C_2=(1.3\sim1.5)C_1$ $b=2\delta_1$ $R=C_2$ $r_1=0.25C_1$ $r_2=0.2C_1$ δ_1 为箱盖壁厚	$d=(1.8\sim2.5)\delta_1$ $R=(1\sim1.2)d$ $e=(0.8\sim1)d$ $b=2\delta_1$ δ_1 为箱盖壁厚	$B=C_1+C_2$ $H=0.8B$ $h=0.5H$ $r_2=0.25B$ $b=2\delta$ C_1、C_2 为扳手空间尺寸 δ 为箱座壁厚

完成箱体和附件设计后，可画出如图 4-26 所示的减速器装配工作草图。

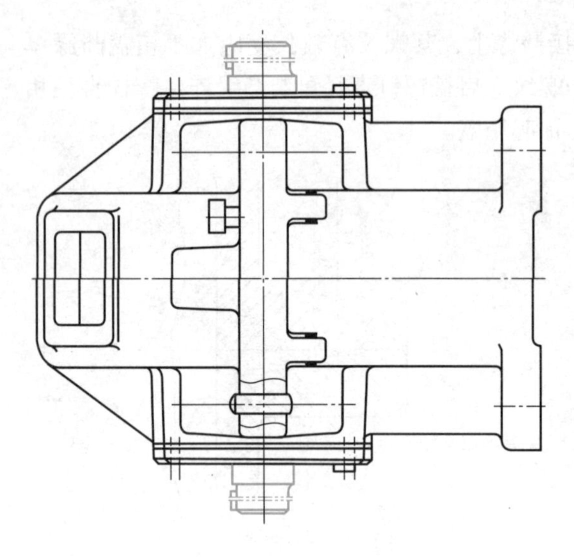

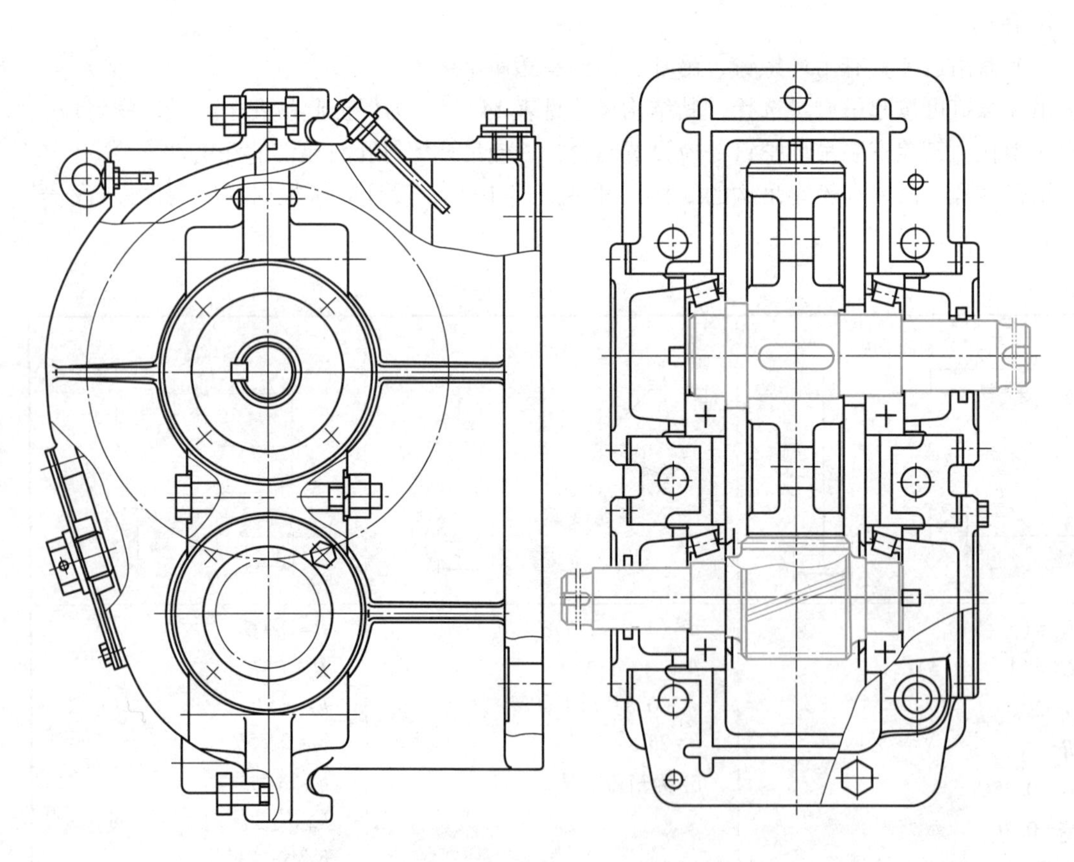

图 4-26　完成箱体和附件设计后单级圆柱齿轮减速器装配工作草图

减速器装配工作草图完成后，应进行以下检查：所绘装配工作图是否符合总的传动方案；传动零件、轴和轴承部件结构是否合理；箱体结构和附件设计是否合理；零部件的加工、装拆、润滑、密封等是否合适；视图的选择、表达方法是否合适，是否符合国家制图标准等。通过检查，对装配工作草图认真进行修改。

4.5 完善减速器装配工作图（第四阶段）

完善装配工作图的主要内容包括：检查和完善表达减速器装配特征、结构特点和位置关系的各视图；标注尺寸和配合；编写技术特性和技术要求；对零件进行编号，填写明细表和标题栏等。

表达减速器结构的各个视图应在已绘制的装配工作草图基础上进行修改、补充，使视图完整、清晰并符合制图规范。装配工作图上应尽量避免用虚线表示零件结构。必须表达的内部结构或某些附件的结构，可采用局部视图或局部剖视图加以表示。

4.5.1 检查和完善各视图

减速器装配工作图可用两个或三个视图表达，必要时加设局部视图、辅助剖面或剖视图，装配特征应尽量集中表示在主要视图上。在其他视图上，主要表示减速器的结构特点和附件安装位置等。

在视图完善过程中，应注意同一零件在各视图中的剖面线方向一致；相邻的不同零件其剖面线方向或间距不同；对于较薄的零件剖面（一般小于2 mm），可以涂黑表示。

4.5.2 标注尺寸和配合

在减速器装配工作图上应标注以下尺寸：

（1）特性尺寸　表明减速器主要性能和规格的尺寸，如传动零件的中心距及其偏差。

（2）安装尺寸　表明减速器安装在机器上（或地基上）或与其他零部件连接所需的尺寸，如箱体底面尺寸（长和宽），地脚螺孔直径和位置尺寸，减速器中心高，外伸轴的配合直径、长度及伸出距离等。

（3）外形尺寸　表明减速器所占空间大小的尺寸，如减速器的总长、总宽、总高等。

（4）配合尺寸　表示减速器各零件之间装配关系的尺寸及相应的配合，包括主要零件间配合处的几何尺寸、配合性质和精度等级，例如轴承内圈孔与轴、轴承外圈与轴承座孔、传动零件毂孔与轴等。

配合与精度的选择对于减速器的工作性能、加工工艺、制造成本等影响很大，应根据国家标准和设计资料认真选择确定。减速器主要零件荐用配合见表4-12，供设计时参考。

表 4-12 减速器主要传动零件的配合

配合零件	荐用配合	适用特性	装拆方法
一般齿轮、蜗轮、带轮、联轴器与轴的配合	$\frac{H7}{r6}$	所受转矩及冲击、振动不大，大多数情况下不需要承受轴向载荷的附加装置	用压力机装配（零件不加热）
大、中型减速器内的低速级齿轮（蜗轮）与轴的配合，并附加键连接；轮缘与轮心的配合	$\frac{H7}{s6}$、$\frac{H7}{r6}$	受重载、冲击载荷及大的轴向力，使用期间需保持配合零件的相对位置	不论零件加热与否，都用压力机装配
要求对中良好的齿（蜗）轮传动，并附加键连接	$\frac{H7}{n6}$	受冲压、振动时能保证精确的对中；很少装拆相配的零件	用压力机或木槌装配
小锥齿轮与轴，或较常装拆的齿轮、联轴器与轴的配合，并附加键连接	$\frac{H7}{m6}$、$\frac{H7}{k6}$	较常拆卸相配的零件	
轴套、挡油环、溅油轮等与轴的配合	$\frac{D11}{k6}$、$\frac{F9}{k6}$、$\frac{F9}{m6}$、$\frac{F8}{h7}$	较常拆卸相配的零件，且工具难于达到	用木槌或徒手装配
滚动轴承内圈与轴的配合	轻载荷 js6、k6 正常载荷 k5、m5、m6	不常拆卸相配的零件	用压力机装配
滚动轴承外圈与箱体孔的配合	H7、J7、G7	较常拆卸相配的零件	用木槌或徒手装配
轴承套杯与箱体孔的配合	$\frac{H7}{h6}$、$\frac{H7}{js6}$	较常拆卸相配的零件	
轴承端盖与箱体孔（或套杯孔）的配合	$\frac{H7}{h8}$、$\frac{H7}{f6}$	较常拆卸相配的零件	
嵌入式轴承端盖与箱体孔槽的配合	$\frac{H11}{h11}$	配合较松	

4.5.3 减速器的技术特性

减速器的技术特性常写在减速器装配工作图上的适当位置，可采用表格形式，其形式参考表 4-13。

表 4-13 减速器的技术特性

<table>
<tr><th rowspan="3">输入功率
P/kW</th><th rowspan="3">输入转速
n/（r·min^{-1}）</th><th rowspan="3">效率 η</th><th rowspan="3">总传动比 i</th><th colspan="8">传动特性</th></tr>
<tr><th colspan="4">高速级</th><th colspan="4">低速级</th></tr>
<tr><th>m_n</th><th>z_2/z_1</th><th>β</th><th>精度等级</th><th>m_n</th><th>z_4/z_3</th><th>β</th><th>精度等级</th></tr>
</table>

4.5.4 减速器的技术要求

装配工作图上应写明有关装配、调整、润滑、密封、检验、维护等方面的技术要求。一

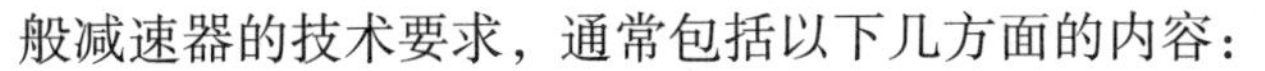

般减速器的技术要求，通常包括以下几方面的内容：

（1）装配前所有零件均应清除铁屑并用煤油或汽油清洗，箱体内不应有任何杂物存在，内壁应涂上防蚀涂料。

（2）注明传动零件及轴承所用润滑剂的牌号、用量、补充和更换的时间。

（3）箱体剖分面及轴外伸段密封处均不允许漏油，箱体剖分面上不允许使用任何垫片，但允许涂刷密封胶或水玻璃。

（4）写明对传动侧隙和接触斑点的要求，作为装配时检查的依据。对于多级传动，当各级传动的侧隙和接触斑点要求不同时，应分别在技术要求中注明。

（5）对安装调整的要求。对可调游隙的轴承（如圆锥滚子轴承和角接触球轴承），应在技术条件中标出轴承游隙数值。对于两端固定支承的轴承，若采用不可调游隙的轴承（如深沟球轴承），则要注明轴承端盖与轴承外圈端面之间应保留的轴向间隙（一般为0.2～0.4 mm）。

（6）其他要求，如必要时可对减速器试验、外观、包装、运输等提出要求。

4.5.5 零件编号

装配工作图中零件序号的编排应符合机械制图国家标准的规定。序号按顺时针或逆时针方向依次排列整齐，避免重复或遗漏，对于相同的零件用1个序号，一般只标注1次，序号字高比图中所注尺寸数字高度大一号。指引线相互不能相交，也不应与剖面线平行。一组紧固件及装配关系清楚的零件组，可以采用公共指引线（图4-27）。独立的组件、部件（如滚动轴承、通气器、游标等）可作为一个零件编号。零件编号时，可以不分标准件和非标准件统一编号；也可将两者分别进行编号。

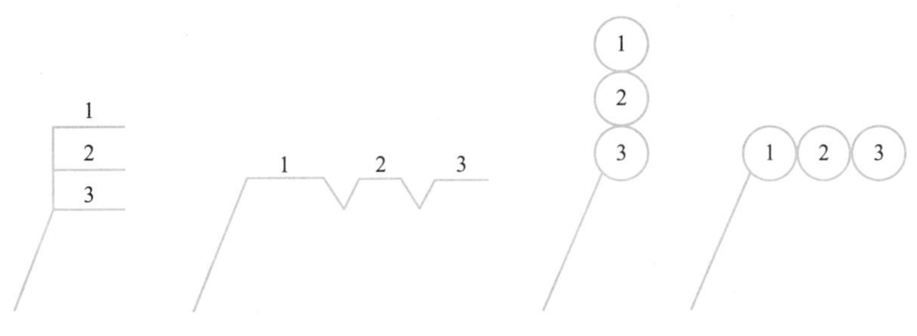

图4-27 公共指引线

4.5.6 编制明细表和标题栏

明细表是减速器所有零件的详细目录，应按序号完整地写出零件的名称、数量、材料、规格和标准等，对传动零件还应注明模数 m、齿数 z、螺旋角 β、导程角 γ 等主要参数。

编制明细表的过程也是最后确定材料及标准的过程，因此，填写时应考虑到节约贵重材料，减少材料及标准件的品种和规格。

标题栏是用来说明减速器的名称、图号、比例、质量和件数等，应置于图纸的右下角。

本课程所用明细表和标题栏的格式见图12-1和图12-2。

4.6 减速器装配工作图检查

装配工作图完成后，应按下列项目认真检查：

(1) 视图的数量是否足够，投影关系是否正确，能否清楚地表达减速器的工作原理和装配关系。

(2) 各零件的结构是否合理，是否便于加工、装拆、调整、润滑、密封及维护。

(3) 尺寸标注是否正确，配合和精度的选择是否适当。

(4) 零件编号是否齐全，明细表和标题栏是否符合要求，有无多余或遗漏。

(5) 技术要求和技术特性表是否完善、正确。

(6) 图样、数字和文字是否符合机械制图国家标准规定。

图纸经检查修改后，待画完零件工作图再加深。注意保持图面整洁，文字和数字要求清晰。

第5章 圆锥-圆柱齿轮减速器装配工作图设计

与圆柱齿轮减速器比较，圆锥-圆柱齿轮减速器装配工作图设计的特性内容主要是小锥齿轮轴系部件设计。圆锥-圆柱齿轮减速器装配工作图设计的步骤与圆柱齿轮减速器相同。本章按设计步骤，着重介绍圆锥-圆柱齿轮减速器装配工作图设计的特性内容，其他共性问题参阅第4章圆柱齿轮减速器装配工作图设计的有关内容。

在结构视图表达方面，圆锥-圆柱齿轮减速器要以最能反映轴系部件特征的俯视图为主，兼顾其他视图。减速器的结构与减速器的润滑方式有关，开始画装配工作图前，应按第3章3.2减速器润滑所述内容，先确定出传动零件及轴承的润滑方式。

减速器结构设计，包括轴系部件、箱体和附件等结构设计。轴系部件包括轴、轴承组合和传动零件。锥齿轮减速器有关箱体结构尺寸见表3-1和表3-2。

5.1 轴系部件设计

5.1.1 确定传动零件、箱体内壁及轴承座位置

传动零件安装在轴上，轴通过轴承支承在箱体轴承座孔中。设计轴系部件，首先要确定传动零件及箱体轴承座的位置。

1. 确定传动零件中心线位置

根据计算所得锥距和中心距数值，估计所设计减速器的长、宽、高等外形尺寸，并考虑明细表、标题栏、技术特性、技术要求以及编号、尺寸标注等所占幅面，确定出三个视图的位置，画出各视图中传动零件的中心线。

2. 按大锥齿轮确定两侧箱体内壁的位置

如图5-1所示，按所确定的中心线位置，首先画出锥齿轮的轮廓尺寸。估取大锥齿轮轮毂长度 $B_2=(1.1\sim1.2)b$，b 为锥齿轮齿宽。当轴径 d 确定后，必要时对 B_2 值再作调整。

靠近大锥齿轮一侧的箱体内壁确定后，在俯视图中以小锥齿轮中心线作为箱体宽度方向的中线，便可确定箱体另一侧内壁的位置。箱体采用对称结构，可以使中间轴及低速轴调头安装，以便根据工作需要改变输出轴位置。

3. 按箱体内壁确定圆柱齿轮位置

如图5-1所示，Δ_2 为箱体内壁距小圆柱齿轮端面的距离，并使小圆柱齿轮宽度大于大圆柱齿轮宽度5~8 mm，在俯视图中画出圆柱齿轮轮廓。一般情况下，大圆柱齿轮与大锥齿轮之间应有足够的距离 Δ_4，同时注意大锥齿轮与低速轴之间应保持一定距离 Δ_5。Δ_2、Δ_4 和 Δ_5 见表4-2。

4. 按小锥齿轮确定输入端箱体内壁位置

如图5-1所示，按小锥齿轮背锥面距箱体内壁的距离 Δ_2，可画出箱体内壁的位置。小锥齿轮轴承座外端面位置暂不考虑，待设计小锥齿轮轴系部件时确定。

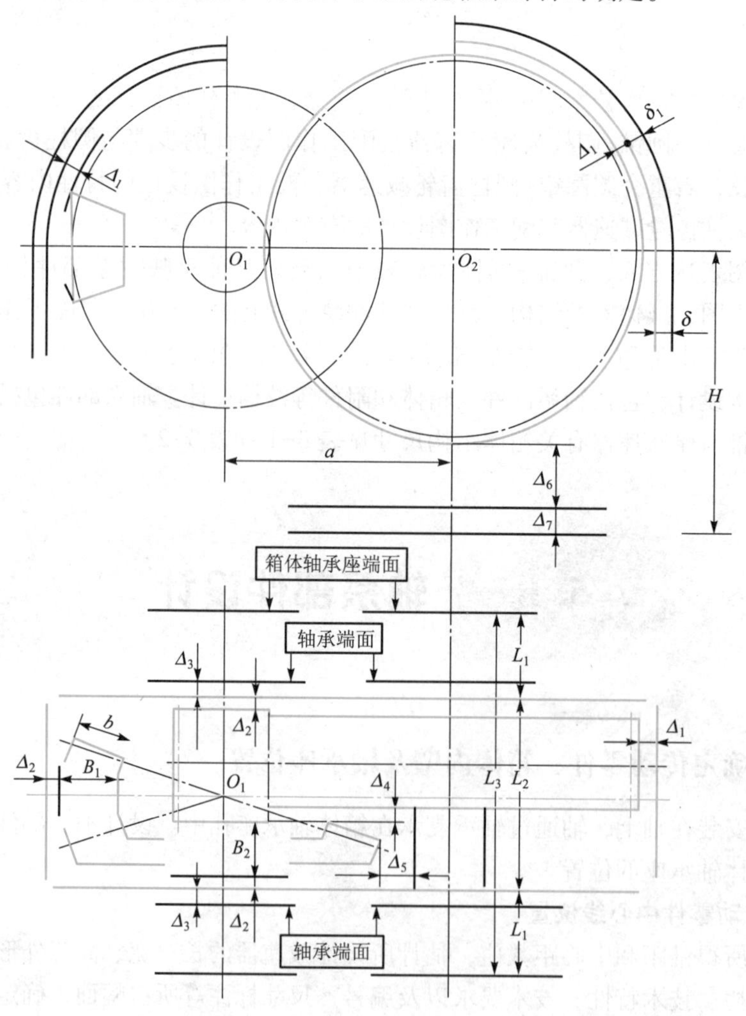

图5-1　传动零件、轴承座端面及箱壁位置

5. 确定其余箱壁位置

在此之前，与轴系部件有关的箱体内壁位置已经确定，从绘图程序的连续和方便考虑，其余箱壁位置也可在此一并确定。

按大圆柱齿轮顶圆距箱体内壁的距离 Δ_1，画出大圆柱齿轮一端箱盖与箱座的箱壁位置（图 5-1）。

箱底位置由传动零件润滑要求（见第 3 章 3.2）确定。对于圆锥-圆柱齿轮减速器，在确定减速器中心高 H 时，要综合考虑大锥齿轮和低速级大圆柱齿轮两者的浸油深度。可按大锥齿轮必要的浸油深度确定油面位置，然后检查是否符合低速级大圆柱齿轮的浸油深度要求。

5.1.2 轴的结构设计和轴承类型的选择

确定了齿轮和箱体内壁、轴承座端面位置后，根据估算的轴径进行各轴的结构设计，确定轴的各部分尺寸，初选轴承型号并在轴承座中绘出轴承的轮廓，从而确定各轴支承点位置和力作用点位置。在此基础上可进行轴、轴承及键连接的校核。

1. 轴的结构设计

圆锥-圆柱齿轮减速器轴的结构设计基本与圆柱齿轮减速器相同，所不同的主要是小锥齿轮轴的轴向尺寸设计中支点跨距的确定。

因受空间限制，小锥齿轮一般多采用悬臂结构，为了保证轴系刚度，一般取轴承支点跨距 $L_{B1}\approx 2L_{C1}$（图 5-2）。在满足 $L_{B1}\approx 2L_{C1}$ 的条件下，为使轴系部件轴向尺寸紧凑，在结构设计中须力求使 L_{C1} 达到最小。

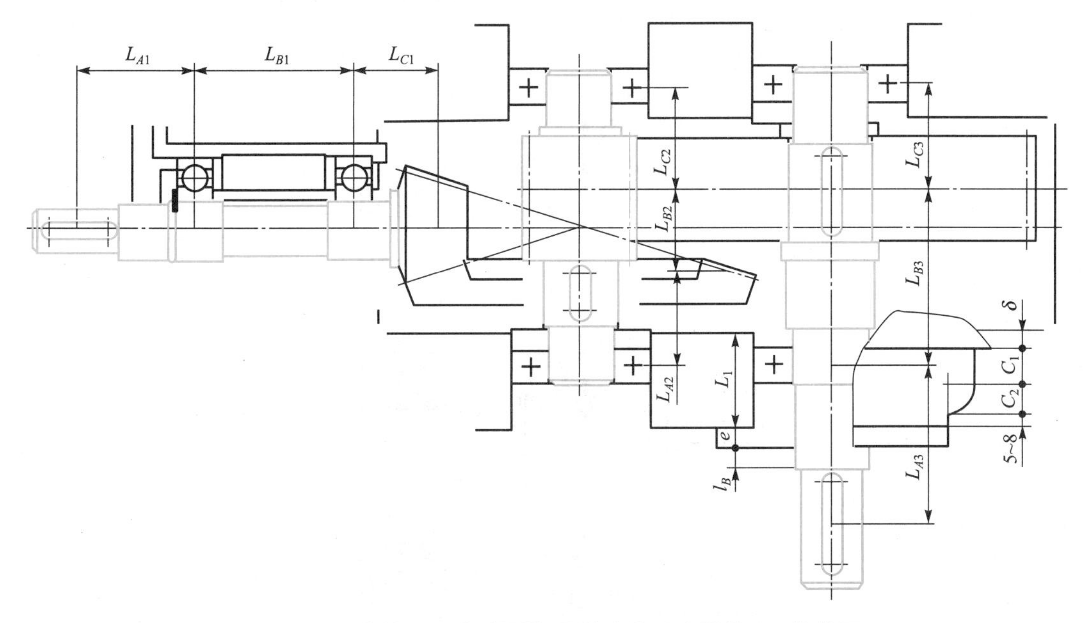

图 5-2 完成轴系设计后圆锥-圆柱齿轮减速器装配工作草图

2. 滚动轴承类型选择

滚动轴承类型选择与圆柱齿轮减速器的考虑基本相同。但锥齿轮轴向力较大，载荷大时

多采用圆锥滚子轴承。

5.1.3 确定力作用点及校核轴、键、轴承

力作用点及支承跨距的确定见图5-2。轴、键、轴承的校核计算与圆柱齿轮减速器相同。

5.1.4 小锥齿轮轴系部件的轴承组合设计

1. 轴承支点结构

（1）两端固定。由于轴的热伸长很小，常采用两端固定式结构。图5-2中，小锥齿轮轴系为采用深沟球轴承两端固定的结构形式。用圆锥滚子轴承时，轴承有正装与反装两种布置方案，图5-3（a）、（b）为正装结构；图5-3（c）、（d）、（e）为反装结构。

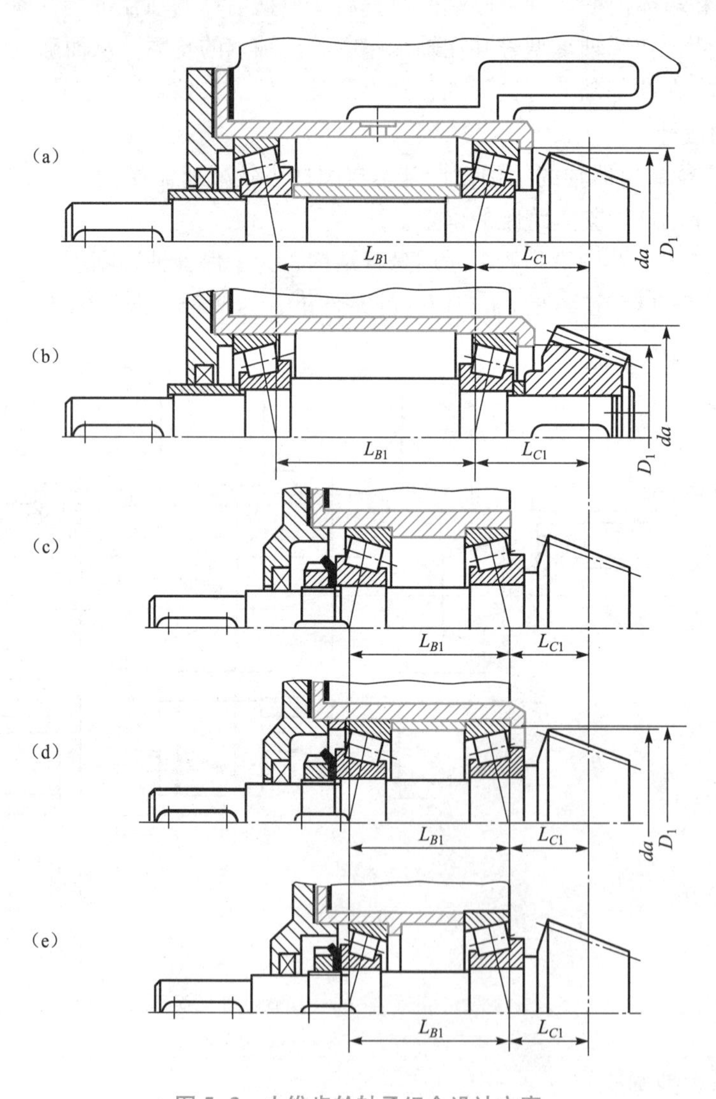

图5-3 小锥齿轮轴承组合设计方案

在保证 $L_{B1}\approx 2L_{C1}$ 的条件下，图5-3中各种不同结构方案的特点如下：

① 反装的圆锥滚子轴承组成的轴系部件，其轴向结构尺寸紧凑（图5-3（c）、（d）、（e））。

② 正装且 $d_a<D_1$ 时（图5-3（a）），轴系零件装拆方便，轴上所有零件都可在套杯外装拆。反装时，若采用图5-3（d）所示结构，且 $d_a<D_1$ 时，轴上零件也可在套杯外装拆。图5-3（c）、（e）所示反装结构装拆不便。

③ 正装时，轴承间隙调整比反装方便。

④ 正装且 $d_a>D_1$ 时，齿轮轴结构装拆不方便；齿轮与轴分开的结构（图5-3（b））装拆方便，轴承可在套杯外装拆。

⑤ 图5-3（e）所示反装结构，其轴承尺寸与负荷关系较合理。

（2）一端固定和一端游动。对于小锥齿轮轴系，当采用如图5-4所示的一端固定和一端游动的结构形式时，一般不是考虑轴的热伸长影响，而多与结构因素有关。图5-4（a）左端用短套杯结构构成固定支点，右端为游动支点，套杯轴向尺寸小，制造容易，成本低，而且装拆方便。图5-4（b）左端密封装置直接装在套杯上，不另设轴承端盖，左端轴承的双向固定结构简单，装拆方便。但上述两种结构方案的轴承间隙不能调整。

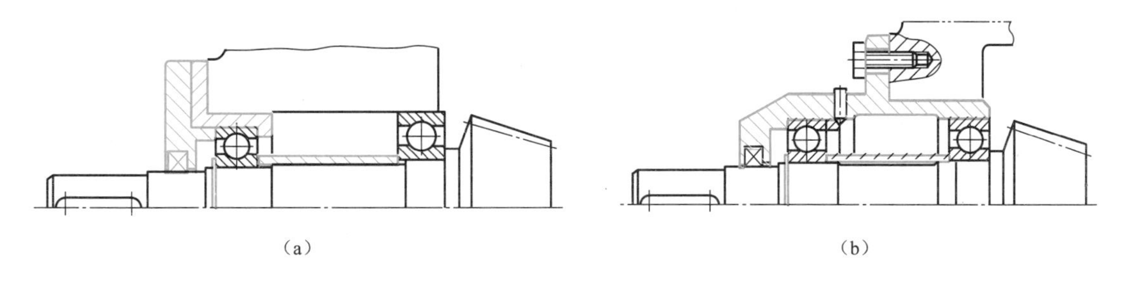

图5-4　小锥齿轮轴承组合设计方案

（3）套杯。套杯常用铸铁制造。套杯的结构尺寸根据轴承组合结构要求设计，具体可参考表5-1来确定。

表5-1　套杯的结构尺寸　　mm

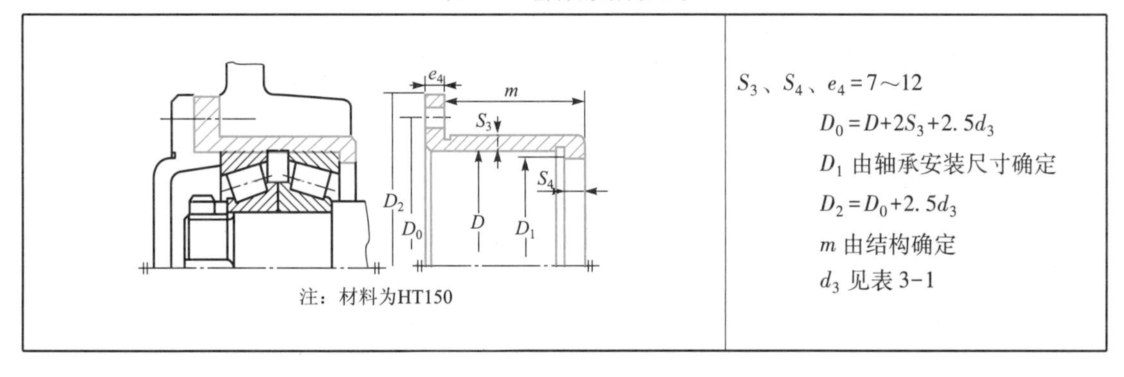 注：材料为HT150	S_3、S_4、$e_4=7\sim12$ $D_0=D+2S_3+2.5d_3$ D_1 由轴承安装尺寸确定 $D_2=D_0+2.5d_3$ m 由结构确定 d_3 见表3-1

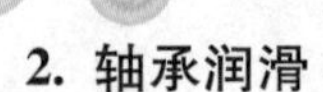

2. 轴承润滑

如图 5-5 所示，小锥齿轮轴系部件中轴承用脂润滑时，要在小锥齿轮与相近轴承之间设封油盘；用油润滑时（图 5-3（a）），需在箱座剖分面上制出油沟和在套杯上制出数个进油孔，将油导入套杯内润滑轴承。

图 5-5 为完成轴承组合设计后圆锥-圆柱齿轮减速器装配工作草图。

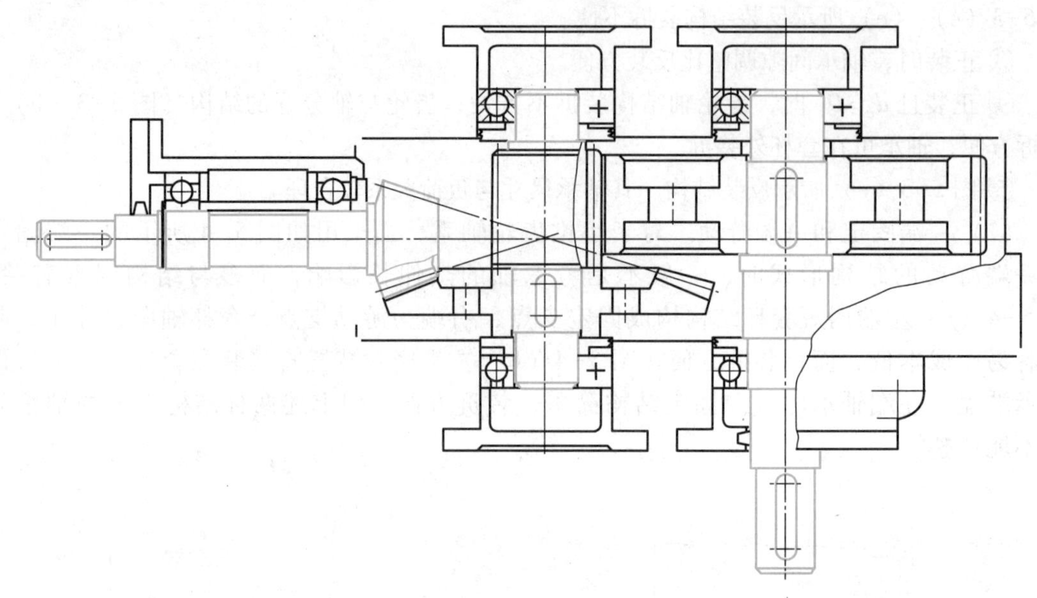

图 5-5　完成轴承组合设计后圆锥-圆柱齿轮减速器装配工作草图

5.2　箱体及附件设计

圆锥-圆柱齿轮减速器箱体及附件结构设计与圆柱齿轮减速器基本相同（见第 4 章 4.4）。

图 5-6 为完成箱体和附件设计后圆锥-圆柱齿轮减速器装配工作草图。

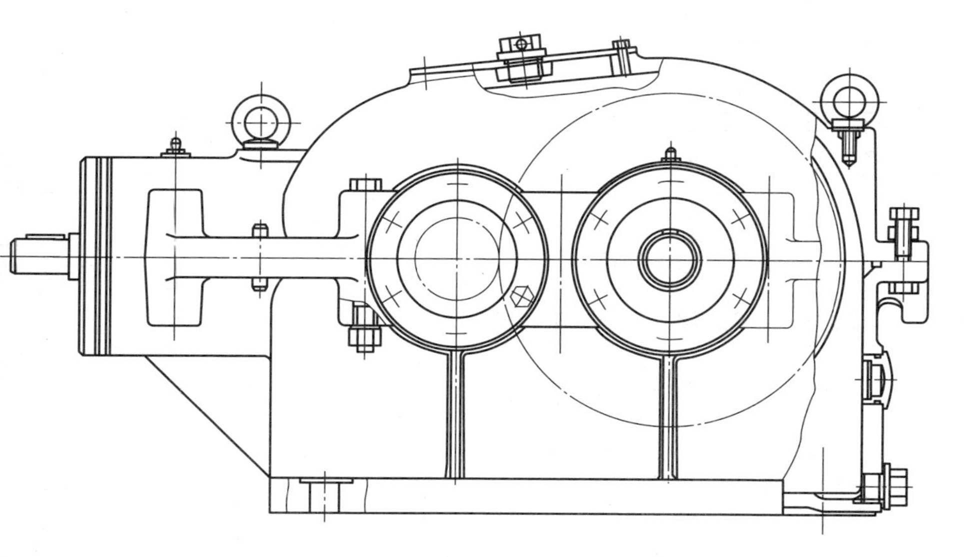

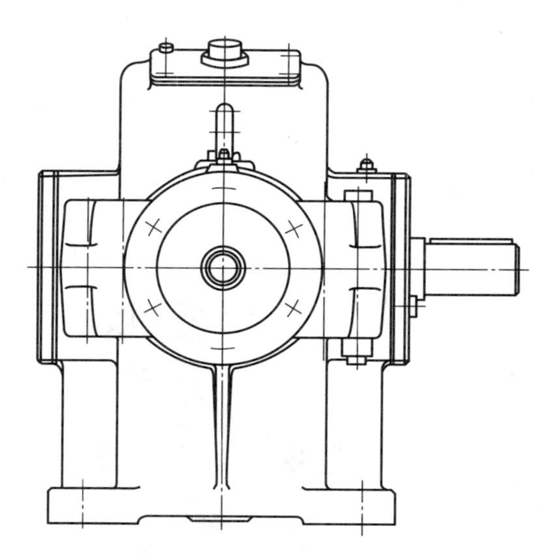

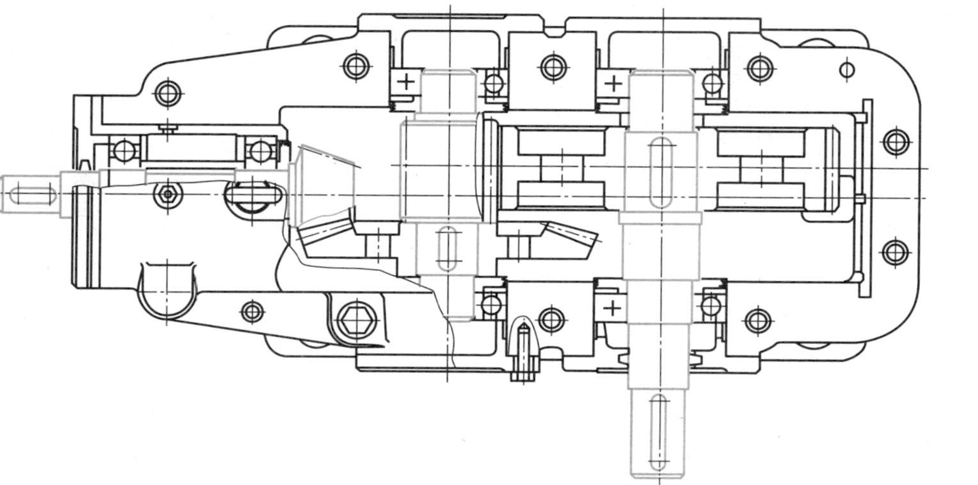

图5-6　完成箱体和附件设计后圆锥-圆柱齿轮减速器装配工作草图

第6章 圆柱蜗杆减速器装配工作图设计

与圆柱齿轮减速器比较，蜗杆减速器设计的特性内容主要是蜗杆轴系部件、箱体某些结构以及传动零件结构（蜗轮）等。蜗杆减速器的设计步骤与圆柱齿轮减速器基本相同。本章以常见的下置式蜗杆减速器为例，按设计步骤，着重介绍蜗杆减速器设计的特性内容，其他共性问题参阅第4章圆柱齿轮减速器设计的有关内容。

在结构视图表达方面，蜗杆减速器以最能反映轴系部件及减速器箱体结构特征的主、左视图为主。减速器的结构与减速器的润滑方式有关，在开始画装配工作图前，应按第3章3.2减速器润滑所述内容，先确定出蜗杆传动副及轴承的润滑方式。

减速器结构设计，包括轴系部件、箱体和附件等结构设计。轴系部件包括轴、轴承组合和传动零件。蜗杆减速器有关箱体结构尺寸见表3-1和表3-2。

6.1 轴系部件设计

6.1.1 确定传动零件、箱体内壁及轴承座的位置

传动零件安装在轴上，轴通过轴承支承在箱体轴承座孔中。设计轴系部件，首先要确定传动零件和箱体轴承座的位置。

1. 确定传动零件中心线位置

根据计算所得中心距数值，估计所设计减速器的长、宽、高外形尺寸，并考虑标题栏、明细表、技术特性、技术要求以及零件编号、尺寸标注等所占幅面，确定三个视图的位置，画出各视图中传动零件的中心线。

2. 按蜗轮外圆确定箱体内壁和蜗杆轴承座位置

按所确定的中心线位置，首先画出蜗轮和蜗杆的轮廓尺寸，见图6-1。再由表3-1和表4-2推荐的δ和Δ_1值，在主视图中确定箱体两侧内壁及外壁的位置。取蜗杆轴承座外端面凸台高5～8 mm，确定蜗杆轴承座外端面F_1的位置。M_1为蜗杆轴承座两外端面间距离。

为了提高蜗杆的刚度，应尽量缩短支点间的距离，为此，蜗杆轴承座需伸到箱体内。内伸部分长度与蜗轮外径及蜗杆轴承外径或套杯外径有关。内伸轴承座外径与轴承端盖外径D_2相同。为使轴承座尽量内伸，常将圆柱形轴承座上部靠近蜗轮部分铸出一个斜面（见图6-1），斜面与蜗轮外圆间的距离为Δ_1，再取$b=0.2(D_2-D)$，从而确定轴承座内端面E_1的位置。

3. 按蜗杆轴承座径向尺寸确定箱体内壁位置

如图6-1左视图所示，常取蜗杆减速器宽度等于蜗杆轴承端盖外径（等于蜗杆轴承座外径），即$N_2 \approx D_2$。由箱体外表面宽度可确定内壁E_2的位置，即蜗轮轴承座内端面位置。其外端面F_2的位置或轴承座的宽度L_1，由轴承旁螺栓直径及箱壁厚度确定，即$L_1=\delta+C_1+C_2+5\sim8$ mm。

4. 确定其余箱壁位置

在此之前，与轴系部件结构有关的箱体轴承座位置已经确定。从绘图程序的方便以及热平衡计算的需要考虑，其余箱壁位置也在此一并确定。如图6-1所示，按Δ_1确定上箱壁位置。对下置式蜗杆减速器，为保证散热，常取蜗轮轴中心高$H_2=(1.8\sim2)a$，a为传动中心距。此外蜗杆轴中心高还需满足传动件润滑要求。有时蜗轮、蜗杆伸出轴用联轴器直接与工作机、原动机连接，如相差不大时，最好与工作机、原动机中心高相同，以便于在机架上安装。

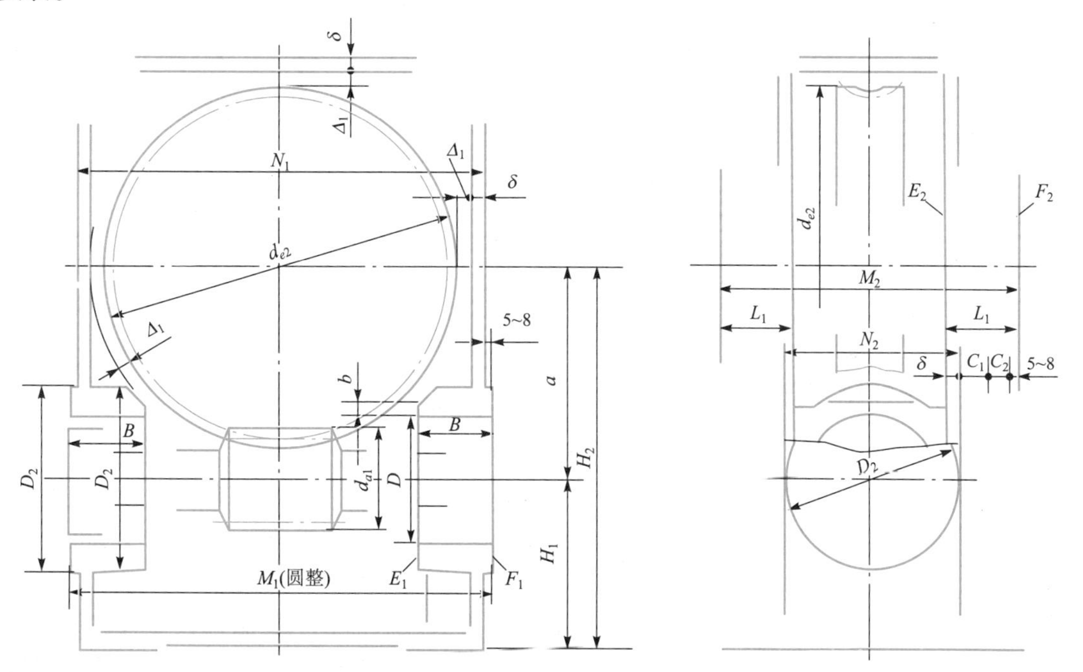

图6-1　传动零件、轴承座端面及箱壁位置

6.1.2 轴的结构设计和轴承类型的选择

根据轴的初估直径和所确定的箱体轴承座位置，进行蜗杆轴和蜗轮轴的结构设计、确定轴的各部分尺寸、初选轴承型号。

蜗轮轴轴承类型的选择与圆柱齿轮减速器相同。在选择蜗杆轴承时应注意，因蜗杆轴承承受的轴向载荷较大，所以一般选用圆锥滚子轴承或角接触球轴承，当轴向力很大时，可考虑选用双向推力球轴承承受轴向力。

6.1.3 确定力作用点及校核轴、键、轴承

力作用点及支承跨距的确定见图 6-2。轴、键、轴承的校核计算与圆柱齿轮减速器相同。

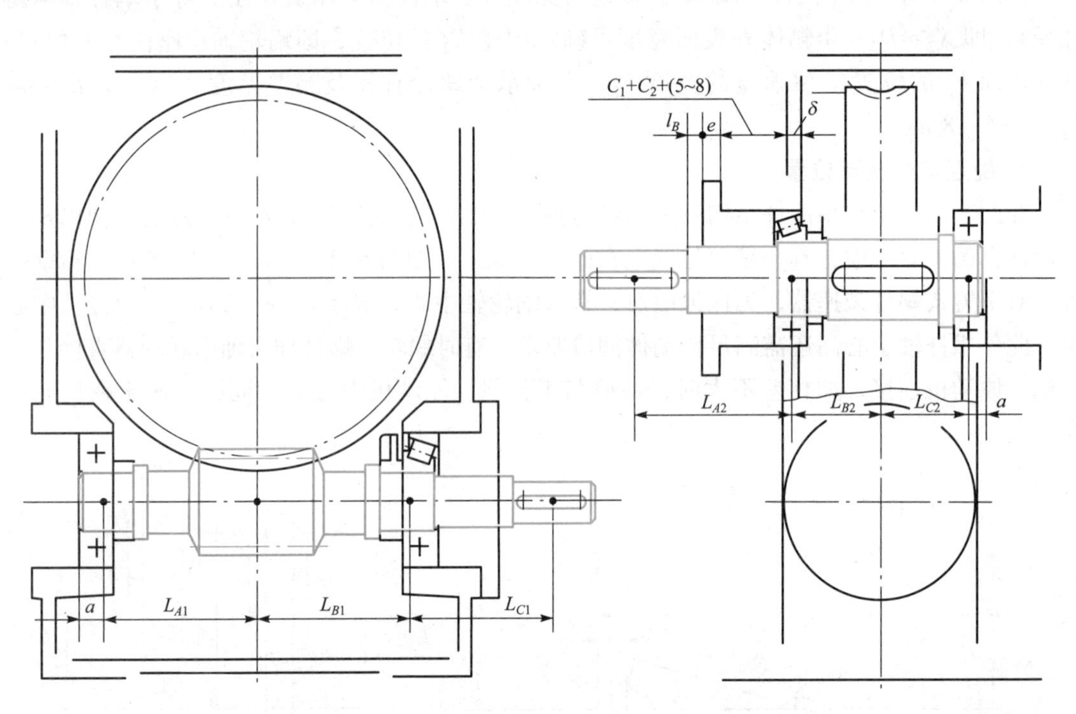

图 6-2 完成轴系设计后圆柱蜗杆减速器装配工作草图

6.1.4 蜗杆轴系部件的轴承组合设计

1. 轴承支点结构设计

（1）两端固定。当蜗杆轴较短（支点跨距小于 300 mm），温升又不太大时，或虽然蜗杆轴较长，但间歇工作，温升较小时，常采用圆锥滚子轴承正装的两端固定结构，见图 6-3。

（2）一端固定和一端游动。当蜗杆轴较长，温升又较大时，热膨胀伸长量大，如果采用两端固定式结构，则轴承间隙减小甚至消失。此时，轴承将承受很大的附加载荷而加速破坏，这是不允许的。这种情况下宜采用一端固定和一端游动的结构，如图 6-4 所示。固定

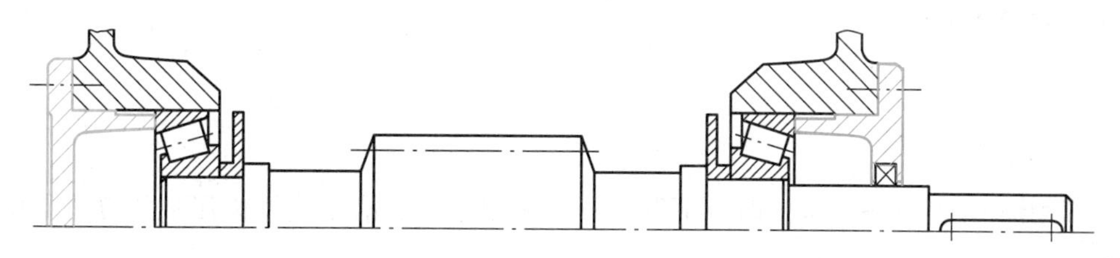

图 6-3 两端固定式蜗杆轴系结构

端常采用两个圆锥滚子轴承正装的支承形式，外圈用套杯凸肩和轴承端盖双向固定，内圈用轴肩和圆螺母双向固定；游动端可采用深沟球轴承，内圈用轴肩和弹性挡圈双向固定，外圈在座孔中轴向游动（图 6-4（a））。也可采用如图 6-4（b）所示的圆柱滚子轴承，内外圈双向固定，滚子在外圈内表面轴向游动。

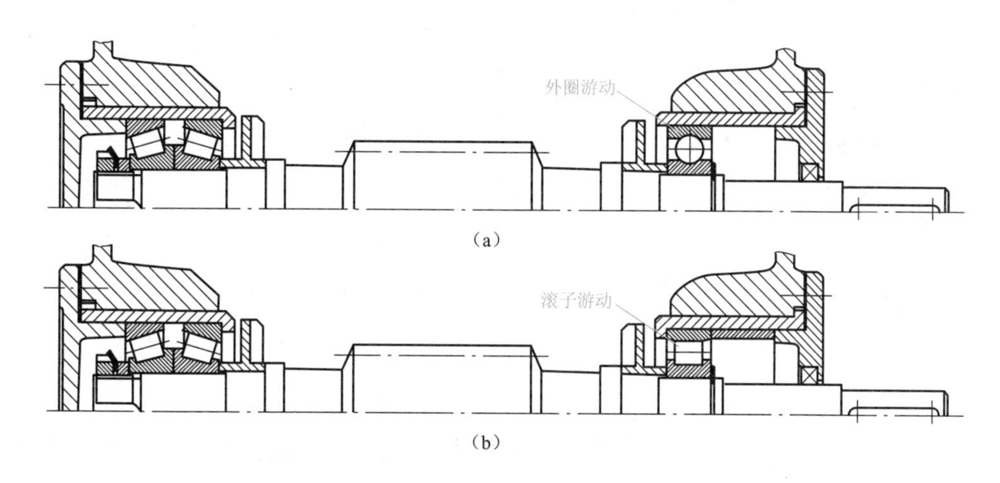

图 6-4 一端固定和一端游动式蜗杆轴系结构

在设计蜗杆轴承座孔时，应使座孔直径大于蜗杆外径以便蜗杆装入。为便于加工，常使箱体两轴承座孔直径相同。蜗杆轴系中的套杯，主要用于固定支点轴承外圈的轴向固定。套杯的结构和尺寸设计可参考表 5-1。由于蜗杆轴的轴向位置不需要调整，因此，可以采用如图 6-4 中所示的径向结构尺寸较紧凑的小凸缘式套杯。

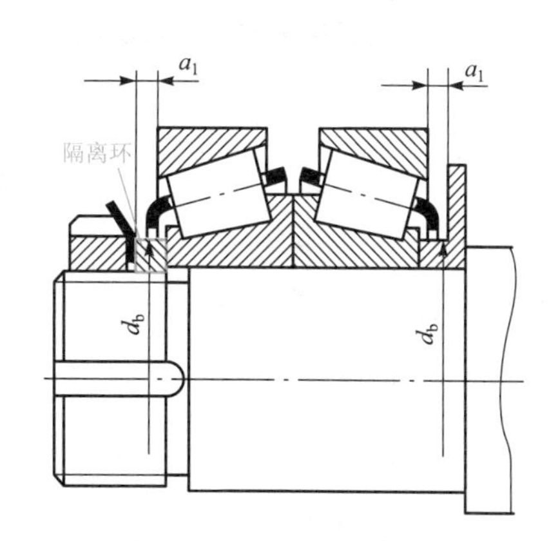

图 6-5 圆螺母固定圆锥滚子轴承的结构

固定端的轴承承受的轴向力较大，宜采用圆螺母而不用弹性挡圈固定。游动端轴承可用弹性挡圈固定。如图 6-5 所示，在用圆螺母固定正装的圆锥滚子轴承时，在圆螺母与轴承内圈之间，必须加一个隔离环，否则圆螺母将与保持架干涉。

2. 润滑与密封

（1）润滑。下置蜗杆的轴承用浸油润滑。为避免轴承搅油功率损耗过大，最高油面 h_{0max} 不能超过轴承最下面的滚动体中心，见图6-6；最低油面高度 h_{0min} 应保证最下面的滚动体在工作中能少许浸油。

蜗杆圆周速度 $v<4\sim5$ m/s 时，下置蜗杆多采用浸油润滑。蜗杆齿浸油深度为（0.75～1）齿高。如图6-6（a）所示，当油面高度能同时满足轴承和蜗杆浸油深度要求时，两者均采用浸油润滑。为防止由于浸入油中蜗杆螺旋齿的排油作用，迫使过量的润滑油冲入轴承，需在蜗杆轴上装挡油盘，挡油盘与箱座孔间留有一定间隙，既能阻挡冲来的润滑油，又能使适量的油进入轴承。

在油面高度满足轴承浸油深度的条件下，蜗杆齿尚未浸入油中（图6-6（b））或浸入深度不足（图6-6（c）），则应在蜗杆两侧装溅油盘（图6-6（b）），使传动件在飞溅润滑条件下工作。这时滚动轴承浸油深度可适当降低，以减少轴承搅油损耗。

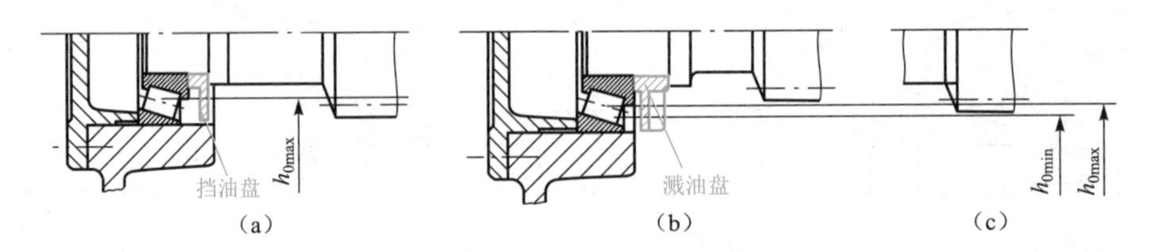

图6-6　下置式蜗杆减速器的油面高度

蜗轮轴承转速较低，可用脂润滑或用刮板润滑（见图3-10及图6-8中的俯视图）。

上置式蜗杆减速器的润滑，参阅第3章3.2及有关资料。

（2）密封。下置蜗杆外伸处应采用较可靠的密封形式，例如采用橡胶唇型密封圈密封。蜗轮轴轴承的密封与齿轮减速器相同。

6.1.5　蜗杆减速器的散热

当箱体尺寸确定后，对于连续工作的蜗杆减速器，应进行热平衡计算。如散热能力不足，需采取增强散热的措施。通常可适当增大箱体尺寸（增加中心高）和在箱体上增设散热片。如仍不能满足要求，还可考虑采取在蜗杆轴端设置风扇、在油池中增设冷却水管等强迫冷却措施。

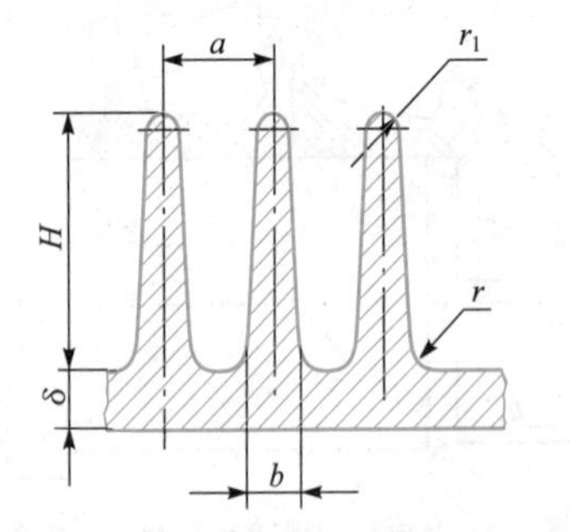

$H=(4\sim5)\delta$，$a=2\delta$，$b=\delta$，$r=0.5\delta$，$r_1=0.25\delta$

图6-7　散热片的结构尺寸

散热片一般垂直于箱体外壁布置。当蜗杆轴端安装风扇时，应注意使散热片布置与风扇气流方向一致。散热片结构尺寸见图6-7。

图6-8为完成轴承组合设计后圆柱蜗杆减速器装配工作草图。

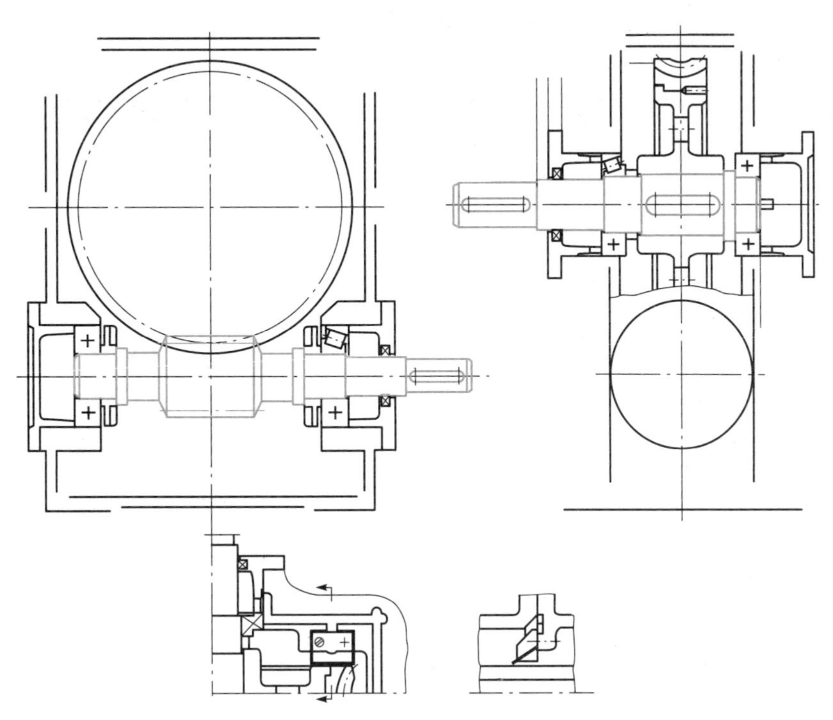

图 6-8　完成轴承组合设计后圆柱蜗杆减速器装配工作草图

6.2 箱体及附件设计

剖分式蜗杆减速器箱体结构设计，除前面所述蜗杆、蜗轮轴承座确定方法之外，其他结构与齿轮减速器设计相似，附件结构设计也与圆柱齿轮减速器相似，可参阅第 4 章。这里只简单介绍一下整体式箱体结构。整体式箱体结构简单，重量轻，外形也较整齐，但轴系的装拆及调整不如剖分式箱体方便，常用于小型蜗杆减速器。如图 6-9 所示，整体式箱体一般在其两侧设置两个大轴承端盖，以便于蜗轮轴系的装入。箱体上大轴承端盖孔径要稍大于蜗轮外圆直径。为保证蜗轮轴承座的刚度，大轴承端盖轴承座处可设加强肋。

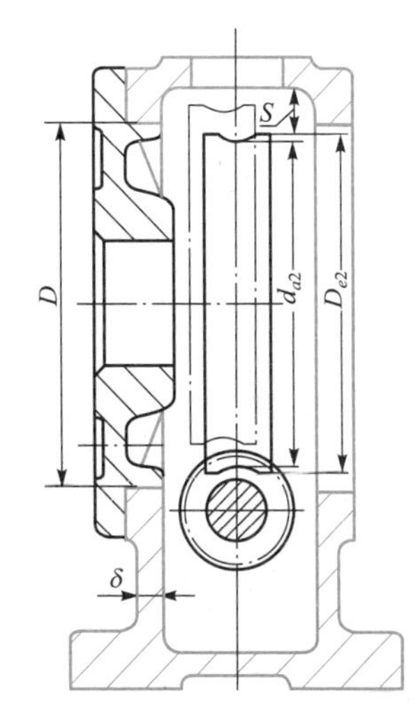

图 6-9　整体式蜗杆减速器箱体结构

设计时应使箱体顶部内壁与蜗轮外圆之间留有适当的间距 $S\left(S>2m+\dfrac{D_{e2}-d_{a2}}{2}，m\ 为模数\right)$，以使蜗轮能跨过蜗杆进行装拆。

图6-10为完成箱体和附件设计后圆柱蜗杆减速器装配工作草图。

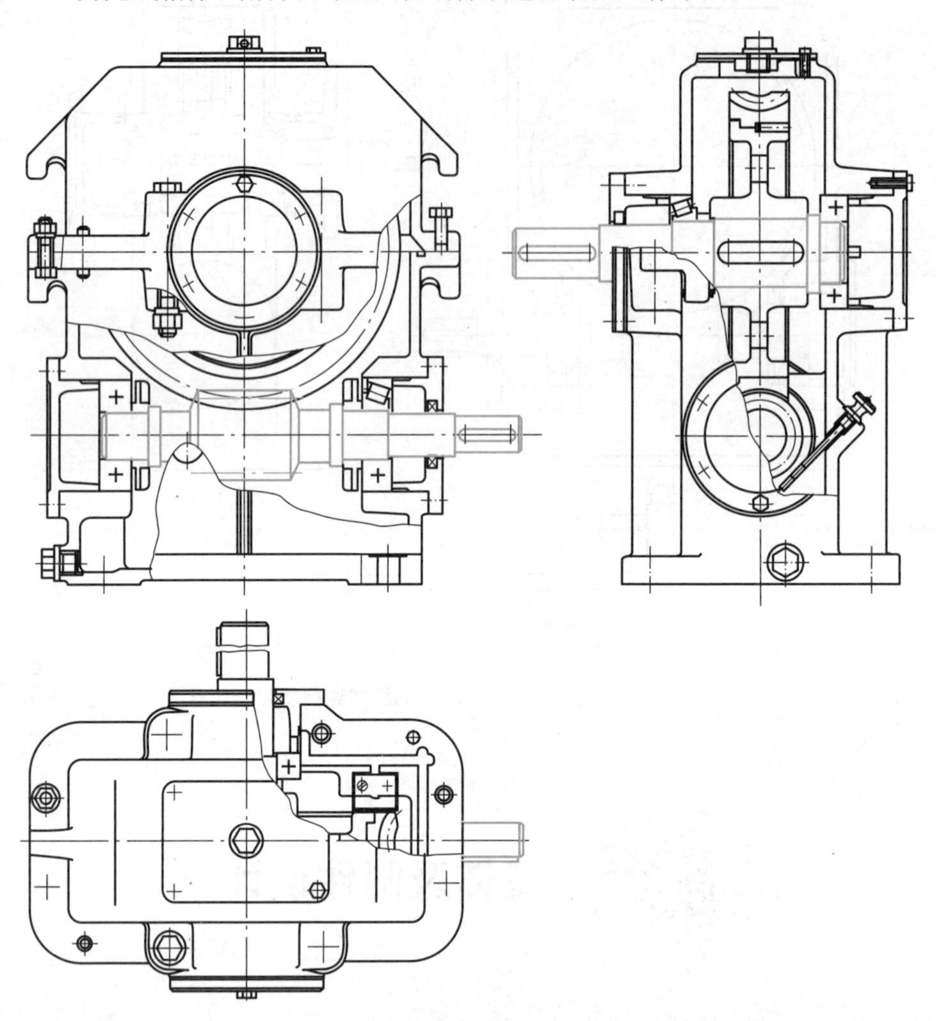

图6-10　完成箱体和附件设计后圆柱蜗杆减速器装配工作草图

第 7 章 减速器零件工作图设计

7.1 减速器零件工作图设计概述

零件工作图是制造零件的图样，图样中必须包括制造和检验零件时所需的全部内容及资料。绘制过程中应注意零件工作图内容的准确性、完整性及合理性。零件工作图的主要内容有：

（1）能正确、完整、清晰、简明地表达零件的结构形状。

（2）能正确、完整、清晰、合理地标注出零件的结构、形状及其相互位置关系的一组尺寸；加工精度、几何公差及表面粗糙度。

（3）零件在使用、制造、检验时应达到的一些技术要求。

（4）标题栏。课程设计中所用标题栏的形式如图 7-1 所示。

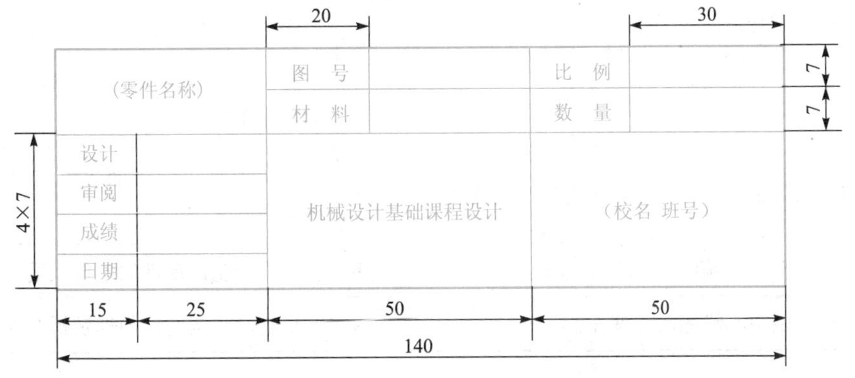

图 7-1 零件图的标题栏

7.2 轴类零件工作图设计

7.2.1 视图

轴类零件是圆柱形零件的统称。这类零件一般只需要一个视图，在带键槽的位置应增加必要的剖面。对某些不易表达清楚的结构、部位（如退刀槽、砂轮越程槽等）应绘制局部放大视图。

7.2.2 标注尺寸

轴类零件的尺寸主要是轴向尺寸和径向尺寸。不同直径段的轴类零件的径向尺寸均要标出，缺一不可；凡有配合处的轴径，均要标出尺寸偏差；对零件工作图上尺寸和偏差相同的直径应逐一标注，不得省略。

标注轴向尺寸应首先根据加工工艺性的要求选好基准面，尽可能做到设计基准、工艺基准和测量基准三者一致，并尽量考虑按加工过程来标注各段尺寸，此外还应注意不能标注出封闭的尺寸链。

键槽的尺寸偏差及标注方法可查阅有关资料及手册。

对所有倒角、圆角都应标注或在技术要求中说明，不得遗漏。

7.2.3 几何公差

表7-1列出了在轴上应标注的几何公差项目，供设计时参考。

表7-1 轴的几何公差

类别	项目	等级	作用
形状公差	与轴承配合表面的圆柱度	6～7	影响轴承与轴配合松紧及对中性，会发生滚道几何变形而缩短轴承寿命
	与传动件轴孔配合表面的圆度或圆柱度	7～8	影响传动件与轴配合的松紧及对中性
位置公差	与轴承配合表面对中心线的圆跳动	6～7	影响传动件及轴承的运转偏心
	轴承定位端面对中心线的垂直度	6～8	影响轴承定位，造成套圈歪斜，恶化轴承工作条件
	与传动件轴孔配合表面对中心线的圆跳动	6～8	影响齿轮传动件的正常运转，有偏心，精度降低
	与传动件定位端面对中心线的垂直度	6～8	影响齿轮传动件的定位及受载均匀性
	键槽对轴中心线的对称度	7～9	影响键受载的均匀性及拆装难易

轴的几何公差标注方法可查阅有关资料或手册，示例如图 7-2 所示。

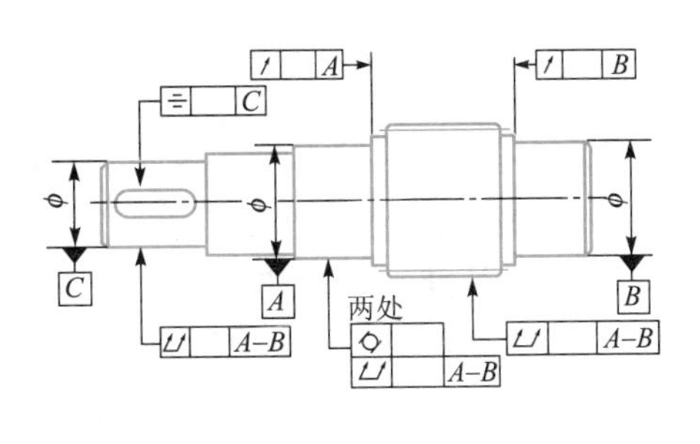

图 7-2　轴的几何公差标注

7.2.4　表面粗糙度

减速器中轴的所有表面都要加工，其表面粗糙度可查手册或取表 7-2 中的推荐值。

表 7-2　轴的表面粗糙度推荐值　μm

加　工　表　面	*Ra*	加　工　表　面	*Ra*
与传动件和联轴器轮毂相配合的表面	3.2～1.6	与传动件及联轴器轮毂相配合的轴肩端面	6.3～3.2
与 P0 级滚动轴承相配合的表面	1（$d \leqslant 80$） 1.6（$d>80$）	与 P0 级滚动轴承相配合的轴肩端面	2（$d \leqslant 80$） 2.5（$d>80$）
平键键槽工作面	3.2～1.6	平键键槽底面	6.3

7.2.5　技术要求

（1）零件所用的材料，对材料的力学性能及化学成分的要求。
（2）对热处理性能的要求，热处理后硬度等。
（3）对加工的要求（如是否留中心孔）。
（4）其他如图中未注圆角、倒角的说明等。
轴类零件工作图具体实例请参阅有关图册、手册。

7.3　齿轮类零件工作图设计

7.3.1　视图

齿轮类零件工作图一般需要两个视图。对于特殊结构的齿轮（如组合式结构等）则需

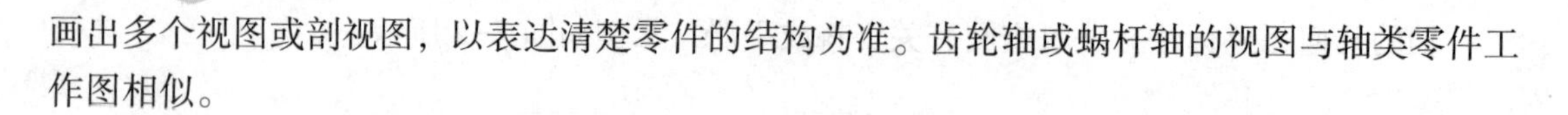

画出多个视图或剖视图，以表达清楚零件的结构为准。齿轮轴或蜗杆轴的视图与轴类零件工作图相似。

7.3.2 尺寸标注

齿轮类零件的径向尺寸以轴的中心线为基准，齿宽方向的尺寸以端面为基准标注。轴孔是这类零件加工、测量、装配的重要基准，应标注出尺寸偏差。标注尺寸时注意不要遗漏（如倒角、铸造斜度、键槽等），但也不要注出不必要的尺寸（如齿根圆直径等）。

当绘制由齿圈与轮芯组合而成的齿轮或蜗轮的组件图时，除按零件标注各尺寸外，还应标出齿圈及轮芯的配合尺寸及配合性质。

对于轴、孔的键槽标注应参照设计手册、资料。

7.3.3 几何公差

几何公差的推荐值如表 7-3 所示。

表 7-3 齿轮的几何公差

类别	项 目	等级	作 用
形状公差	轴孔的圆柱度	6～8	影响轴孔配合的松紧及对中性
位置公差	齿顶圆对中心线的圆跳动	按齿轮精度等级及尺寸确定	在齿形加工后引起运动误差，齿向误差影响传动精度及载荷分布的均匀性
	齿轮基准端面对中心线的垂直度		
	轮毂键槽对孔中心线的对称度	7～9	影响键受载的均匀性及装拆的难易

7.3.4 表面粗糙度

可查阅手册或参照表 7-4 的推荐值。

表 7-4 齿轮工作表面粗糙度推荐值

μm

加工表面		精度等级			
		6	7	8	9
轮齿工作面 *Ra*		<0.8	1.6～0.8	3.2～1.6	6.3～3.2
齿顶圆 *Ra*	是测量基面	1.6	1.6～0.8	3.2～1.6	6.3～3.2
	非测量基面	3.2	6.3～3.2	6.3	12.5～6.3
齿圈与轮芯配合面 *Ra*		1.6～0.8		3.2～1.6	6.3～3.2
轴孔配合面 *Ra*		3.2～0.8		3.2～1.6	6.3～3.2
与轴肩配合端面 *Ra*		3.2～0.8		3.2～1.6	6.3～3.2
其他加工面 *Ra*		6.3～1.6		6.3～3.2	12.5～6.3

注：原则上尺寸数值较大时选取大一些的 *Ra* 数值。

7.3.5 啮合特性

啮合特性的内容包括齿轮的主要参数、精度等级和测量项目。精度等级、测量项目及具体数值可查第17章的有关表格。

7.3.6 技术要求

齿轮类零件的技术要求内容包括对材料、热处理、加工（如未注明的倒角、圆角半径）、齿轮毛坯（锻件、铸件）等方面的要求。对于大尺寸齿轮或高速齿轮，还应考虑平衡试验要求。

齿轮类零件具体实例图参阅有关图册、资料。

7.4 箱体零件工作图设计

7.4.1 视图

箱体是一个较为复杂的零件，为了将其结构表达清楚，往往除用主、俯、左三个视图外，还必须加一定数量剖视及局部视图。具体视图的数量要按箱体的复杂程度而定。

7.4.2 尺寸标注

箱体零件的尺寸标注较繁杂，标注尺寸时既不能遗漏又不能重复，故应注意以下几点：

（1）箱体的形状尺寸即箱体各部位形状大小的尺寸，如壁厚、箱体尺寸（长、宽、高）、孔径及其深度、圆角半径、槽的深度、螺纹尺寸、加强肋的厚度和高度等。这类尺寸应直接按照机械制图中的规定标注方法标注完备。

（2）箱体上各部位之间的相对位置尺寸，如相邻两地脚螺栓之间的距离、上下箱体连接螺栓之间的距离等。

（3）箱体的定位尺寸是确定箱体各部位相对于基准的位置尺寸，如各部位曲线的中心、孔的中心线位置及其他有关部位的平面与基准的距离。这类尺寸最易遗漏，应特别注意。

（4）各配合段的配合尺寸均应标注出偏差。

（5）所有圆角、倒角、拔模斜度等都必须标注或在技术要求中说明。

（6）在标注尺寸时注意不能出现封闭尺寸链。

7.4.3 几何公差

箱体上标注的几何公差项目可参阅表7-5，具体公差数值查阅有关资料、手册。

表 7-5　箱体的几何公差

<table>
<tr><th>类别</th><th>项　　目</th><th>等级</th><th>作　　用</th></tr>
<tr><td rowspan="2">形状公差</td><td>轴承座孔的圆度或圆柱度</td><td>6～7</td><td>影响箱体与轴承的配合性能及对中性</td></tr>
<tr><td>剖分面的平面度</td><td>7～8</td><td>影响剖分面的密合性及防渗漏性能</td></tr>
<tr><td rowspan="5">位置公差</td><td>轴承座孔中心线间的平行度</td><td>6～7</td><td>影响齿面接触斑点及传动的平稳性</td></tr>
<tr><td>两轴承座孔中心线的同轴度</td><td>6～8</td><td>影响轴系安装及齿面载荷分布的均匀性</td></tr>
<tr><td>轴承座孔端面对中心线的垂直度</td><td>7～8</td><td>影响轴承固定及轴向受载的均匀性</td></tr>
<tr><td>轴承座孔端面中心对剖分面的位置度</td><td><0.3</td><td>影响孔系精度及轴系装配</td></tr>
<tr><td>两轴承孔中心线间的垂直度</td><td>7～8</td><td>影响传动精度及载荷分布的均匀性</td></tr>
</table>

7.4.4　表面粗糙度

箱体表面粗糙度荐值见表 7-6 或从手册中查得。

表 7-6　箱体工作表面粗糙度推荐值　　μm

加　工　表　面	*Ra*	加　工　表　面	*Ra*
减速器剖分面	3.2～1.6	减速器底面	12.5～6.3
轴承座孔面	3.2～1.6	轴承座孔外端面	6.3～3.2
圆锥销孔面	3.2～1.6	螺栓孔座面	12.5～6.3
嵌入端盖凸缘槽面	6.3～3.2	油塞孔座面	12.5～6.3
视孔盖接触面	12.5	其他表面	>12.5

7.4.5　技术要求

箱体类零件的技术要求包括以下几方面内容：

（1）箱座、箱盖配作加工（如配作定位销孔、轴承座孔和外端面等）的说明。

（2）对铸件质量的要求（如不允许有砂眼、渗漏现象等）。

（3）铸造后应清砂，去除毛刺，进行时效处理。

（4）箱体内表面需用煤油清洗，并涂防腐漆。

（5）对未注明的铸造斜度及圆角半径、倒角的说明。

（6）其他必要的说明，如轴承座孔中心线的平行度要求或垂直度要求在图中未标注时，在技术要求中说明。

第 8 章 编写课程设计说明书

课程设计说明书是图纸设计的理论依据，是整个设计计算的整理和总结，同时也是审核设计的技术文件之一。

8.1 课程设计说明书的内容

课程设计说明书的内容针对不同的设计课题而定，机械传动装置设计类的课题，说明书大致包括以下内容：

（1）目录（标题、页次）。

（2）设计任务书。

（3）传动方案的分析与拟定（简要说明、附传动方案简图）。

（4）电动机的选择计算。

（5）传动装置的运动及动力参数的选择和计算（包括分配各级传动比，计算各轴的转速、功率和转矩）。

（6）传动零件的设计计算。

（7）轴的设计计算。

（8）键连接的选择及计算。

（9）滚动轴承的选择及计算。

（10）联轴器的选择。

（11）润滑和密封方式的选择，润滑油和牌号的确定。

（12）箱体及附件的结构设计和选择（装配、拆卸、安装时的注意事项）。

（13）设计小结（简要说明对课程设计的体会、设计的优缺点及改进意见等）。

（14）参考资料（资料编号、作者、书名、出版单位、出版年月）。

8.2 课程设计说明书编写要求和注意事项

课程设计说明书编写时应简要说明设计中所考虑的主要问题和全部计算项目，要求计算正确，论述清楚明了、文字精练通顺。书写中应注意以下几点。

（1）计算部分参考书写格式示例（后述8.3）。可只列出计算公式，代入有关数据，略去计算过程，直接得出计算结果。对计算结果应注明单位，计算完成后应有简短的分析结论，说明计算合理与否。

（2）对所引用的公式和数据，应标明来源——参考资料的编号和页次。对所选用的主要参数、尺寸和规格及计算结果等，可写在每页的“结果”栏内，或采用表格形式列出，或采用集中书写的方式写在相应的计算之中。

（3）为了清楚地说明计算内容，应附必要的插图和简图（如传动方案简图，轴的结构、受力、弯、扭矩图及轴承组合形式简图等）。在简图中，对主要零件应统一编号，以便在计算中称呼或作脚注之用。

（4）全部计算中所使用的参量符号和脚注，必须前后一致，不能混乱；各参量的数值应标明单位，且单位要统一，写法要一致，避免混淆不清。

（5）对每一自成单元的内容，都应有大小标题或相应的编写序号，使整个过程条理清晰。

（6）计算部分也可用校核形式书写，但一定要有结论。

（7）一般用16开纸按合理的顺序及规定格式用蓝（黑）色钢笔书写。书写要工整、清晰、标好页次，最后加封面装订成册。

8.3 课程设计说明书的书写格式示例

以传动零件设计中齿轮为例，书写格式如表8-1所示。

表 8-1 书写格式

计算项目	设计计算与说明	计算结果
1. 选择齿轮材料、热处理、齿面硬度、精度等级及齿数		
(1) 选择精度等级	选用8级精度	8级精度
(2) 选取齿轮材料、热处理方法及齿面硬度	小齿轮：45钢（调质），硬度为240 HBW； 大齿轮：45钢（正火），硬度为200 HBW	小齿轮：240 HBW 大齿轮：200 HBW
(3) 选齿数 z_1、z_2	$z_1=24$，$u=i=4.8$，$z_2=uz_1=4.8\times24=115.2$，取 $z_2=115$，在误差范围内。 因选用闭式软齿面传动，故按齿面接触疲劳强度设计，然后校核其齿根弯曲疲劳强度。	$u=4.8$ $z_1=24$ $z_2=115$
2. 按齿面接触疲劳强度设计	设计公式为 $d_1\geqslant\sqrt[3]{\frac{2KT_1}{\phi_d}\frac{u\pm1}{u}\left(\frac{Z_HZ_E}{[\sigma_H]}\right)^2}$	
(1) 初选载荷系数 K_t	试选 $K_t=1.3$	$K_t=1.3$
(2) 小齿轮传递转矩 T_1	$T_1=9.55\times10^6\frac{P_1}{n_1}=9.55\times10^6\times\frac{5}{960}=49\ 739.6$ (N·mm)	$T_1=49\ 739.6$ N·mm
(3) 选取齿宽系数 ϕ_d	由表×-××，选 $\phi_d=0.8$	$\phi_d=0.8$

第 9 章 课程设计总结和答辩准备

9.1 课程设计总结

课程设计的总结是对整个设计过程的系统总结。在完成全部图纸及编写课程设计说明书之后，对设计计算和结构设计进行优缺点分析，特别是对不合理的设计和出现的错误作出一一剖析，并提出改进性的设想，从而提高自己的机械设计能力。通过总结，把整个设计过程当中的问题理清楚、弄懂、弄透，取得更大的收获。

在进行课程设计总结时，建议从以下几个方面进行检查与分析：

（1）以课程设计任务书的要求为依据，分析设计方案的合理性、设计计算及结构设计的正确性，评价自己的设计结果是否满足设计任务书的要求。

（2）认真检查和分析自己设计的机械传动装置部件的装配工作图、主要零件的零件工作图以及设计说明书等。

（3）对装配工作图，应着重检查和分析轴系部件、箱体及附件设计在结构、工艺性以及机械制图等方面是否存在错误。对零件工作图，应着重检查和分析尺寸及公差标注、表面粗糙度标注等方面是否存在错误。对设计说明书，应着重检查和分析计算依据是否准确可靠、计算结果是否准确。

（4）通过课程设计，分析自己掌握了哪些设计的方法和技巧，在设计能力方面有哪些明显的提高，在今后的设计中对提高设计质量方面还应注意哪些问题。

9.2　课程设计答辩准备

答辩是课程设计的最后一个环节，是对整个设计的一个总结和必要的检查。通过答辩准备和答辩，可以较全面地分析所做设计的优缺点，总结、巩固所学知识，发现设计中存在的问题，为今后的工作提供经验，进一步提高解决工程问题的能力。

答辩前，应做好以下工作。

（1）总结、巩固和提高所学知识。从开始确定方案到每个零件的结构设计整个过程各方面的具体问题入手，做系统全面的回顾。

（2）完成规定的设计任务后，需经指导老师签字，整理好设计结果，叠好图纸，装订好说明书，一起放在图纸袋内，然后方可答辩。图纸袋封面应标明袋内包含内容、班级、姓名、指导教师和完成日期。

答辩只是一种手段，通过答辩达到系统总结设计方法、巩固分析和解决工程实际问题的能力，才是真正的目的。

9.3　课程设计图纸折叠方法

在完成机械设计基础课程设计任务及总结答辩后，图纸需要折叠装袋。在工程上，折叠后的图纸幅面一般应为 A4（210 mm×297 mm）或 A3（297 mm×420 mm）的规格。

图纸有需要装订成册的，也有不需要装订成册的，需要装订成册的图纸又分有装订边和无装订边两种。机械设计基础课程设计图纸一般不需要装订，仅将图纸折叠成 A4 幅面装袋即可，本节介绍不需要装订的图纸折叠成 A4 幅面的方法，其他类型图纸折叠方法可根据需要，从《技术制图复制图的折叠方法》（GB/T 10609. 3—2009）中选取。

9.3.1　不需要装订成册图纸第一种折叠方法

首先沿标题栏的长边方向折叠，然后再沿标题栏的短边方向折叠成 A4 的规格，使标题栏露在外面，如图 9-1 至图 9-4 所示。

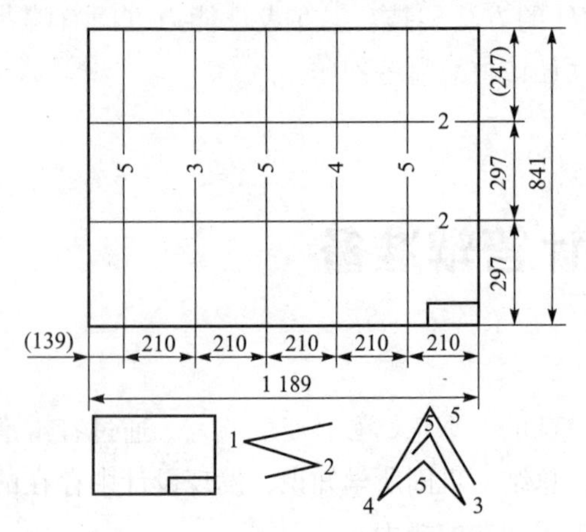

（a）

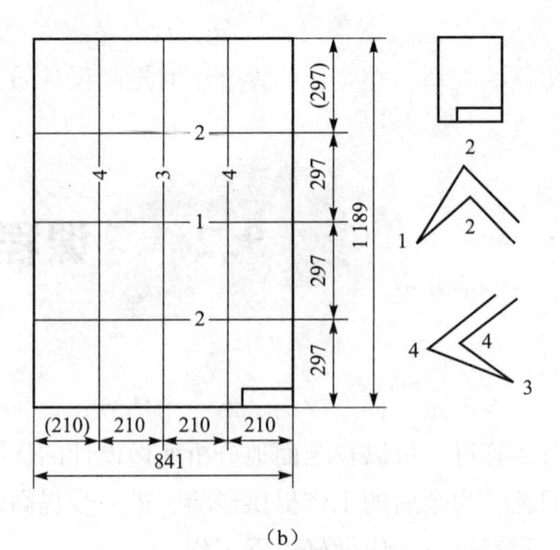

（b）

图 9-1　A0 折叠成 A4 幅面第一种方法

（a）标题栏在图纸长边；（b）标题栏在图纸短边

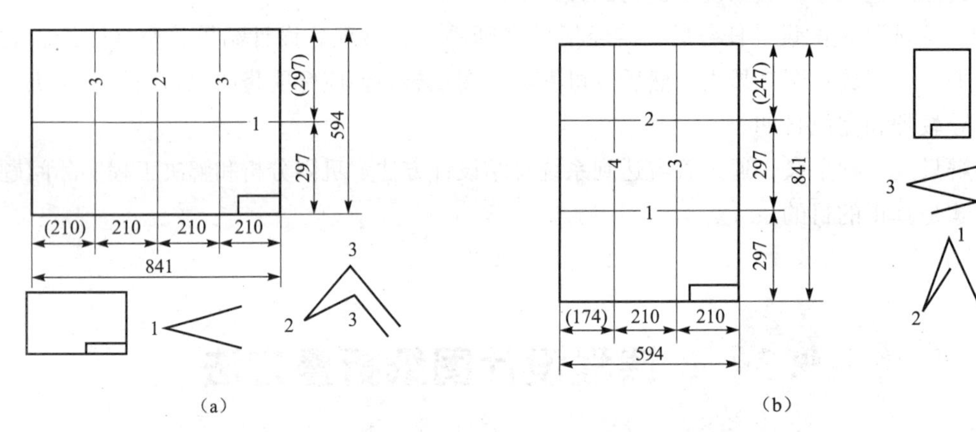

（a）　（b）

图 9-2　A1 折叠成 A4 幅面第一种方法

（a）标题栏在图纸长边；（b）标题栏在图纸短边

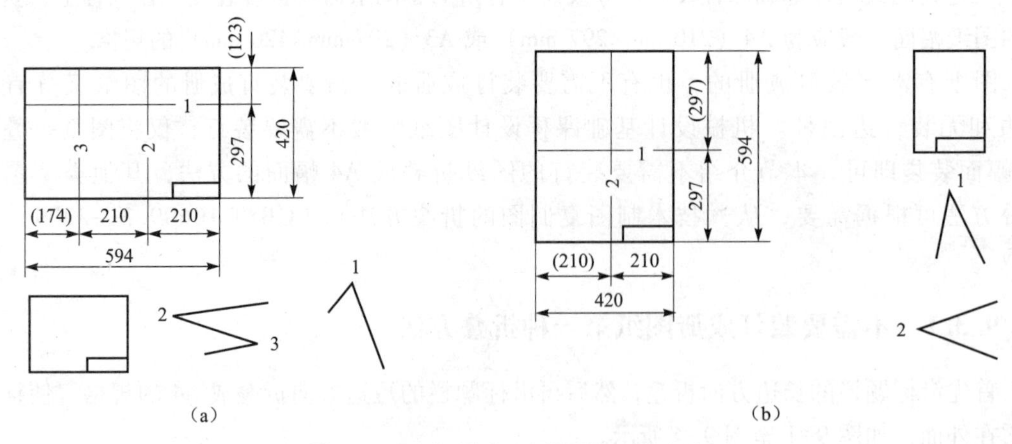

（a）　（b）

图 9-3　A2 折叠成 A4 幅面第一种方法

（a）标题栏在图纸长边；（b）标题栏在图纸短边

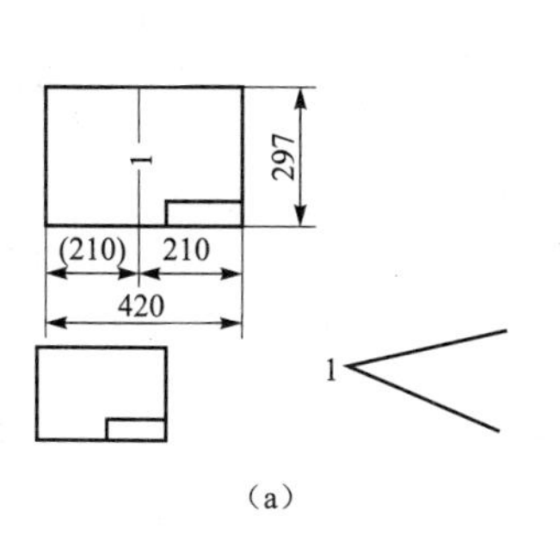

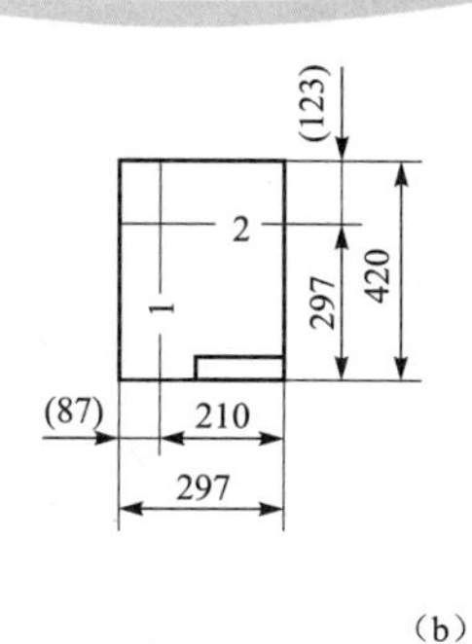

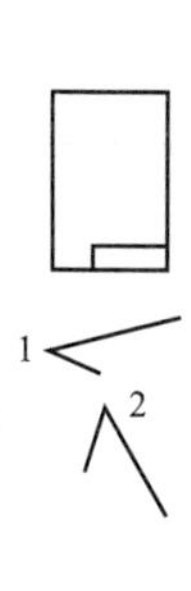

（a）　　　　　　　　　　　　　　　　　（b）

图 9-4　A3 折叠成 A4 幅面第一种方法

（a）标题栏在图纸长边；（b）标题栏在图纸短边

9.3.2　不需要装订成册图纸第二种折叠方法

首先沿标题栏的短边方向折叠，然后再沿标题栏的长边方向折叠成 A4 的规格，使标题栏露在外面，如图 9-5 至图 9-8 所示。

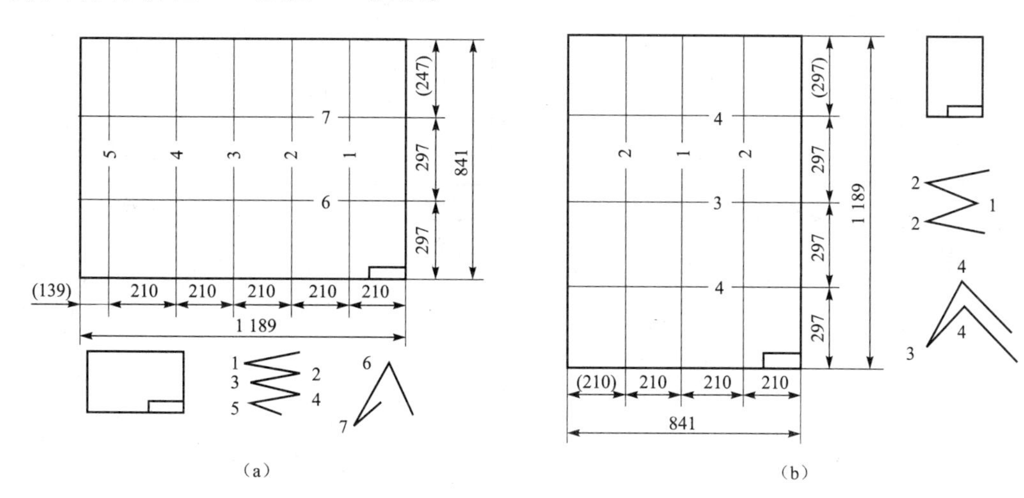

图 9-5　A0 折叠成 A4 幅面第二种方法

（a）标题栏在图纸长边；（b）标题栏在图纸短边

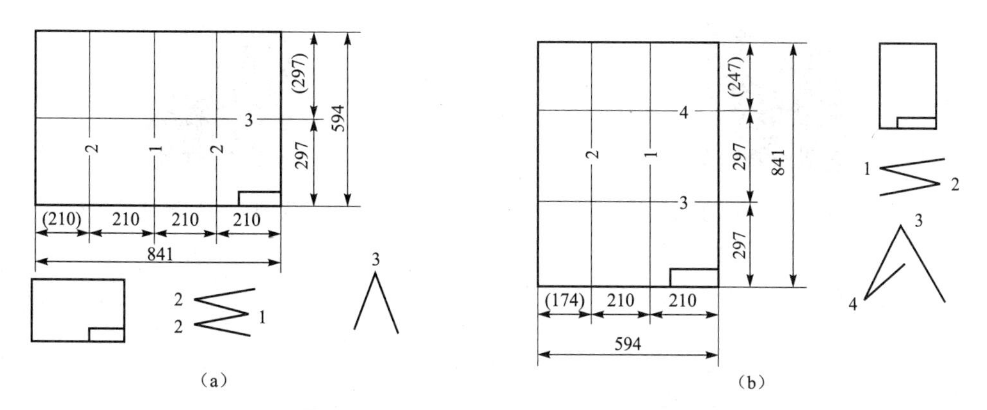

图 9-6　A1 折叠成 A4 幅面第二种方法

（a）标题栏在图纸长边；（b）标题栏在图纸短边

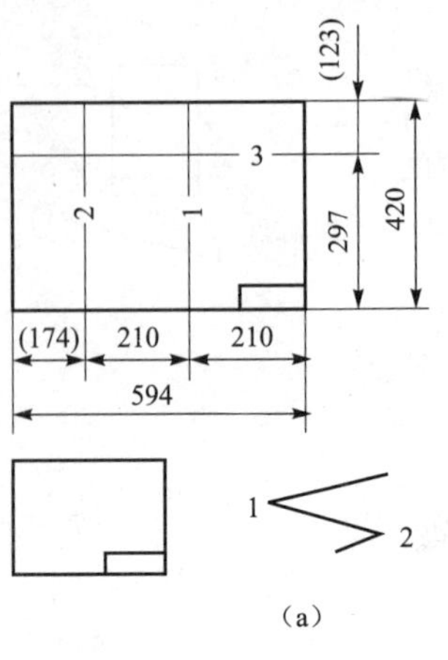

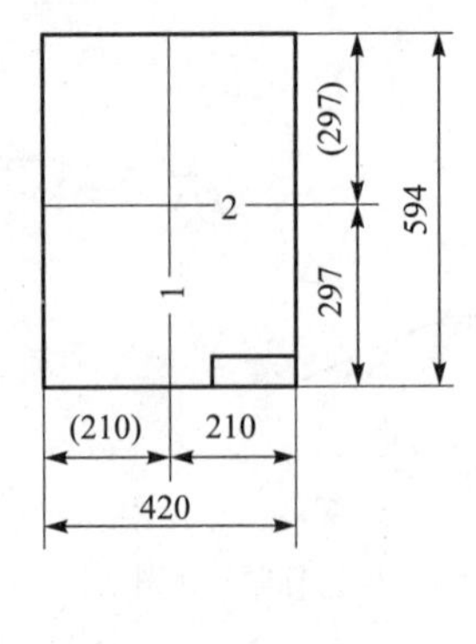

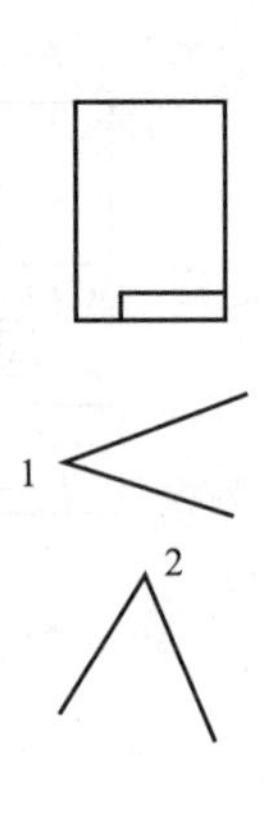

图 9-7 A2 折叠成 A4 幅面第二种方法

（a）标题栏在图纸长边；（b）标题栏在图纸短边

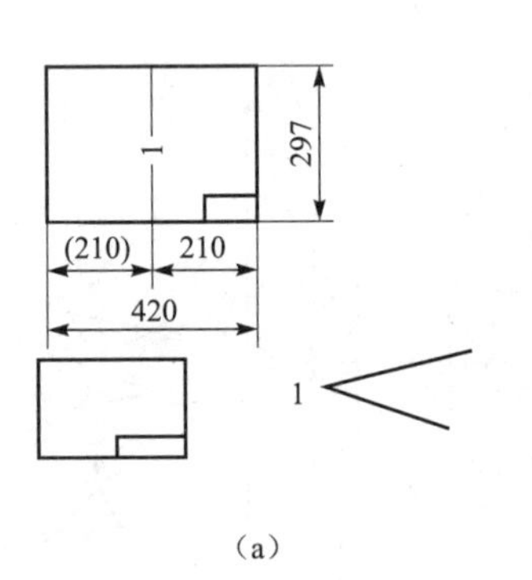

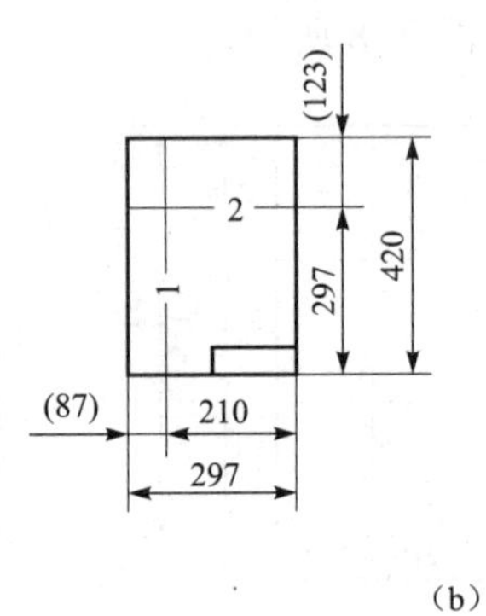

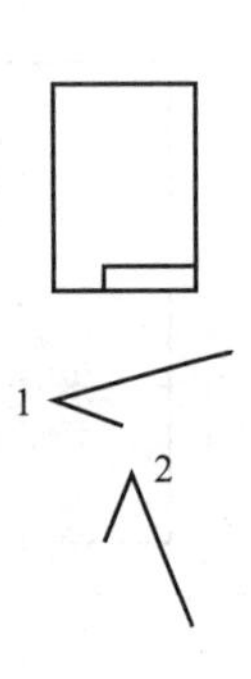

图 9-8 A3 折叠成 A4 幅面第二种方法

（a）标题栏在图纸长边；（b）标题栏在图纸短边

本节内容可用于手工折叠或机器折叠的工程图纸及有关的技术文件，当设计各种归档和管理器具以及设计折叠器时，亦可参照使用。无论采用何种折叠方法，折叠后图纸上的标题栏均应露在外面。

一级斜齿圆柱齿轮减速器设计

二级斜齿圆柱齿轮减速器设计

第二部分
机械设计基础课程设计参考图例

第10章 减速器装配工作图及零件工作图参考图例

10.1 减速器装配工作图参考图例

单级圆柱齿轮减速器装配工作图如图10-1所示。
二级圆柱齿轮减速器装配工作图（一）如图10-2所示。
二级圆柱齿轮减速器装配工作图（二）如图10-3所示。
圆锥-圆柱齿轮减速器装配工作图如图10-4所示。
蜗杆减速器装配工作图（一）如图10-5所示。
蜗杆减速器装配工作图（二）如图10-6所示。
齿轮-蜗杆减速器装配工作图如图10-7所示。
蜗杆-齿轮减速器装配工作图如图10-8所示。

10.2 减速器零件工作图参考图例

轴的零件工作图如图 10-9 所示。
斜齿圆柱齿轮的零件工作图如图 10-10 所示。
锥齿轮轴的零件工作图如图 10-11 所示。
锥齿轮的零件工作图如图 10-12 所示。
蜗杆的零件工作图如图 10-13 所示。
蜗轮的零件工作图如图 10-14 所示。
蜗轮轮芯的零件工作图如图 10-15 所示。
蜗轮轮缘的零件工作图如图 10-16 所示。
单级圆柱齿轮减速器箱座的零件工作图如图 10-17 所示。
二级圆柱齿轮减速器箱盖的零件工作图如图 10-18 所示。

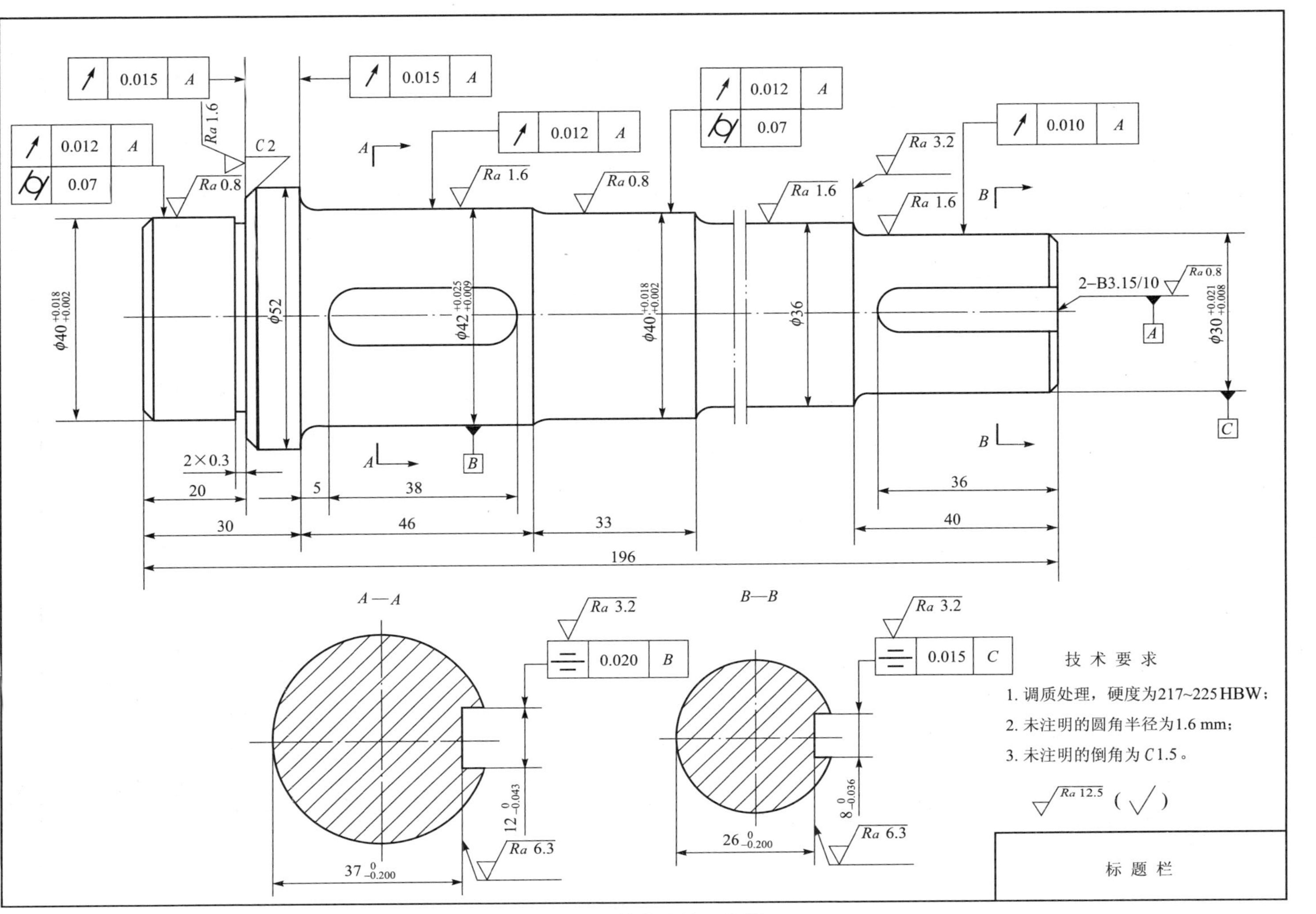

图10-9　轴的零件工作图

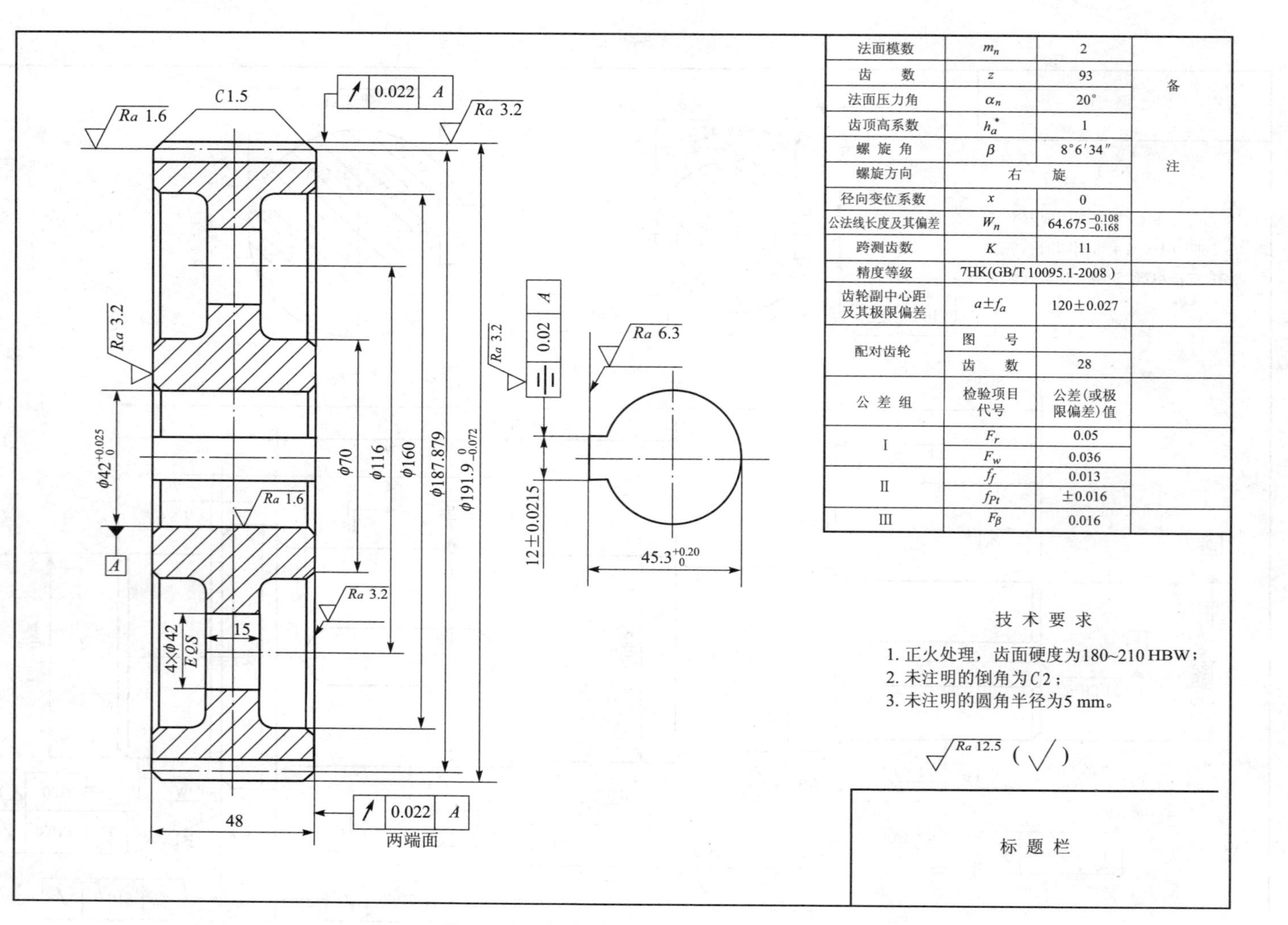

法面模数	m_n	2	备注
齿　数	z	93	
法面压力角	α_n	20°	
齿顶高系数	h_a^*	1	
螺 旋 角	β	8°6′34″	
螺旋方向	右　旋		
径向变位系数	x	0	
公法线长度及其偏差	W_n	$64.675^{-0.108}_{-0.168}$	
跨测齿数	K	11	
精度等级	7HK(GB/T 10095.1-2008)		
齿轮副中心距及其极限偏差	$a \pm f_a$	120±0.027	
配对齿轮	图　号		
	齿　数	28	
公 差 组	检验项目代号	公差(或极限偏差)值	
I	F_r	0.05	
	F_w	0.036	
II	f_f	0.013	
	f_{Pt}	±0.016	
III	F_β	0.016	

技 术 要 求

1. 正火处理，齿面硬度为180~210 HBW；
2. 未注明的倒角为C2；
3. 未注明的圆角半径为5 mm。

Ra 12.5 (√)

标 题 栏

图 10–10　斜齿圆柱齿轮的零件工作图

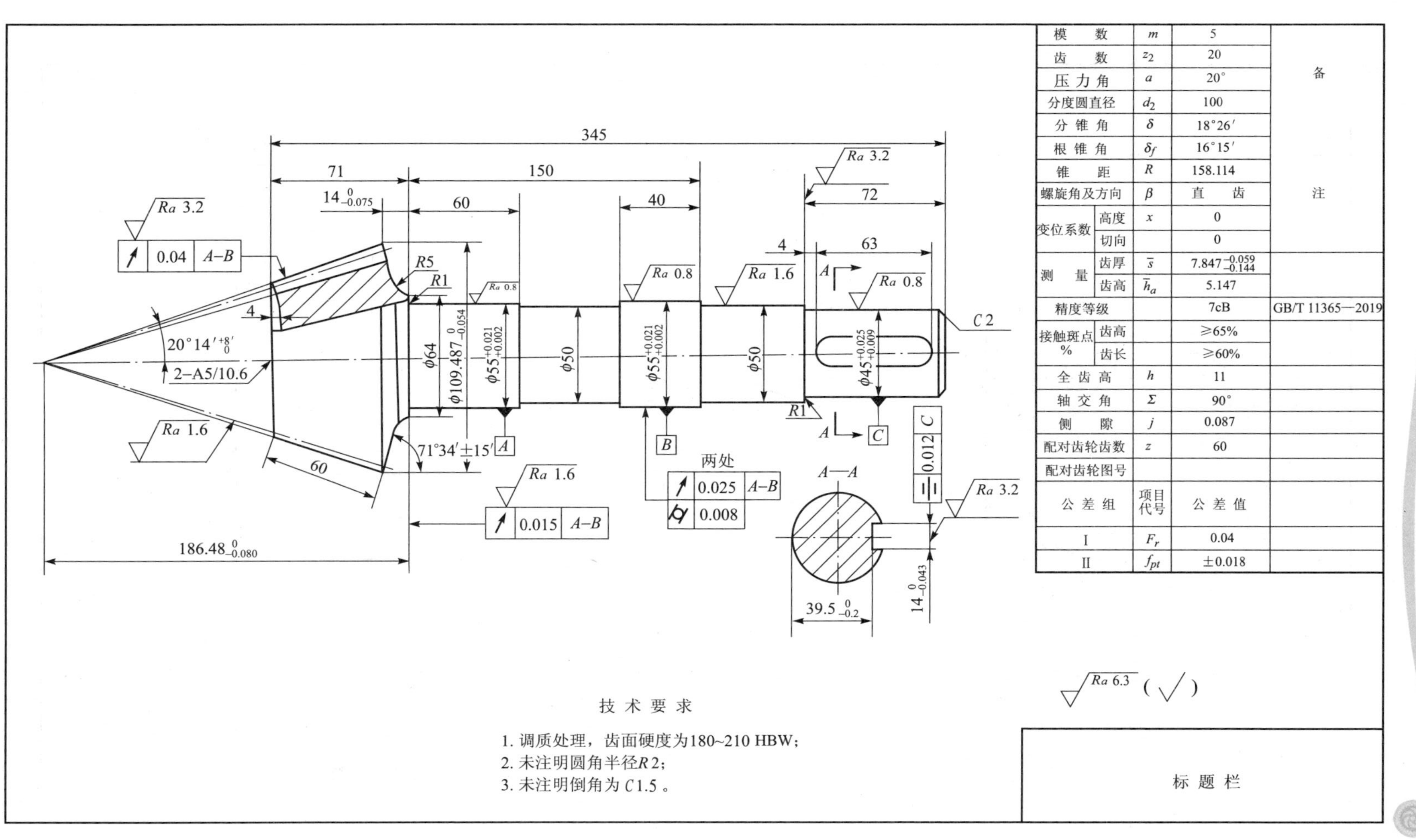

名称		代号	数值	备注
模数		m	5	
齿数		z_2	20	
压力角		a	20°	
分度圆直径		d_2	100	
分锥角		δ	18°26′	
根锥角		δ_f	16°15′	
锥距		R	158.114	
螺旋角及方向		β	直齿	
变位系数	高度	x	0	
	切向		0	
测量	齿厚	$\bar{s}$	$7.847_{-0.144}^{-0.059}$	
	齿高	$\bar{h}_a$	5.147	
精度等级			7cB	GB/T 11365—2019
接触斑点%	齿高		≥65%	
	齿长		≥60%	
全齿高		h	11	
轴交角		Σ	90°	
侧隙		j	0.087	
配对齿轮齿数		z	60	
配对齿轮图号				
公差组		项目代号	公差值	
I		F_r	0.04	
II		f_{pt}	±0.018	

技术要求

1. 调质处理，齿面硬度为180~210 HBW；
2. 未注明圆角半径$R2$；
3. 未注明倒角为$C1.5$。

标题栏

图 10-11　锥齿轮轴的零件工作图

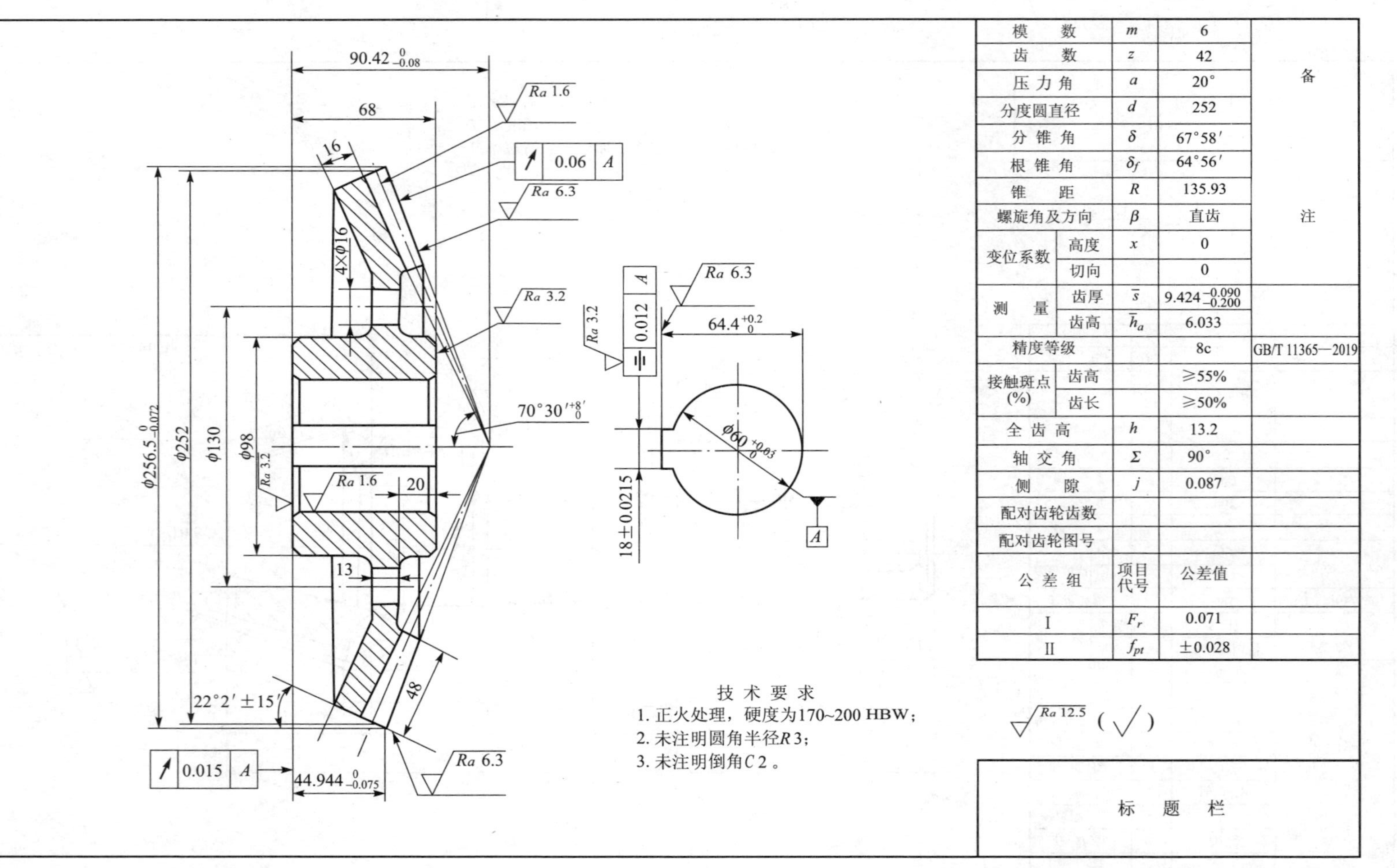

项目		代号	数值	备注
模数		m	6	备注
齿数		z	42	
压力角		a	20°	
分度圆直径		d	252	
分锥角		δ	67°58′	
根锥角		δ_f	64°56′	
锥距		R	135.93	
螺旋角及方向		β	直齿	
变位系数	高度	x	0	
	切向		0	
测量	齿厚	$\bar{s}$	$9.424^{-0.090}_{-0.200}$	
	齿高	$\bar{h}_a$	6.033	
精度等级			8c	GB/T 11365—2019
接触斑点(%)	齿高		≥55%	
	齿长		≥50%	
全齿高		h	13.2	
轴交角		Σ	90°	
侧隙		j	0.087	
配对齿轮齿数				
配对齿轮图号				
公差组		项目代号	公差值	
I		F_r	0.071	
II		f_{pt}	±0.028	

图 10-12　锥齿轮的零件工作图

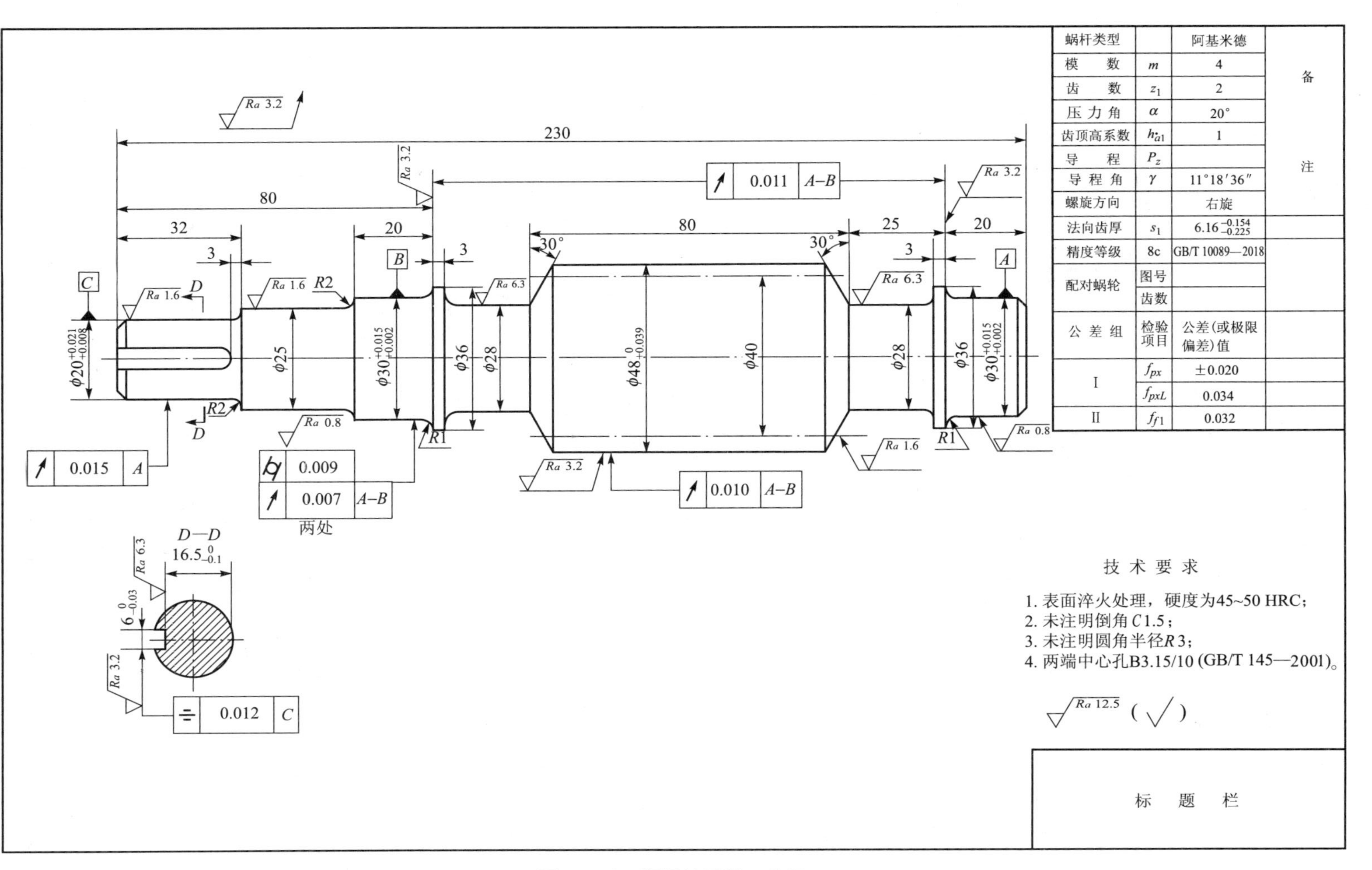

蜗杆类型		阿基米德	备注
模　数	m	4	
齿　数	z_1	2	
压力角	α	20°	
齿顶高系数	h^*_{a1}	1	
导　程	P_z		
导程角	γ	11°18′36″	
螺旋方向		右旋	
法向齿厚	s_1	$6.16^{-0.154}_{-0.225}$	
精度等级	8c	GB/T 10089—2018	
配对蜗轮	图号		
	齿数		
公差组	检验项目	公差(或极限偏差)值	
I	f_{px}	±0.020	
	f_{pxL}	0.034	
II	f_{f1}	0.032	

技术要求

1. 表面淬火处理，硬度为45~50 HRC；
2. 未注明倒角C1.5；
3. 未注明圆角半径R3；
4. 两端中心孔B3.15/10 (GB/T 145—2001)。

Ra 12.5 (√)

图 10-13　蜗杆的零件工作图

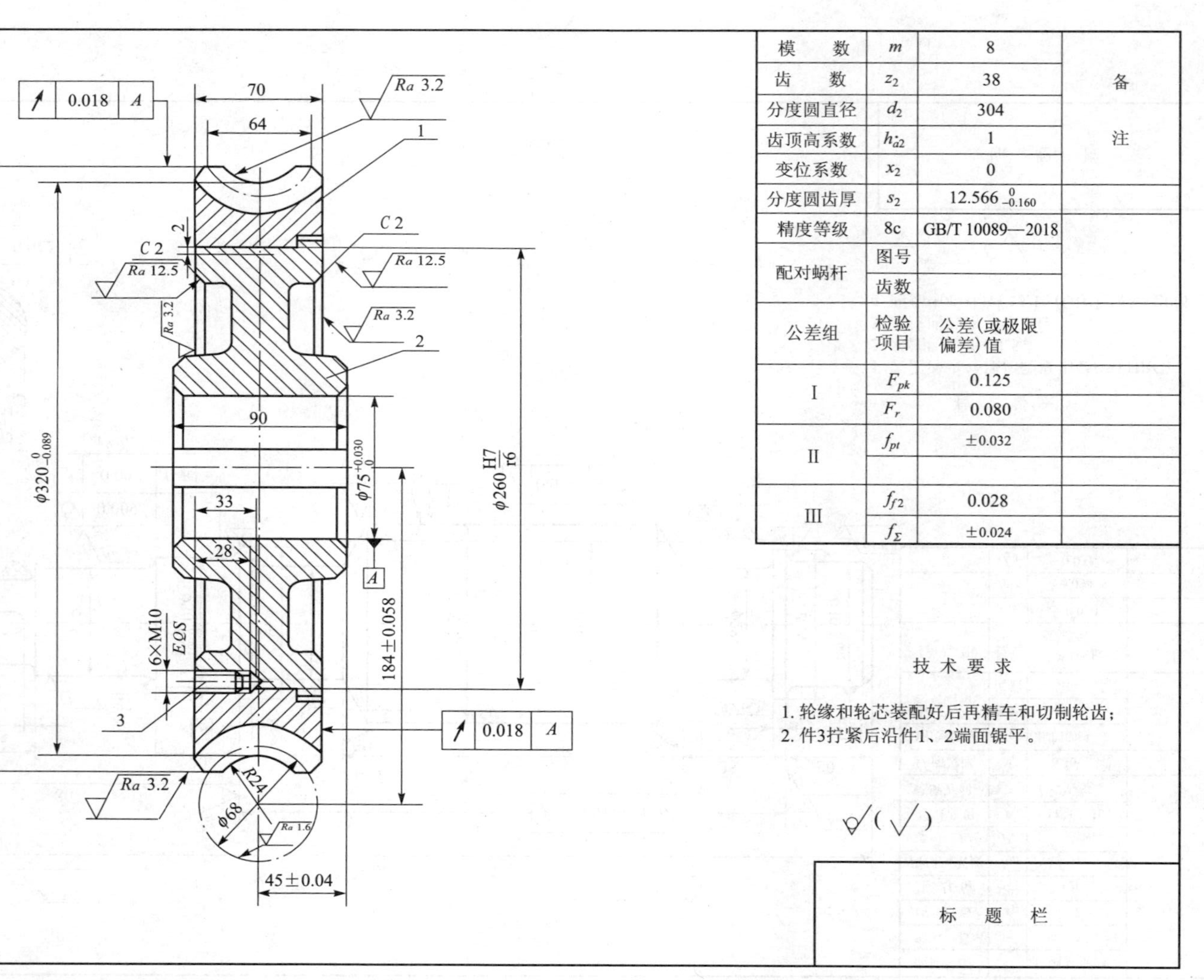

模数	m	8	备注
齿数	z_2	38	
分度圆直径	d_2	304	
齿顶高系数	h_{a2}^{*}	1	
变位系数	x_2	0	
分度圆齿厚	s_2	$12.566^{\ 0}_{-0.160}$	
精度等级	8c	GB/T 10089—2018	
配对蜗杆	图号		
	齿数		
公差组	检验项目	公差(或极限偏差)值	
I	F_{pk}	0.125	
	F_r	0.080	
II	f_{pt}	±0.032	
III	f_{f2}	0.028	
	f_{Σ}	±0.024	

图 10-14　蜗轮的零件工作图

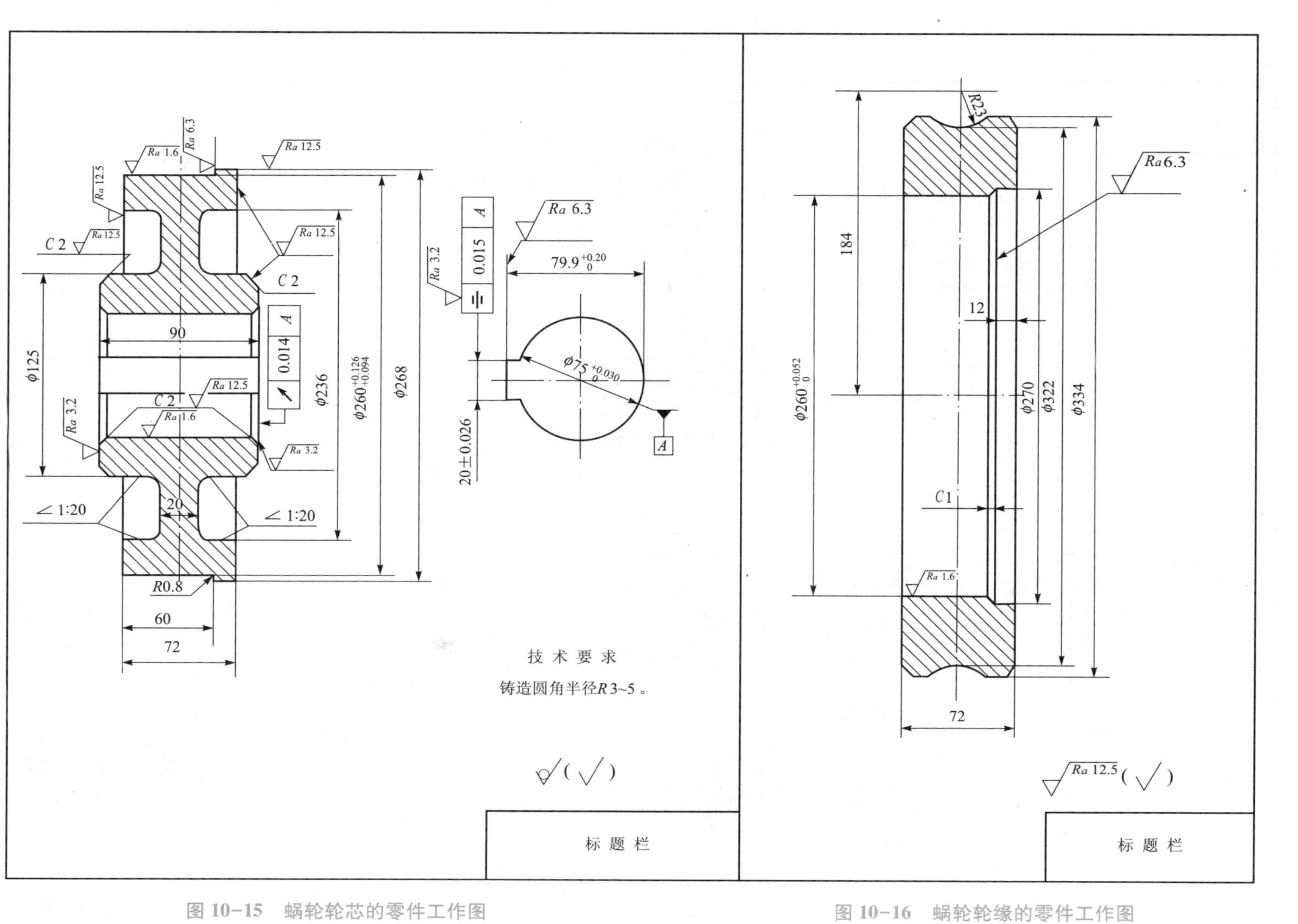

图 10-15　蜗轮轮芯的零件工作图

图 10-16　蜗轮轮缘的零件工作图

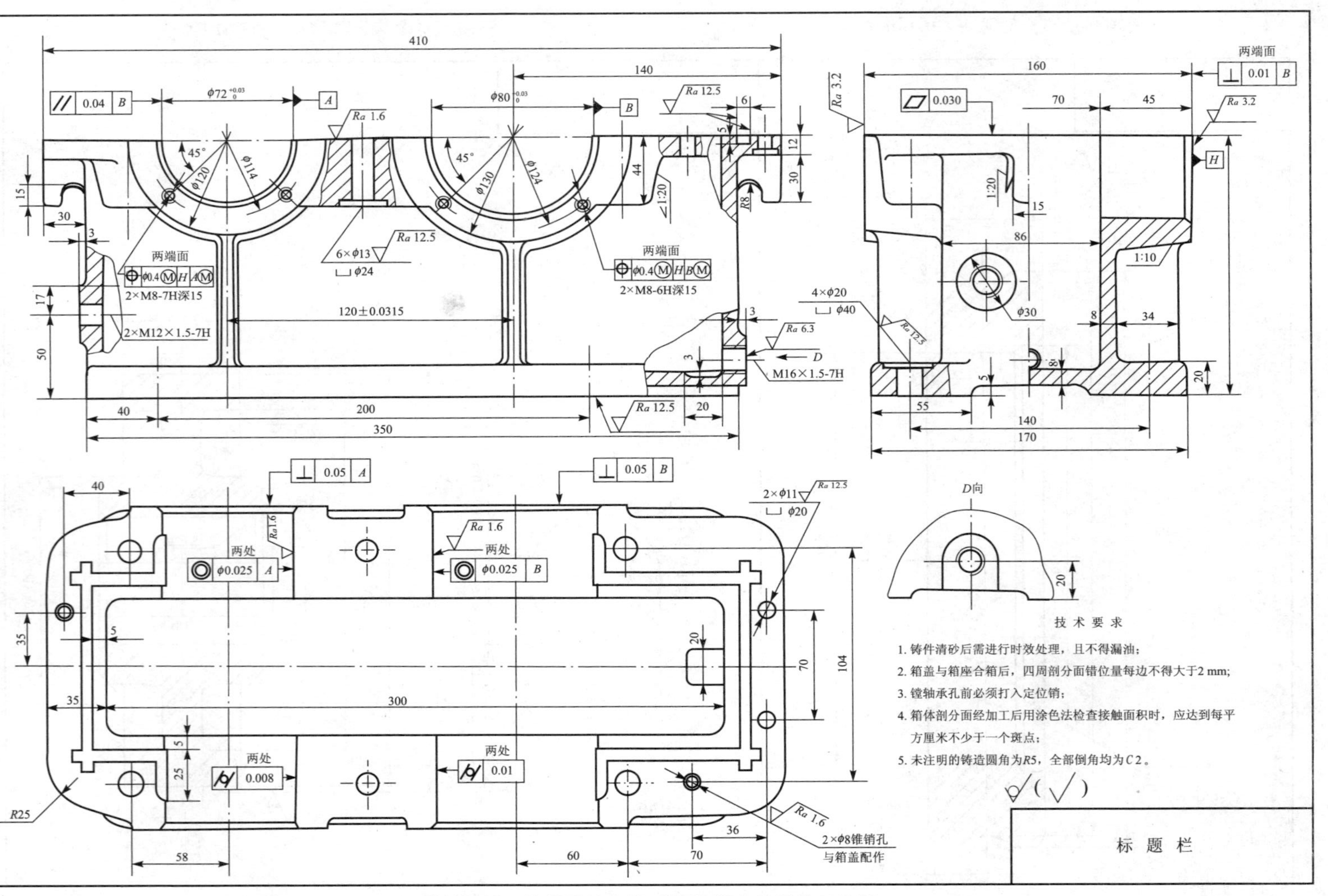

图 10-17 单级圆柱齿轮减速器箱座的零件工作图

第三部分

机械设计基础课程设计常用标准和规范

第 11 章 常用机械材料

11.1 黑色金属材料

表 11-1 灰铸铁（摘自 GB/T 9439—2010）

牌号	铸件壁厚/mm		最小抗拉强度 R_m（强制性值）(min)		铸件本体预期抗拉强度 R_m (min) /MPa
	>	≤	单铸试棒/MPa	附铸试棒或试块/MPa	
HT100	5	40	100	—	—
HT150	5	10	150	—	155
	10	20		—	130
	20	40		120	110
	40	80		110	95
	80	150		100	80
	150	300		90	—
HT200	5	10	200	—	205
	10	20		—	180
	20	40		170	155

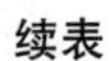
续表

牌号	铸件壁厚/mm		最小抗拉强度 R_m（强制性值）（min）		铸件本体预期抗拉强度 R_m（min）/MPa
	>	≤	单铸试棒/MPa	附铸试棒或试块/MPa	
HT200	40	80	200	150	130
	80	150		140	115
	150	300		130	—
HT250	5	10	250	—	250
	10	20		—	225
	20	40		210	195
	40	80		190	170
	80	150		170	155
	150	300		160	—
HT300	10	20	300	—	270
	20	40		250	240
	40	80		220	210
	80	150		210	195
	150	300		190	—
HT350	10	20	350	—	315
	20	40		290	280
	40	80		260	250
	80	150		230	225
	150	300		210	—

注1：当铸件壁厚超过300mm时，其力学性能由供需双方商定。

注2：当某牌号的铁液浇注壁厚均匀、形状简单的铸件时，壁厚变化引起抗拉强度的变化，可从本表查出参考数据，当铸件壁厚不均匀，或有型芯时，此表只能给出不同壁厚处大致的抗拉强度值，铸件的设计应根据关键部位的实测值进行。

注3：表中斜体字数值表示指导值，其余抗拉强度值均为强制性值，铸件本体预期抗拉强度值不作为强制性值。

表11-2　球墨铸铁（摘自GB/T 1348—2019）

材料牌号	抗拉强度 R_m（min.）/MPa	屈服强度 $R_{P0.2}$（min.）/MPa	伸长率 A（min.）/%	布氏硬度 HBW	主要基体组织
QT400-18L	400	240	18	120～175	铁素体
QT400-18R	400	250	18	120～175	铁素体
QT400-18	400	250	18	120～175	铁素体

续表

材料牌号	抗拉强度 R_m (min.) /MPa	屈服强度 $R_{P0.2}$ (min.) /MPa	伸长率 A (min.) /%	布氏硬度 HBW	主要基体组织
QT400-15	400	250	15	120～180	铁素体
QT450-10	450	310	10	160～210	铁素体
QT500-7	500	320	7	170～230	铁素体+珠光体
QT550-5	550	350	5	180～250	铁素体+珠光体
QT600-3	600	370	3	190～270	珠光体+铁素体
QT700-2	700	420	2	225～305	珠光体
QT800-2	800	480	2	245～335	珠光体或索氏体
QT900-2	900	600	2	280～360	回火马氏体或 屈氏体+索氏体

注1：字母“L”表示该牌号有低温（-20 ℃或-40 ℃）下的冲击性能要求；字母“R”表示该牌号有室温（23 ℃）下的冲击性能要求。

注2：伸长率是从原始标距 $L_0=5d$ 上测得的，d 是试样上原始标距处的直径。

注3：表中所列数据为铸件壁厚 $t\leqslant30$ mm 测得。

表 11-3 一般工程用铸造碳钢（摘自 GB/T 11352—2009）

牌 号	屈服强度 R_{eH} ($R_{P0.2}$) /MPa	抗拉强度 R_m/MPa	伸长率 A_5/%	根据合同选择		
				断面收缩率 Z/%	冲击吸收功 A_{KV}/J	冲击吸收功 A_{KU}/J
ZG 200-400	200	400	25	40	30	47
ZG 230-450	230	450	22	32	25	35
ZG 270-500	270	500	18	25	22	27
ZG 310-570	310	570	15	21	15	24
ZG 340-640	340	640	10	18	10	16

注1：表中所列的各牌号性能，适应于厚度为100 mm以下的铸件。当铸件厚度超过100 mm时，表中规定的 R_{eH}（$R_{P0.2}$）屈服强度仅供设计使用。

注2：表中冲击吸收功 A_{KU} 的试样缺口为2 mm。

表 11-4　普通碳素结构钢（摘自 GB/T 700—2006）

牌号	等级	屈服强度 R_{eH}/(N·mm^{-2})，不小于						抗拉强度 R_m/(N·mm^{-2})	断后伸长率 A/%，不小于					冲击试验（V 型缺口）	
		厚度（或直径）/mm							厚度（或直径）/mm					温度/℃	冲击吸收功（纵向）/J 不小于
		≤16	>16～40	>40～60	>60～100	>100～150	>150～200		≤40	>40～60	>60～100	>100～150	>150～200		
Q195	—	195	185	—	—	—	—	315～430	33	—	—	—	—	—	—
Q215	A	215	205	195	185	175	165	335～450	31	30	29	27	26	—	—
	B													+20	27
Q235	A	235	225	215	215	195	185	370～500	26	25	24	99	21	—	—
	B													+20	27
	C													0	
	D													-20	
Q275	A	275	265	255	245	225	215	410～540	99	21	20	18	17	—	—
	B													+20	27
	C													0	
	D													-20	

表 11-5　优质碳素结构钢（摘自 GB/T 699—2015）

牌号	推荐热处理/℃			试件毛坯尺寸/mm	力学性能					钢材交货状态硬度 HBW		应用举例
					抗拉强度 σ_b	屈服强度 σ_s	收缩率 ψ		冲击功 A_{KU}			
	正火	淬火	回火		MPa		%		J	未热处理	退火钢	
					不小于	不小于	不小于	不大于				
08	930			25	325	195	33	60		131		垫片、垫圈、管子、摩擦片等
10	930			25	335	205	31	55		137		拉杆、卡头、垫片、垫圈等
20	910			25	410	245	25	55		156		杠杆、轴套、螺钉、吊钩等
25	900	870	600	25	450	275	23	50	71	170		轴、辊子、联轴器、垫圈、螺栓等
35	870	850	600	25	530	315	20	45	55	197		连杆、圆盘、轴销、轴等

续表

牌号	推荐热处理/℃			试件毛坯尺寸/mm	力学性能					钢材交货状态硬度 HBW		应用举例
					抗拉强度 σ_b	屈服强度 σ_s	收缩率 ψ		冲击功 A_{KU}			
	正火	淬火	回火		MPa		%		J	未热处理	退火钢	
					不小于	不小于	不小于	不大于				
40	860	840	600	25	570	335	19	45	47	217	187	齿轮、链轮、轴、键、销、轧辊、曲柄销、活塞杆、圆盘等
45	850	840	600	25	600	355	16	40	39	229	197	
50	830	830	600	25	630	375	14	40	31	241	207	齿轮、轧辊、轴、圆盘等
60	810			25	675	400	12	35		255	229	轧辊、弹簧、凸轮、轴等
20Mn	910			25	450	275	24	50		197		凸轮、齿轮、联轴器、铰链等
30Mn	880	860	600	25	540	315	20	45	63	217	187	螺栓、螺母、杠杆、刹车踏板等
40Mn	860	840	600	25	590	355	17	45	47	229	207	轴、曲轴、连杆、螺栓、螺母等
50Mn	830	830	600	25	645	390	13	40	31	255	217	齿轮、轴、凸轮、摩擦盘等
65Mn	810			25	735	430	9	30		285	229	弹簧、弹簧垫圈等

注：热处理推荐保温时间为：正火不小于 30 min，空冷；淬火不小于 30 min，水冷；回火不小于 1 小时。

表 11-6 合金结构钢（摘自 GB/T 3077—2015）

牌号	热处理类型	截面尺寸/mm	机械性能					供货状态硬度 HBW	应用举例
			抗拉强度 σ_b/MPa	屈服强度 σ_s/MPa	延伸率 δ_5/%	收缩率 ψ/%	冲击功 A_{KU}/J		
			最小值						
20Mn2	淬火 回火	15	785	590	10	40	47	187	渗碳小齿轮、小轴、链板等
35SiMn	淬火、回火	25	885	735	15	45	47	229	韧性高，可代替 40Cr，用于轴、轮、紧固件等
	调质	≤100 >101～300 >301～400	785 735 685	510 440 390	15 14 13	45 35 30	60 50 45	229～286 217～265 215～255	

续表

牌号	热处理类型	截面尺寸/mm	机械性能						应用举例
			抗拉强度 σ_b/MPa	屈服强度 σ_s/MPa	延伸率 δ_5/%	收缩率 ψ/%	冲击功 A_{KU}/J	供货状态硬度 HBW	
			最小值						
40Cr	淬火	25	980	785	9	45	47	207	齿轮、轴、曲轴、连杆、螺栓等，用途很广
	调质	≤100 >101～300 >301～500	735 685 625	540 490 440	15 14 10	45 45 30	50 40 30	241～286 241～286 229～269	
20Cr	淬火回火	15	835	540	10	40	47	179	重要的渗碳零件、齿轮轴、蜗杆、凸轮等
38CrMoAl	淬火回火	30	980	835	14	50	71	229	主轴、镗杆、蜗杆、滚子、检验规、气缸套等
20CrMnTi	淬火回火	15	1 080	835	10	45	55	217	中载和重载的齿轮轴、齿圈、滑动轴承支撑的主轴、蜗杆等，用途很广
	渗碳							HRC 56～62	

注：表中各牌号钢截面尺寸为15 mm、25 mm和30 mm时的机械性能数据摘自GB/T 3077—2015，其他截面尺寸的机械性能数据供参考。

11.2 有色金属材料

表11-7 铸造铜合金、铸造铝合金和铸造轴承合金（摘自GB/T 1176—2013）

合金牌号	合金名称（或代号）	铸造方法	合金状态	力学性能（不低于）				应用举例
				抗拉强度 σ_b	屈服强度 $\sigma_{0.2}$	延伸率 δ_5	布氏硬度 HBW	
				MPa		%		
铸造铜合金（GB/T 1176—2013摘录）								
ZCuSn5Pb5Zn5	5-5-5 锡青铜	S、J、R Li、La		200 250	90 100	13	60* 65*	较高负荷、中速下工作的耐磨耐蚀件，如轴瓦、衬套、缸套及蜗轮等

续表

合金牌号	合金名称（或代号）	铸造方法	合金状态	力学性能（不低于）				应用举例
				抗拉强度 σ_b	屈服强度 $\sigma_{0.2}$	延伸率 δ_5	布氏硬度	
				MPa		%	HBW	
ZCuSn10P1	10-1 锡青铜	S、R J Li La		220 310 330 360	130 170 170 170	3 2 4 6	80* 90* 90* 90*	高负荷（20 MPa 以下）和高滑动速度（8 m/s）下工作的耐磨件，如连杆、衬套、轴瓦、蜗轮等
ZCuSn10Pb5	10-5 锡青铜	S J		195 245		10	70	耐蚀、耐酸件及破碎机衬套、轴瓦等
ZCuPb17Sn4Zn4	17-4-4 铅青铜	S J		150 175		5 7	55 60	一般耐磨件、轴承等
ZCuAl10Fe3	10-3 铝青铜	S J Li、La		490 540 540	180 200 200	13 15 15	100* 110* 110*	要求强度高、耐磨、耐蚀的零件，如轴套、螺母、蜗轮、齿轮等
ZCuAl10Fe3Mn2	10-3-2 铝青铜	S、R J		490 540		15 20	110 120	
ZCuZn38	38 黄铜	S J		295	95	30	60 70	一般结构件和耐蚀件，如法兰、阀座、螺母等
ZCuZn40Pb2	40-2 铅黄铜	S、R J		220 280	95 120	15 20	80* 90*	一般用途的耐磨、耐蚀件，如轴套、齿轮等
ZCuZn38Mn2Pb2	38-2-2 锰黄铜	S J		245 345		10 18	70 80	一般用途的结构件，如套筒、衬套、轴瓦、滑块等
ZCuZn16Si4	16-4 硅黄铜	S、R J		345 390	180	15 20	90 100	接触海水工作的管配件以及水泵、叶轮等
铸造铝合金（GB/T 1173—2013 摘录）								
ZAlSi12	ZL102 铝硅合金	SB、JB RB、KB	F T2	145 135		4	50	气缸活塞以及高温工作的承受冲击载荷的复杂薄壁零件
		J	F T2	155 145		2 3		
ZAlSi9Mg	ZL104 铝硅合金	S、J、R、K J SB、RB、KB J、JB	F T1 T6 T6	150 200 230 240		2 1.5 2 2	50 65 70 70	形状复杂的高温静载荷或受冲击作用的大型零件，如扇风机叶片、水冷气缸头
ZAlMg5Si	ZL303 铝镁合金	S、J、 R、K	F	143		1	55	高耐蚀性或在高温度下工作的零件
ZAlZn11Si7	ZL401 铝锌合金	S、R、K J	T1	195 245		2 1.5	80 90	铸造性能较好，可不热处理，用于形状复杂的大型薄壁零件，耐蚀性差

续表

合金牌号	合金名称（或代号）	铸造方法	合金状态	力学性能（不低于） 抗拉强度 σ_b	屈服强度 $\sigma_{0.2}$	延伸率 δ_5	布氏硬度	应用举例
				MPa	MPa	%	HBW	
铸造轴承合金（GB/T 1174—1992 摘录）								
ZSnSb12Pb10Gu4	锡基轴承合金	J					29	汽轮机、压缩机、机车、发电机、球磨机、轧机减速器、发动机等各种机器的滑动轴承衬
ZSnSb11Cu6		J					27	
ZSnSb8Cu4		J					24	
ZPbSb16Sn16Cu2	铅基轴承合金	J					30	
ZPbSb15Sn10		J					24	
ZPbSb15Sn5		J					20	

注：1. 铸造方法代号：S—砂型铸造；J—金属型铸造；Li—离心铸造；La—连续铸造；R—熔模铸造；K—壳型铸造；B—变质处理。
2. 合金状态代号：F—铸态；T1—人工时效；T2—退火；T6—固溶处理加人工完全时效。
3. 铸造铜合金的布氏硬度试验力的单位为N，有*者为参考值。

11.3 非金属材料

表 11-8 常用工程塑料的性能

品种		机械性能 抗拉强度/MPa	抗压强度/MPa	抗弯强度/MPa	延伸率/%	冲击值/(kJ·m^{-2})	弹性模量/($\times10^3$ MPa)	硬度HRR	热性能 熔点/℃	马丁耐热/℃	脆化温度/℃	线胀系数 $\times10^{-5}$/℃	应用举例
尼龙6	干态	55	88.2	98	150	带缺口3	0.254	114	215～223	40～50	-30～-20	7.9～8.7	机械强度和耐磨性优良，广泛用作机械、化工及电气零件。如：轴承、齿轮、凸轮、蜗轮、螺钉、螺母、垫圈等。尼龙粉喷涂于零件表面，可提高耐磨性和密封性
	含水	72～76.4	58.2	68.8	250	>53.4	0.813	85					
尼龙66	干态	46	117	98～107.8	60	3.8	0.313～0.323	118	265	50～60	-30～-25	9.1～10	
	含水	81.3	88.2		200	13.5	0.137	100					
MC尼龙（无填充）		90	105	156	20	无缺口0.520～0.624	3.6（拉伸）	HBW 21.3		55		8.3	强度特高。用于制造大型齿轮、蜗轮、轴套、滚动轴承保持架、导轨、大型阀门密封面等

续表

品种	机械性能							热性能				应用举例
	抗拉强度/MPa	抗压强度/MPa	抗弯强度/MPa	延伸率/%	冲击值/(kJ·m^{-2})	弹性模量/($\times 10^3$ MPa)	硬度HRR	熔点/℃	马丁耐热/℃	脆化温度/℃	线胀系数$\times 10^{-5}$/℃	
聚甲醛(POM)	69(屈服)	125	96	15	带缺口0.007 6	2.9(弯曲)	HBW 17.2		60～64		8.1～10.0(当温度在0～40℃时)	有良好的摩擦、磨损性能，干摩擦性能更优。可制造轴承、齿轮、凸轮、滚轮、辊子、垫圈、垫片等
聚碳酸酯(PC)	65～69	82～86	104	100	带缺口0.064～0.075	2.2～2.5(拉伸)	HBW 9.7～10.4	220～230	110～130	-100	6～7	有高的冲击韧性和优异的尺寸稳定性。可制作齿轮、蜗轮、蜗杆、齿条、凸轮、心轴、轴承、滑轮、铰链、传动链、螺栓、螺母、垫圈、铆钉、泵叶轮等

注：尼龙6和尼龙66由于吸水性很大，因此其各项性能上下差别很大。

第 12 章 常用设计数据和一般设计标准

12.1 常用设计数据

表 12-1 常用材料的弹性模量及泊松比

名 称	弹性模量 E/GPa	切变模量 G/GPa	泊松比 μ	名 称	弹性模量 E/GPa	切变模量 G/GPa	泊松比 μ
灰铸铁、白口铸铁	115～160	45	0. 23～0. 27	铸铝青铜	105	42	0. 25
球墨铸铁	151～160	61	0. 25～0. 29	硬铝合金	71	27	
碳钢	200～220	81	0. 24～0. 28	冷拔黄铜	91～99	35～37	0. 32～0. 42
合金钢	210	81	0. 25～0. 3	轧制纯铜	110	40	0. 31～0. 34
铸钢	175	70～84	0. 25～0. 29	轧制锌	84	32	0. 27
轧制磷青铜	115	42	0. 32～0. 35	轧制铝	69	26～27	0. 32～0. 36
轧制锰黄铜	110	40	0. 35	铅	17	7	0. 42

表 12-2 常用材料的密度

材料名称	密度/(g·cm^{-3})	材料名称	密度/(g·cm^{-3})	材料名称	密度/(g·cm^{-3})
碳钢	7.8~7.85	轧制磷青铜	8.8	有机玻璃	1.18~1.19
铸钢	7.8	可铸铝合金	2.7	尼龙 6	1.13~1.14
合金钢	7.9	锡基轴承合金	7.34~7.75	尼龙 66	1.14~1.15
镍铬钢	7.9	铅基轴承合金	9.33~10.67	尼龙 1010	1.04~1.06
灰铸铁	7.0	硅钢片	7.55~7.8	橡胶夹布传动带	0.8~1.2
铸造黄铜	8.62	纯橡胶	0.93	酚醛层压板	1.3~1.45
锡青铜	8.7~8.9	皮革	0.4~1.2	木材	0.4~0.75
无锡青铜	7.5~8.2	聚氯乙烯	1.35~1.40	混凝土	1.8~2.45

表 12-3 常用材料接触时的摩擦系数

材料名称	摩擦系数 f				材料名称	摩擦系数 f			
	静摩擦		滑动摩擦			静摩擦		滑动摩擦	
	无润滑剂	有润滑剂	无润滑剂	有润滑剂		无润滑剂	有润滑剂	无润滑剂	有润滑剂
钢-钢	0.15	0.1~0.12	0.15	0.05~0.1	钢-夹布胶木			0.22	
钢-低碳钢			0.2	0.1~0.2	青铜-夹布胶木			0.23	
钢-铸铁	0.3		0.18	0.05~0.15	纯铝-钢			0.17	0.02
钢-青铜	0.15	0.1~0.15	0.15	0.1~0.15	青铜-酚醛塑料			0.24	
低碳钢-铸铁	0.2		0.18	0.05~0.15	淬火钢-尼龙 9			0.43	0.023
低碳钢-青铜	0.2		0.18	0.07~0.15	淬火钢-尼龙 1010				0.039 5
铸铁-铸铁		0.18	0.15	0.07~0.12	淬火钢-聚碳酸酯			0.30	0.031
铸铁-青铜			0.15~0.2	0.07~0.15	淬火钢-聚甲醛			0.46	0.016
皮革-铸铁	0.3~0.5	0.15	0.6	0.15	粉末冶金-钢			0.4	0.1
橡胶-铸铁			0.8	0.5	粉末冶金-铸铁			0.4	0.1

表 12-4 常用标准件的摩擦系数

名称		摩擦系数 f	名称		摩擦系数 f
滑动轴承	液体摩擦	0.001~0.008	滚动轴承	深沟球轴承	0.002~0.004
	半液体摩擦	0.008~0.08		调心球轴承	0.0015
	半干摩擦	0.1~0.5		圆柱滚子轴承	0.002
密封软填料盒中填料与轴的摩擦		0.2		调心滚子轴承	0.004
制动器普通石棉制动带（无润滑）p=0.2~0.6 MPa		0.35~0.46		角接触球轴承	0.003~0.005
离合器装有黄铜丝的压制石棉 p=0.2~1.2 MPa		0.40~0.43		圆锥滚子轴承	0.008~0.02
				推力球轴承	0.003

表 12-5 滚动摩擦力臂

摩擦材料	滚动摩擦力臂 k/mm	摩擦材料	滚动摩擦力臂 k/mm
低碳钢与低碳钢	0.05	木材与木材	0.5~0.8
淬火钢与淬火钢	0.01	表面淬火的车轮与钢轨	
铸铁与铸铁	0.05	圆锥形车轮	0.8~1
木材与钢	0.3~0.4	圆柱形车轮	0.5~0.7

表 12-6　常用机械传动的单级传动比推荐值

类　型	平带传动	V 带传动	圆柱齿轮传动	圆锥齿轮传动	蜗杆传动	链传动
推荐值	2～4	2～4	3～6	直齿 2～3	10～40	2～5
最大值	5	7	10	直齿 6	80	7

表 12-7　机械传动和摩擦副的效率概略值

种　类		效率 η
圆柱齿轮传动	很好跑合的 6 级精度和 7 级精度齿轮传动（油润滑）	0.98～0.99
	8 级精度的一般齿轮传动（油润滑）	0.97
	9 级精度的齿轮传动（油润滑）	0.96
	加工齿的开式齿轮传动（脂润滑）	0.94～0.96
	铸造齿的开式齿轮传动	0.90～0.93
圆锥齿轮传动	很好跑合的 6 级和 7 级精度齿轮传动（油润滑）	0.97～0.98
	8 级精度的一般齿轮传动（油润滑）	0.94～0.97
	加工齿的开式齿轮传动（脂润滑）	0.92～0.95
	铸造齿的开式齿轮传动	0.88～0.92
蜗杆传动	自锁蜗杆（油润滑）	0.40～0.45
	单头蜗杆（油润滑）	0.70～0.75
	双头蜗杆（油润滑）	0.75～0.82
	三头和四头蜗杆（油润滑）	0.80～0.92
	环面蜗杆传动（油润滑）	0.85～0.95
带传动	平带无压紧轮的开式传动	0.98
	平带有压紧轮的开式传动	0.97
	平带交叉传动	0.9
	V 带传动	0.96
链传动	焊接链	0.93
	片式关节链	0.95
	滚子链	0.96
	齿形链	0.97
复滑轮轴	滑动轴承（i=2～6）	0.90～0.98
	滚动轴承（i=2～6）	0.95～0.99

种　类		效率 η
摩擦轮	平摩擦轮传动	0.85～0.92
	槽摩擦轮传动	0.88～0.90
	卷绳轮	0.95
联轴器	十字滑块联轴器	0.97～0.99
	齿轮联轴器	0.99
	弹性联轴器	0.99～0.995
	万向联轴器（$\alpha \leqslant 3°$）	0.97～0.98
	万向联轴器（$\alpha > 3°$）	0.95～0.97
滑动轴承	润滑不良	0.94（一对）
	润滑正常	0.97（一对）
	润滑特好（压力润滑）	0.98（一对）
	液体摩擦	0.99（一对）
滚动轴承	球轴承（稀油润滑）	0.99（一对）
	滚子轴承（稀油润滑）	0.98（一对）
卷筒		0.96
减速器	单级圆柱齿轮减速器	0.97～0.98
	双级圆柱齿轮减速器	0.95～0.96
	行星圆柱齿轮减速器	0.95～0.98
	单级锥齿轮减速器	0.95～0.96
	双级圆锥-圆柱齿轮减速器	0.94～0.95
	无级变速器	0.92～0.95
	摆线-针轮减速器	0.90～0.97
丝杠传动	滑动丝杠	0.30～0.60
	滚动丝杠	0.85～0.95

12.2　一般设计标准

表 12-8　图纸幅面和图样比例

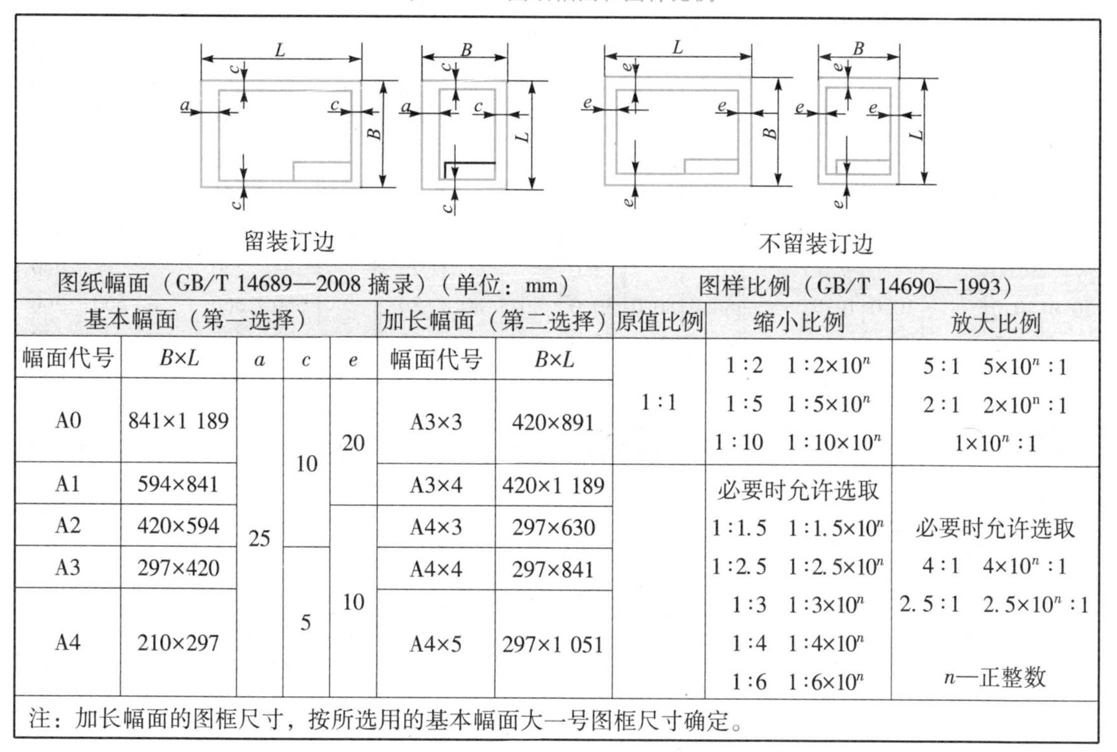

<table>
<tr><th colspan="7">图纸幅面（GB/T 14689—2008 摘录）（单位：mm）</th><th colspan="3">图样比例（GB/T 14690—1993）</th></tr>
<tr><th colspan="5">基本幅面（第一选择）</th><th colspan="2">加长幅面（第二选择）</th><th rowspan="2">原值比例</th><th rowspan="2">缩小比例</th><th rowspan="2">放大比例</th></tr>
<tr><th>幅面代号</th><th>B×L</th><th>a</th><th>c</th><th>e</th><th>幅面代号</th><th>B×L</th></tr>
<tr><td>A0</td><td>841×1 189</td><td rowspan="5">25</td><td rowspan="3">10</td><td rowspan="2">20</td><td>A3×3</td><td>420×891</td><td>1∶1</td><td>1∶2　$1:2\times10^n$
1∶5　$1:5\times10^n$
1∶10　$1:10\times10^n$</td><td>5∶1　$5\times10^n:1$
2∶1　$2\times10^n:1$
$1\times10^n:1$</td></tr>
<tr><td>A1</td><td>594×841</td><td>A3×4</td><td>420×1 189</td><td rowspan="4"></td><td rowspan="4">必要时允许选取
1∶1.5　$1:1.5\times10^n$
1∶2.5　$1:2.5\times10^n$
1∶3　$1:3\times10^n$
1∶4　$1:4\times10^n$
1∶6　$1:6\times10^n$</td><td rowspan="4">必要时允许选取
4∶1　$4\times10^n:1$
2.5∶1　$2.5\times10^n:1$
n—正整数</td></tr>
<tr><td>A2</td><td>420×594</td><td rowspan="3">10</td><td>A4×3</td><td>297×630</td></tr>
<tr><td>A3</td><td>297×420</td><td rowspan="2">5</td><td>A4×4</td><td>297×841</td></tr>
<tr><td>A4</td><td>210×297</td><td>A4×5</td><td>297×1 051</td></tr>
<tr><td colspan="10">注：加长幅面的图框尺寸，按所选用的基本幅面大一号图框尺寸确定。</td></tr>
</table>

…	…	…	…	…	…
02	滚动轴承7210C	2		GB/T 292—2015	
01	箱座	1	HT200		
序号	名称	数量	材料	标　准	备注
10	45	10	20	40	(25)

150；行高 7，7，10

图 12-1　装配图明细表格式（参考）

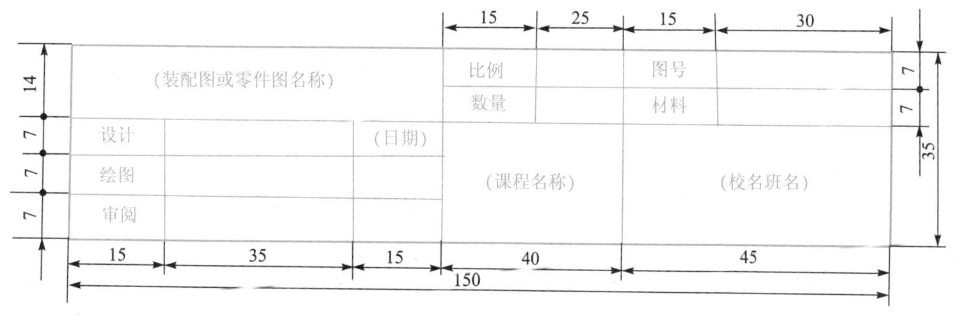

图 12-2　装配图或零件图标题栏格式（参考）

表 12-9 标准尺寸（直径、长度、高度等）（摘自 GB/T 2822—2005） mm

R			R′			R			R′			R			R′		
R10	R20	R40	R'_{10}	R'_{20}	R'_{40}	R10	R20	R40	R'_{10}	R'_{20}	R'_{40}	R10	R20	R40	R'_{10}	R'_{20}	R'_{40}
2. 50	2. 50		2. 5	2. 5		40. 0	40. 0	40	40	40	40		280	280		280	280
	2. 80			2. 8				42. 5			42			300			300
3. 15	3. 15		3. 0	3. 0			45. 0	45. 0		45	45	315	315	315	320	320	320
	3. 55			3. 5				47. 5			48			335			340
4. 00	4. 00		4. 0	4. 0		50. 0	50. 0	50. 0	50	50	50		355	355		360	360
	4. 50			4. 5				53. 0			53			375			380
5. 00	5. 00		5. 0	5. 0			56. 0	56. 0		56	56	400	400	400	400	400	400
	5. 60			5. 5				60. 0			60			425			420
6. 30	6. 30		6. 0	6. 0		63. 0	63. 0	63. 0	63	63	63		450	450		450	450
	7. 10			7. 0				67. 0			67			475			480
8. 00	8. 00		8. 0	8. 0			71. 0	71. 0		71	71	500	500	500	500	500	500
	9. 00			9. 0				75. 0			75			530			530
10. 0	10. 0		10. 0	10. 0		80. 0	80. 0	80. 0	80	80	80		560	560		560	560
	11. 2			11				85. 0			85			600			600
12. 5	12. 5	12. 5	12	12	12		90. 0	90. 0		90	90	630	630	630	630	630	630
		13. 2			13			95. 0			95			670			670
	14. 0	14. 0		14	14	100	100	100	100	100	100		710	710		710	710
		15. 0			15			106			105			750			750
16. 0	16. 0	16. 0	16	16	16		112	112		110	110	800	800	800	800	800	800
		17. 0			17			118			120			850			850
	18. 0	18. 0		18	18	125	125	125	125	125	125		900	900		900	900
		19. 0			19			132			130			950			950
20. 0	20. 0	20. 0	20	20	20		140	140		140	140	1 000	1 000	1 000	1 000	1 000	1 000
		21. 2			21			150			150			1 060			
	22. 4	22. 4		22	22	160	160	160	160	160	160		1 120	1 120			
		23. 6			24			170			170			1 180			
25. 0	25. 0	25. 0	25	25	25		180	180		180	180	1 250	1 250	1 250			
		26. 5			26			190			190			1 320			
	28. 0	28. 0		28	28	200	200	200	200	200	200		1 400	1 400			
		30. 0			30			212			210			1 500			
31. 5	31. 5	31. 5	32	32	32		224	224		220	220	1 600	1 600	1 600			
		33. 5			34			236			240			1 700			
	35. 5	35. 5		36	36	250	250	250	250	250	250		1 800	1 800			
		37. 5			38			265			260			1 900			

注：1. 选择系列及单个尺寸时，应首先在优先系数 R 系列中选用标准尺寸。选用顺序为：R10、R20、R40。如果必须将数值圆整，可在相应的 R′系列中选用标准尺寸。

2. 本标准适用于有互换性或系列化要求的主要尺寸（如安装、连接尺寸，有公差要求的配合尺寸等）。

表 12-10　60°中心孔（摘自 GB/T 145—2001）　mm

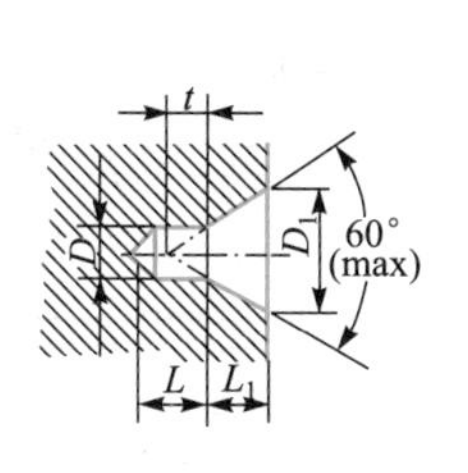

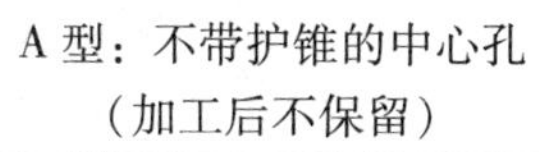

A 型：不带护锥的中心孔
（加工后不保留）

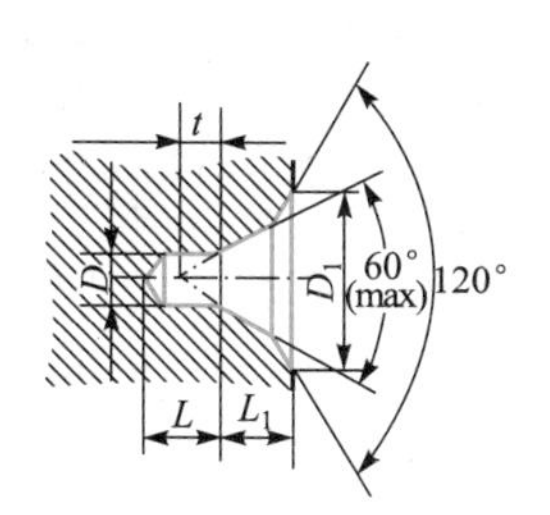

B 型：带护锥的中心孔
（加工后保留）

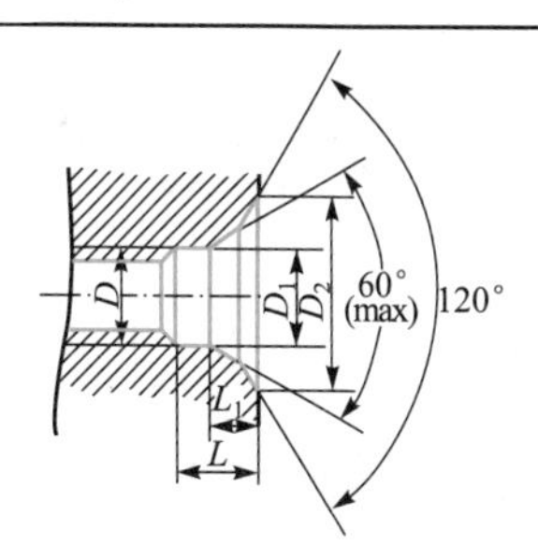

C 型：带螺纹的中心孔

选择中心孔的参考数据			D		D_1			L_1（参考）			t（参考）	D_2	L
轴状原料最大直径 D_0	原料端部最小直径	零件最大质量/kg	A、B 型	C 型	A 型	B 型	C 型	A 型	B 型	C 型	A、B 型	C 型	
>8～18	8	120	2.00	—	4.25	6.30	—	1.95	2.54	—	1.8	—	—
>18～30	10	200	2.50	—	5.30	8.00	—	2.42	3.20	—	2.2	—	—
>30～50	12	500	3.15	M3	6.70	10.00	3.2	3.07	4.03	1.8	2.8	5.8	2.6
>50～80	15	800	4.00	M4	8.50	12.50	4.3	3.90	5.05	2.1	3.5	7.4	3.2
>80～120	20	1 000	(5.00)	M5	10.60	16.00	5.3	4.85	6.41	2.4	4.4	8.8	4.0
>120～180	25	1 500	6.30	M6	13.20	18.00	6.4	5.98	7.36	2.8	5.5	10.5	5.0
>180～220	30	2 000	(8.00)	M8	17.00	22.40	8.4	7.79	9.36	3.3	7.0	13.2	6.0

注：1. A 型和 B 型中心孔的长度 L 取决于中心钻的长度，此值不应小于 t 值；
　　2. 括号内尺寸尽量不采用。

表 12-11　零件倒圆和倒角的推荐值（摘自 GB/T 6403.4—2008）　mm

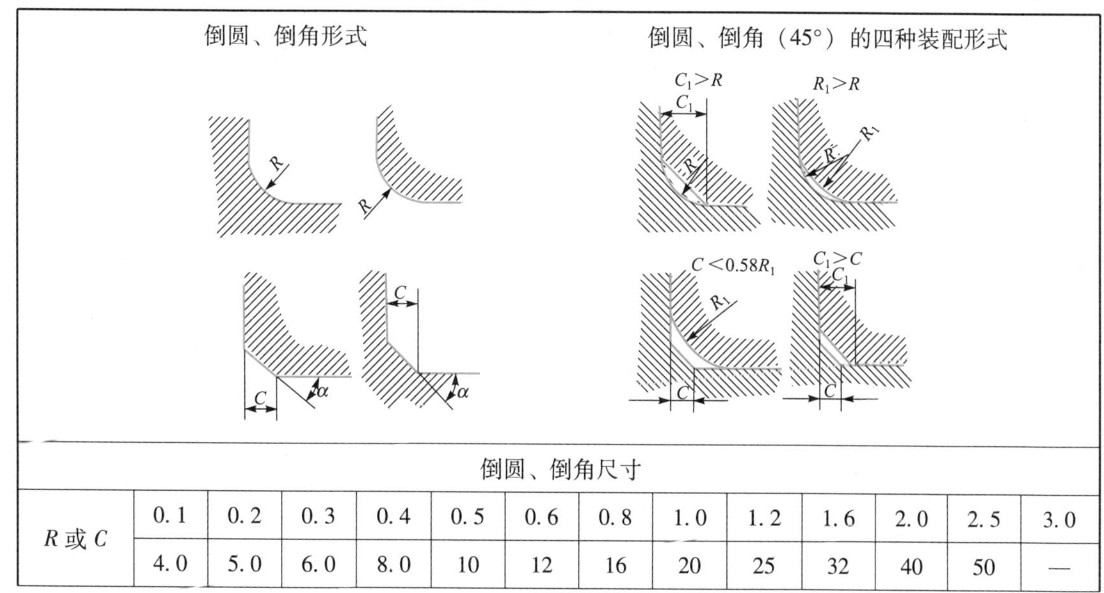

倒圆、倒角尺寸

R 或 C	0.1	0.2	0.3	0.4	0.5	0.6	0.8	1.0	1.2	1.6	2.0	2.5	3.0
	4.0	5.0	6.0	8.0	10	12	16	20	25	32	40	50	—

续表

与直径 ϕ 相应的倒角 C、倒圆 R 的推荐值

ϕ	~3	>3~6	>6~10	>10~18	>18~30	>30~50	>50~80	>80~120	>120~180	>180~250	>250~320	>320~400	>400~500	>500~630	>630~800	>800~1 000
C 或 R	0.2	0.4	0.6	0.8	1.0	1.6	2.0	2.5	3.0	4.0	5.0	6.0	8.0	10	12	16

内角倒角，外角倒圆时 C_{max} 与 R_1 的关系

R_1	0.1	0.2	0.3	0.4	0.5	0.6	0.8	1.0	1.2	1.6	2.0	2.5	3.0	4.0	5.0	6.0	8.0	10	12	16	20	25
C_{max} (C<0.58 R_1)	—	0.1		0.2		0.3	0.4	0.5	0.6	0.8	1.0	1.2	1.6	2.0	2.5	3.0	4.0	5.0	6.0	8.0	10	12

注：α 一般采用45°，也可采用30°或60°。

表 12-12　回转面和端面砂轮越程槽（摘自 GB/T 6403.5—2008）　mm

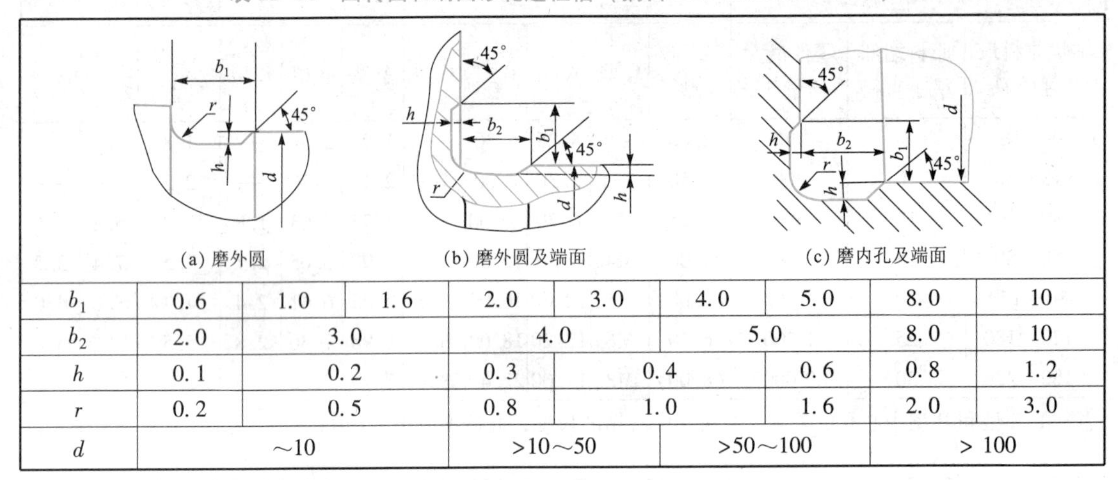

(a) 磨外圆　(b) 磨外圆及端面　(c) 磨内孔及端面

b_1	0.6	1.0	1.6	2.0	3.0	4.0	5.0	8.0	10
b_2	2.0	3.0		4.0		5.0		8.0	10
h	0.1	0.2		0.3	0.4		0.6	0.8	1.2
r	0.2	0.5		0.8	1.0		1.6	2.0	3.0
d	~10			>10~50		>50~100		> 100	

12.3 铸件设计的一般规范

表 12-13　铸件的最小壁厚（不小于）　mm

铸造方法	铸件尺寸	铸钢	灰铸铁	球墨铸铁	可锻铸铁	铝合金	镁合金	铜合金
砂型	~200×200	8	5~6	6	5	3	3	3~5
	>200×200~500×500	10~12	>6~10	12	8	4		6~8
	>500×500	15~20	15~20			6		
金属型	~70×70	5	4		2.5~3.5	2~3		3
	~70×70~150×150		5			4	2.5	4~5
	>150×150	10	6			5		6~8

注：1. 一般铸铁条件下，各种灰铸铁的最小允许壁厚：HT100，HT150：δ=4~6 mm；HT200：δ=6~8 mm；HT250：δ=8~15 mm；HT300，HT350：δ=15 mm。

2. 如有特殊需要，在改善铸造条件的情况下，灰铸铁最小壁厚可达3 mm，可锻铸铁可小于3 mm。

表 12-14 铸造内圆角（JB/ZQ 4255—2006）

适用于$\frac{b}{a}\approx0.8\sim1.25$ 当$a\approx b$，$R_1=R+a$

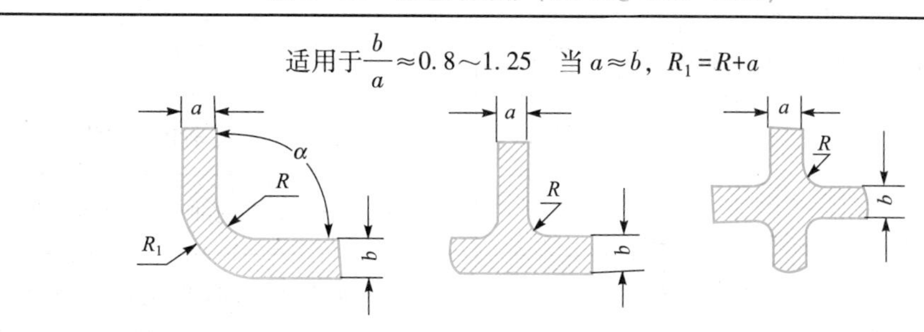

$\frac{a+b}{2}$/mm	R/mm											
	内圆角α											
	<50°		51°～75°		76°～105°		106°～135°		136°～165°		>165°	
	钢	铁	钢	铁	钢	铁	钢	铁	钢	铁	钢	铁
≤8	4	4	4	4	6	4	8	6	16	10	20	16
9～12	4	4	4	4	6	6	10	8	16	12	25	20
13～16	4	4	6	4	8	6	12	10	20	16	30	25
17～20	6	4	8	6	10	8	16	12	25	20	40	30
21～27	6	6	10	8	12	10	20	16	30	25	50	40
28～35	8	6	12	10	16	12	25	20	40	30	60	50

表 12-15 铸造外圆角（JB/ZQ 4256—2006）

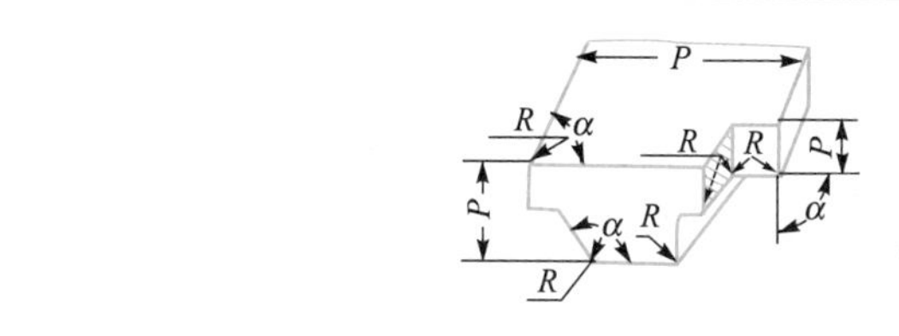

表面的最小边尺寸 P/mm	R/mm					
	外圆角α					
	<50°	51°～75°	76°～105°	106°～135°	136°～165°	>165°
≤25	2	2	2	4	6	8
>25～60	2	4	4	6	10	16
>60～160	4	4	6	8	16	25
>160～250	4	6	8	12	20	30
>250～400	6	8	10	16	25	40
>400～600	6	8	12	20	30	50

表 12-16　铸造斜度（JB/ZQ 4257—2006）

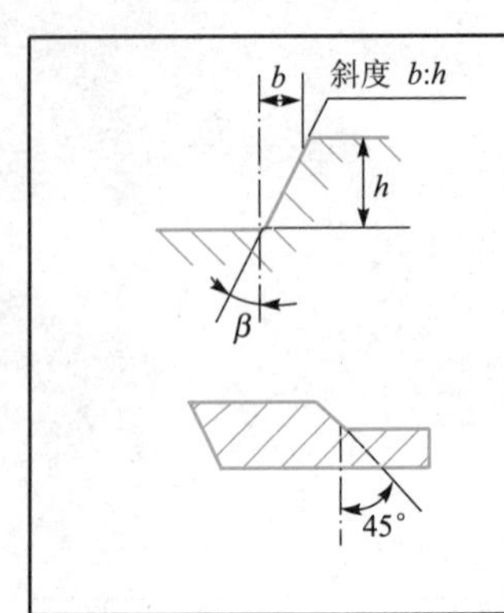

斜度 $b:h$	角度 β	使用范围
1∶5	11°30′	h<25 mm 时钢和铁的铸件
1∶10 1∶20	5°30′ 3°	h=25～500 mm 时钢和铁的铸件
1∶50	1°	h>500 mm 时钢和铁的铸件
1∶100	30′	有色金属铸件

表 12-17　铸造过渡斜度（JB/ZQ 4254—2006）　mm

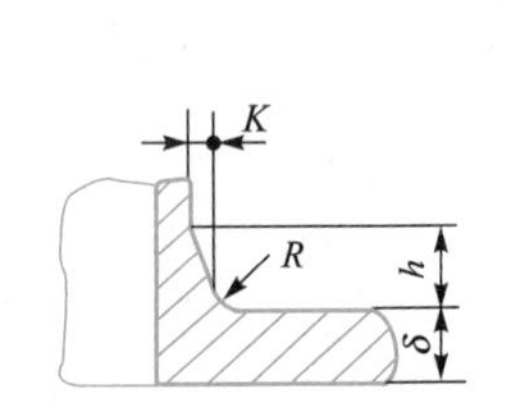

适用于减速器、连接管、气缸及其他各种连接法兰等铸件的过渡部分

铸铁和铸钢件的壁厚 δ	K	h	R
10～15	3	15	5
>15～20	4	20	5
>20～25	5	25	5
>25～30	6	30	8
>30～35	7	35	8
>35～40	8	40	10
>40～45	9	45	10
>45～50	10	50	10
>50～55	11	55	10
>55～60	12	60	15

第 13 章 电动机

13.1 Y 系列三相异步电动机

Y 系列电动机为全封闭自扇冷式笼型三相异步电动机，是按照国际电工委员会（IEC）标准设计的，具有国际互换性的特点。用于空气中不含易燃、易炸或腐蚀性气体的场所。适用于电源电压为 380 V 无特殊要求的机械上，如机床、泵、风机、运输机、搅拌机、农业机械等。也用于某些需要高启动转矩的机器上，如压缩机。Y 系列三相异步电动机的技术参数如表 13-1 所示。机座带底脚、端盖无凸缘 Y 系列电动机的安装及外形尺寸如表 13-2 所示。

表 13-1　Y 系列三相异步电动机的技术参数（摘自 JB/T 10391—2008）

电动机型号	额定功率/kW	满载转速/(r·min^{-1})	$\frac{堵转转矩}{额定转矩}$	$\frac{最大转矩}{额定转矩}$	电动机型号	额定功率/kW	满载转速/(r·min^{-1})	$\frac{堵转转矩}{额定转矩}$	$\frac{最大转矩}{额定转矩}$
同步转速 3 000 r/min，2 极					同步转速 1 500 r/min，4 极				
Y801-2	0.75	2 825	2.2	2.2	Y801-4	0.55	1 390	2.2	2.2
Y802-2	1.1	2 825	2.2	2.2	Y802-4	0.75	1 390	2.2	2.2
Y90S-2	1.5	2 840	2.2	2.2	Y90S-4	1.1	1 400	2.2	2.2
Y90L-2	2.2	2 840	2.2	2.2	Y90L-4	1.5	1 400	2.2	2.2
Y100L-2	3	2 880	2.2	2.2	Y100L1-4	2.2	1 420	2.2	2.2

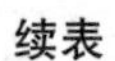
续表

电动机型号	额定功率/kW	满载转速/(r·min⁻¹)	堵转转矩/额定转矩	最大转矩/额定转矩	电动机型号	额定功率/kW	满载转速/(r·min⁻¹)	堵转转矩/额定转矩	最大转矩/额定转矩
Y112M-2	4	2 890	2.2	2.2	Y100L2-4	3	1 420	2.2	2.2
Y132S1-2	5.5	2 900	2.0	2.2	Y112M-4	4	1 440	2.2	2.2
Y132S2-2	7.5	2 900	2.0	2.2	Y132S-4	5.5	1 440	2.2	2.2
Y160M1-2	11	2 930	2.0	2.2	Y132M-4	7.5	1 440	2.2	2.2
Y160M2-2	15	2 930	2.0	2.2	Y160M-4	11	1 460	2.2	2.2
Y160L-2	18.5	2 930	2.0	2.2	Y160L-4	15	1 460	2.2	2.2
Y180M-2	22	2 940	2.0	2.2	Y180M-4	18.5	1 470	2.0	2.2
Y200L1-2	30	2 950	2.0	2.2	Y180L-4	22	1 470	2.0	2.2
同步转速 1 000 r/min，6 极					Y200L-4	30	1 470	2.0	2.2
Y90S-6	0.75	910	2.0	2.0	同步转速 750 r/min，8 极				
Y90L-6	1.1	910	2.0	2.0	Y132S-8	2.2	710	2.0	2.0
Y100L-6	1.5	940	2.0	2.0	Y132M-8	3	710	2.0	2.0
Y112M-6	2.2	940	2.0	2.0	Y160M1-8	4	720	2.0	2.0
Y132S-6	3	960	2.0	2.0	Y160M2-8	5.5	720	2.0	2.0
Y132M1-6	4	960	2.0	2.0	Y160L-8	7.5	720	2.0	2.0
Y132M2-6	5.5	960	2.0	2.0	Y180L-8	11	730	1.7	2.0
Y160M-6	7.5	970	2.0	2.0	Y200L-8	15	730	1.8	2.0
Y160L-6	11	970	2.0	2.0	Y225S-8	18.5	730	1.7	2.0
Y180L-6	15	970	1.8	2.0	Y225M-8	22	730	1.8	2.0
Y200L1-6	18.5	970	1.8	2.0	Y250M-8	30	730	1.8	2.0
Y200L2-6	22	970	1.8	2.0					
Y225M-6	30	980	1.7	2.0					

注：电功机型号意义：以 Y132S2-2-B3 为例，Y 表示系列代号，132 表示机座中心高，S2 表示短机座和第二种铁芯长度（M 表示中机座，L 表示长机座），2 表示电动机的极数，B3 表示安装形式。

表 13-2　机座带底脚、端盖无凸缘 Y 系列电动机的安装及外形尺寸

（摘自 JB/T 10391—2008）

mm

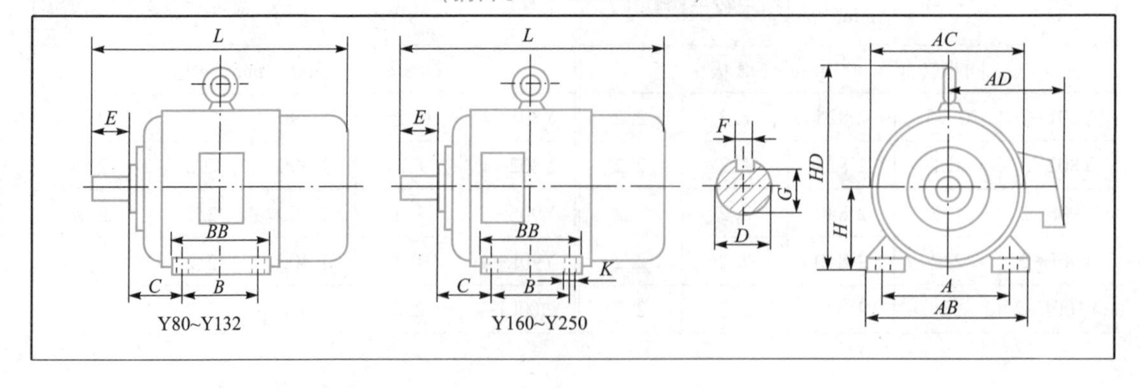

续表

<table>
<tr><th>机座号</th><th>极数</th><th>A</th><th>B</th><th>C</th><th colspan="2">D</th><th>E</th><th>F</th><th>G</th><th>H</th><th>K</th><th>AB</th><th>AC</th><th>AD</th><th>HD</th><th>BB</th><th>L</th></tr>
<tr><td>80M</td><td>2、4</td><td>125</td><td rowspan="2">100</td><td>50</td><td>19</td><td rowspan="5">+0.009
-0.004</td><td>40</td><td>6</td><td>15.5</td><td>80</td><td rowspan="3">10</td><td>165</td><td>165</td><td>150</td><td>170</td><td rowspan="2">130</td><td>285</td></tr>
<tr><td>90S</td><td rowspan="4">2、4、6</td><td rowspan="2">140</td><td rowspan="2">56</td><td rowspan="2">24</td><td rowspan="2">50</td><td rowspan="4">8</td><td rowspan="2">20</td><td rowspan="2">90</td><td rowspan="2">180</td><td rowspan="2">175</td><td rowspan="2">155</td><td rowspan="2">190</td><td>310</td></tr>
<tr><td>90L</td><td>125</td><td>155</td><td>335</td></tr>
<tr><td>100L</td><td>160</td><td rowspan="3">140</td><td>63</td><td rowspan="2">28</td><td rowspan="2">60</td><td rowspan="2">24</td><td>100</td><td rowspan="4">12</td><td>205</td><td>205</td><td>180</td><td>245</td><td>170</td><td>380</td></tr>
<tr><td>112M</td><td>190</td><td>70</td><td>112</td><td>245</td><td>230</td><td>190</td><td>265</td><td>180</td><td>400</td></tr>
<tr><td>132S</td><td rowspan="7">2、4、6、8</td><td rowspan="2">216</td><td rowspan="2">89</td><td rowspan="2">38</td><td rowspan="6">+0.018
+0.002</td><td rowspan="2">80</td><td rowspan="2">10</td><td rowspan="2">33</td><td rowspan="2">132</td><td rowspan="2">280</td><td rowspan="2">270</td><td rowspan="2">210</td><td rowspan="2">315</td><td>200</td><td>475</td></tr>
<tr><td>132M</td><td>178</td><td>238</td><td>515</td></tr>
<tr><td>160M</td><td rowspan="2">254</td><td>210</td><td rowspan="2">108</td><td rowspan="2">42</td><td rowspan="5">110</td><td rowspan="2">12</td><td rowspan="2">37</td><td rowspan="2">160</td><td rowspan="4">15</td><td rowspan="2">330</td><td rowspan="2">325</td><td rowspan="2">255</td><td rowspan="2">385</td><td>270</td><td>600</td></tr>
<tr><td>160L</td><td>254</td><td>314</td><td>645</td></tr>
<tr><td>180M</td><td rowspan="2">279</td><td>241</td><td rowspan="2">121</td><td rowspan="2">48</td><td rowspan="2">14</td><td rowspan="2">42.5</td><td rowspan="2">180</td><td rowspan="2">355</td><td rowspan="2">360</td><td rowspan="2">285</td><td rowspan="2">430</td><td>311</td><td>670</td></tr>
<tr><td>180L</td><td>279</td><td>349</td><td>710</td></tr>
<tr><td>200L</td><td>318</td><td>305</td><td>133</td><td>55</td><td rowspan="6">+0.030
+0.011</td><td>16</td><td>49</td><td>200</td><td rowspan="4">19</td><td>395</td><td>400</td><td>310</td><td>475</td><td>379</td><td>775</td></tr>
<tr><td>225S</td><td>4、8</td><td rowspan="3">356</td><td>286</td><td rowspan="3">149</td><td>60</td><td>140</td><td>18</td><td>53</td><td rowspan="3">225</td><td rowspan="3">435</td><td rowspan="3">450</td><td rowspan="3">345</td><td rowspan="3">530</td><td>368</td><td>820</td></tr>
<tr><td rowspan="2">225M</td><td>2</td><td rowspan="2">311</td><td>55</td><td>110</td><td>16</td><td>49</td><td rowspan="2">393</td><td>815</td></tr>
<tr><td>4、6、8</td><td rowspan="2">60</td><td rowspan="3">140</td><td rowspan="3">18</td><td rowspan="2">53</td><td>845</td></tr>
<tr><td rowspan="2">250M</td><td>2</td><td rowspan="2">406</td><td rowspan="2">349</td><td rowspan="2">168</td><td rowspan="2">250</td><td rowspan="2">24</td><td rowspan="2">490</td><td rowspan="2">495</td><td rowspan="2">385</td><td rowspan="2">575</td><td rowspan="2">455</td><td rowspan="2">930</td></tr>
<tr><td>4、6、8</td><td>65</td><td>58</td></tr>
</table>

13.2 YZ和YZR系列冶金及起重用三相异步电动机

冶金及起重用三相异步电动机是用于驱动各种形式的起重机械和冶金设备中的辅助机械的专用系列产品。它具有较大的过载能力和较高的机械强度，特别适用于短时或断续周期运行、频繁启动和制动、过载及有显著的振动与冲击的设备。

YZ 系列为笼型转子电动机（JB/T 10104—2018），YZR 系列为绕线转子电动机（JB/T 10105—2017）。冶金及起重用电动机大多采用绕线转子，但对于 30 kW 以下电动机以及在启动不是很频繁而电网容量又许可满压启动的场所，也可采用笼型转子（表 13-3，表 13-4，表 13-5，表 13-6）。

根据负荷的不同性质，电动机常用的工作制分为 S2（短时工作制）、S3（断续周期工作制）、S4（包括启动的断续周期性工作制）、S5（包括制动的断续周期工作制）四种。电动机的额定工作制为 S3，每一工作周期为 10 min。电动机的基准负载持续率 FC 为 40%。

表 13-3　YZ 系列电动机技术参数（摘自 JB/T 10104—2018）

型号	S2				S3														
					6次/h（热等效启动次数）														
	30 min		60 min		15%		25%		40%							60%		100%	
	额定功率/kW	转速/(r·min^{-1})	额定功率/kW	转速/(r·min^{-1})	额定功率/kW	转速/(r·min^{-1})	额定功率/kW	转速/(r·min^{-1})	额定功率/kW	转速/(r·min^{-1})	最大转矩/额定转矩	堵转转矩/额定转矩	堵转电流/额定电流	效率/%	功率因数	额定功率/kW	转速/(r·min^{-1})	额定功率/kW	转速/(r·min^{-1})
YZ112M-6	1.8	892	1.5	920	2.2	810	1.8	892	1.5	920	2.7	2.44	4.47	69.5	0.765	1.1	946	0.8	980
YZ132M1-6	2.5	920	2.2	935	3.0	804	2.5	920	2.2	935	2.9	3.1	5.16	74	0.745	1.8	950	1.5	960
YZ132M2-6	4.0	915	3.7	912	5.0	890	4.0	915	3.7	912	2.8	3.0	5.54	79	0.79	3.0	940	2.8	945
YZ100M1-6	6.3	922	5.5	933	7.5	903	6.3	922	5.5	933	2.7	2.5	4.9	80.6	0.83	5.0	940	4.0	953
YZ100M2-6	8.5	943	7.5	948	11	926	8.5	943	7.5	948	2.9	2.4	5.52	83	0.86	6.3	956	5.5	961
YZ160L-6	15	920	11	953	15	920	13	936	11	953	2.9	2.7	6.17	84	0.852	9	964	2.5	972
YZ100L-8	9	694	7.5	705	11	675	9	694	7.5	705	2.7	2.5	5.1	82.4	0.766	6.0	717	5	721
YZ180L-8	13	675	11	694	15	654	13	675	11	694	2.5	2.6	4.9	80.9	0.811	9	710	7.5	718
YZ200L-8	18.5	697	15	710	22	686	18.5	697	15	710	2.8	2.7	6.1	86.2	0.80	13	714	11	720
YZ225M-8	26	701	22	712	33	687	26	701	22	712	2.9	2.9	6.2	87.5	0.834	18.5	718	17	720
YZ250M 1-8	35	681	30	694	42	663	35	681	30	694	2.54	2.7	5.47	85.7	0.84	26	702	22	717

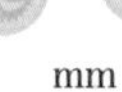

表 13-4 YZ 系列电动机的安装及外形尺寸（摘自 JB/T 10104—2018） mm

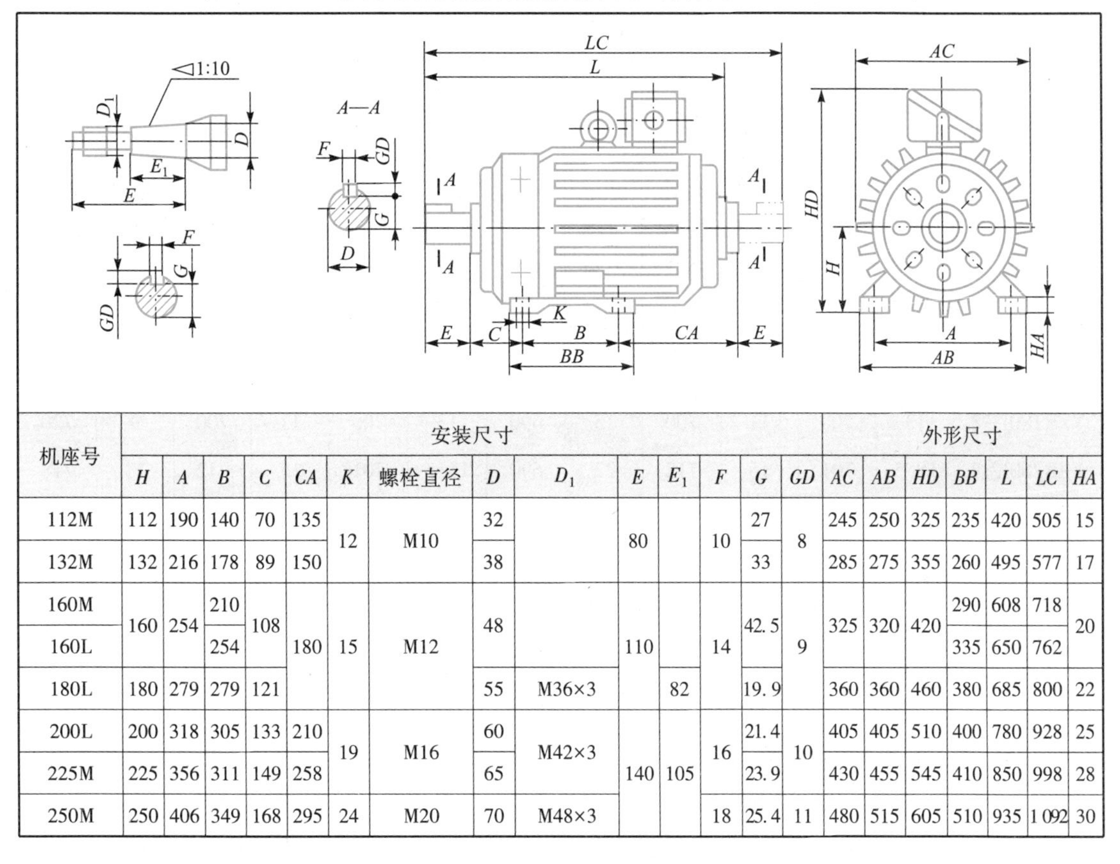

机座号	安装尺寸														外形尺寸						
	H	A	B	C	CA	K	螺栓直径	D	D_1	E	E_1	F	G	GD	AC	AB	HD	BB	L	LC	HA
112M	112	190	140	70	135	12	M10	32		80		10	27	8	245	250	325	235	420	505	15
132M	132	216	178	89	150			38					33		285	275	355	260	495	577	17
160M	160	254	210	108	180	15	M12	48		110		14	42.5	9	325	320	420	290	608	718	20
160L			254															335	650	762	
180L	180	279	279	121				55	M36×3		82		19.9		360	360	460	380	685	800	22
200L	200	318	305	133	210	19	M16	60	M42×3	140	105	16	21.4	10	405	405	510	400	780	928	25
225M	225	356	311	149	258			65					23.9		430	455	545	410	850	998	28
250M	250	406	349	168	295	24	M20	70	M48×3			18	25.4	11	480	515	605	510	935	1 092	30

表 13-5 YZR 系列电动机技术参数（摘自 JB/T 10105—2017）

型 号	S2				S3							
					6 次/h*							
	30 min		60 min		FC=15%		FC=25%		FC=40%		FC=60%	
	额定功率/kW	转速/(r·min^{-1})	额定功率/kW	转速/(r·min^{-1})	额定功率/kW	转速/(r·min^{-1})	额定功率/kW	转速/(r·min^{-1})	额定功率/kW	转速/(r·min^{-1})	额定功率/kW	转速/(r·min^{-1})
YZR112M-6	1.8	815	1.5	866	2.2	725	1.8	815	1.5	866	1.1	912
YZR132M1-6	2.5	892	2.2	908	3.0	855	2.5	892	2.2	908	1.3	924
YZR132M2-6	4.0	900	3.7	908	5.0	875	4.0	900	3.7	908	3.0	937
YZR160M1-6	6.3	921	5.5	930	7.5	910	6.3	921	5.5	930	5.0	935
YZR160M2-6	8.5	930	7.5	940	11	908	8.5	930	7.5	940	6.3	949
YZR160L-6	13	942	11	957	15	920	13	942	11	945	9.0	952
YZR180L-6	17	955	15	962	20	946	17	955	15	962	13	963
YZR200L-6	26	956	22	964	33	942	26	956	22	964	19	969

续表

型 号	S2				S3							
					6 次/h*							
	30 min		60 min		FC = 15%		FC = 25%		FC = 40%		FC = 60%	
	额定功率/kW	转速/(r·min^{-1})	额定功率/kW	转速/(r·min^{-1})	额定功率/kW	转速/(r·min^{-1})	额定功率/kW	转速/(r·min^{-1})	额定功率/kW	转速/(r·min^{-1})	额定功率/kW	转速/(r·min^{-1})
YZR225M-6	34	957	30	962	40	947	34	957	30	962	26	968
YZR160L-8	9	694	7.5	705	11	676	9	694	7.5	705	6	717
YZR180L-8	13	700	11	700	15	690	13	700	11	700	9	720
YZR200L-8	18.5	701	15	712	22	690	18.5	701	15	712	13	718
YZR225M-8	26	708	22	715	33	696	26	708	22	715	18.5	721
YZR250M1-8	35	715	30	720	42	710	35	715	30	720	26	725

型 号	S3		S4 及 S5									
			150 次/h*						300 次/h*			
	FC = 100%		FC = 25%		FC = 40%		FC = 60%		FC = 40%		FC = 60%	
	额定功率/kW	转速/(r·min^{-1})	额定功率/kW	转速/(r·min^{-1})	额定功率/kW	转速/(r·min^{-1})	额定功率/kW	转速/(r·min^{-1})	额定功率/kW	转速/(r·min^{-1})	额定功率/kW	转速/(r·min^{-1})
YZR112M-6	0.8	940	1.6	845	1.3	890	1.1	920	1.2	900	0.9	930
YZR132M1-6	1.5	940	2.2	908	2.0	913	1.7	931	1.8	926	1.6	936
YZR132M2-6	2.5	950	3.7	915	3.3	925	2.8	940	3.4	925	2.8	940
YZR160M1-6	4.0	944	5.8	927	5.0	935	4.8	937	5.0	935	4.8	937
YZR160M2-6	5.5	956	7.5	940	7.0	945	6.0	954	6.0	954	5.5	959
YZR160L-6	7.5	970	11	950	10	957	8.0	969	8.0	969	7.5	971
YZR180L-6	11	975	15	960	13	965	12	969	12	969	11	972
YZR200L-6	17	973	21	965	18.5	970	17	973	17	973		
YZR225M-6	22	975	28	965	25	969	22	973	22	973	20	977
YZR250M1-6	28	975	33	970	30	973	28	975	26	977	25	978
YZR250M2-6	33	974	42	967	37	971	33	975	31	976	30	977
YZR160L-8	5	724	7.5	712	7	716	5.8	724	6.0	722	5.0	727
YZR180L-8	7.5	726	11	711	10	717	8.0	728	8.0	728	7.5	729
YZR200L-8	11	723	15	713	13	718	12	720	12	720	11	724

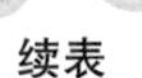

续表

型　号	S3		S4 及 S5									
			150 次/h*						300 次/h*			
	FC=100%		FC=25%		FC=40%		FC=60%		FC=40%		FC=60%	
	额定功率/kW	转速/(r·min^{-1})	额定功率/kW	转速/(r·min^{-1})	额定功率/kW	转速/(r·min^{-1})	额定功率/kW	转速/(r·min^{-1})	额定功率/kW	转速/(r·min^{-1})	额定功率/kW	转速/(r·min^{-1})
YZR225M-8	17	723	21	718	18.5	721	17	724	17	724	15	727
YZR250M1-8	22	729	29	700	25	705	22	712	22	712	20	716
YZR250M2-8	27	729	33	725	30	727	28	728	26	730	25	731
YZR280S-10	27	582	33	578	30	579	28	580	26	582	25	583
YZR280M-10	33	587	42		37		33		31		28	

注：* 为热等效启动次数。

表 13-6　YZR 系列电动机的安装及外形尺寸（摘自 JB/T 10105—2017）　mm

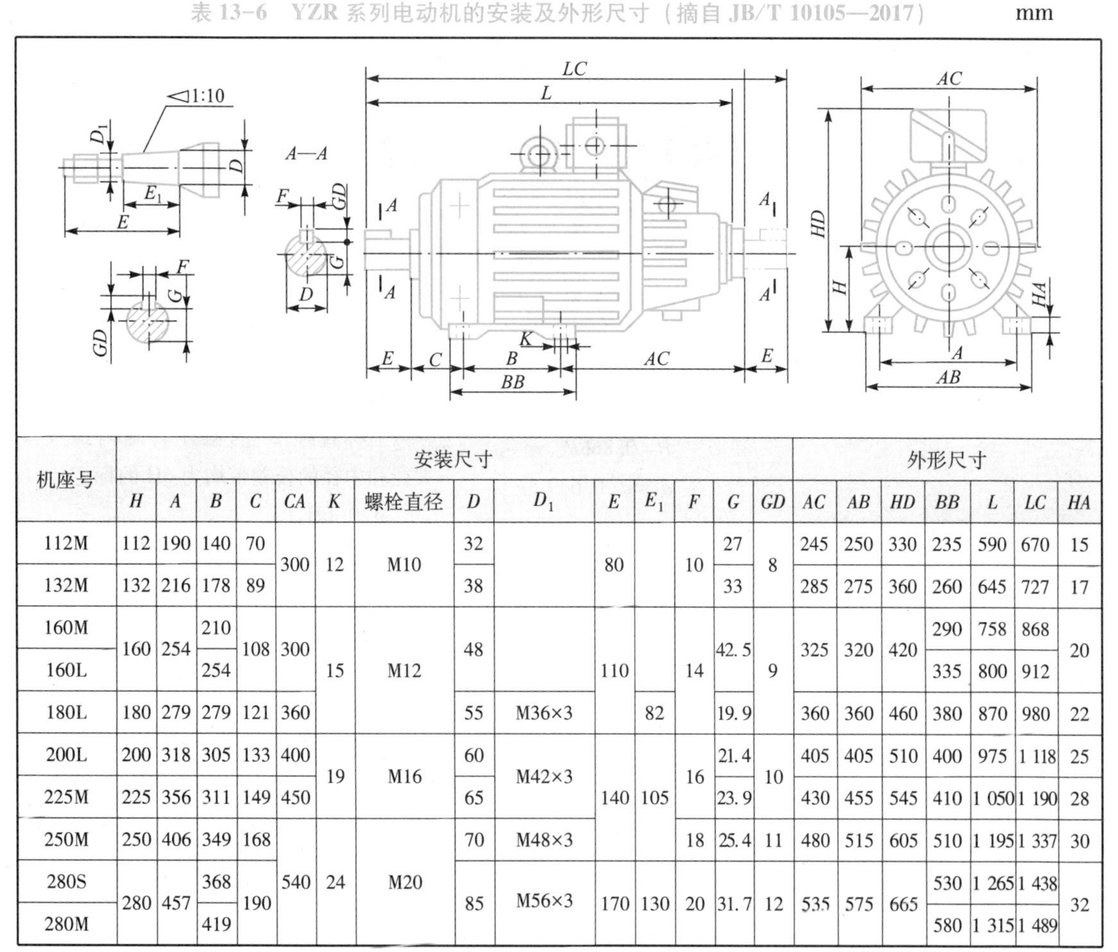

机座号	安装尺寸														外形尺寸						
	H	A	B	C	CA	K	螺栓直径	D	D_1	E	E_1	F	G	GD	AC	AB	HD	BB	L	LC	HA
112M	112	190	140	70	300	12	M10	32		80		10	27	8	245	250	330	235	590	670	15
132M	132	216	178	89				38					33		285	275	360	260	645	727	17
160M	160	254	210	108	300	15	M12	48		110		14	42.5	9	325	320	420	290	758	868	20
160L			254															335	800	912	
180L	180	279	279	121	360			55	M36×3		82		19.9		360	360	460	380	870	980	22
200L	200	318	305	133	400	19	M16	60	M42×3	140	105	16	21.4	10	405	405	510	400	975	1 118	25
225M	225	356	311	149	450			65					23.9		430	455	545	410	1 050	1 190	28
250M	250	406	349	168	540	24	M20	70	M48×3			18	25.4	11	480	515	605	510	1 195	1 337	30
280S	280	457	368	190				85	M56×3	170	130	20	31.7	12	535	575	665	530	1 265	1 438	32
280M			419															580	1 315	1 489	

第 14 章 连接件和紧固件

14.1 螺　　纹

表 14-1　普通螺纹的基本尺寸（摘自 GB/T 196—2003）　　mm

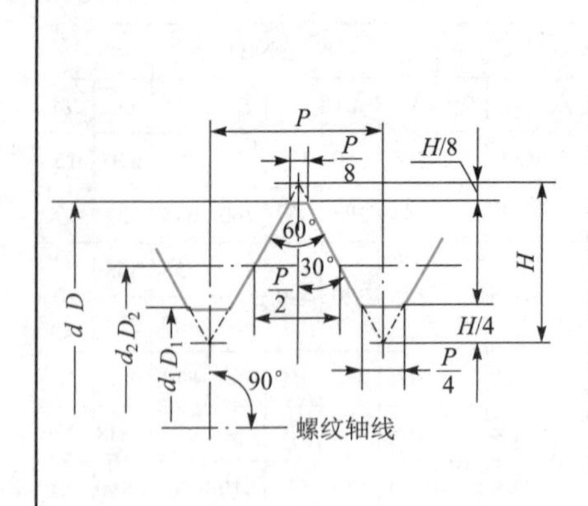	$H=0.866P$ $d_2=d-0.6495P$ $d_1=d-1.0825P$ D、d 为内、外螺纹大径 D_2、d_2 为内、外螺纹中径 D_1、d_1 为内、外螺纹小径 P 为螺距	标记示例： 公称直径 20 的粗牙右旋内螺纹，大径和中径的公差带均为 6H 的标记： M20-6H 同规格的外螺纹、公差带为 6 g 的标记： M20-6 g 上述规格的螺纹副的标记： M20-6H/6 g 公称直径 20、螺距 2 的细牙左旋外螺纹，中径大径的公差带分别为 5 g、6 g,短旋合长度的标记： M20×2 左-5 g 6 g-S

续表

公称直径		螺距	中径	小径
第一系列	第二系列	P	D_2、d_2	D_1、d_1
3		0.5	2.675	2.459
		0.35	2.773	2.621
	3.5	(0.6)	3.110	2.850
		0.35	3.273	3.121
4		0.7	3.545	3.242
		0.5	3.675	3.459
	4.5	0.75	4.013	3.688
		0.5	4.175	3.959
5		0.8	4.48	4.134
		0.5	4.675	4.459
6		1	5.350	4.917
		(0.75)	5.513	5.188
	7	1	6.350	5.917
		0.75	6.513	6.188
8		1.25	7.188	6.647
		1	7.350	6.917
		0.75	7.513	7.188
10		1.5	9.026	8.376
		1.25	9.188	8.647
		1	9.350	8.917
		0.75	9.513	9.188
12		1.75	10.863	10.106
		1.5	11.026	10.376
		1.25	11.188	10.674
		1	11.350	10.917
	14	2	12.701	11.835
		1.5	13.026	12.376
		1	13.350	12.917
16		2	14.701	13.835
		1.5	15.026	14.376
		1	15.350	14.917
	18	2.5	16.376	15.294
		2	16.701	15.835

公称直径		螺距	中径	小径
第一系列	第二系列	P	D_2、d_2	D_1、d_1
	18	1.5	17.030	16.376
		1	17.350	16.917
20		2.5	18.376	17.294
		2	18.701	17.835
		1.5	19.026	18.376
		1	19.350	18.917
	22	2.5	20.376	19.294
		2	20.701	19.835
		1.5	21.026	20.376
		1	21.350	20.917
24		3	22.051	20.752
		2	22.701	21.835
		1.5	23.026	22.376
		1	23.350	22.917
	27	3	25.051	23.752
		2	25.701	24.835
		1.5	26.026	25.376
		1	26.350	25.917
30		3.5	27.727	26.211
		(3)	28.051	26.752
		2	28.701	27.835
		1.5	29.026	28.376
		1	29.350	28.917
	33	3.5	30.727	29.211
		(3)	31.051	29.752
		2	31.701	30.835
		1.5	32.026	31.376
36		4	33.402	31.670
		3	34.051	32.752
		2	34.701	33.835
		1.5	35.026	34.376
	39	4	36.402	34.670
		3	37.051	35.752

公称直径		螺距	中径	小径
第一系列	第二系列	P	D_2、d_2	D_1、d_1
	39	2	37.701	36.835
		1.5	38.026	37.376
42		4.5	39.077	37.129
		3	40.051	38.752
		2	40.701	39.835
		1.5	41.026	40.376
	45	4.5	42.077	40.129
		(4)	42.402	40.670
		3	43.051	41.752
		2	43.701	42.835
		1.5	44.026	43.376
48		5	44.752	42.587
		(4)	45.402	43.670
		3	46.051	44.752
		2	46.701	45.835
		1.5	47.026	46.376
	52	5	48.752	46.587
		(4)	49.402	47.670
		3	50.051	48.752
		2	50.701	49.835
		1.5	51.026	50.376
56		5.5	52.428	50.046
		4	53.402	51.670
		3	54.051	54.752
		2	54.701	53.835
		1.5	55.026	54.376
	60	5.5	56.428	54.046
		4	57.402	55.67
		3	58.051	56.752
		2	58.701	57.835
		1.5	59.026	58.376
64		6	60.103	57.505
		4	61.402	59.670

注：1. “螺距 P”栏中第一个数值为粗牙螺纹，其余为细牙螺纹。

2. 优先选用第一系列，其次选用第二系列。

3. 括号内尺寸尽可能不用。

表 14-2　普通螺纹旋合长度（摘自 GB/T 197—2018）　mm

公称直径 D、d		螺距 P	旋合长度			
			S	N		L
>	≤		≤	>	≤	>
2.8	5.6	0.35	1	1	3	3
		0.5	1.5	1.5	4.5	4.5
		0.6	1.7	1.7	5	5
		0.7	2	2	6	6
		0.75	2.2	2.2	6.7	6.7
		0.8	2.5	2.5	7.5	7.5
5.6	11.2	0.5	1.6	1.6	4.7	4.7
		0.75	2.4	2.4	7.1	7.1
		1	3	3	9	9
		1.25	4	4	12	12
		1.5	5	5	15	15
11.2	22.4	0.5	1.8	1.8	5.4	5.4
		0.75	2.7	2.7	8.1	8.1
		1	3.8	3.8	11	11
		1.25	4.5	4.5	13	13
		1.5	5.6	5.6	16	16
		1.75	6	6	18	18
		2	8	8	24	24
		2.5	10	10	30	30

公称直径 D、d		螺距 P	旋合长度			
			S	N		L
>	≤		≤	>	≤	>
22.4	45	0.75	3.1	3.1	9.4	9.4
		1	4	4	12	12
		1.5	6.3	6.3	19	19
		2	8.5	8.5	25	25
		3	12	12	36	36
		3.5	15	15	45	45
		4	18	18	53	53
		4.5	21	21	63	63
45	90	1	4.8	4.8	14	14
		1.5	7.5	7.5	22	22
		2	9.5	9.5	28	28
		3	15	15	45	45
		4	19	19	56	56
		5	24	24	71	71
		5.5	28	28	85	85
		6	32	32	95	95
90	180	1.5	8.3	8.3	25	25
		2	12	12	36	36
		3	18	18	53	53
		4	24	24	71	71

注：S—短旋合长度；N—中等旋合长度；L—长旋合长度。

表 14-3　梯形螺纹最大实体牙型尺寸（摘自 GB/T 5796.1—2005）　mm

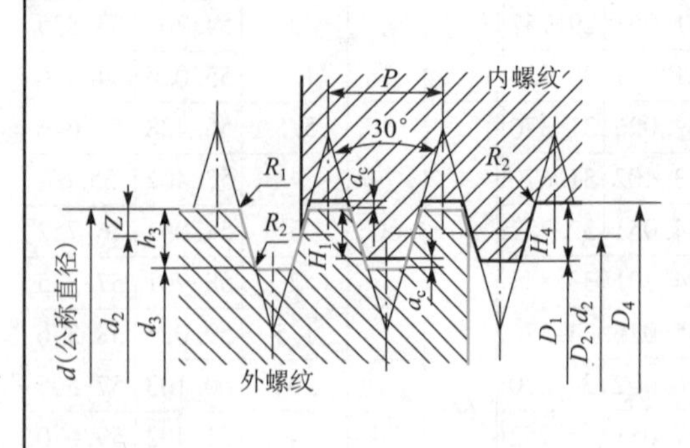

标记示例：

Tr40×7-7H（梯形内螺纹，公称直径 $d=40$、螺距 $P=7$、精度等级 7H）

Tr40×14（$P7$）LH-7e（多线左旋梯形外螺纹，公称直径$d=40$，导程=14，螺距 $P=7$，精度等级 7e）

Tr40×7-7H/7e（梯形螺旋副、公称直径 $d=40$、螺距 $P=7$，内螺纹精度等级 7H，外螺纹精度等级 7e）

续表

螺距 P	a_c	$H_4=h_3$	R_{1max}	R_{2max}
1.5	0.15	0.9	0.075	0.15
2	0.25	1.25	0.125	0.25
3		1.75		
4		2.25		
5		2.75		
6	0.5	3.5	0.25	0.5
7		4		
8		4.5		

螺距 P	a_c	$H_4=h_3$	R_{1max}	R_{2max}
9	0.5	5	0.25	0.5
10		5.5		
12		6.5		
14	1	8	0.5	1
16		9		
18		10		
20		11		
22		12		

螺距 P	a_c	$H_4=h_3$	R_{1max}	R_{2max}
24	1	13	0.5	1
28		15		
32		17		
36		19		
40		21		
44		23		

表 14-4 梯形螺纹直径与螺距系列（摘自 GB/T 5796.3—2005） mm

公称直径 d		螺距 P	公称直径 d		螺距 P	公称直径 d		螺距 P	公称直径 d		螺距 P
第一系列	第二系列		第一系列	第二系列		第一系列	第二系列		第一系列	第二系列	
8		1.5*	28	26	8,5*,3	52	50	12,8*,3		110	20,12*,4
10	9	2*,1.5		30	10,6*,3		55	14,9*,3	120	130	22,14*,6
	11	3,2*	32		10,6*,3	60		14,9*,3	140		24,14*,6
12		3*,2	36	34		70	65	16,10*,4		150	24,16*,6
	14	3*,2		38	10,7*,3	80	75	16,10*,4	160		28,16*,6
16	18	4*,2	40	42			85	18,12*,4		170	28,16*,6
20		4*,2	44		12,7*,3	90	95	18,12*,4	180		28,18*,8
24	22	8,5*,3	48	46	12,8*,3	100		20,12*,4		190	32,18*,8

注：优先选用第一系列的直径，带 * 者为对应直径优先选用的螺距。

表 14-5 梯形螺纹基本尺寸（摘自 GB/T 5796.3—2005） mm

螺距 P	外螺纹小径 d_3	内、外螺纹中径 D_2、d_2	内螺纹大径 D_4	内螺纹小径 D_1	螺距 P	外螺纹小径 d_3	内、外螺纹中径 D_2、d_2	内螺纹大径 D_4	内螺纹小径 D_1
1.5	$d-1.8$	$d-0.75$	$d+0.3$	$d-1.5$	8	$d-9$	$d-4$	$d+1$	$d-8$
2	$d-2.5$	$d-1$	$d+0.5$	$d-2$	9	$d-10$	$d-4.5$	$d+1$	$d-9$
3	$d-3.5$	$d-1.5$	$d+0.5$	$d-3$	10	$d-11$	$d-5$	$d+1$	$d-10$
4	$d-4.5$	$d-2$	$d+0.5$	$d-4$	12	$d-13$	$d-6$	$d+1$	$d-12$
5	$d-5.5$	$d-2.5$	$d+0.5$	$d-5$	14	$d-16$	$d-7$	$d+2$	$d-14$
6	$d-7$	$d-3$	$d+1$	$d-6$	16	$d-18$	$d-8$	$d+2$	$d-16$
7	$d-8$	$d-3.5$	$d+1$	$d-7$	18	$d-20$	$d-9$	$d+2$	$d-18$

注：1. d—公称直径（即外螺纹大径）。

2. 表中所列的数值是按下式计算的：$d_3=d-2h_3$；D_2、$d_2=d-0.5P$；$D_4=d+2a_c$；$D_1=d-P$

14.2 螺　栓

表 14-6　六角头螺栓　A 和 B 级（摘自 GB/T 5782—2016）
六角头螺栓-全螺纹　A 和 B 级（摘自 GB/T 5783—2016）

mm

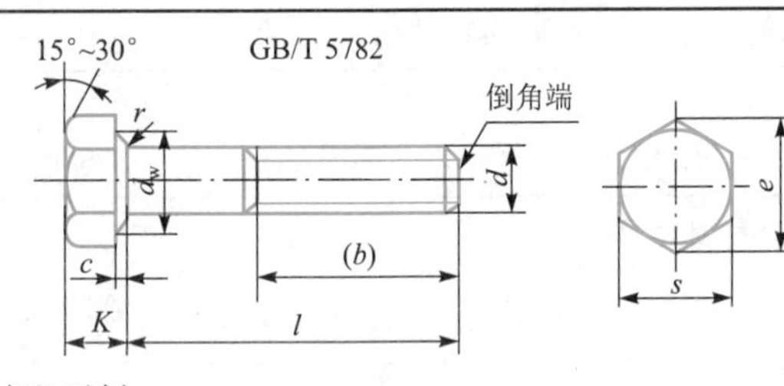

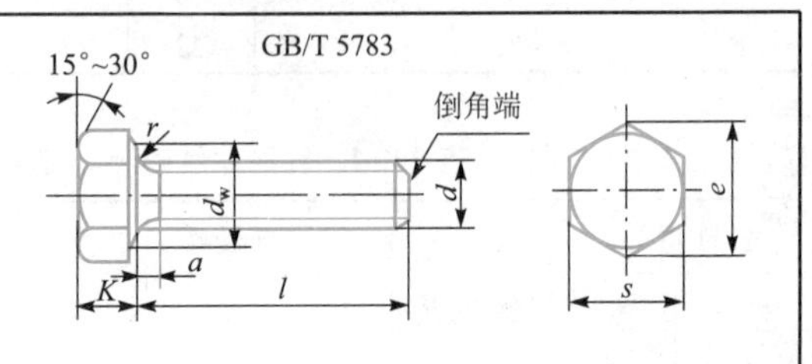

标记示例：

螺纹规格 d=M12、公称长度 l=80、性能等级为 8.8 级、表面氧化、A 级的六角头螺栓的标记为：

螺栓　GB/T 5782—2016　M12×80

标记示例：

螺纹规格 d=M12、公称长度 l=80、性能等级为 8.8 级、表面氧化、全螺纹、A 级的六角头螺栓的标记为：

螺栓 GB/T 5783—2016　M12×80

螺纹规格 d			M3	M4	M5	M6	M8	M10	M12	(M14)	M16	(M18)	M20	(M22)	M24	(M27)	M30	M36
b 参考	l≤125		12	14	16	18	22	26	30	34	38	42	46	50	54	60	66	78
	125<l≤200		—	—	—	—	28	32	36	40	44	48	52	56	60	66	72	84
	l>200		—	—	—	—	—	—	—	53	57	61	65	69	73	79	85	97
a	max		1.5	2.1	2.4	3	3.75	4.5	5.25	6	6	7.5	7.5	7.5	9	9	10.5	12
c	max		0.4	0.4	0.5	0.5	0.6	0.6	0.6	0.6	0.8	0.8	0.8	0.8	0.8	0.8	0.8	0.8
	min		0.15	0.15	0.15	0.15	0.15	0.15	0.15	0.15	0.2	0.2	0.2	0.2	0.2	0.2	0.2	0.2
d_w	min	A	4.6	5.9	6.9	8.9	11.6	14.6	16.6	19.6	22.5	25.3	28.2	31.7	33.6	—	—	—
		B	—	—	6.7	8.7	11.4	14.4	16.4	19.2	22	24.8	27.7	31.4	33.2	38	42.7	51.1
e	min	A	6.07	7.66	8.79	11.05	14.38	17.77	20.03	23.35	26.75	30.14	33.53	37.72	39.98	—	—	—
		B	—	—	8.63	10.89	14.20	17.59	19.85	22.78	26.17	29.56	32.95	37.29	39.55	45.2	50.85	60.79
K	公称		2	2.8	3.5	4	5.3	6.4	7.5	8.8	10	11.5	12.5	14	15	17	18.7	22.5
r	min		0.1	0.2	0.2	0.25	0.4	0.4	0.6	0.6	0.6	0.6	0.8	1	0.8	1	1	1
s	公称		5.5	7	8	10	13	16	18	21	24	27	30	34	36	41	46	55
l 范围			20～30	25～40	25～50	30～60	35～80	40～100	45～120	60～140	55～160	60～180	65～200	70～220	80～240	90～260	90～300	110～360
l 范围（全螺线）			6～30	8～40	10～50	12～60	16～80	20～100	25～100	30～140	35～100	35～180	40～100	45～200	40～100	55～200	40～100	
l 系列			6，8，10，12，16，20～70（5 进位），80～160（10 进位），180～360（20 进位）															

技术条件	材料	力学性能等级	螺纹公差	公差产品等级	表面处理
	钢	8.8	6 g	A 级用于 d≤24 和 l≤10d 或 l≤150 B 级用于 d>24 和 l>10d 或 l>150	氧化或镀锌钝化

注：1. A、B 为产品等级，A 级最精确、C 级最不精确。C 级产品详见 GB/T 5780—2016、GB/T 5781—2016。

2. l 系列中，M14 中的 55、65，M18 和 M20 中的 65，全螺纹中的 55、65 等规格尽量不采用。

3. 括号内为第二系列螺纹直径规格，尽量不采用。

表 14-7 六角头铰制孔用螺栓 A 和 B 级（摘自 GB/T 27—2013） mm

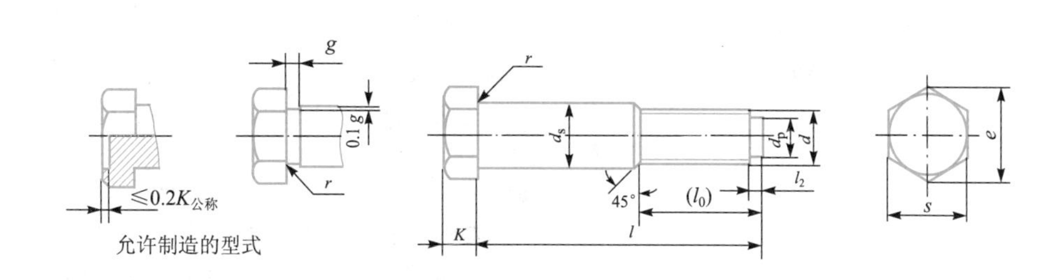

标记示例：

螺纹规格 d=M12、公称长度 l=80、机械性能 8.8 级、表面氧化处理、A 级的六角头铰制孔用螺栓的标记为：

螺栓 GB/T 27—2013 M12×80

当 d_s 按 m6 制造时应标记为：螺栓 GB/T 27—2013 M12×m6×80

螺纹规格 d		M6	M8	M10	M12	(M14)	M16	(M18)	M20	(M22)	M24	(M27)	M30	M36
d_s(h9)	max	7	9	11	13	15	17	19	21	23	25	28	32	38
s	max	10	13	16	18	21	24	27	30	34	36	41	46	55
K	公称	4	5	6	7	8	9	10	11	12	13	15	17	20
r	min	0.25	0.4	0.4	0.6	0.6	0.6	0.6	0.8	0.8	0.8	1	1	1
d_p		4	5.5	7	8.5	10	12	13	15	17	18	21	23	28
l_2		1.5		2		3			4			5		6
e_{min}	A	11.05	14.38	17.77	20.03	23.35	26.75	30.14	33.53	37.72	39.98	—	—	—
	B	10.89	14.20	17.59	19.85	22.78	26.17	29.56	32.95	37.29	39.55	45.2	50.85	60.79
g		2.5				3.5					5			
l_0		12	15	18	22	25	28	30	32	35	38	42	50	55
l 范围		25～65	25～80	30～120	35～180	40～180	45～200	50～200	55～200	60～200	65～200	75～200	80～230	90～300
l 系列		25，(28)，30，(32)，35，(38)，40，45，50，(55)，60，(65)，70，(75)，80，85，90，(95)，100～260（10 进位），280，300												

注：1. 技术条件见表 14-6。

2. 尽可能不采用括号内的规格。

3. 根据使用要求，螺杆上无螺纹部分杆径（d_s）允许按 m6、u8 制造。

表 14-8　六角头螺杆带孔螺栓　A 和 B 级（摘自 GB/T 31.1—2013）　mm

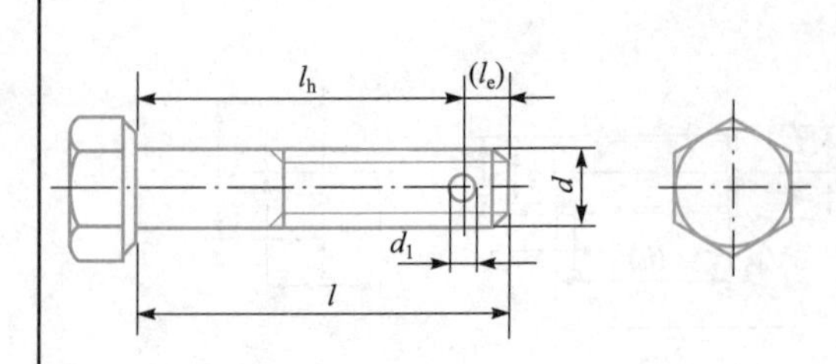

标记示例：

螺纹规格 d=M12，公称长度 l=80、性能等级为 8.8 级、不经表面处理、A 级的六角头螺杆带孔螺栓的标记为：

螺栓　GB/T 31.1—2013　M12×80

该螺杆是在 GB/T 5782 的杆部制出开口销孔，其余的形式与尺寸按 GB/T 5782 规定，参见表 14-6。

螺纹规格 d		M6	M8	M10	M12	(M14)	M16	(M18)	M20	(M22)	M24	(M27)	M30	M36
d_1	max	1.86	2.25	2.75	3.5	3.5	4.3	4.3	4.3	5.3	5.3	5.3	6.6	6.6
	min	1.6	2	2.5	3.2	3.2	4	4	4	5	5	5	6.3	6.3
l_e		3	4	4	5	5	6	6	6	7	7	8	9	10

注：1. l_e 数值是根据标准中 $l-l_h$ 得到的。

2. l_h 的公差按+IT14。

表 14-9　地脚螺栓（摘自 GB/T 799—2020）　mm

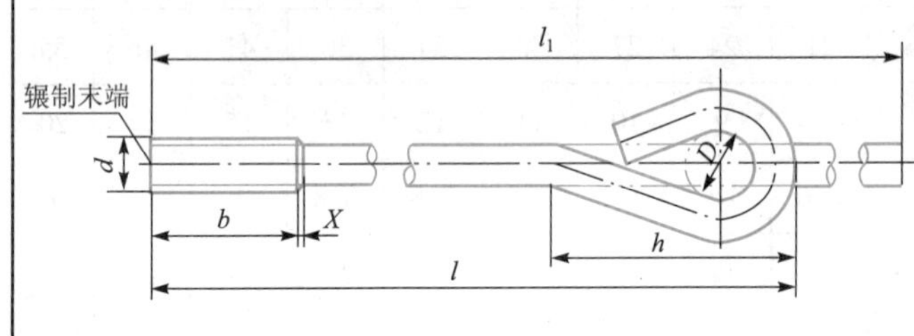

标记示例：

d=20、l=400、性能等级为 3.6 级、不经表面处理的地脚螺栓的标记为：

螺栓　GB/T 799—2020 M20×400

螺纹规格 d		M6	M8	M10	M12	M16	M20	M24	M30	M36	M42
b	max	27	31	36	40	50	58	68	80	94	106
	min	24	38	32	36	44	52	60	72	84	96
X	max	2.5	3.2	3.8	4.2	5	6.3	7.5	8.8	10	11.3
D		10	10	15	20	20	30	30	45	60	60
h		41	46	65	82	93	127	139	192	244	261
l_1		l+37	l+37	l+53	l+72	l+72	l+110	l+110	l+165	l+217	l+217
l 范围		80～160	120～220	160～300	160～400	220～500	300～600	300～800	400～1 000	500～1 000	600～1 250
l 系列		80，120，160，220，300，400，500，600，800，1 000，1 250									
技术条件		材　料	力学性能等级			螺纹公差	产品等级	表面处理			
		钢	d<39，3.6 级；d>39，按协议			8 g	C	1. 不处理；2. 氧化；3. 镀锌			

14.3 螺　　柱

表 14-10　双头螺柱 $b_m=d$（摘自 GB/T 897—1988）、$b_m=1.25d$（摘自 GB/T 898—1988）$b_m=1.5d$（摘自 GB/T 899—1988）

mm

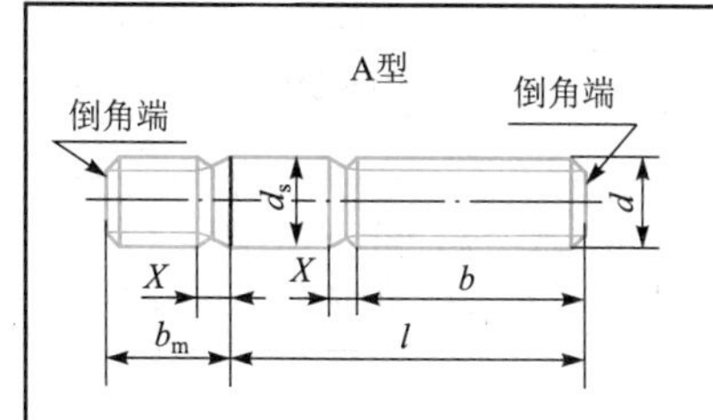

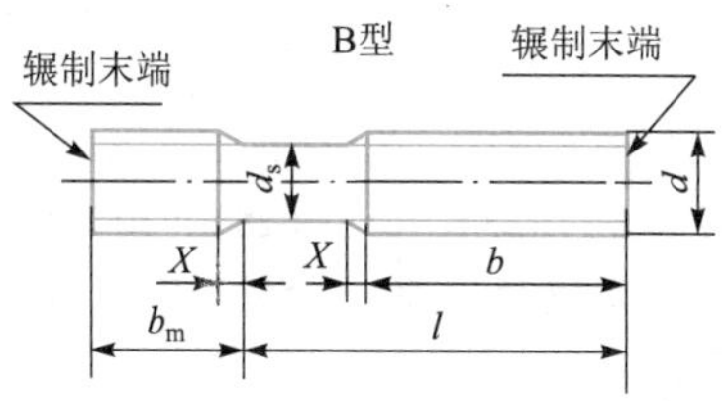

末端按 GB/T 2—2016 规定

$d_{smax}=d$（A 型）

$d_s\approx$螺纹中径（B 型）

$X_{max}=1.5P$

标记示例：

两端均为粗牙普通螺纹，$d=10$、$l=50$、性能等级为 4.8 级、不经表面处理、B 型、$b_m=1.25d$ 的双头螺柱的标记为：

螺柱　GB/T 898—1988　M10×50

旋入机体一端为粗牙普通螺纹，旋螺母一端为螺距 $P=1$ 的细牙普通螺纹，$d=10$、$l=50$、性能等级为 4.8 级、不经表面处理、A 型、$b_m=1.25d$ 的双头螺柱的标记为：螺柱　GB/T 898—1988　AM10-M10×1×50

旋入机体一端为过渡配合螺纹的第一种配合，旋螺母一端为粗牙普通螺纹，$d=10$、$l=50$、性能等级为 8.8 级、镀锌钝化，B 型、$b_m=1.25d$ 的双头螺柱的标记为：螺柱　GB/T 898—1988　GM10-M10×50-8.8-Zn · D

螺纹规格 d		M5	M6	M8	M10	M12	（M14）	M16
b_m（公称）	$b_m=d$	5	6	8	10	12	14	16
	$b_m=1.25d$	6	8	10	12	15	18	20
	$b_m=1.5d$	8	10	12	15	18	21	24
$\frac{l（公称）}{b}$		16～22/10	20～22/10	20～22/12	25～28/14	25～30/16	30～35/18	30～38/20
		25～50/16	25～30/14	25～30/16	30～38/16	32～40/20	38～45/25	40～55/30
			32～75/18	32～90/22	40～120/26	45～120/30	50～120/34	60～120/38
					130/32	130～180/36	130～180/40	130～200/44

螺纹规格 d		（M18）	M20	（M22）	M24	（M27）	M30	M36
b_m（公称）	$b_m=d$	18	20	22	24	27	30	36
	$b_m=1.25d$	22	25	28	30	35	38	45
	$b_m=1.5d$	27	30	33	36	40	45	54

续表

螺纹规格 d	(M18)	M20	(M22)	M24	(M27)	M30	M36
$\frac{l\text{（公称）}}{b}$	$\frac{35\sim40}{22}$	$\frac{35\sim40}{25}$	$\frac{40\sim45}{30}$	$\frac{45\sim50}{30}$	$\frac{50\sim60}{35}$	$\frac{60\sim65}{40}$	$\frac{65\sim75}{45}$
	$\frac{45\sim60}{35}$	$\frac{45\sim65}{35}$	$\frac{50\sim70}{40}$	$\frac{55\sim75}{45}$	$\frac{65\sim85}{50}$	$\frac{70\sim90}{50}$	$\frac{80\sim110}{60}$
	$\frac{65\sim120}{42}$	$\frac{70\sim120}{46}$	$\frac{75\sim120}{50}$	$\frac{80\sim120}{54}$	$\frac{90\sim120}{60}$	$\frac{95\sim120}{66}$	$\frac{120}{78}$
	$\frac{130\sim200}{48}$	$\frac{130\sim200}{52}$	$\frac{130\sim200}{56}$	$\frac{130\sim200}{60}$	$\frac{130\sim200}{66}$	$\frac{130\sim200}{72}$	$\frac{130\sim200}{84}$
						$\frac{210\sim250}{85}$	$\frac{210\sim300}{97}$
公称长度 l 的系列	16、(18)、20、(22)、25、(28)、30、(32)、35、(38)、40、45、50、(55)、60、(65)、70、(75)、80、(85)、90、(95)、100～260（10进位）、280、300						

注：1. 尽可能不采用括号内的规格。GB/T 897 中的 M24、M30 为括号内的规格。
2. GB/T 898 为商品紧固件品种，应优先选用。
3. 当 $b-b_m \leqslant 5$ mm 时，旋螺母一端应制成倒圆端。

14.4 螺　钉

表 14-11　内六角圆柱头螺钉（摘自 GB/T 70.1—2008）　mm

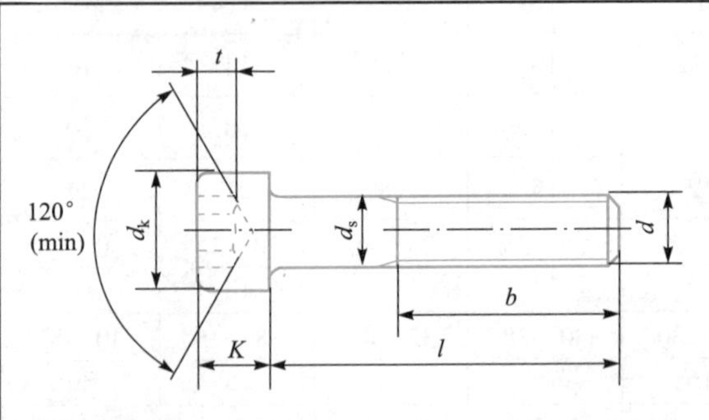

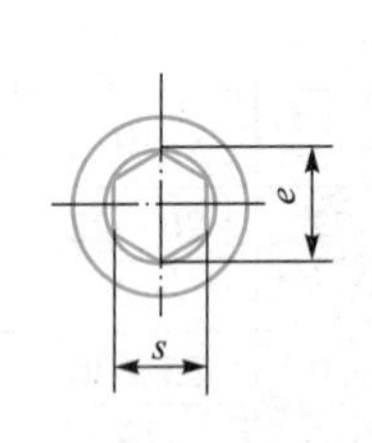

标记示例：

螺纹规格 d=M8、公称长度 l=20、性能等级为 8.8 级、表面氧化的内六角圆柱螺钉的标记为：

螺钉　GB/T 70.1—2008　M8×20

螺纹规格 d	M5	M6	M8	M10	M12	M16	M20	M24	M30	M36
b（参考）	22	24	28	32	36	44	52	60	72	84
d_K（max）	8.5	10	13	16	18	24	30	36	45	54
e（min）	4.583	5.723	6.863	9.149	11.429	15.996	19.437	21.734	25.154	30.854
K（max）	5	6	8	10	12	16	20	24	30	36
s（公称）	4	5	6	8	10	14	17	19	22	27
t（min）	2.5	3	4	5	6	8	10	12	15.5	19

续表

螺纹规格 d	M5	M6	M8	M10	M12	M16	M20	M24	M30	M36
l 范围（公称）	8～50	10～60	12～80	16～100	20～120	25～160	30～200	40～200	45～200	55～200
制成全螺纹时 $l \leqslant$	25	30	35	40	45	55	65	80	90	110
l 系列（公称）	8，10，12，（14），16，20～50（5进位），（55），60，（65），70～160（10进位），180，200									
技术条件	材　料	力学性能等级		螺纹公差		产品等级		表面处理		
	钢	8.8，12.9		12.9级为5 g或6 g，其他等级为6 g		A		氧化或镀锌钝化		
注：括号内规格尽可能不采用。										

表 14-12　十字槽盘头螺钉（摘自 GB/T 818—2016）、十字槽沉头螺钉（摘自 GB/T 819.1—2016）

mm

十字槽盘头螺钉

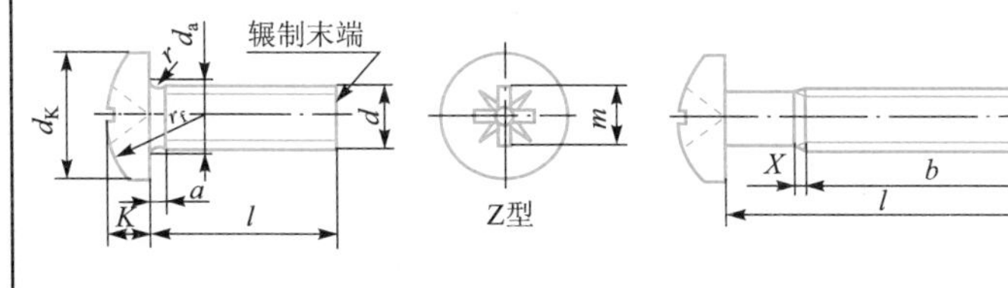

无螺纹部分杆径≈中径
或=螺纹大径

十字槽沉头螺钉

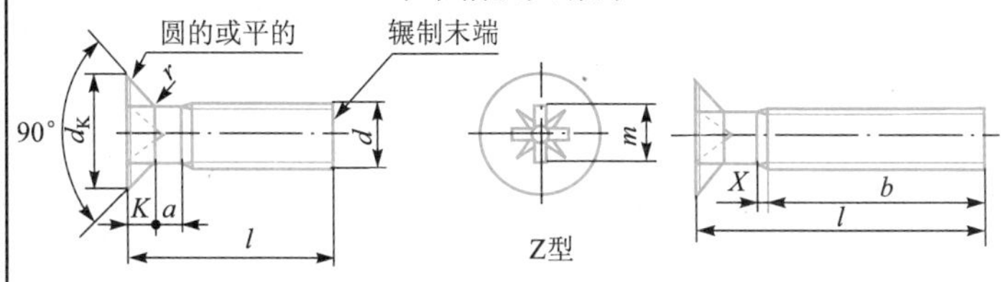

无螺纹部分杆径≈中径
或=螺纹大径

标记示例：

螺纹规格 d=M5、公称长度 l=20、性能等级为4.8级、不经表面处理的十字槽盘头螺钉（或十字槽沉头螺钉）的标记为：

螺钉　GB/T 818—2016　M5×20（或 GB/T 819.1—2016　M5×20）

螺纹规格 d		M1.6	M2	M2.5	M3	M4	M5	M6	M8	M10
螺　距　P		0.35	0.4	0.45	0.5	0.7	0.8	1	1.25	1.5
a	max	0.7	0.8	0.9	1	1.4	1.6	2	2.5	3
b	min	25	25	25	25	38	38	38	38	38
X	max	0.9	1	1.1	1.25	1.75	2	2.5	3.2	3.8

续表

<table>
<tr><td colspan="3">螺纹规格 d</td><td>M1.6</td><td>M2</td><td>M2.5</td><td>M3</td><td>M4</td><td>M5</td><td>M6</td><td>M8</td><td>M10</td></tr>
<tr><td rowspan="7">十字槽盘头螺钉</td><td>d_a</td><td>max</td><td>2.1</td><td>2.6</td><td>3.1</td><td>3.6</td><td>4.7</td><td>5.7</td><td>6.8</td><td>9.2</td><td>11.2</td></tr>
<tr><td>d_K</td><td>max</td><td>3.2</td><td>4</td><td>5</td><td>5.6</td><td>8</td><td>9.5</td><td>12</td><td>16</td><td>20</td></tr>
<tr><td>K</td><td>max</td><td>1.3</td><td>1.6</td><td>2.1</td><td>2.4</td><td>3.1</td><td>3.7</td><td>4.6</td><td>6</td><td>7.5</td></tr>
<tr><td>r</td><td>min</td><td>0.1</td><td>0.1</td><td>0.1</td><td>0.1</td><td>0.2</td><td>0.2</td><td>0.25</td><td>0.4</td><td>0.4</td></tr>
<tr><td>r_f</td><td>≈</td><td>2.5</td><td>3.2</td><td>4</td><td>5</td><td>6.5</td><td>8</td><td>10</td><td>13</td><td>16</td></tr>
<tr><td>m</td><td>参考</td><td>1.7</td><td>1.9</td><td>2.6</td><td>2.9</td><td>4.4</td><td>4.6</td><td>6.8</td><td>8.8</td><td>10</td></tr>
<tr><td colspan="2">l 商品规格范围</td><td>3～16</td><td>3～20</td><td>3～25</td><td>4～30</td><td>5～40</td><td>6～45</td><td>8～60</td><td>10～60</td><td>12～60</td></tr>
<tr><td rowspan="5">十字槽沉头螺钉</td><td>d_K</td><td>max</td><td>3</td><td>3.8</td><td>4.7</td><td>5.5</td><td>8.4</td><td>9.3</td><td>11.3</td><td>15.8</td><td>18.3</td></tr>
<tr><td>K</td><td>max</td><td>1</td><td>1.2</td><td>1.5</td><td>1.65</td><td>2.7</td><td>2.7</td><td>3.3</td><td>4.65</td><td>5</td></tr>
<tr><td>r</td><td>max</td><td>0.4</td><td>0.5</td><td>0.6</td><td>0.8</td><td>1</td><td>1.3</td><td>1.5</td><td>2</td><td>2.5</td></tr>
<tr><td>m</td><td>参考</td><td>1.8</td><td>2</td><td>3</td><td>3.2</td><td>4.6</td><td>5.1</td><td>6.8</td><td>9</td><td>10</td></tr>
<tr><td colspan="2">l 商品规格范围</td><td>3～16</td><td>3～20</td><td>3～25</td><td>4～30</td><td>5～40</td><td>6～50</td><td>8～60</td><td>10～60</td><td>12～60</td></tr>
<tr><td colspan="3">公称长度 l 的系列</td><td colspan="9">3，4，5，6，8，10，12，（14），16，20～60（5进位）</td></tr>
<tr><td colspan="3" rowspan="2">技术条件</td><td colspan="2">材　料</td><td colspan="2">力学性能等级</td><td colspan="2">螺纹公差</td><td>公差产品等级</td><td colspan="2">表面处理</td></tr>
<tr><td colspan="2">钢</td><td colspan="2">4.8</td><td colspan="2">6 g</td><td>A</td><td colspan="2">1. 不经处理
2. 镀锌钝化</td></tr>
</table>

注：1. 公称长度 l 中的（14）、（55）等规格尽可能不采用。

2. 对十字槽盘头螺钉，$d \leqslant$ M3、$l \leqslant 25$ mm 或 $d \geqslant$ M4、$l \geqslant 40$ mm 时，制出全螺纹（$b=l-a$）；对十字槽沉头螺钉，$d \leqslant$ M3、$l \leqslant 30$ mm 或 $d \geqslant$ M4、$l \leqslant 45$ mm 时，制出全螺纹[$b=l-(K+a)$]。

表 14-13　开槽盘头螺钉（摘自 GB/T 67—2016）、开槽沉头螺钉（摘自 GB/T 68—2016）

mm

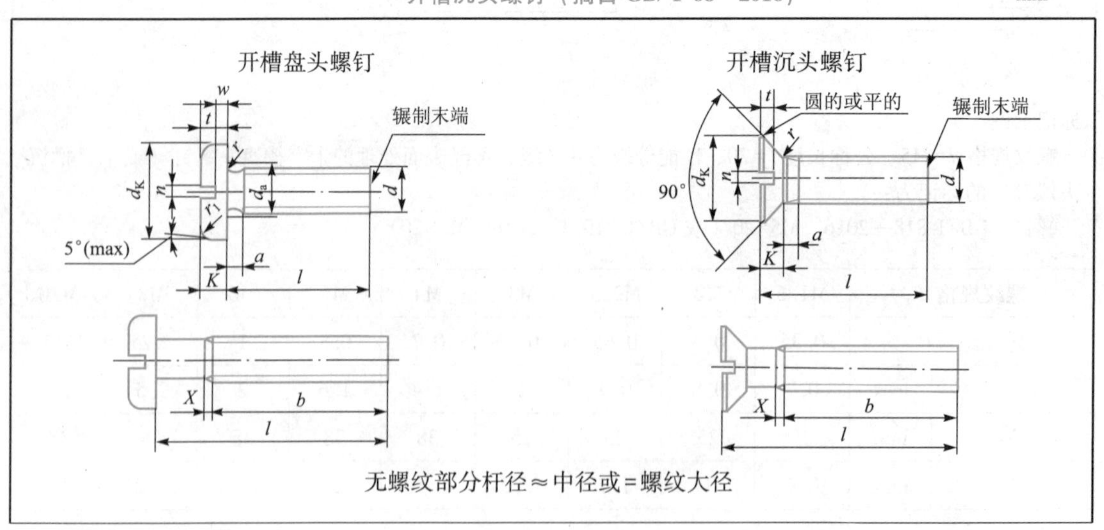

续表

标记示例：

螺纹规格 d=M5、公称长度 l=20、性能等级为4.8级、不经表面处理的开槽盘头螺钉（或开槽沉头螺钉）的标记为：

螺钉 GB/T 67—2016 M5×20（或 GB/T 68—2016 M5×20）

螺纹规格 d			M1.6	M2	M2.5	M3	M4	M5	M6	M8	M10
螺 距 P			0.35	0.4	0.45	0.5	0.7	0.8	1	1.25	1.5
a		max	0.7	0.8	0.9	1	1.4	1.6	2	2.5	3
b		min	25	25	25	25	38	38	38	38	38
n		公称	0.4	0.5	0.6	0.8	1.2	1.2	1.6	2	2.5
X		max	0.9	1	1.1	1.25	1.75	2	2.5	3.2	3.8
开槽盘头螺钉	d_K	max	3.2	4	5	5.6	8	9.5	12	16	20
	d_a	max	2.1	2.6	3.1	3.6	4.7	5.7	6.8	9.2	11.2
	K	max	1	1.3	1.5	1.8	2.4	3	3.6	4.8	6
	r	min	0.1	0.1	0.1	0.1	0.2	0.2	0.25	0.4	0.4
	r_1	参考	0.5	0.6	0.8	0.9	1.2	1.5	1.8	2.4	3
	t	min	0.35	0.5	0.6	0.7	1	1.2	1.4	1.9	2.4
	w	min	0.3	0.4	0.5	0.7	1	1.2	1.4	1.9	2.4
	l 商品规格范围		2～16	2.5～20	3～25	4～30	5～40	6～50	8～60	10～80	12～80
开槽沉头螺钉	d_K	max	3	3.8	4.7	5.5	8.4	9.3	11.3	15.8	18.3
	K	max	1	1.2	1.5	1.65	2.7	2.7	3.3	4.65	5
	r	max	0.4	0.5	0.6	0.8	1	1.3	1.5	2	2.5
	t	min	0.32	0.4	0.5	0.6	1	1.1	1.2	1.8	2
	l 商品规格范围		2.5～16	3～20	4～25	5～30	6～40	8～50	8～60	10～80	12～80
公称长度 l 的系列			2，2.5，3，4，5，6，8，10，12，(14)，16，20～80（5进位）								

技术条件	材 料	力学性能等级	螺纹公差	公差产品等级	表面处理
	钢	4.8、5.8	6 g	A	1. 不经处理 2. 镀锌钝化

注：1. 公称长度 l 中的（14）、（55）、（65）、（75）等规格尽可能不采用。

2. 对开槽盘头螺钉，$d \leqslant$M3、$l \leqslant 30$ mm 或 $d \geqslant$M4、$l \leqslant 40$ mm 时，制出全螺纹（$b=l-a$）；
对开槽沉头螺钉，$d \leqslant$M3、$l \leqslant 30$ mm 或 $d \geqslant$M4、$l \leqslant 45$ mm 时，制出全螺纹[$b=l-(K+a)$]。

表 14-14　紧定螺钉　　mm

开槽锥端紧定螺钉 （摘自 GB/T 71—2018）	开槽平端紧定螺钉 （摘自 GB/T 73—2017）	开槽长圆柱端紧定螺钉 （摘自 GB/T 75—2018）

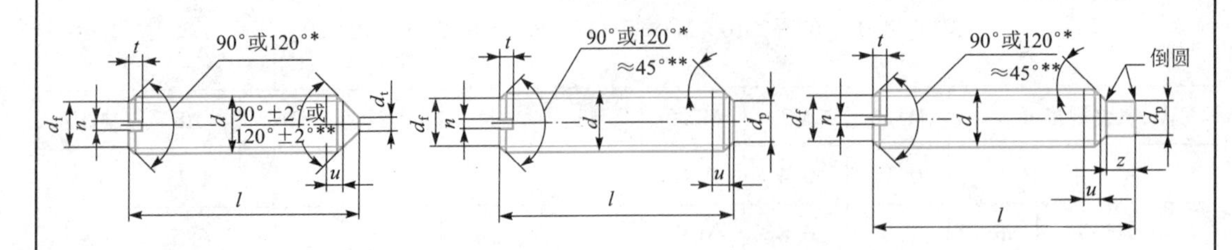

标记示例：

螺纹规格 d=M5、公称长度 l=12、性能等级为 14H 级、表面氧化的开槽锥端紧定螺钉（或开槽平端，或开槽长圆柱端紧定螺钉）的标记为：

螺钉 GB/T 71—2018　M5×12（或 GB/T 73—2017　M5×12，或 GB/T 75—2018　M5×12）

螺纹规格 d		M3	M4	M5	M6	M8	M10	M12
螺　距　P		0.5	0.7	0.8	1	1.25	1.5	1.75
d_f≈		螺　纹　小　径						
d_t	max	0.3	0.4	0.5	1.5	2	2.5	3
d_p	max	2	2.5	3.5	4	5.5	7	8.5
n	公称	0.4	0.6	0.8	1	1.2	1.6	2
t	min	0.8	1.12	1.28	1.6	2	2.4	2.8
z	max	1.75	2.25	2.75	3.25	4.3	5.3	6.3
不完整螺纹的长度 u		≤2P						
l 范围（商品规格）	GB/T 71—1985	4～16	6～20	8～25	8～30	10～40	12～50	14～60
	GB/T 73—1985	3～16	4～20	5～25	6～30	8～40	10～50	12～60
	GB/T 75—1985	5～16	6～20	8～25	8～30	10～40	12～50	14～60
	短螺钉 GB/T 73—1985	3	4	5	6	—	—	—
	短螺钉 GB/T 75—1985	5	6	8	8、10	10、12、14	12、14、16	14、16、20
公称长度 l 的系列		3、4、5、6、8、10、12、（14）、16、20、25、30、35、40、45、50、（55）、60						

技术条件	材　料	机械性能等级	螺纹公差	公差产品等级	表面处理
	钢	14H、22H	6 g	A	氧化或镀锌钝化

注：1. 尽可能不采用括号内的规格。

2. 表图中，* 公称长度在表中 l 范围内的短螺钉应制成 120°；

** 90°或 120°和 45°仅适用于螺纹小径以内的末端部分。

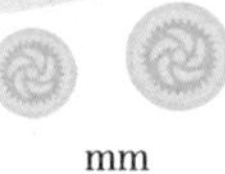

表 14-15 吊环螺钉（摘自 GB/T 825—1988）

mm

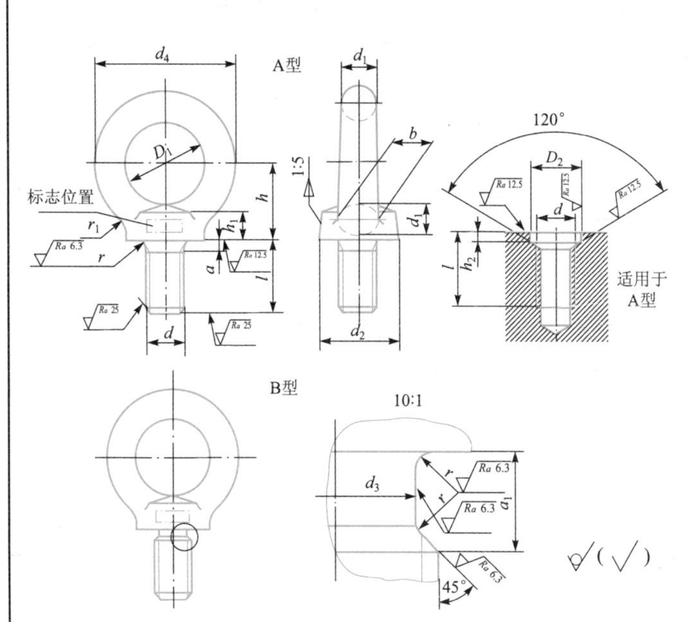

标记示例：

规格为 20 mm、材料为 20 钢、经正火处理、不经表面处理的 A 型吊环螺钉的标记为：

螺钉 GB/T 825—1988 M20

起吊方式

单螺钉起吊 双螺钉起吊

45°(max)

螺纹规格（d）		M8	M10	M12	M16	M20	M24	M30	M36	M42	M48
d_1	max	9.1	11.1	13.1	15.2	17.4	21.4	25.7	30	34.4	40.7
D_1	公称	20	24	28	34	40	48	56	67	80	95
d_2	max	21.1	25.1	29.1	35.2	41.4	49.4	57.7	69	82.4	97.7
h_1	max	7	9	11	13	15.1	19.1	23.2	27.4	31.7	36.9
l	公称	16	20	22	28	35	40	45	55	65	70
d_4	参考	36	44	52	62	72	88	104	123	144	171
h		18	22	26	31	36	44	53	63	74	87
r_1		4	4	6	6	8	12	15	18	20	22
r	min	1	1	1	1	1	2	2	3	3	3
a_1	max	3.75	4.5	5.25	6	7.5	9	10.5	12	13.5	15
d_3	公称（max）	6	7.7	9.4	13	16.4	19.6	25	30.8	35.6	41
a	max	2.5	3	3.5	4	5	6	7	8	9	10
b		10	12	14	16	19	24	28	32	38	46
D_2	公称（min）	13	15	17	22	28	32	38	45	52	60
h_2	公称（min）	2.5	3	3.5	4.5	5	7	8	9.5	10.5	11.5
最大起吊质量 t（参见右上图）	单螺钉起吊	0.16	0.25	0.4	0.63	1	1.6	2.5	4	6.3	8
	双螺钉起吊	0.08	0.125	0.2	0.32	0.5	0.8	1.25	2	3.2	4

续表

减速器类型		单级圆柱齿轮减速器						二级圆柱齿轮减速器				
中心距 a		100	125	160	200	250	315	100×140	140×200	180×250	200×280	250×355
质量	W/kN	0.26	0.52	1.05	2.1	4	8	1	2.6	4.8	6.8	12.5

注：1. M8～M36为商品规格。
2. "减速器质量 W"非GB/T 825内容，仅供课程设计参考用。

14.5 螺　母

表14-16　I型六角螺母　A和B级（摘自GB/T 6170—2015）、六角薄螺母-倒角　A和B级（摘自GB/T 6172.1—2016）　mm

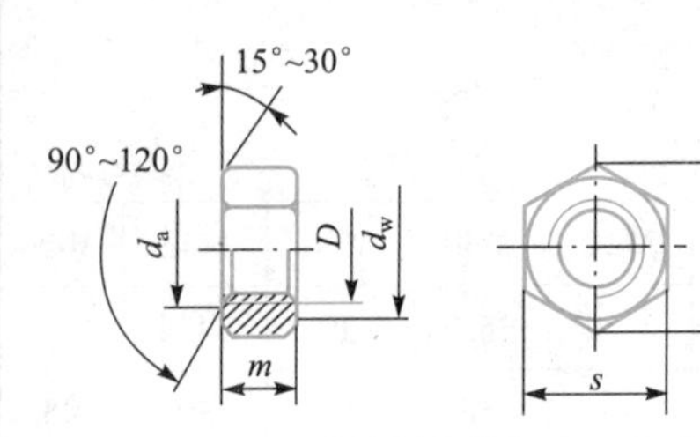

允许制造型式（GB/T 6170）

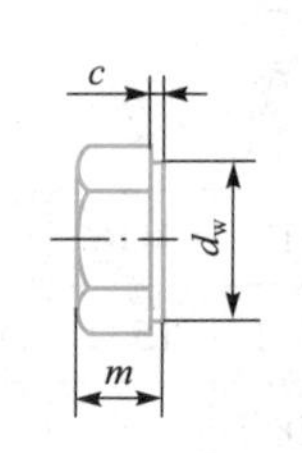

标记示例：

螺纹规格 D=M12、性能等级为10级、不经表面处理、A级的I型六角螺母的标记为：

螺母　GB/T 6170—2015　M12

螺纹规格 D=M12、性能等级为04级、不经表面处理、A级的六角薄螺母的标记为：

螺母　GB/T 6172.1—2016　M12

螺纹规格 D		M3	M4	M5	M6	M8	M10	M12	(M14)	M16	(M18)	M20	(M22)	M24	(M27)	M30	M36
d_a	max	3.45	4.6	5.75	6.75	8.75	10.8	13	15.1	17.30	19.5	21.6	23.7	25.9	29.1	32.4	38.9
d_w	min	4.6	5.9	6.9	8.9	11.6	14.6	16.6	19.6	22.5	24.8	27.7	31.4	33.2	38	42.7	51.1
e	min	6.01	7.66	8.79	11.05	14.38	17.77	20.03	23.35	26.75	29.56	32.95	37.29	39.55	45.2	50.85	60.79
s	max	5.5	7	8	10	13	16	18	21	24	27	30	34	36	41	46	55
c	max	0.4	0.4	0.5	0.5	0.6	0.6	0.6	0.6	0.8	0.8	0.8	0.8	0.8	0.8	0.8	0.8
m (max)	六角螺母	2.4	3.2	4.7	5.2	6.8	8.4	10.8	12.8	14.8	15.8	18	19.4	21.5	23.8	25.6	31
	薄螺母	1.8	2.2	2.7	3.2	4	5	6	7	8	9	10	11	12	13.5	15	18

技术条件	材料	机械性能等级	螺纹公差	表面处理	公差产品等级
	钢	6、8、10	6H	不经处理或镀锌钝化	A级用于 $D\leqslant$M16 B级用于 D>M16

注：尽可能不采用括号内的规格。

表 14-17　I 型六角开槽螺母　A 和 B 级（摘自 GB/T 6178—1986）　mm

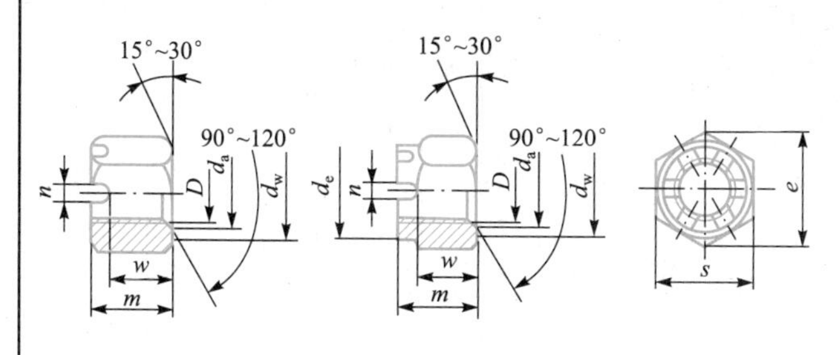

标记示例：

螺纹规格 D=M5、性能等级为 8 级、不经表面处理、A 级的 I 型六角开槽螺母的标记示例：

螺母　GB/T 6178—1986　M5

螺纹规格 D		M4	M5	M6	M8	M10	M12	(M14)	M16	M20	M24	M30	M36
d_e	max	—	—	—	—	—	—	—	—	28	34	42	50
m	max	5	6.7	7.7	9.8	12.4	15.8	17.8	20.8	24	29.5	34.6	40
n	min	1.2	1.4	2	2.5	2.8	3.5	3.5	4.5	4.5	5.5	7	7
w	max	3.2	4.7	5.2	6.8	8.4	10.8	12.8	14.8	18	21.5	25.6	31
s	max	7	8	10	13	16	18	21	24	30	36	46	55
开口销		1×10	1.2×12	1.6×14	2×16	2.5×20	3.2×22	3.2×25	4×28	4×36	5×40	6.3×50	6.3×63

注：1. d_a、d_w、e 尺寸和技术条件与表 14-16 相同。

2. 尽可能不采用括号内的规格。

表 14-18　圆螺母（摘自 GB/T 812—1988）、小圆螺母（摘自 GB/T 810—1988）　mm

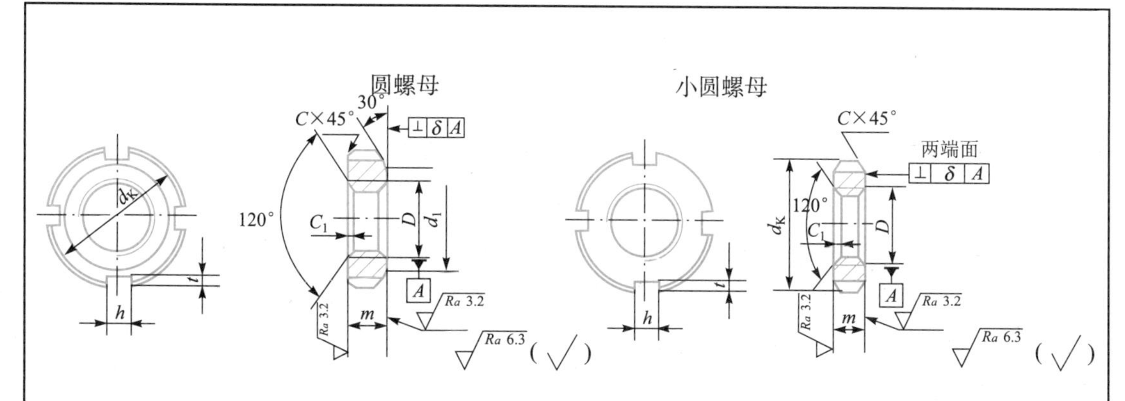

标记示例：螺母　GB/T 812—1988　M16×1.5

螺母　GB/T 810—1988　M16×1.5

（螺纹规格 D=M16×1.5、材料为 45 钢、槽或全部热处理硬度 35～45HRC、表面氧化的圆螺母和小圆螺母）

续表

圆螺母（GB/T 812—1988）

螺纹规格 $D\times P$	d_K	d_1	m	h max	h min	t max	t min	C	C_1
M10×1	22	16	8	4.3	4	2.6	2	0.5	0.5
M12×1.25	25	19							
M14×1.5	28	20							
M16×1.5	30	22		5.3	5	3.1	2.5		
M18×1.5	32	24							
M20×1.5	35	27							
M22×1.5	38	30	10						
M24×1.5	42	34						1	
M25×1.5*									
M27×1.5	45	37							
M30×1.5	48	40							
M33×1.5	52	43		6.3	6	3.6	3		
M35×1.5*									
M36×1.5	55	46							
M39×1.5	58	49						1.5	
M40×1.5*									
M42×1.5	62	53							
M45×1.5	68	59							
M48×1.5	72	61	12	8.36	8	4.25	3.5		
M50×1.5*									
M52×1.5	78	67							
M55×2*									
M56×2	85	74							
M60×2	90	79							1
M64×2	95	84							
M65×2*									
M68×2	100	88							
M72×2	105	93	15	10.36	10	4.75	4		
M75×2*									
M76×2	110	98							
M80×2	115	103							
M85×2	120	108							
M90×2	125	112	18	12.43	12	5.75	5		
M95×2	130	117							
M100×2	135	122							
M105×2	140	127							

小圆螺母（GB/T 810—1988）

螺纹规格 $D\times P$	d_K	m	h max	h min	t max	t min	C	C_1
M10×1	20	6	4.3	4	2.6	2	0.5	0.5
M12×1.25	22							
M14×1.5	25							
M16×1.5	28							
M18×1.5	30		5.3	5	3.1	2.5		
M20×1.5	32							
M22×1.5	35	8						
M24×1.5	38							
M27×1.5	42						1	
M30×1.5	45							
M33×1.5	48							
M36×1.5	52		6.3	6	3.6	3		
M39×1.5	55							
M42×1.5	58							
M45×1.5	62							
M48×1.5	68	10						
M52×1.5	72		8.36	8	4.25	3.5		
M56×2	78							1
M60×2	80							
M64×2	85							
M68×2	90							
M72×2	95	12						
M76×2	100		10.36	10	4.75	4		
M80×2	105						1.5	
M85×2	110							
M90×2	115							
M95×2	120							
M100×2	125		12.43	12	5.75	5		
M105×2	130	15						

注：1. 槽数 n：当 $D\leqslant$ M100×2，$n=4$；当 $D\geqslant$ M105×2，$n=6$。

2. * 仅用于滚动轴承锁紧装置。

14.6　螺纹零件的结构要素

表 14-19　普通螺纹收尾、肩距、退刀槽、倒角（摘自 GB/T 3—1997）　mm

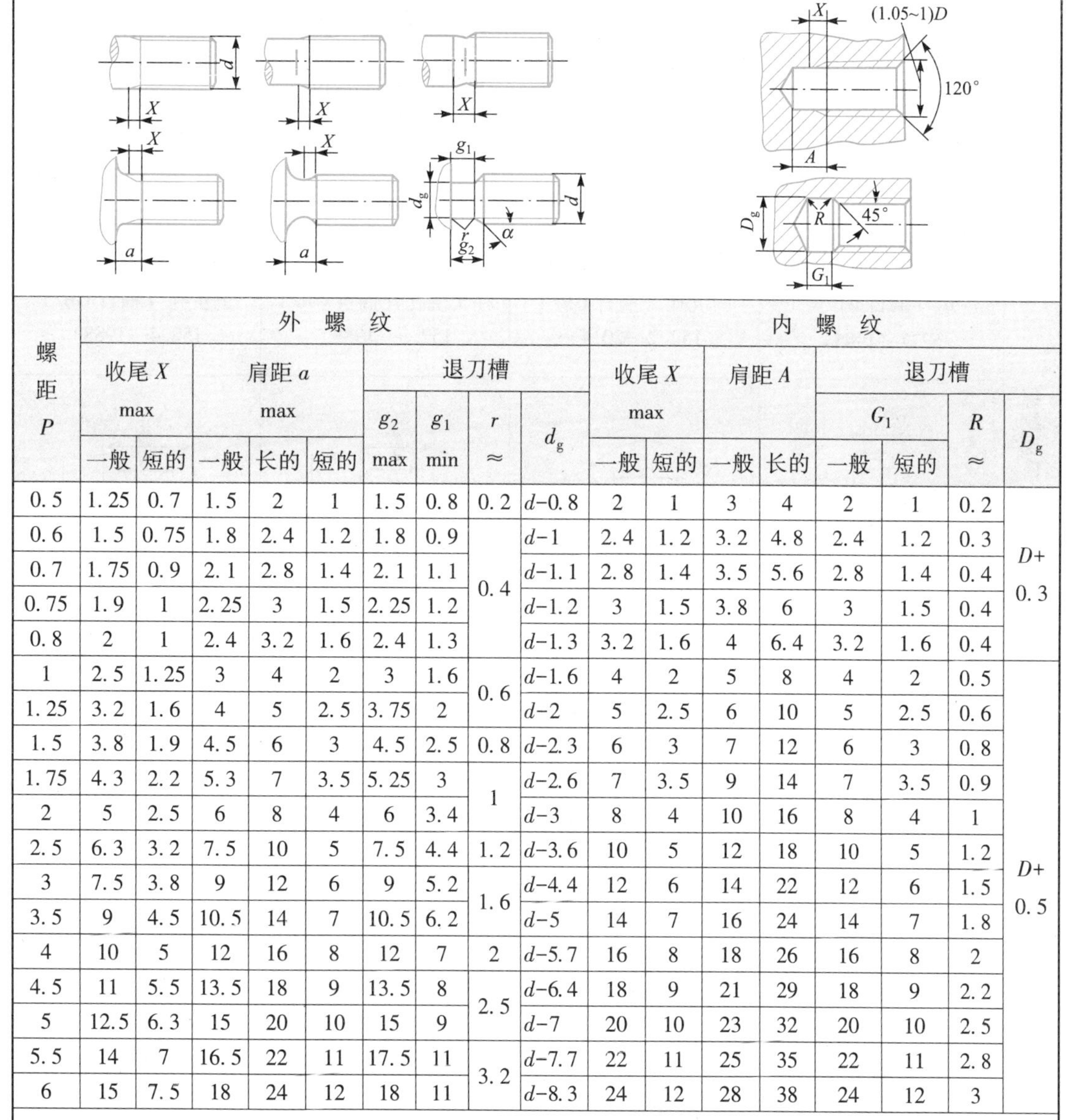

螺距 P	外螺纹 收尾 X max 一般	短的	肩距 a max 一般	长的	短的	退刀槽 g_2 max	g_1 min	r ≈	d_g	内螺纹 收尾 X max 一般	短的	肩距 A 一般	长的	退刀槽 G_1 一般	短的	R ≈	D_g
0.5	1.25	0.7	1.5	2	1	1.5	0.8	0.2	d−0.8	2	1	3	4	2	1	0.2	D+0.3
0.6	1.5	0.75	1.8	2.4	1.2	1.8	0.9	0.4	d−1	2.4	1.2	3.2	4.8	2.4	1.2	0.3	
0.7	1.75	0.9	2.1	2.8	1.4	2.1	1.1		d−1.1	2.8	1.4	3.5	5.6	2.8	1.4	0.4	
0.75	1.9	1	2.25	3	1.5	2.25	1.2		d−1.2	3	1.5	3.8	6	3	1.5	0.4	
0.8	2	1	2.4	3.2	1.6	2.4	1.3		d−1.3	3.2	1.6	4	6.4	3.2	1.6	0.4	
1	2.5	1.25	3	4	2	3	1.6	0.6	d−1.6	4	2	5	8	4	2	0.5	D+0.5
1.25	3.2	1.6	4	5	2.5	3.75	2		d−2	5	2.5	6	10	5	2.5	0.6	
1.5	3.8	1.9	4.5	6	3	4.5	2.5	0.8	d−2.3	6	3	7	12	6	3	0.8	
1.75	4.3	2.2	5.3	7	3.5	5.25	3	1	d−2.6	7	3.5	9	14	7	3.5	0.9	
2	5	2.5	6	8	4	6	3.4		d−3	8	4	10	16	8	4	1	
2.5	6.3	3.2	7.5	10	5	7.5	4.4	1.2	d−3.6	10	5	12	18	10	5	1.2	
3	7.5	3.8	9	12	6	9	5.2	1.6	d−4.4	12	6	14	22	12	6	1.5	
3.5	9	4.5	10.5	14	7	10.5	6.2		d−5	14	7	16	24	14	7	1.8	
4	10	5	12	16	8	12	7	2	d−5.7	16	8	18	26	16	8	2	
4.5	11	5.5	13.5	18	9	13.5	8	2.5	d−6.4	18	9	21	29	18	9	2.2	
5	12.5	6.3	15	20	10	15	9		d−7	20	10	23	32	20	10	2.5	
5.5	14	7	16.5	22	11	17.5	11	3.2	d−7.7	22	11	25	35	22	11	2.8	
6	15	7.5	18	24	12	18	11		d−8.3	24	12	28	38	24	12	3	

注：1. 外螺纹倒角一般为45°，也可采用60°或30°倒角；倒角深度应大于或等于牙型高度，过滤角 α 应不小于30°。内螺纹入口端面的倒角一般为120°，也可采用90°倒角。端面倒角直径为（1.05～1）D（D 为螺纹公称直径）。

2. 应优先选用“一般”长度的收尾和肩距。

表 14-20 单头梯形外螺纹与内螺纹的退刀槽 mm

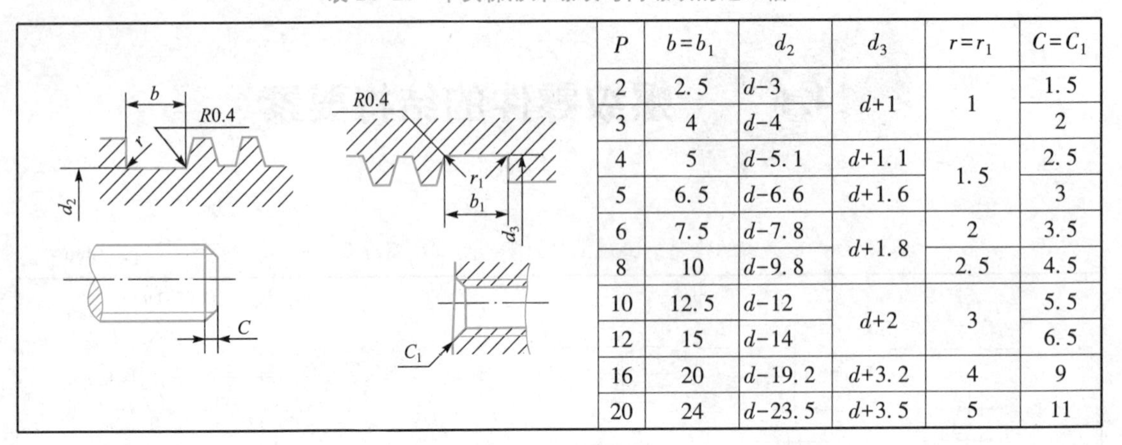

P	$b=b_1$	d_2	d_3	$r=r_1$	$C=C_1$
2	2.5	$d-3$	$d+1$	1	1.5
3	4	$d-4$			2
4	5	$d-5.1$	$d+1.1$	1.5	2.5
5	6.5	$d-6.6$	$d+1.6$		3
6	7.5	$d-7.8$	$d+1.8$	2	3.5
8	10	$d-9.8$		2.5	4.5
10	12.5	$d-12$	$d+2$	3	5.5
12	15	$d-14$			6.5
16	20	$d-19.2$	$d+3.2$	4	9
20	24	$d-23.5$	$d+3.5$	5	11

表 14-21 螺栓和螺钉通孔及沉孔尺寸 mm

螺纹规格	螺栓和螺钉通孔直径 d_h（摘自 GB/T 5277—1985）			沉头螺钉及半沉头螺钉的沉孔（摘自 GB/T 152.2—2014）				内六角圆柱头螺钉的圆柱头沉孔（摘自 GB/T 152.3—1988）				六角头螺栓和六角螺母的沉孔（摘自 GB/T 152.4—1988）			
d	精装配	中等装配	粗装配	d_2	$t\approx$	d_1	α	d_2	t	d_3	d_1	d_2	d_3	d_1	t
M3	3.2	3.4	3.6	6.4	1.6	3.4	$90^{\circ}{}^{-2^{\circ}}_{-4^{\circ}}$	6.0	3.4	—	3.4	9	—	3.4	只要能制出与通孔轴线垂直的圆平面即可
M4	4.3	4.5	4.8	9.6	2.7	4.5		8.0	4.6		4.5	10		4.5	
M5	5.3	5.5	5.8	10.6	2.7	5.5		10.0	5.7		5.5	11		5.5	
M6	6.4	6.6	7	12.8	3.3	6.6		11.0	6.8		6.6	13		6.6	
M8	8.4	9	10	17.6	4.6	9		15.0	9.0		9.0	18		9.0	
M10	10.5	11	12	20.3	5.0	11		18.0	11.0		11.0	22		11.0	
M12	13	13.5	14.5	24.4	6.0	13.5		20.0	13.0	16	13.5	26	16	13.5	
M14	15	15.5	16.5	28.4	7.0	15.5		24.0	15.0	18	15.5	30	18	13.5	
M16	17	17.5	18.5	32.4	8.0	17.5		26.0	17.5	20	17.5	33	20	17.5	
M18	19	20	21	—	—	—		—	—	—	—	36	22	20.0	
M20	21	22	24	40.4	10.0	22		33.0	21.5	24	22.0	40	24	22.0	
M22	23	24	26	—	—	—		—	—	—	—	43	26	24	
M24	25	26	28					40.0	25.5	28	26.0	48	28	26	
M27	28	30	32					—	—	—	—	53	33	30	
M30	31	33	35					48.0	32.0	36	33.0	61	36	33	
M36	37	39	42					57.0	38.0	42	39.0	71	42	39	

表 14-22 普通粗牙螺纹的余留长度、钻孔余留深度（摘自 JB/ZQ 4247—2006） mm

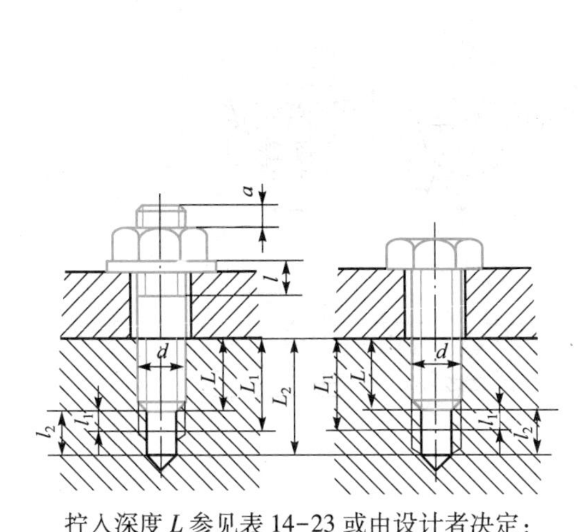

拧入深度 L 参见表 14-23 或由设计者决定：
钻孔深度 $L_2=L+l_2$；螺孔深度 $L_1=L+l_1$

螺纹直径 d	余留长度			末端长度 a
	内螺纹	外螺纹	钻 孔	
	l_1	l	l_2	
5	1.5	2.5	5	1～2
6	2	3.5	6	1.5～2.5
8	2.5	4	8	
10	3	4.5	9	2～3
12	3.5	5.5	11	
14、16	4	6	12	2.5～4
18、20、22	5	7	15	
24、27	6	8	18	3～5
30	7	9	21	
36	8	10	24	4～7
42	9	11	27	
48	10	13	30	6～10
56	11	16	33	

表 14-23 粗牙螺栓、螺钉的拧入深度和螺纹孔尺寸（参考） mm

d	d_0	用于钢或青铜		用于铸铁		用于铝	
		h	L	h	L	h	L
6	5	8	6	12	10	15	12
8	6.8	10	8	15	12	20	16
10	8.5	12	10	18	15	24	20
12	10.2	15	12	22	18	28	24
16	14	20	16	28	24	36	32
20	17.5	25	20	35	30	45	40
24	21	30	24	42	35	55	48
30	26.5	36	30	50	45	70	60
36	32	45	36	65	55	80	72
42	37.5	50	42	75	65	95	85

注：h 为内螺纹通孔长度；L 为双头螺栓或螺钉拧入深度；d_0 为螺纹攻丝前钻孔直径。

表 14-24　扳手空间（摘自 JB/ZQ 4005—2006）　　mm

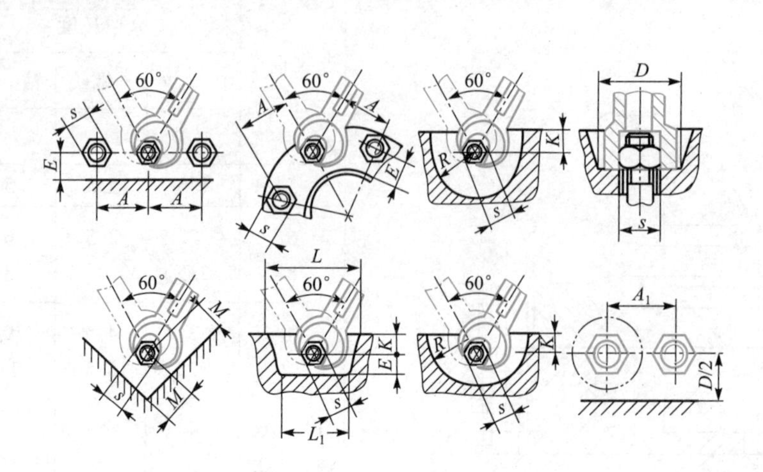

螺纹直径 d	s	A	A_1	$E=K$	M	L	L_1	R	D
6	10	26	18	8	15	46	38	20	24
8	13	32	24	11	18	55	44	25	28
10	16	38	28	13	22	62	50	30	30
12	18	42	—	14	24	70	55	32	—
14	21	48	36	15	26	80	65	36	40
16	24	55	38	16	30	85	70	42	—
18	27	62	45	19	32	95	75	46	52
20	30	68	48	20	35	105	85	50	56
22	34	76	55	24	40	120	95	58	60
24	36	80	58	24	42	125	100	60	70
27	41	90	65	26	46	135	110	65	76
30	46	100	72	30	50	155	125	75	82
33	50	108	76	32	55	165	130	80	88
36	55	118	85	36	60	180	145	88	95
39	60	125	90	38	65	190	155	92	100
42	65	135	96	42	70	205	165	100	106
45	70	145	105	45	75	220	175	105	112
48	75	160	115	48	80	235	185	115	126
52	80	170	120	48	84	245	195	125	132
56	85	180	126	52	90	260	205	130	138
60	90	185	134	58	95	275	215	135	145
64	95	195	140	58	100	285	225	140	152
68	100	205	145	65	105	300	235	150	158

14.7 垫 圈

表 14-25 小垫圈、平垫圈 mm

小垫圈—A 级（摘自 GB/T 848—2002）
平垫圈—A 级（摘自 GB/T 97.1—2002）

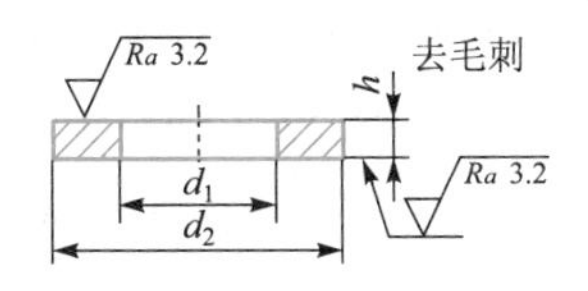

平垫圈—倒角型—A 级
（摘自 GB/T 97.2—2002）

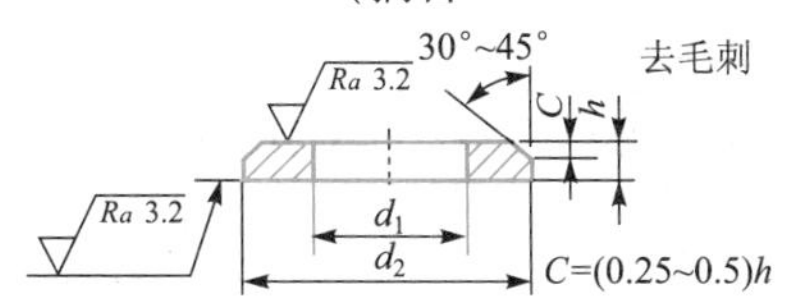

标记示例：

小系列（或标准系列）、公称尺寸 $d=8$、性能等级为 140 HV 级、不经表面处理的小垫圈（或平垫圈、或倒角型平垫圈）的标记为：

垫圈 GB/T 848—2002 8-140 HV（或 GB/T 97.1—2002 8-140 HV，
或 GB/T 97.2—2002 8-140 HV）

<table>
<tr><td colspan="2">公称尺寸（螺纹规格 d）</td><td>1.6</td><td>2</td><td>2.5</td><td>3</td><td>4</td><td>5</td><td>6</td><td>8</td><td>10</td><td>12</td><td>14</td><td>16</td><td>20</td><td>24</td><td>30</td><td>36</td></tr>
<tr><td rowspan="3">d_1</td><td>GB/T 848—2002</td><td rowspan="2">1.7</td><td rowspan="2">2.2</td><td rowspan="2">2.7</td><td rowspan="2">3.2</td><td rowspan="2">4.3</td><td rowspan="3">5.3</td><td rowspan="3">6.4</td><td rowspan="3">8.4</td><td rowspan="3">10.5</td><td rowspan="3">13</td><td rowspan="3">15</td><td rowspan="3">17</td><td rowspan="3">21</td><td rowspan="3">25</td><td rowspan="3">31</td><td rowspan="3">37</td></tr>
<tr><td>GB/T 97.1—2002</td></tr>
<tr><td>GB/T 97.2—2002</td><td>—</td><td>—</td><td>—</td><td>—</td><td>—</td></tr>
<tr><td rowspan="3">d_2</td><td>GB/T 848—2002</td><td>3.5</td><td>4.5</td><td>5</td><td>6</td><td>8</td><td>9</td><td>11</td><td>15</td><td>18</td><td>20</td><td>24</td><td>28</td><td>34</td><td>39</td><td>50</td><td>60</td></tr>
<tr><td>GB/T 97.1—2002</td><td>4</td><td>5</td><td>6</td><td>7</td><td>9</td><td rowspan="2">10</td><td rowspan="2">12</td><td rowspan="2">16</td><td rowspan="2">20</td><td rowspan="2">24</td><td rowspan="2">28</td><td rowspan="2">30</td><td rowspan="2">37</td><td rowspan="2">44</td><td rowspan="2">56</td><td rowspan="2">66</td></tr>
<tr><td>GB/T 97.2—2002</td><td>—</td><td>—</td><td>—</td><td>—</td><td>—</td></tr>
<tr><td rowspan="3">h</td><td>GB/T 848—2002</td><td rowspan="2">0.3</td><td rowspan="2">0.3</td><td rowspan="2">0.5</td><td rowspan="2">0.5</td><td>0.5</td><td rowspan="3">1</td><td rowspan="3">1.6</td><td rowspan="3">1.6</td><td>1.6</td><td>2</td><td rowspan="3">2.5</td><td>2.5</td><td rowspan="3">3</td><td rowspan="3">4</td><td rowspan="3">4</td><td rowspan="3">5</td></tr>
<tr><td>GB/T 97.1—2002</td><td>0.8</td><td rowspan="2">2</td><td rowspan="2">2.5</td><td rowspan="2">3</td></tr>
<tr><td>GB/T 97.2—2002</td><td>—</td><td>—</td><td>—</td><td>—</td><td>—</td></tr>
</table>

表 14-26 标准型弹簧垫圈（摘自 GB/T 93—1987）、
轻型弹簧垫圈（摘自 GB/T 859—1987） mm

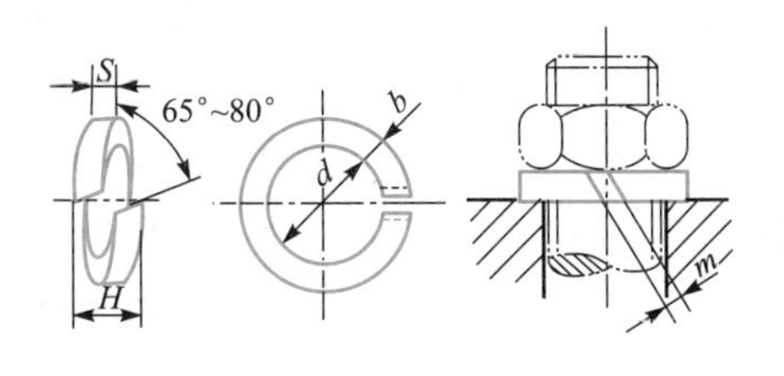

标记示例：

规格为 16、材料为 65 Mn、表面氧化的标准型（或轻型）弹簧垫圈的标记为：

垫圈 GB/T 93—1987 16
（或 GB/T 859—1987 16）

续表

规格（螺纹大径）			3	4	5	6	8	10	12	(14)	16	(18)	20	(22)	24	(27)	30	(33)	36
GB/T 93—1987	S（b）	公称	0.8	1.1	1.3	1.6	2.1	2.6	3.1	3.6	4.1	4.5	5.0	5.5	6.0	6.8	7.5	8.5	9
	H	min	1.6	2.2	2.6	3.2	4.2	5.2	6.2	7.2	8.2	9	10	11	12	13.6	15	17	18
		max	2	2.75	3.25	4	5.25	6.5	7.75	9	10.25	11.25	12.5	13.75	15	17	18.75	21.25	22.5
	m	⩽	0.4	0.55	0.65	0.8	1.05	1.3	1.55	1.8	2.05	2.25	2.5	2.75	3	3.4	3.75	4.25	4.5
GB/T 859—1987	S	公称	0.6	0.8	1.1	1.3	1.6	2	2.5	3	3.2	3.6	4	4.5	5	5.5	6	—	—
	b	公称	1	1.2	1.5	2	2.5	3	3.5	4	4.5	5	5.5	6	7	8	9	—	—
	H	min	1.2	1.6	2.2	2.6	3.2	4	5	6	6.4	7.2	8	9	10	11	12	—	—
		max	1.5	2	2.75	3.25	4	5	6.25	7.5	8	9	10	11.25	12.5	13.75	15	—	—
	m	⩽	0.3	0.4	0.55	0.65	0.8	1.0	1.25	1.5	1.6	1.8	2.0	2.25	2.5	2.75	3.0	—	—

注：尽可能不采用括号内的规格。

表 14-27　外舌止动垫圈（摘自 GB/T 856—1988）　mm

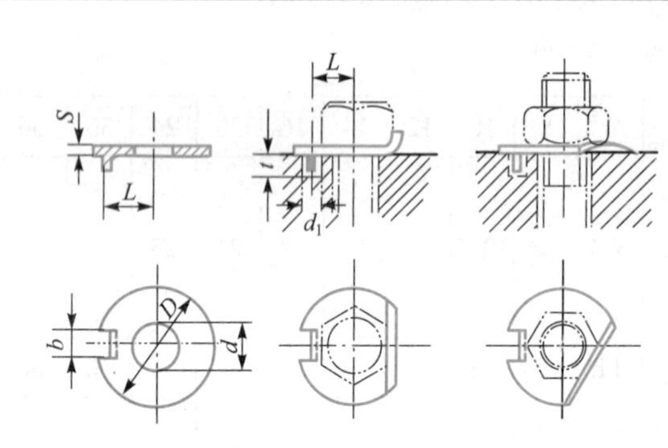

标记示例：

规格为10、材料为Q235-A、经退火、不经表面处理的外舌止动垫圈的标记为：

垫圈　GB/T 856—1988　10

规格（螺纹大径）		3	4	5	6	8	10	12	(14)	16	(18)	20	(22)	24	(27)	30	36
d	max	3.5	4.5	5.6	6.76	8.76	10.93	13.43	15.43	17.43	19.52	21.52	23.52	25.52	28.52	31.62	37.62
	min	3.2	4.2	5.3	6.4	8.4	10.5	13	15	17	19	21	23	25	28	31	37
D	max	12	14	17	19	22	26	32	32	40	45	45	50	50	58	63	75
	min	11.57	13.57	16.57	18.48	21.48	25.48	31.38	31.38	39.38	44.38	44.38	49.38	49.38	57.26	62.26	74.26
b	max	2.5	2.5	3.5	3.5	3.5	4.5	4.5	4.5	5.5	6	6	7	7	8	8	11
	min	2.25	2.25	3.2	3.2	3.2	4.2	4.2	4.2	5.2	5.7	5.7	6.64	6.64	7.64	7.64	10.57
L		4.5	5.5	7	7.5	8.5	10	12	12	15	18	18	20	20	23	25	31
S		0.4	0.4	0.5	0.5	0.5	0.5	1	1	1	1	1	1	1	1.5	1.5	1.5
d_1		3	3	4	4	4	5	5	5	6	7	7	8	8	9	9	12
t		3	3	4	4	4	5	6	6	6	7	7	7	7	10	10	10

注：尽可能不采用括号内的规格。

表14-28　工字钢、槽钢用方斜垫圈　　mm

工字钢用方斜垫圈（摘自GB/T 852—1988）　　槽钢用方斜垫圈（摘自GB/T 853—1988）

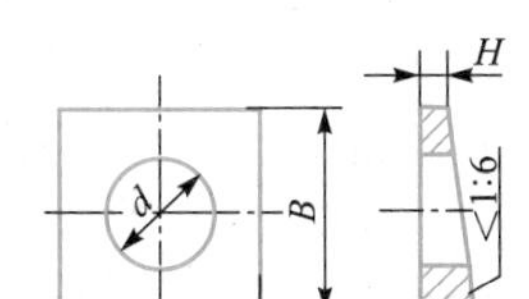

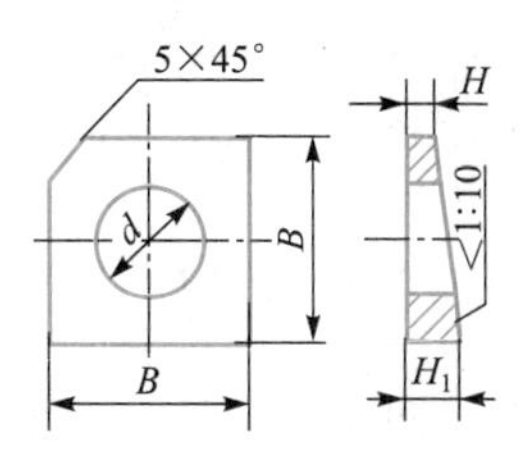

标记示例：

规格为16、材料为Q235-A、不经表面处理的工字钢用（槽钢用）方斜垫圈的标记为：

垫圈　GB/T 852—1988　16（GB/T 853—1988　16）

规格（螺纹大径）		6	8	10	12	16	(18)	20	(22)	24	(27)	30	36
d	max	6.96	9.36	11.43	13.93	17.93	20.52	22.52	24.52	26.52	30.52	33.62	39.62
	min	6.6	9	11	13.5	17.5	20	22	24	26	30	33	39
B		16	18	22	28	35	40	40	40	50	50	60	70
H		2					3						
H_1	GB/T 852—1988	4.7	5.0	5.7	6.7	7.7	9.7	9.7	9.7	11.3	11.3	13.0	14.7
	GB/T 853—1988	3.6	3.8	4.2	4.8	5.4	7	7	7	8	8	9	10

注：尽可能不采用括号内的规格。

表14-29　圆螺母用止动垫圈（摘自GB/T 858—1988）　　mm

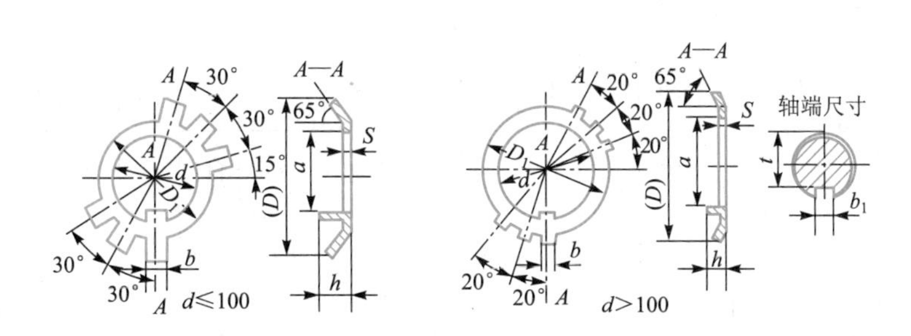

标记示例：

垫圈GB/T 858—1988　16（规格为16、材料为Q235-A、经退火、表面氧化的圆螺母用止动垫圈）

续表

规格（螺纹大径）	d	D（参考）	D_1	S	b	a	h	轴端		规格（螺纹大径）	d	D（参考）	D_1	S	b	a	h	轴端	
								b_1	t									b_1	t
10	10.5	25	16	1	3.8	8	3	4	7	48	48.5	76	61	1.5	7.7	45	5	8	44
12	12.5	28	19			9			8	50*	50.5					47			—
14	14.5	32	20			11			10	52	52.5	82	67			49	6		48
16	16.5	34	22		4.8	13		5	12	55*	56					52			—
18	18.5	35	24			15	4		14	56	57	90	74			53			52
20	20.5	38	27			17			16	60	61	94	79			57			56
22	22.5	42	30			19			18	64	65	100	84	2		61			60
24	24.5	45	34			21			20	65*	66					62			—
25*	25.5					22			—	68	69	105	88		9.6	65		10	64
27	27.5	48	37			24	5		23	72	73	110	93			69	7		68
30	30.5	52	40			27			26	75*	76					71			—
33	33.5	56	43	1.5	5.7	30		6	29	76	77	115	98			72			70
35*	35.5					32			—	80	81	120	103			76			74
36	36.5	60	46			33			32	85	86	125	108			81			79
39	39.5	62	49			36			35	90	91	130	112		11.6	86		12	84
40*	40.5					37			—	95	96	135	117			91			89
42	42.5	66	53			39			38	100	101	140	122			96			94
45	45.5	72	59			42			41	105	106	145	127			101			99

注：* 仅用于滚动轴承锁紧装置。

14.8　挡　　圈

表 14-30　轴肩挡圈（摘自 GB/T 886—1986）　　mm

标记示例：

挡圈　GB/T　886—1986　40×52

（直径 d = 40、D = 52、材料为 35 钢、不经热处理及表面处理的轴肩挡圈）

公称直径 d(轴径)	$D_1 \geqslant$	(0)2 尺寸系列径向轴承用		(0) 3 尺寸系列径向轴承和 (0) 2 尺寸系列角接触轴承用		(0) 4 尺寸系列径向轴承和 (0) 3 尺寸系列角接触轴承用	
		D	H	D	H	D	H
20	22	—	—	27	4	30	5
25	27	—	—	32		35	
30	32	36		38		40	
35	37	42	4	45		47	
40	42	47		50		52	
45	47	52		55		58	
50	52	58		60		65	
55	58	65	5	68	5	70	6
60	63	70		72		75	
65	68	75		78		80	
70	73	80		82		85	
75	78	85		88		90	
80	83	90	6	95	6	100	8
85	88	95		100		105	
90	93	100		105		110	
95	98	110		110		115	
100	103	115	8	115	8	120	10

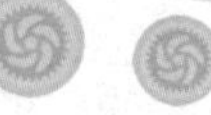

表 14-31　锥销锁紧挡圈（摘自 GB/T 883—1986）、螺钉锁紧挡圈（摘自 GB/T 884—1986）

mm

锥销锁紧挡圈

螺钉锁紧挡圈

标记示例：

挡圈　GB/T 883—1986　20

挡圈　GB/T 884—1986　20

（直径 d=20、材料为 Q235-A、不经表面处理的锥销锁紧挡圈和螺钉锁紧挡圈）

d	D	锥销锁紧挡圈				螺钉锁紧挡圈			
		H	d_1	C	圆锥销 GB/T 117—2000（推荐）	H	d_0	C	螺钉 GB/T 70.1—2008（推荐）
16	30	12	4	0.5	4×32	12	M6	1	M6×10
(17)	32								
18									
(19)	35				4×35				
20									
22	38		5	1	5×40				
25	42	14			5×45	14	M8		M8×12
28	45								
30	48		6		6×50				
32	52				6×55				
35	56	16				16	M10		M10×16
40	62				6×60				
45	70	18			6×70	18			M10×20
50	80		8		8×80				
55	85				8×90				
60	90					20			
65	95	20	10		10×100				
70	100								
75	110	22			10×110	22	M12		M12×25
80	115				10×120				
85	120								
90	125								
95	130	25		1.5	10×130	25		1.5	
100	135				10×140				

注：1. 括号内的尺寸，尽可能不采用。

2. 加工锥销锁紧挡圈的 d_1 孔时，只钻一面；在装配时钻透并铰孔。

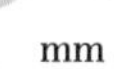

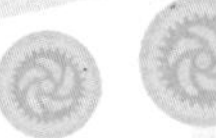

表 14-32 轴端挡圈

mm

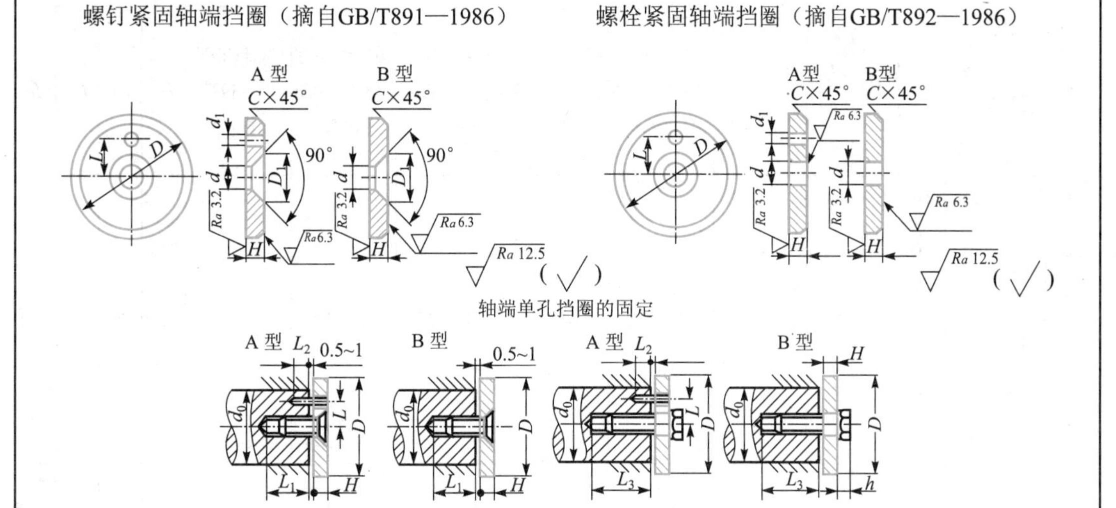

标记示例：

挡圈 GB/T 891—1986 45（公称直径 D=45、材料为 Q235—A、不经表面处理的 A 型螺钉紧固轴端挡圈）

挡圈 GB/T 891—1986 B45（公称直径 D=45、材料为 Q235—A、不经表面处理的 B 型螺钉紧固轴端挡圈）

<table>
<tr><th rowspan="2">轴径 ≤</th><th rowspan="2">公称直径 D</th><th rowspan="2">H</th><th rowspan="2">L</th><th rowspan="2">d</th><th rowspan="2">d₁</th><th rowspan="2">C</th><th colspan="3">螺钉紧固轴端挡圈</th><th colspan="3">螺栓紧固轴端挡圈</th><th colspan="4">安装尺寸（参考）</th></tr>
<tr><th>D₁</th><th>螺钉 GB/T 819.1—2016（推荐）</th><th>圆柱销 GB/T 119.1—2000（推荐）</th><th>螺栓 GB/T 5783—2016（推荐）</th><th>圆柱销 GB/T 119.1—2000（推荐）</th><th>垫圈 GB/T 93—1987（推荐）</th><th>L₁</th><th>L₂</th><th>L₃</th><th>h</th></tr>
<tr><td>14</td><td>20</td><td>4</td><td>—</td><td rowspan="5">5.5</td><td rowspan="5">2.1</td><td rowspan="5">0.5</td><td rowspan="5">11</td><td rowspan="5">M5×12</td><td rowspan="5">A2×10</td><td rowspan="5">M5×16</td><td rowspan="5">A2×10</td><td rowspan="5">5</td><td rowspan="5">14</td><td rowspan="5">6</td><td rowspan="5">16</td><td rowspan="5">4.8</td></tr>
<tr><td>16</td><td>22</td><td>4</td><td>—</td></tr>
<tr><td>18</td><td>25</td><td>4</td><td>—</td></tr>
<tr><td>20</td><td>28</td><td>4</td><td>7.5</td></tr>
<tr><td>22</td><td>30</td><td>4</td><td>7.5</td></tr>
<tr><td>25</td><td>32</td><td>5</td><td>10</td><td rowspan="6">6.6</td><td rowspan="6">3.2</td><td rowspan="6">1</td><td rowspan="6">13</td><td rowspan="6">M6×16</td><td rowspan="6">A3×12</td><td rowspan="6">M6×20</td><td rowspan="6">A3×12</td><td rowspan="6">6</td><td rowspan="6">18</td><td rowspan="6">7</td><td rowspan="6">20</td><td rowspan="6">5.6</td></tr>
<tr><td>28</td><td>35</td><td>5</td><td>10</td></tr>
<tr><td>30</td><td>38</td><td>5</td><td>10</td></tr>
<tr><td>32</td><td>40</td><td>5</td><td>12</td></tr>
<tr><td>35</td><td>45</td><td>5</td><td>12</td></tr>
<tr><td>40</td><td>50</td><td>5</td><td>12</td></tr>
</table>

续表

轴径 ≤	公称直径 D	H	L	d	d_1	C	螺钉紧固轴端挡圈			螺栓紧固轴端挡圈			安装尺寸（参考）			
							D_1	螺钉 GB/T 819.1—2016（推荐）	圆柱销 GB/T 119.1—2000（推荐）	螺栓 GB/T 5783—2016（推荐）	圆柱销 GB/T 119.1—2000（推荐）	垫圈 GB/T 93—1987（推荐）	L_1	L_2	L_3	h
45	55	6	16	9	4.2	1.5	17	M8×20	A4×14	M8×25	A4×14	8	22	8	24	7.4
50	60	6	16													
55	65	6	16													
60	70	6	20													
65	75	6	20													
70	80	6	20													
75	90	8	25	13	5.2	2	25	M12×25	A5×16	M12×30	A5×16	12	26	10	28	10.6
85	100	8	25													

注：1. 当挡圈装在带螺纹孔的轴端时，紧固用螺钉允许加长。
2. 材料，Q235—A、35 钢，45 钢。
3. “轴端单孔挡圈的固定”不属 GB/T 891—1986、GB/T 892—1986，仅供参考。

表 14-33　孔用弹性挡圈—A 型（摘自 GB/T 893.1—1986）　mm

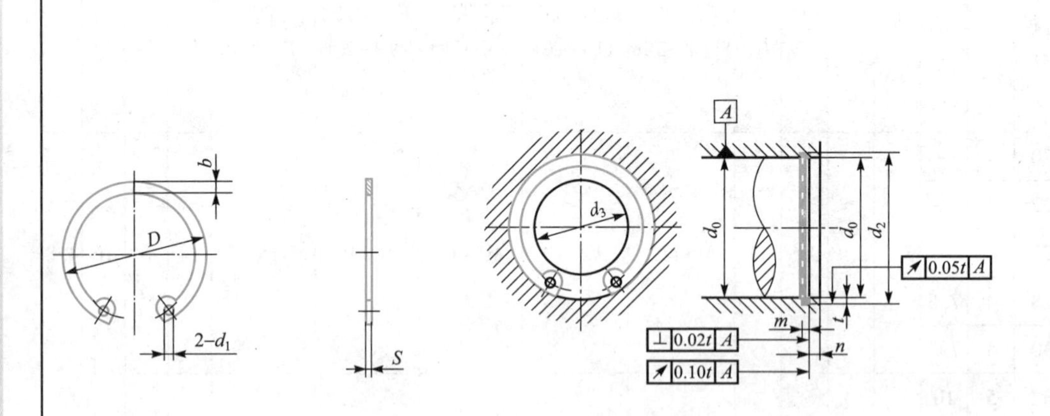

d_3—允许套入的最大轴径

标记示例：

挡圈　GB/T 893.1—1986　50

（孔径 $d_0=50$、材料 65 Mn、热处理硬度 44～51 HRC、经表面氧化处理的 A 型孔用弹性挡圈）

续表

孔径 d_0	挡圈 D	挡圈 S	挡圈 $b\approx$	挡圈 d_1	沟槽（推荐）d_2 基本尺寸	沟槽（推荐）d_2 极限偏差	沟槽（推荐）m 基本尺寸	沟槽（推荐）m 极限偏差	沟槽（推荐）$n\geqslant$	轴 $d_3\leqslant$
8	8.7	0.6	1	1	8.4	+0.09 0	0.7	+0.14 0	0.6	2
9	9.8		1.2		9.4					
10	10.8	0.8	1.7	1.5	10.4	+0.11 0	0.9			
11	11.8				11.4					3
12	13				12.5				0.9	4
13	14.1			1.7	13.6					
14	15.1	1	2.1		14.6		1.1			5
15	16.2				15.7				1.2	6
16	17.3				16.8					7
17	18.3				17.8					8
18	19.5				19	+0.13 0			1.5	9
19	20.5		2.5	2	20					10
20	21.5				21					
21	22.5				22					11
22	23.5				23					12
24	25.9	1.2			25.2	+0.21 0	1.3		1.8	13
25	26.9		2.8		26.2					14
26	27.9				27.2					15
28	30.1		3.2		29.4				2.1	17
30	32.1				31.4	+0.25 0				18
31	33.4			2.5	32.7				2.6	19
32	34.4				33.7					20
34	36.5	1.5	3.6		35.7		1.7			22
35	37.8				37				3	23
36	38.8				38					24
37	39.8				39					25
38	40.8				40					26
40	43.5		4		42.5				3.8	27
42	45.5			3	44.5					29
45	48.5		4.7		47.5					31
47	50.5				49.5					32

孔径 d_0	挡圈 D	挡圈 S	挡圈 $b\approx$	挡圈 d_1	沟槽（推荐）d_2 基本尺寸	沟槽（推荐）d_2 极限偏差	沟槽（推荐）m 基本尺寸	沟槽（推荐）m 极限偏差	沟槽（推荐）$n\geqslant$	轴 $d_3\leqslant$
48	51.5	1.5	4.7	3	50.5	+0.30 0	1.7	+0.14 0	3.8	33
50	54.2	2			53		2.2		4.5	36
52	56.2				55					38
55	59.2				58					40
56	60.2		5.2		59					41
58	62.2				61					43
60	64.2				63					44
62	66.2				65					45
63	67.2				66					46
65	69.2	2.5			68		2.7			48
68	72.5		5.7		71					50
70	74.5				73					53
72	76.5				75					55
75	79.5		6.3		78					56
78	82.5				81	+0.35 0				60
80	85.5		6.8		83.5				5.3	63
82	87.5				85.5					65
85	90.5				88.5					68
88	93.5		7.3		91.5					70
90	95.5				93.5					72
92	97.5		7.7		95.5					73
95	100.5				98.5					75
98	103.5				101.5					78
100	105.5				103.5					80
102	108	3	8.1	4	106	+0.54 0	3.2	+0.18 0	6	82
105	112				109					83
108	115		8.8		112					86
110	117				114					88
112	119		9.3		116					89
115	122				119					90
120	127		10		124	+0.63				95

表 14-34　轴用弹性挡圈—A 型（摘自 GB/T 894.1—1986）　mm

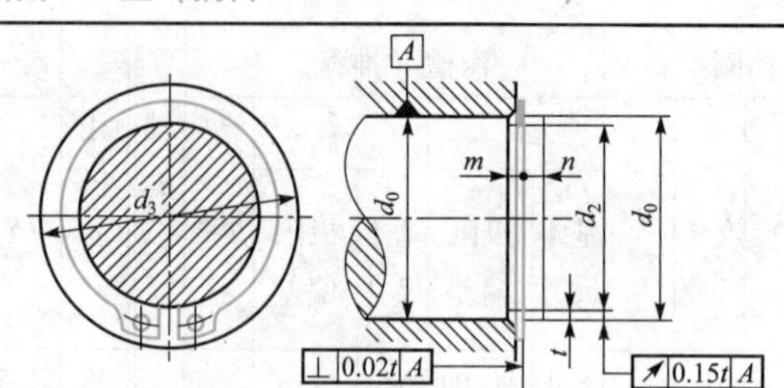

d_3—允许套入的最小孔径

标记示例：

挡圈　GB/T 894.1—1986　50

（轴径 d_0 = 50、材料 65 Mn、热处理 44～51 HRC、经表面氧化处理的 A 型轴用弹性挡圈）

轴径 d_0	挡圈 d	挡圈 S	挡圈 $b\approx$	挡圈 d_1	沟槽（推荐）d_2 基本尺寸	沟槽（推荐）d_2 极限偏差	沟槽（推荐）m 基本尺寸	沟槽（推荐）m 极限偏差	$n\geqslant$	孔 $d_3\geqslant$
3	2.7	0.4	0.8	1	2.8	−0.04	0.5	+0.14 / 0	0.3	7.2
4	3.7		0.88		3.8	0 / −0.044				8.8
5	4.7	0.6	1.12		4.8		0.7			10.7
6	5.6		1.32	1.2	5.7				0.5	12.2
7	6.5				6.7	0 / −0.058				13.8
8	7.4	0.8			7.6		0.9		0.6	15.2
9	8.4		1.44		8.6					16.4
10	9.3	1		1.5	9.6		1.1			17.6
11	10.2		1.52		10.5	0 / −0.11			0.8	18.6
12	11		1.72		11.5					19.6
13	11.9		1.88	1.7	12.4				0.9	20.8
14	12.9				13.4					22
15	13.8		2.00		14.3				1.1	23.2
16	14.7		2.32		15.2				1.2	24.4
17	15.7		2.48		16.2					25.6
18	16.5				17				1.5	27
19	17.5			2	18					28
20	18.5		2.68		19	0 / −0.13				29
21	19.5				20					31
22	20.5				21					32
24	22.2	1.2	3.32		22.9	0 / −0.21	1.3		1.7	34
25	23.2				23.9					35
26	24.2				24.9					36
28	25.9		3.60		26.6				2.1	38.4
29	26.9		3.72		27.6					39.8
30	27.9				28.6					42
32	29.6		3.92	2.5	30.3	0 / −0.25			2.6	44
34	31.5	1.5	4.32		32.3		1.7			46
35	32.2		4.52		33				3	48
36	33.2				34					49
37	34.2				35					50

轴径 d_0	挡圈 d	挡圈 S	挡圈 $b\approx$	挡圈 d_1	沟槽（推荐）d_2 基本尺寸	沟槽（推荐）d_2 极限偏差	沟槽（推荐）m 基本尺寸	沟槽（推荐）m 极限偏差	$n\geqslant$	孔 $d_3\geqslant$
38	35.2	1.5	5.0	2.5	36	0 / −0.25	1.7	+0.14 / 0	3	51
40	36.5				37.5				3.8	53
42	38.5			3	39.5					56
45	41.5				42.5					59.4
48	44.5				45.5					62.8
50	45.8	2	5.48		47		2.2		4.5	64.8
52	47.8				49					67
55	50.8				52	0 / −0.30				70.4
56	51.8		6.12		53					71.7
58	53.8				55					73.6
60	55.8				57					75.8
62	57.8				59					79
63	58.8	2.5			60		2.7			79.6
65	60.8				62					81.6
68	63.5		6.32		65					85
70	65.5				67					87.2
72	67.5				69					89.4
75	70.5				72					92.8
78	73.5				75					96.2
80	74.5		7.0		76.5				5.3	98.2
82	76.5				78.5					101
85	79.5				81.5	0 / −0.35				104
88	82.5				84.5					107.3
90	84.5		7.6		86.5					110
95	89.5		9.2		91.5					115
100	94.5				96.5					121
105	98	3	10.7		101	0 / −0.54	3.2	+0.18 / 0	6	132
110	103		11.3	4	106					136
115	108		12		111					142
120	113				116					145
125	118		12.6		121	−0.63				151

14.9 键连接和销连接

表 14-35 平键连接的剖面和键槽尺寸（摘自 GB/T 1095—2003）、
普通平键的形式和尺寸（摘自 GB/T 1096—2003）

mm

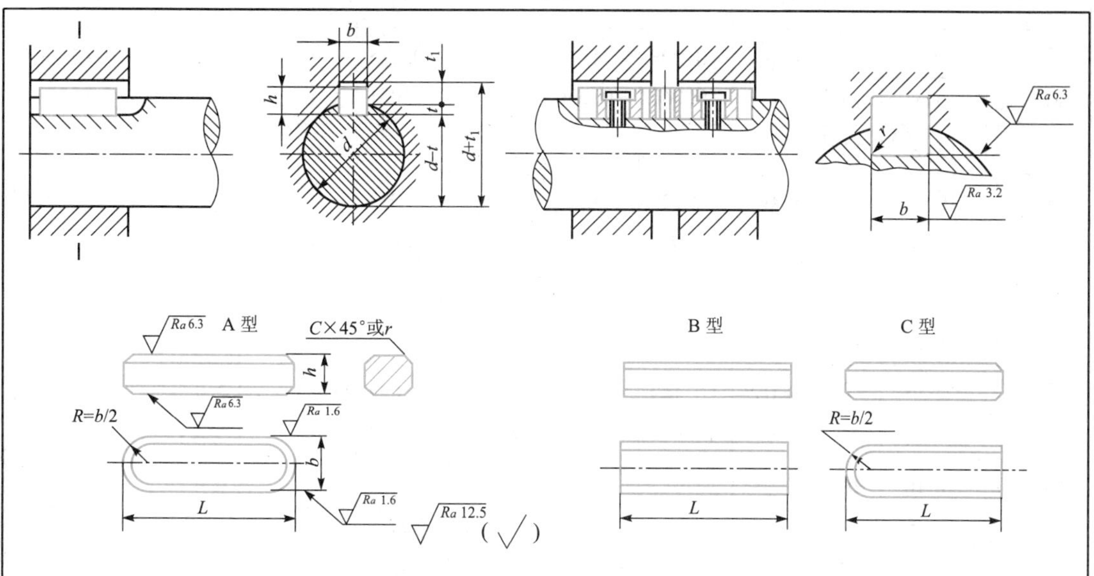

标记示例：

键 16×10×100 GB/T 1096—2003［圆头普通平键（A 型）、b=16 mm、h=10 mm、L=100 mm］

键 B16×10×100 GB/T 1096—2003［平头普通平键（B 型）、b=16 mm、h=10 mm、L=100 mm］

键 C16×10×100 GB/T 1096—2003［单圆头普通平键（C 型）、b=16 mm、h=10 mm、L=100 mm］

轴	键	键槽											
公称直径 d	公称尺寸 $b×h$	宽度 公称尺寸 b	宽度 极限偏差 较松键连接 轴 H9	宽度 极限偏差 较松键连接 毂 D10	宽度 极限偏差 一般键连接 轴 N9	宽度 极限偏差 一般键连接 毂 Js9	宽度 极限偏差 较紧键连接 轴和毂 P9	深度 轴 t 公称尺寸	深度 轴 t 极限偏差	深度 毂 t_1 公称尺寸	深度 毂 t_1 极限偏差	半径 r 最小	半径 r 最大
自 6～8	2×2	2	+0.025 0	+0.060 +0.020	−0.004 −0.029	±0.012 5	−0.006 −0.031	1.2	+0.1 0	1	+0.1 0	0.08	0.16
>8～10	3×3	3						1.8		1.4			
>10～12	4×4	4	+0.030 0	+0.078 +0.030	0 −0.030	±0.015	−0.012 −0.042	2.5		1.8			
>12～17	5×5	5						3.0		2.3		0.16	0.25
>17～22	6×6	6						3.5		2.8			

续表

轴	键	键槽											
		宽度						深度				半径 r	
		公称尺寸 b	极限偏差					轴 t		毂 t_1			
公称直径 d	公称尺寸 $b\times h$		较松键连接		一般键连接		较紧键连接						
			轴 H9	毂 D10	轴 N9	毂 Js9	轴和毂 P9	公称尺寸	极限偏差	公称尺寸	极限偏差	最小	最大
>22～30	8×7	8	+0.036	+0.098	0	±0.018	−0.015	4.0		3.3		0.16	0.25
>30～38	10×8	10	0	+0.040	−0.036		−0.051	5.0		3.3		0.25	0.40
>38～44	12×8	12						5.0		3.3			
>44～50	14×9	14	+0.043	+0.120	0	±0.021 5	−0.018	5.5		3.8			
>50～58	16×10	16	0	+0.050	−0.043		−0.061	6.0	+0.2	4.3	+0.2		
>58～65	18×11	18						7.0	0	4.4	0		
>65～75	20×12	20						7.5		4.9		0.40	0.60
>75～85	22×14	22	+0.052	+0.149	0	±0.026	−0.022	9.0		5.4			
>85～95	25×14	25	0	+0.065	−0.052		−0.074	9.0		5.4			
>95～110	28×16	28						10.0		6.4			
键的长度系列	6，8，10，12，14，16，18，20，22，25，28，32，36，40，45，50，56，63，70，80，90，100，110，125，140，160，180，200，220，250，280，320，360												

注：1. 在工作图中，轴槽深用 t 或（$d-t$）标注，轮毂槽深用（$d+t_1$）标注。

2. （$d-t$）和（$d+t_1$）两组组合尺寸的极限偏差按相应的 t 和 t_1 极限偏差选取，但（$d-t$）极限偏差值应取负号（−）。

3. 键尺寸的极限偏差 b 为 h9，h 为 h11，L 为 h14。

4. 平键常用材料为 45 钢。

表 14-36　导向平键的形式和尺寸（摘自 GB/T 1097—2003）　mm

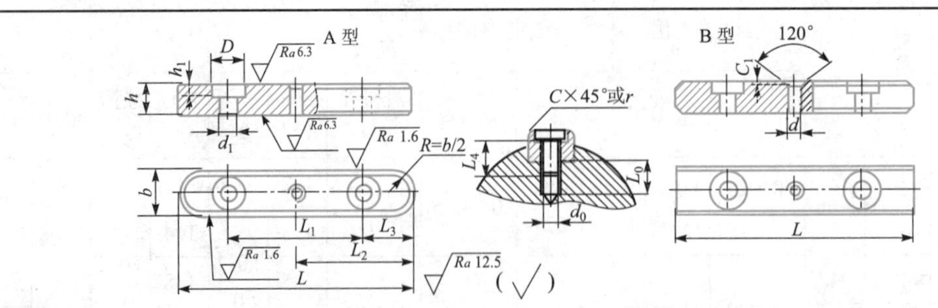

标记示例：

键　16×100　GB/T 1097—2003［圆头导向平键（A 型）、$b=16$、$h=10$、$L=100$］

键　B16×100　GB/T 1097—2003［平头导向平键（B 型）、$b=16$、$h=10$、$L=100$］

续表

b	8	10	12	14	16	18	20	22	25	28	32
h	7	8	8	9	10	11	12	14	14	16	18
C 或 r	0.25～0.4	0.40～0.60					0.60～0.80				
h_1	2.4		3	3.5		4.5			6		7
d	M3		M4	M5		M6			M8		M10
d_1	3.4		4.5	5.5		6.6			9		11
D	6		8.5	10		12			15		18
c_1	0.3		0.5								
L_0	7	8	10			12			15		18
螺钉 (d_0×L_4)	M3×8	M3×10	M4×10	M5×10		M6×12		M6×16	M8×16		M10×20
L	25～90	25～110	28～140	36～160	45～180	50～200	56～220	63～250	70～280	80～320	90×360

L，L_1，L_2，L_3 对应长度系列

L	25	28	32	36	40	45	50	56	63	70	80	90	100	110	125	140	160	180	200	220	250	280	320	360
L_1	13	14	16	18	20	23	26	30	35	40	48	54	60	66	75	80	90	100	110	120	140	160	180	200
L_2	12.5	14	16	18	20	22.5	25	28	31.5	35	40	45	50	55	62	70	80	90	100	110	125	140	160	180
L_3	6	7	8	9	10	11	12	13	14	15	16	18	20	22	25	30	35	40	45	50	55	60	70	80

注：1. 固定用螺钉应符合《开槽圆柱头螺钉》的规定。
2. 键的截面尺寸（b×h）的选取及键槽尺寸见表 14-35。
3. 导向平键常用材料为 45 钢。

表 14-37　矩形花键尺寸、公差（摘自 GB/T 1144—2001）　mm

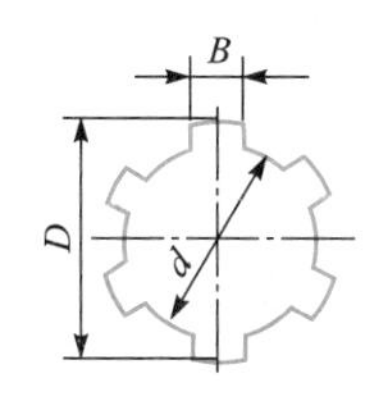

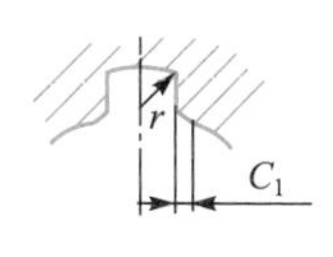

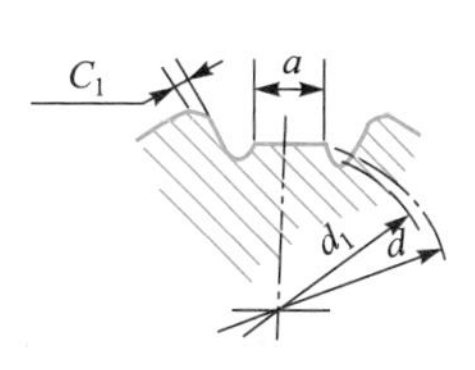

标记示例：花键，$N=6$、$d=23\dfrac{H7}{f7}$、$D=26\dfrac{H10}{a11}$、$B=6\dfrac{H11}{d10}$的标记为：

花键副：$6\times23\dfrac{H7}{f7}\times26\dfrac{H10}{a11}\times6\dfrac{H11}{d10}$　GB/T 1144—2001

内花键：6×23H 7×26H10×6H11　GB/T 1144—2001

外花键：6×23f 7×26a11×6d10　GB/T 1144—2001

续表

小径 d	基本尺寸系列和键槽截面尺寸									
	轻 系 列					中 系 列				
	规格 $N\times d\times D\times B$	C	r	参考		规格 $N\times d\times D\times B$	C	r	参考	
				$d_{1\min}$	$a_{\min}$				$d_{1\min}$	$a_{\min}$
18						6×18×22×5	0.3	0.2	16.6	1.0
21						6×21×25×5			19.5	2.0
23	6×23×26×6	0.2	0.1	22	3.5	6×23×28×6			21.2	1.2
26	6×26×30×6	0.3	0.2	24.5	3.8	6×26×32×6	0.4	0.3	23.6	1.2
28	6×28×32×7			26.6	4.0	6×28×34×7			25.3	1.4
32	8×32×36×6			30.3	2.7	8×32×38×6			29.4	1.0
36	8×36×40×7			34.4	3.5	8×36×42×7			33.4	1.0
42	8×42×46×8			40.5	5.0	8×42×48×8			39.4	2.5
46	8×46×50×9			44.6	5.7	8×46×54×9	0.5	0.4	42.6	1.4
52	8×52×58×10	0.4	0.3	49.6	4.8	8×52×60×10			48.6	2.5
56	8×56×62×10			53.5	6.5	8×56×65×10			52.0	2.5
62	8×62×68×12			59.7	7.3	8×62×72×12	0.6	0.5	57.7	2.4
72	10×72×78×12			69.6	5.4	10×72×82×12			67.4	1.0
82	10×82×88×12			79.3	8.5	10×82×92×12			77.0	2.9
92	10×92×98×14			89.6	9.9	10×92×102×14			87.3	4.5
102	10×102×108×16			99.6	11.3	10×102×112×16			97.7	6.2

内、外花键的尺寸公差带

内花键				外花键			装配型式
d	D	B		d	D	B	
		拉削后不热处理	拉削后热处理				
一般用公差带							
H7	H10	H9	H11	f7	a11	d10	滑　动
				g7		f9	紧滑动
				h7		h10	固　定
精密传动用公差带							
H5	H10	H7、H9		f5	a11	d8	滑　动
				g5		f7	紧滑动
				h5		h8	固　定
H6				f6		d8	滑　动
				g6		f7	紧滑动
				h6		d8	固　定

注：1. N—键数、D—大径、B—键宽，d_1 和 a 值仅适用于展成法加工。

2. 精密传动用的内花键，当需要控制键侧配合间隙时，槽宽可选用 H7，一般情况下可选用 H9。

3. d 为 H6 和 H7 的内花键，允许与提高一级的外花键配合。

表 14-38　圆柱销（摘自 GB/T 119.1—2000）、圆锥销（摘自 GB/T 117—2000）　mm

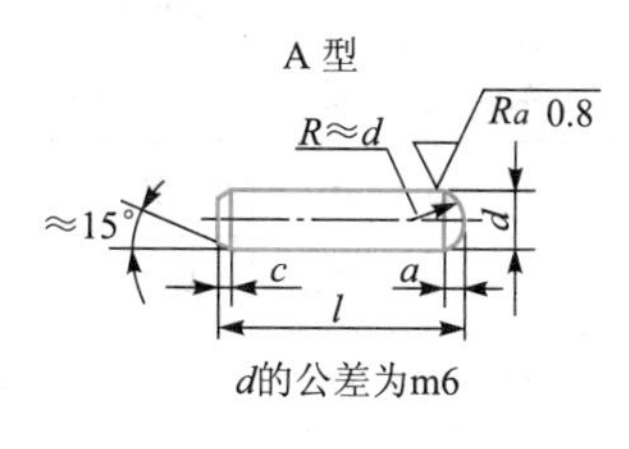

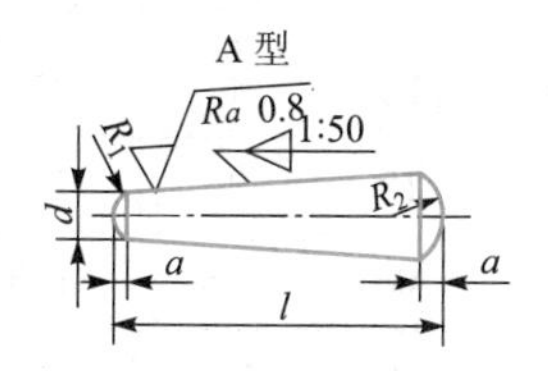

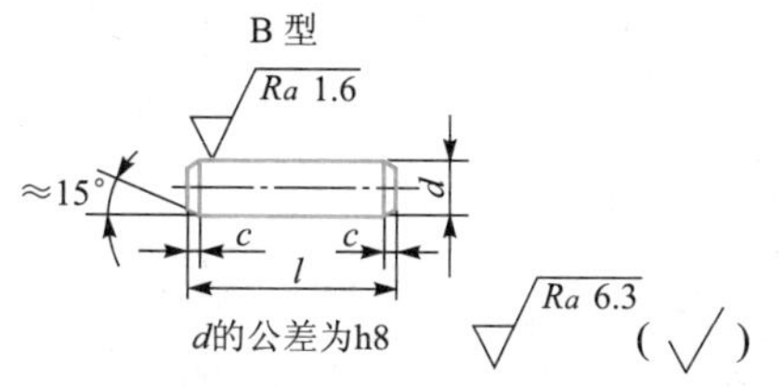

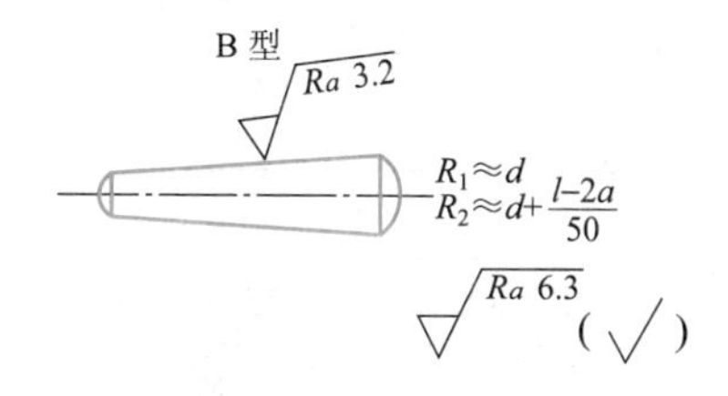

标记示例：公称直径 $d=8$ mm、长度 $l=30$ mm、材料为 35 钢、热处理硬度 28 ~ 38 HRC、表面氧化处理的 A 型圆柱销（A 型圆锥销）的标记为　销　GB/T 119.1—2000　A8×30（GB/T 117—2000　A8×30）

公称直径 d			3	4	5	6	8	10	12	16	20	25
圆柱销	a≈		0.4	0.5	0.63	0.8	1.0	1.2	1.6	2.0	2.5	3.0
	c≈		0.5	0.63	0.8	1.2	1.6	2.0	2.5	3.0	3.5	4.0
	l（公称）		8 ~ 30	8 ~ 40	10 ~ 50	12 ~ 60	14 ~ 80	18 ~ 95	22 ~ 140	26 ~ 180	35 ~ 200	50 ~ 200
圆锥销	d	min	2.96	3.95	4.95	5.95	7.94	9.94	11.93	15.93	19.92	24.92
		max	3	4	5	6	8	10	12	16	20	25
	a≈		0.4	0.5	0.63	0.8	1.0	1.2	1.6	2.0	2.5	3.0
	l（公称）		12 ~ 45	14 ~ 55	18 ~ 60	22 ~ 90	22 ~ 120	26 ~ 160	32 ~ 180	40 ~ 200	45 ~ 200	50 ~ 200
l（公称）的系列			12 ~ 32（2 进位），35 ~ 100（5 进位）、100 ~ 200（20 进位）									

表 14-39　螺尾锥销（摘自 GB/T 881—2000）　mm

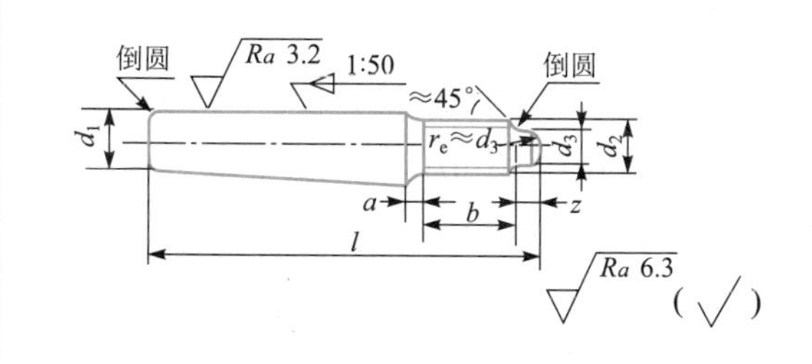

标记示例：

公称直径 $d_1=8$、长度 $l=60$、材料为 35 钢、热处理硬度 28 ~ 38 HRC、表面氧化处理的螺尾锥销的标记为：

销　GB/T 881—2000　8×60

d_1	公称	5	6	8	10	12	16	20	25	30	40	50
	min	4.952	5.952	7.942	9.942	11.930	15.930	19.916	24.916	29.916	39.90	49.90
	max	5	6	8	10	12	16	20	25	30	40	50

续表

a	max	2.4	3	4	4.5	5.3	6	6	7.5	9	10.5	12
b	max	15.6	20	24.5	27	30.5	39	39	45	52	65	78
	min	14	18	22	24	27	35	35	40	46	58	70
d_2		M5	M6	M8	M10	M12	M16	M16	M20	M24	M30	M36
d_3	max	3.5	4	5.5	7	8.5	12	12	15	18	23	28
	min	3.25	3.7	5.2	6.6	8.1	11.5	11.5	14.5	17.5	22.5	27.5
z	max	1.5	1.75	2.25	2.75	3.25	4.3	4.3	5.3	6.3	7.5	9.4
	min	1.25	1.5	2	2.5	3	4	4	5	6	7	9
l	公称	40～50	45～60	55～75	65～100	85～140	100～160	120～220	140～250	160～280	190～360	220～400
l的系列		40～75（5进位），85，100，120，140，160，190，220，280，320，360，400										

表 14-40 内螺纹圆柱销（摘自 GB/T 120.1—2000）、内螺纹圆锥销（摘自 GB/T 118—2000）

mm

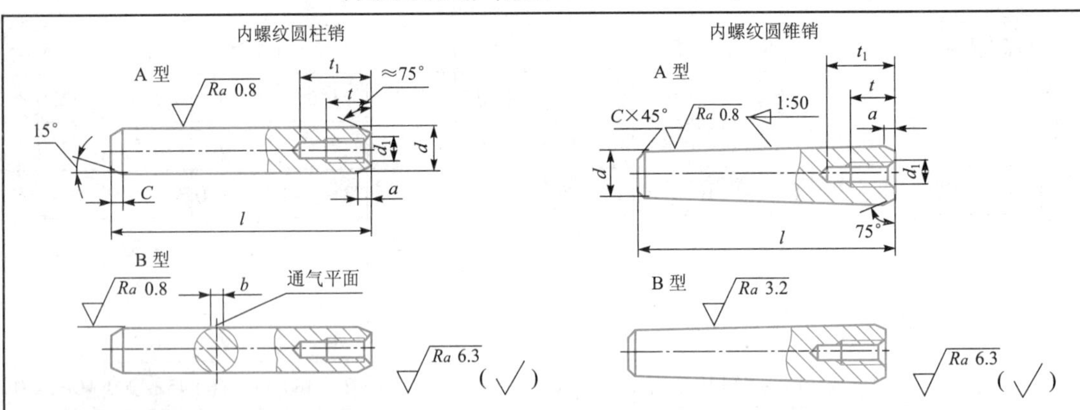

标记示例：公称直径 $d=10$、长度 $l=60$、材料为 35 钢、热处理硬度 28～38 HRC、表面氧化处理的 A 型内螺纹圆柱销（A 型内螺纹圆锥销）的标记为

销　GB/T 120.1—2000　A10×60（GB/T 118—2000　A10×60）

公称直径 d			6	8	10	12	16	20	25	30	40	50
a≈			0.8	1	1.2	1.6	2	2.5	3	4	5	6.3
内螺纹圆柱销	d	min	6.004	8.006	10.006	12.007	16.007	20.008	25.008	30.008	40.009	50.009
		max	6.012	8.015	10.015	12.018	16.018	20.021	25.021	30.021	40.025	50.025
	C≈		1.2	1.6	2	2.5	3	3.5	4	5	6.3	8
	d_1		M4	M5	M6	M6	M8	M10	M16	M20	M20	M24
	t	min	6	8	10	12	16	18	24	30	30	36
	t_1		10	12	16	20	25	28	35	40	40	50
	b≈		1					1.5			2	
	l（公称）		16～60	18～80	22～100	26～120	30～160	40～200	50～200	60～200	80～200	100～200

续表

公称直径 d			6	8	10	12	16	20	25	30	40	50
$a \approx$			0.8	1	1.2	1.6	2	2.5	3	4	5	6.3
内螺纹圆锥销	d	min	5.952	7.942	9.942	11.93	15.93	19.916	24.916	29.916	39.9	49.9
		max	6	8	10	12	16	20	25	30	40	50
	d_1		M4	M5	M6	M8	M10	M12	M16	M20	M20	M24
	t		6	8	10	12	16	18	24	30	30	36
	t_1	min	10	12	16	20	25	28	35	40	40	50
	$C \approx$		0.8	1	1.2	1.6	2	2.5	3	4	5	6.3
	l（公称）		16～60	18～85	22～100	26～120	30～160	45～200	50～200	60～200	80～200	120～200
l（公称）的系列			16～32（2进位），35～100（5进位），100～200（20进位）									

表 14-41 开口销（摘自 GB/T 91—2000） mm

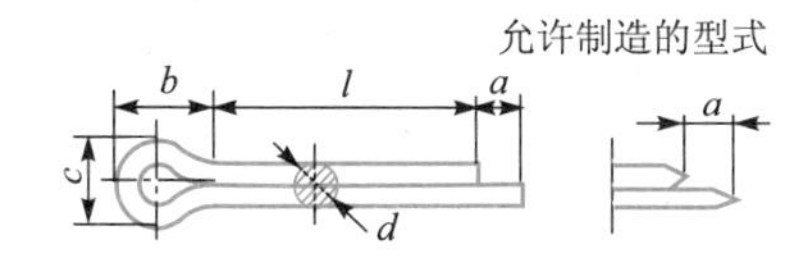

标记示例：公称直径 d = 5 mm、长度 l = 50 mm、材料为低碳钢、不经表面处理的开口销的标记为

销 GB/T 91—2000 5×50

公称直径 d		0.6	0.8	1	1.2	1.6	2	2.5	3.2	4	5	6.3	8	10	12
a	max		1.6			2.5			3.2			4			6.3
c	max	1	1.4	1.8	2	2.8	3.6	4.6	5.8	7.4	9.2	11.8	15	19	24.8
	min	0.9	1.2	1.6	1.7	2.4	3.2	4	5.1	6.5	8	10.3	13.1	16.6	21.7
$b \approx$		2	2.4	3	3	3.2	4	5	6.4	8	10	12.6	16	20	26
l（公称）		4～12	5～16	6～20	8～26	8～32	10～40	12～50	14～65	18～80	22～100	30～120	40～160	45～200	70～200
l（公称）的系列		6～32（2进位），36～100（5进位）、100～200（20进位）													
注：销孔的公称直径等于销的公称直径 d。															

14.10 联 轴 器

表 14-42 联轴器轴孔和键槽的形式、代号及系列尺寸（摘自 GB/T 3852—2017） mm

	长圆柱形轴孔（Y 型）	有沉孔的短圆柱形轴孔（J 型）	无沉孔的短圆柱形轴孔（J_1 型）	有沉孔的长圆锥形轴孔（Z 型）	无沉孔的长圆锥形轴孔（Z_1 型）
轴孔	d, L	d, d_1, R, L, L_1	d, L_1	d_z, 1:10, d_1, L, L_1	d_z, 1:10, L
键槽	A 型：b, t	B 型：b, 120°, t	B_1 型：b, t_1	C 型：1:10, b, t_2	

轴孔直径 d（H7）	长度 L Y 型轴孔	长度 L J、J_1、Z、Z_1 型	长度 L_1	沉孔 d_1	沉孔 R	A 型、B 型、B_1 型键槽 b（P9）公称尺寸	b（P9）极限偏差	t 公称尺寸	t 极限偏差	t_1 公称尺寸	t_1 极限偏差	C 型键槽 b（P9）公称尺寸	b（P9）极限偏差	t_2 公称尺寸	t_2 极限偏差
16	42	30	42	38	1.5	5	−0.012 −0.042	18.3	+0.1 0	20.6	+0.2 0	3	−0.012 −0.042	8.7	±0.1
18						6		20.8		23.6		4		10.1	
19								21.8		24.6				10.6	
20	52	38	52					22.8		25.3				10.9	
22								24.8		27.6				11.9	
24						8	−0.015 −0.051	27.3	+0.4 0	30.6	+0.4 0	5		13.4	
25	62	44	62	48				28.3		31.6				13.7	
28								31.3		34.6				15.2	
30	82	60	82	55				33.3		36.6				15.8	
32						10		35.3		38.6		6		17.3	
35								38.3		41.6				18.3	
38				65				41.3		44.6				20.3	

续表

尺寸系列															
轴孔直径 d (H7) d_2 (JS10)	长度			沉孔		A型、B型、B_1型键槽						C型键槽			
	L		L_1			b (P9)		t		t_1		b (P9)		t_2	
	Y型轴孔	J、J_1、Z、Z_1型		d_1	R	公称尺寸	极限偏差	公称尺寸	极限偏差	公称尺寸	极限偏差	公称尺寸	极限偏差	公称尺寸	极限偏差
40	112	84	112	65	2	12	−0.018 −0.061	43.3	+0.4 0	46.6	+0.4 0	10	−0.015 −0.051	21.2	±0.2
42								45.3		48.6				22.2	
45				80		14		48.8		52.6		12	−0.018 −0.061	23.7	
48								51.8		55.6				25.2	
50								53.8		57.6				26.2	
55				95	2.5	16		59.3		63.6		14		29.2	
56								60.3		64.4				29.7	
60	142	107	142	105	2.5	18	−0.018 −0.061	64.4	+0.2 0	68.8	+0.4 0	16	−0.018 −0.061	31.7	
63								67.4		71.8				32.2	
65								69.4		73.8				34.2	
70				120		20	−0.022 −0.074	74.9		79.8		18		36.8	
71								75.9		80.8				37.3	
75								79.9		84.8				39.3	
80	172	132	172	140		22		85.4		90.8		20	−0.022 −0.074	41.6	
85					3			90.4		95.8				44.1	
90				160		25		95.5		100.8		22		47.1	
95								100.4		105.8				49.6	
100	212	167	212	180		28		106.4		112.8		25		51.3	
110								116.4		122.8				56.3	

注：1. 圆柱形轴孔与相配轴颈的配合：d=10～30 mm 时为 H7/j6；d>30～50 mm 时为 H7/k6；d>50 mm 时为 H7/m6。根据使用要求，也可选用 H7/r6 或 H7/n6 的配合。

2. 键槽宽度 b 的极限偏差也可采用 Js9 或 D10。

表 14-43　凸缘联轴器（摘自 GB/T 5843—2003）　　　mm

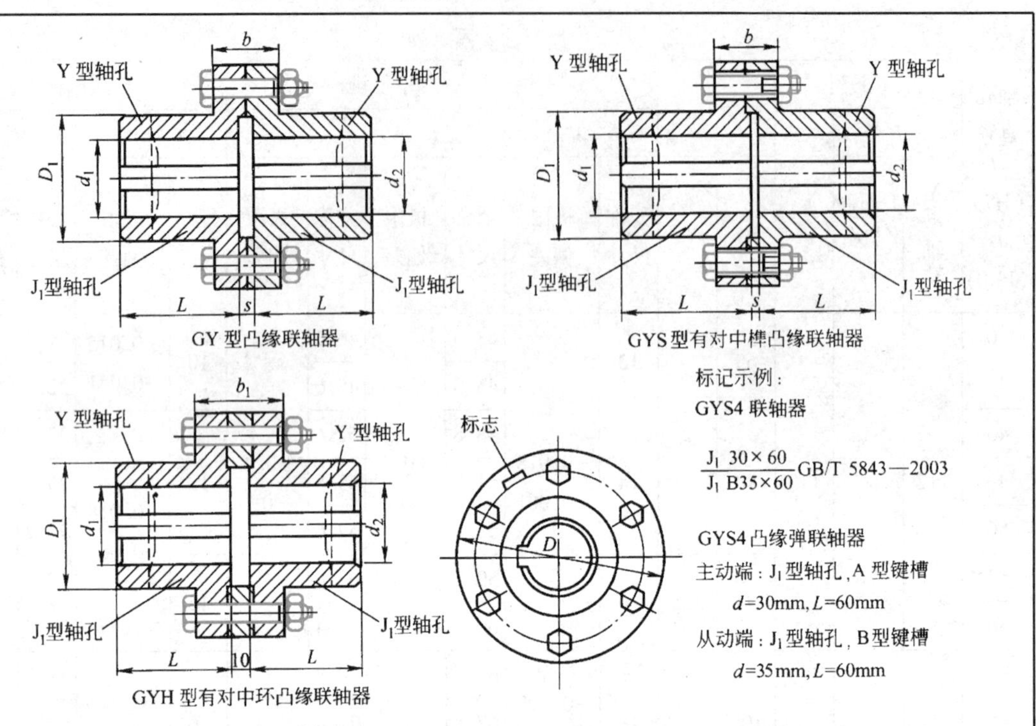

型号	公称转矩 T_n /(N·m)	许用转速 [n]/(r·min^{-1})	轴孔直径 d_1、d_2 /mm	轴孔长度 L/mm		D /mm	D_1 /mm	b /mm	b_1 /mm	s /mm	质量 m/kg	转动惯量 I/(kg·m^2)
				Y 型	J_1 型							
GY3 GYS3 GYH3	112	9 500	20、22、24	52	38	100	45	30	46	6	2.38	0.002 5
			25、28	62	44							
GY4 GYS4 GYH4	224	9 000	25、28	62	44	105	55	32	48	6	3.15	0.003
			30、32、35	82	60							
GY5 GYS5 GYH5	400	8 000	30、32、35、38	82	60	120	68	36	52	8	5.43	0.007
			40、42	112	84							
GY6 GYS6 GYH6	900	6 800	38	82	60	140	80	40	56	8	7.59	0.015
			40、42、45、48、50	112	84							
GY7 GYS7 GYH7	1 600	6 000	48、50、55、56	112	84	160	100	40	56	8	13.1	0.031
			60、63	142	107							

续表

型号	公称转矩 T_n /(N·m)	许用转速 [n]/(r·min^{-1})	轴孔直径 d_1、d_2 /mm	轴孔长度 L/mm		D /mm	D_1 /mm	b /mm	b_1 /mm	s /mm	质量 m/kg	转动惯量 I/(kg·m^2)
				Y 型	J_1 型							
GY8 GYS8 GYH8	3 150	4 800	60、63、65 70、71、75	142	107	200	130	50	68	10	27.5	0.103
			80	172	132							
GY9 GYS9 GYH9	6 300	3 600	75	142	107	260	160	66	84	10	47.8	0.319
			80、85、 90、95	172	132							
			100	212	167							

注：质量、转动惯量是按 GY 型联轴器 Y/J_1 轴孔组合形式和最小轴孔直径计算的。

表 14-44 GICL 型鼓形齿式联轴器（摘自 JB/T 8854.3—2001） mm

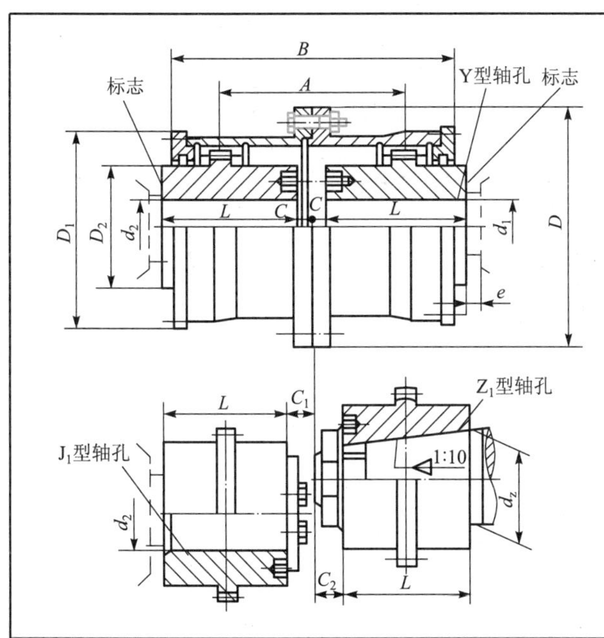

标记示例：

GICL4 联轴器$\frac{50\times12}{J_1B45\times84}$ JB/T 8854.3—2001

主动端：Y 型轴孔、A 型键槽，d_1=50 mm、L=112 mm

从动端：J_1 型轴孔、B 型键槽，d_2=45 mm、L=84 mm

型号	公称转矩/(N·m)	许用转速/(r·min^{-1})	轴孔直径 d_1、d_2、d_z	轴孔长度 L Y	轴孔长度 L J_1、Z_1	D	D_1	D_2	B	A	C	C_1	C_2	e	转动惯量/(kg·m^2)	质量/kg
			mm													
GICL1	800	7 100	16, 18, 19	42	—	125	95	60	115	75	20	—	—	30	0.009	5.9
			20, 22, 24	52	38						10	—	24			
			25, 28	62	44						2.5	—	19			
			30, 32, 35, 38	82	60							15	22			

续表

型号	公称转矩/（N·m）	许用转速/（r·min⁻¹）	轴孔直径 d_1、d_2、d_z	轴孔长度 L		D	D_1	D_2	B	A	C	C_1	C_2	e	转动惯量/（kg·m²）	质量/kg
				Y	J_1、Z_1											
			mm													
GICL2	1 400	6 300	25，28	62	44	144	120	75	138	88	10.5	—	29	30	0.02	9.7
			30，32，35，38	82	60						2.5	12.5	30			
			40，42，45，48	112	84							13.5	28			
GICL3	2 800	5 900	30，32，35，38	82	60	174	140	95	155	106	3	24.5	25	30	0.047	17.2
			40，42，45，48，50，55，56	112	84							17	28			
			60	142	107								35			
GICL4	5 000	5 400	32，35，38	82	60	196	165	115	178	125	14	37	32	30	0.091	24.9
			40，42，46，48，50，55，56	112	84						3	17	28			
			60，63，65，70	142	107								35			
GICL5	8 000	5 000	40，42，45，48，50，55，56	112	84	224	183	130	198	142	3	25	28	30	0.167	38
			60，63，65，70，71，75	142	107							20	35			
			80	172	132							22	43			
GICL6	11 200	4 800	48，50，55，56	112	84	241	200	145	218	160	6	35	35	30	0.267	48.2
			60，63，65，70，71，75	142	107						4	20	35			
			80，85，90	172	132							22	43			
GICL7	15 000	4 500	60，63，65，70，71，75	142	107	260	230	160	244	180	4	35	35	30	0.453	68.9
			80，85，90，95	172	132							22	43			
			100	212	167								48			
GICL8	21 200	4 000	65，70，71，75	142	107	282	245	175	264	193	5	35	35	30	0.646	83.3
			80，85，90，95	172	132							22	43			
			100，110	212	167								48			

注：1. J_1 型轴孔根据需要也可以不使用轴端挡圈。

2. 本联轴器具有良好的补偿两轴综合位移的能力，外形尺寸小，承载能力高，能在高转速下可靠地工作，适用于重型机械及长轴连接，但不宜用于立轴的连接。

表 14-45 滚子链联轴器（摘自 GB/T 6069—2017） mm

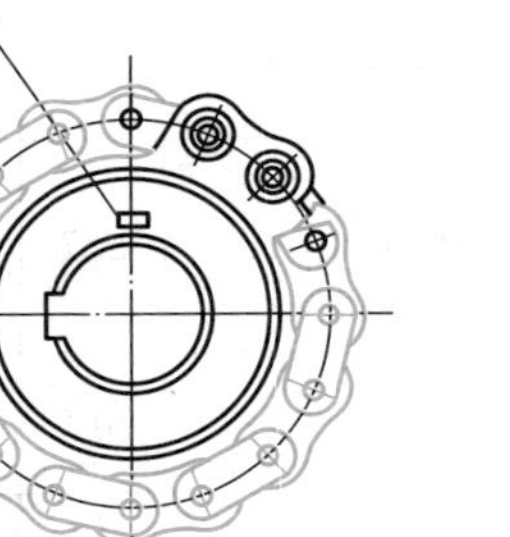

1—半联轴器Ⅰ;2—双排滚子链;3—半联轴器Ⅱ;4—罩壳

标记示例:GL7 联轴器$\frac{J_1B45\times84}{J_1B_150\times84}$ GB/T 6069—2017

主动端:J_1 型轴孔,B 型键槽,$d_1=45$ mm、$L=84$ mm

从动端:J_1 型轴孔,B_1 型键槽,$d_2=50$ mm、$L_1=84$ mm

型号	公称转矩/(N·m)	许用转速/($r\cdot min^{-1}$) 不装罩壳	许用转速/($r\cdot min^{-1}$) 装罩壳	轴孔直径 d_1、d_2 (mm)	轴孔长度 Y型 L (mm)	轴孔长度 J_1型 L_1 (mm)	链号	链条节距 P	齿数 z	D (mm)	b_{f1} (mm)	S (mm)	A (mm)	D_k(最大) (mm)	L_k(最大) (mm)	质量/kg	转动惯量/($kg\cdot m^2$)	许用补偿量 径向 ΔY (mm)	许用补偿量 轴向 ΔX (mm)	许用补偿量 角向 $\Delta\alpha$/(°)
GL1	40	1 400	4 500	16,18,19	42	—	06B	9.525	14	51.06	5.3	4.9	—	70	70	0.4	0.000 10	0.19	1.4	1
				20	52	38							4							
GL2	63	1 250	4 500	19	42	—			16	57.08			—	75	75	0.7	0.000 20			
				20,22,24	52	38							4							

续表

型号	公称转矩/(N·m)	许用转速/(r·min^{-1})		轴孔直径 d_1、d_2	轴孔长度		链号	链条节距 P	齿数 z	D	b_{f1}	S	A	D_k(最大)	L_k(最大)	质量/kg	转动惯量/(kg·m^2)	许用补偿量		
		不装罩壳	装罩壳		Y型 L	J_1型 L_1												径向 ΔY	轴向 ΔX	角向 $\Delta\alpha$/(°)
				mm						mm								mm		
GL3	100	1 000	4 000	20,22,24	52	—	08B	12.7	14	68.88	7.2	6.7	12	85	80	1.1	0.000 38	0.25	1.9	1
				25	62	44							6							
GL4	160	1 000	4 000	24	52	—			16	76.91			—	95	88	1.8	0.000 86			
				55,28	62	44							6							
				30,32	82	60							—							
GL5	250	800	3 150	28	62	—	10A	15.875	16	94.46	8.9	9.2	—	112	100	3.2	0.002 5	0.32	2.3	
				30,32,35,38	82	60														
				40	112	84														
GL6	400	630	2 500	32,35,38	82	60			20	116.57				140	105	5.0	0.005 8			
				40,42,45,48,50	112	84														
GL7	630	630	2 500	40,42,45,48	112	84	12A	19.05	18	127.78	11.9	10.9		150	122	7.4	0.012	0.38	2.8	
				50,55																
				60	142	107														
GL8	1 000	500	2 240	45,48,50,55	112	84	16A	25.40	16	154.33	15	14.3	12	180	135	11.1	0.025	0.50	3.8	
				60,65,70	142	107							—							
GL9	1 600	400	2 000	50,55	112	84			20	186.50			12	215	145	20	0.061			
				60,65,70,75	142	107							—							
				80	172	132														
GL10	2 500	315	1 600	60,65,70,75	142	107	20A	31.75	18	213.02	18	17.8	6	245	165	26.1	0.079	0.63	4.7	
				80,85,90	172	132							—							

注:1. 有罩壳时,在型号后加“F”,例如 GL5 型联轴器,有罩壳时改为 GL5F。
2. 本联轴器可补偿两轴相对径向位移和角位移,结构简单,质量较轻,装拆维护方便,可用于高温、潮湿和多尘环境,但不宜于立轴的连接。

表 14-46 弹性套柱销联轴器（摘自 GB/T 4323—2017）

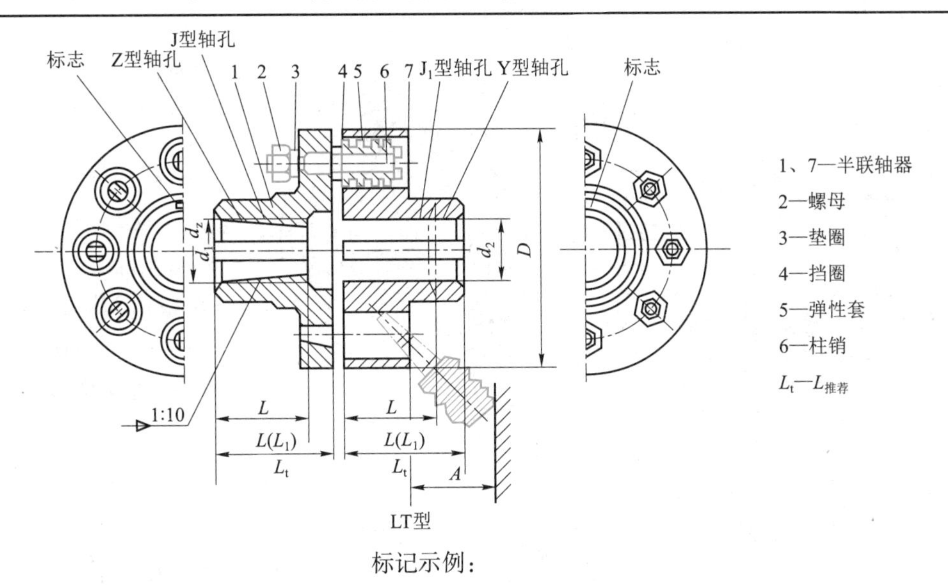

标记示例：

LT5 联轴器 $\frac{J_1C30\times82}{J_1B35\times82}$ GB/T 4323—2017

主动端：J_1 型轴孔，C 型键槽，$d=30$ mm，$L=82$ mm；

从动端：J_1 型轴孔，A 型键槽，$d=35$ mm，$L=82$ mm

LT5 弹性套柱销联轴器

型号	公称转矩 T_n /(N·m)	许用转速 [n] /(r·min^{-1})	轴孔直径* d_1、d_2、d_z /mm	轴孔长度/mm			$L_{推荐}$	D /mm	A /mm	质量 m /kg	转动惯量 I /(kg·m^2)
				Y 型	J、J_1、Z 型						
				L	L_1	L					
LT1	6.3	8 800	9	20	14	—	25	71	18	0.82	0.000 5
			10、11	25	17						
			12、14	32	20						
LT2	16	7 600	12、14				35	80		1.20	0.000 8
			16、18、19	42	30	42					
LT3	31.5	6 300	16、18、19				38	95	35	2.20	0.002 3
			20、22	52	38	52					
LT4	63	5 700	20、22、24				40	106		2.84	0.003 7
			25、28	62	44	62					
LT5	125	4 600	25、28				50	130	45	6.05	0.012 0
			30、32、35	82	60	82					
LT6	250	3 800	32、35、38				55	160		9.057	0.028 0
			40、42	112	84	112					
LT7	500	3 600	40、42、45、48				65	190		14.01	0.055 0
LT8	710	3 000	45、48、50、55、56				70	224	65	23.12	0.134 0
			60、63	142	107	142					
LT9	1 000	2 850	50、55、56	112	84	112	80	250		30.69	0.213 0
			60、63、65、70、71	142	107	142					
LT10	2 000	2 300	63、65、70、71、75				100	315	80	61.40	0.660 0
			80、85、90、95	172	132	172					

注：质量、转动惯量按材料为铸钢、无孔、$L_{推荐}$ 计算近似值。

表14-47 弹性柱销联轴器（摘自GB/T 5014—2017）

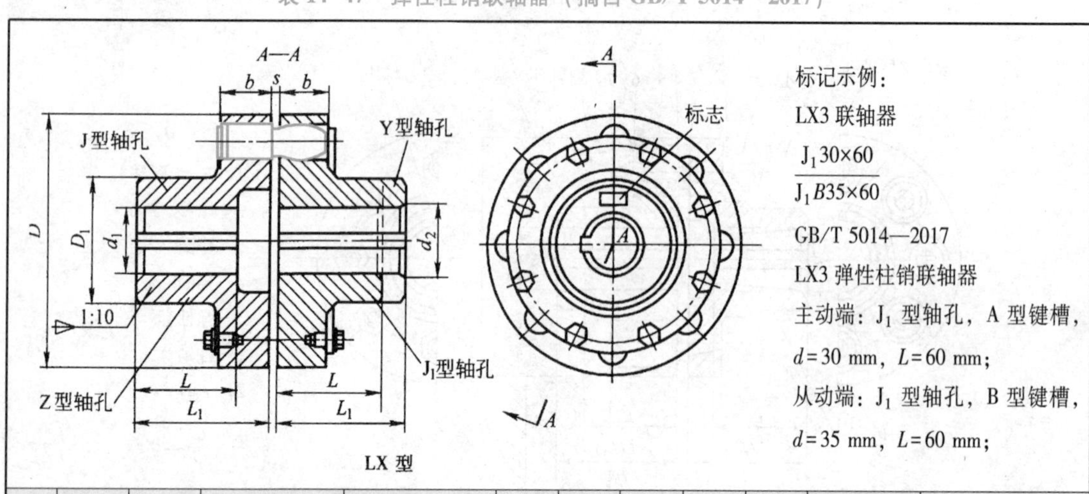

型号	公称转矩 T_n/(N·m)	许用转速[n]/(r·min^{-1})	轴孔直径 d_1、d_2、d_z/mm	轴孔长度/mm			D/mm	D_1/mm	b/mm	s/mm	质量 m/kg	转动惯量 I/(kg·m^2)	许用补偿量		
				Y型	J、J_1、Z型								径向 ΔY/mm	轴向 ΔY/mm	角向 $\Delta\alpha$
				L	L_1	L									
LX1	250	8 500	12、14	32	27	—	90	40	20	2.5	2	0.002	0.15	±0.5	≤0°30′
			16、18、19	42	30	42									
			20、22、24	52	38	52									
LX2	560	6 300	20、22、24	52	38	52	120	55	28	2.5	5	0.009		±1	
			25、28	62	44	62									
			30、32、35	82	60	82									
LX3	1 250	4 750	30、32、35、38	82	60	82	160	75	36	2.5	8	0.026		±1	
			40、42、45、48	112	84	112									
LX4	2 500	3 870	40、42、45、48、50、55、56	112	84	112	195	100	45	3	22	0.109		±1.5	
			60、63	142	107	142									
LX5	3 150	3 450	50、55、56	112	84	112	220	120	45	3	30	0.191			
			60、63、65、70、71、75	142	107	142									
LX6	6 300	2 720	60、63、65、70、71、75	142	107	142	280	140	56	4	53	0.543	0.2	±2	
			80、85	172	132	172									
LX7	11 200	2 360	70、71、75	142	107	142	320	170	56	4	98	1.314			
			80、85、90、95	172	132	172									
			100、110	212	167	212									
LX8	16 000	2 120	82、85、90、95	172	132	172	360	200	56	5	119	2.023			
			100、110、120、125	212	167	212									
LX9	22 400	1 850	100、110、120、125	212	167	212	410	230	63	5	197	4.386			
			130、140	252	202	252									

注：质量、转动惯量是按J/Y轴孔组合形式和最小轴孔直径计算的。

表 14-48 梅花形弹性联轴器(摘自 GB/T 5272—2017) mm

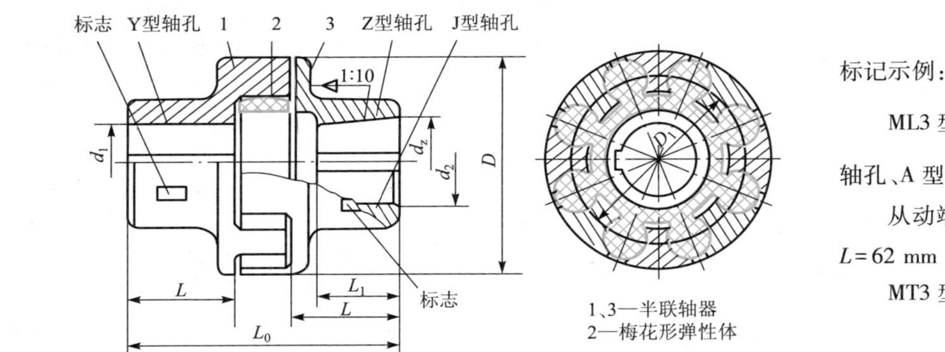

1、3—半联轴器
2—梅花形弹性体

标记示例:

ML3 型联轴器 $\frac{ZA30\times60}{YB25\times62}$MT3a GB/T 5272—2017 主动端:Z 型轴孔、A 型键槽、轴孔直径 $d_1=30$ mm、轴孔长度 $L_1=60$ mm

从动端:Y 型轴孔、B 型键槽、轴孔直径 $d_2=25$ mm、轴孔长度 $L=62$ mm

MT3 型弹性件硬度为 a

型号	公称转矩/(N·m) 弹性件硬度/HA a			许用转速/(r·min^{-1})	轴孔直径 d_1、d_2、d_z	轴孔长度/mm Y 型	ZJ 型	L_0	D	D_1	弹性件型号	质量/kg	转动惯量/(kg·m^2)	许用补偿量 径向 ΔY	轴向 ΔX	角向 $\Delta\alpha$/(°)
	a	b	c													
	≥75	≥85	≥94	铁(钢)	mm	L	L_1	mm						mm		
LM1	25	25	45	11 500 (15 300)	12,14	32	27	80	50	30	MT1-a/-b/-c	0. 66	0. 014	0.5	1.2	2
					16,18,19	42	30	100								
					20,22,24	52	38	120								
LM2	50	100	200	8 200 (10 900)	20,22,24	52	38	127	70	48	MT2-a/-b/-c	1.55	0.075	0.8	1.5	
					25,28	62	44	147								
					30,32	82	60	187								
LM3	100	140	280	6 700 (9 000)	22,24	52	38	128	85	60	MT3-a/-b/-c	2.5	0.178		2	
					25,28	62	44	148								
					30,32,35,38	82	60	188								

续表

型号	公称转矩/(N·m)			许用转速/(r·min⁻¹)	轴孔直径 d_1、d_2、d_z	轴孔长度/mm		L_0	D	D_1	弹性件型号	质量/kg	转动惯量/(kg·m²)	许用补偿量		
	弹性件硬度/HA					Y型	ZJ型							径向 ΔY	轴向 ΔX	角向 $\Delta\alpha$/(°)
	a	b	c													
	≥75	≥85	≥94	铁(钢)	mm	L	L_1	mm						mm		
LM4	140	250	400	5 500 (7 300)	25,28	62	44	151	105	72	MT4-a -b -c	4.3	0.412	0.8	2.5	2
					30,32,35,38	82	60	191								
					40,42	112	84	251								
LM5	350	400	710	4 600 (6 100)	30,32,35,38	82	60	197	125	90	MT5-a -b	6.2	0.73	1.0	3	1.5
					40,42,45,48	112	84	257								
LM6	400	630	1 120	4 000 (5 300)	35*,38*	82	60	203	145	104	MT6-a -b -c	8.6	1.85			
					40*,42*,45,48,50,55	112	84	263								
LM7	630	1 120	2 240	3 400 (4 500)	45*,48*,50,55	112	84	265	170	130	MT7-a -b -c	14	3.88		3.5	
					60,63,65	142	107	325								
LM8	1 120	1 800	3 550	2 900 (3 800)	50*,55*	112	84	272	200	156	MT8-a -b -c	25.7	9.22	1.5	4	
					60,63,65,70,71,75	142	107	332								
LM9	1 800	2 800	5 600	2 500 (3 300)	60*,63*,65*,70,71,75	142	107	334	230	180	MT9-a -b -c	41	18.95		4.5	1
					80,85,90,95	172	132	394								
LM10	2 800	4 500	9 000	2 200 (2 900)	70*,71*,75*	142	107	344	260	205	MT10-a -b -c	59	9.68		5.0	
					80*,85*,90,95	172	132	404								
					100,110	212	167	484								
LM11	4 500	6 300	12 500	1 900 (2 500)	80*,85*,90*,95*	172	132	411	300	245	MT11-a -b -c	87	73.43	1.8		
					100,110,120	212	167	491								

注：1. 带“*”者轴孔直径可用于Z型轴孔。

2. 表中a、b、c为弹性件硬度代号。

3. 本联轴器补偿两轴的位移量较大，有一定弹性和缓冲性，常用于中、小功率、中高速、启动频繁、正反转变化和要求工作可靠的部位，由于安装时需轴向移动两半联轴器，不适宜用于大型、重型设备上，工作温度为-35～+80 ℃。

表 14-49 滑块联轴器（摘自 JB/ZQ 4384—2006） mm

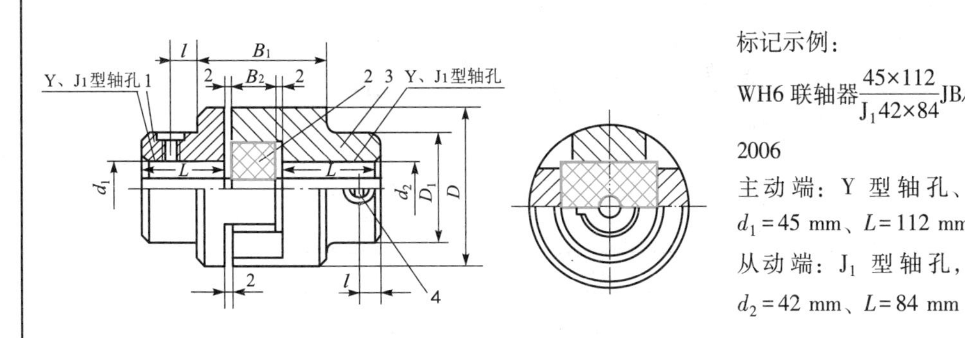

标记示例：

WH6 联轴器$\frac{45\times112}{J_1 42\times84}$JB/ZQ 4384—2006

主动端：Y 型轴孔、A 型键槽，$d_1=45$ mm、$L=112$ mm

从动端：J_1 型轴孔，A 型键槽，$d_2=42$ mm、$L=84$ mm

1、3—半联轴器；2—滑块；4—紧定螺钉

型号	公称转矩 T_n /（N·m）	许用转速 [n] （r·min^{-1}）	轴孔直径 d_1、d_2	轴孔长度 L		D	D_1	D_2	B_1	B_2	转动惯量/（kg·m^2）	质量/kg
				Y	J_1							
			mm									
WH1	16	10 000	10，11 12，14	25 32	22 27	40	30	52	13	5	0.000 7	0.6
WH2	31.5	8 200	12，14 16，(17)，18	32 42	27 30	50	32	56	18	5	0.003 8	1.5
WH3	63	7 000	(17)，18，19 20，22	42 52	30 38	70	40	60	18	5	0.006 3	1.8
WH4	160	5 700	20，22，24 25，28	52 62	38 44	80	50	64	18	8	0.013	2.5
WH5	280	4 700	25，28 30，32，35	62 82	44 60	100	70	75	23	10	0.045	5.8
WH6	500	3 800	30，32，35，38 40，42，45	82 112	60 84	120	80	90	33	15	0.12	9.5
WH7	900	3 200	40，42，45，48 50，55	112	84	150	100	120	38	25	0.43	25
WH8	1 800	2 400	50，55 60，63，65，70	112 142	84 107	190	120	150	48	25	1.98	55
WH9	3 550	1 800	65，70，75 80，85	142 172	107 132	250	150	180	58	25	4.9	85
WH10	5 000	1 500	80，85，90，95 100	172 212	132 167	330	190	180	58	40	7.5	120

注：1. 表中联轴器质量和转动惯量是按最小轴孔直径和最大长度计算的近似值。

2. 括号内的数值尽量不选用。

3. 工作环境温度-20～+70 ℃。

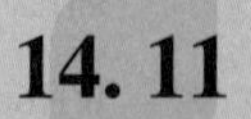

14.11 离合器

表 14-50 简易传动用矩形牙嵌式离合器 mm

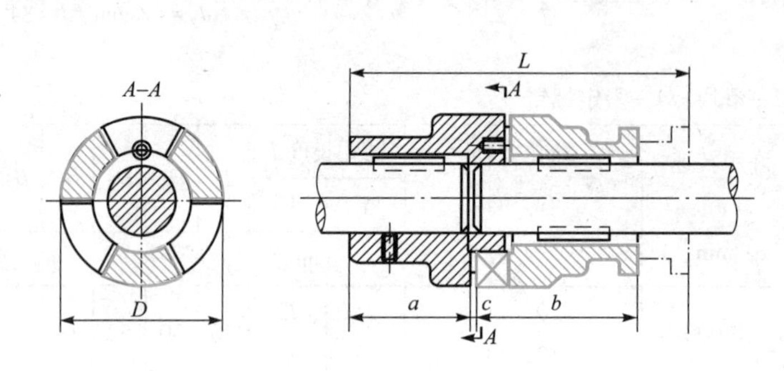

d	D	L	a	b	c	h
35，40	100	200	70	95	5	30
55，60	150	275	90	139	6	40
80	200	350	110	182	8	50
100	250	435	140	225	10	60
125	300	500	160	260	10	70

注：1. 中间对中环与左半部主动轴固结，为主、从动轴对中用。

2. 齿数选择决定于所传递转矩大小，一般取 $z=3\sim4$。

表 14-51 矩形、梯形牙嵌式离合器 mm

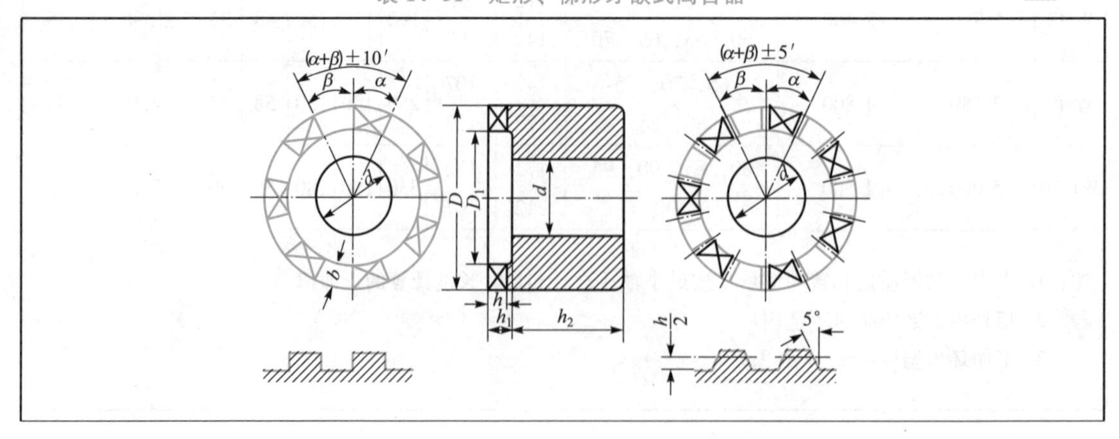

续表

离合方法	齿数 z	D	$b=\frac{D-D_1}{2}$	α	β	h	h_1
用手动接合和脱开	7	35	6	$25°43'^{-20'}_{-40'}$	$25°43'^{+43'}_{+20'}$	4	5
		40，45	7				
		50	8				
	9	55		$20°^{-20'}_{-40'}$	$20°^{+40'}_{+20'}$		
		60，70	10				
正常齿，自动接合，或者手动接合和自动脱开	5	40	5～8	$36°^{-20'}_{-40'}$	$36°^{+40'}_{+20'}$		
		45，50，55	5～10				
	7	60，70，80，90		$25°43'^{-20'}_{-40'}$	$25°43'^{+40'}_{+20'}$	6	7
细齿，低速工作时手动接合	7	40	5～8			4	5
		45，50，55	5～10				
	9	60，70，80，90		$20°^{-20'}_{-40'}$	$20°^{+40'}_{+20'}$	6	7

注：1. 尺寸 d 和 h_2 从结构方面来确定，通常 $h_2=(1.5\sim2)d$。

2. 自动接合或脱开时常采用梯形齿的离合器。

第 15 章 滚动轴承

15.1 常用滚动轴承

表 15-1 深沟球轴承（摘自 GB/T 276—2013）

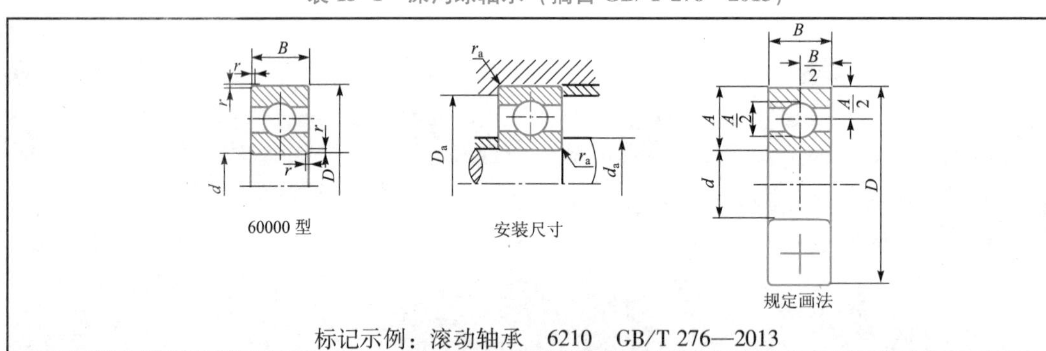

标记示例：滚动轴承 6210 GB/T 276—2013

F_a/C_{0r}	e	Y	径向当量动载荷	径向当量静载荷
0.014	0.19	2.30	当$\frac{F_a}{F_r}\leqslant e$，$P_r=F_r$ 当$\frac{F_a}{F_r}>e$，$P_r=0.56F_r+YF_a$	$P_{0r}=F_r$ $P_{0r}=0.6F_r+0.5F_a$ 取上列两式计算结果的较大值
0.028	0.22	1.99		
0.056	0.26	1.71		
0.084	0.28	1.55		
0.11	0.30	1.45		
0.17	0.34	1.31		
0.28	0.38	1.15		
0.42	0.42	1.04		
0.56	0.44	1.00		

续表

轴承代号	基本尺寸/mm				安装尺寸/mm			基本额定动载荷 C_r	基本额定静载荷 C_{0r}	极限转速/(r·mim^{-1})	
	d	D	B	r_s min	d_a min	D_a max	r_{as} max	kN		脂润滑	油润滑
(1) 0尺寸系列											
6000	10	26	8	0.3	12.4	23.6	0.3	4.58	1.98	20 000	28 000
6001	12	28	8	0.3	14.4	25.6	0.3	5.10	2.38	19 000	26 000
6002	15	32	9	0.3	17.4	29.6	0.3	5.58	2.85	18 000	24 000
6003	17	35	10	0.3	19.4	32.6	0.3	6.00	3.25	17 000	22 000
6004	20	42	12	0.6	25	37	0.6	9.38	5.02	15 000	19 000
6005	25	47	12	0.6	30	42	0.6	10.0	5.85	13 000	17 000
6006	30	55	13	1	36	49	1	13.2	8.30	10 000	14 000
6007	35	62	14	1	41	56	1	16.2	10.5	9 000	12 000
6008	40	68	15	1	46	62	1	17.0	11.8	8 500	11 000
6009	45	75	16	1	51	69	1	21.0	14.8	8 000	10 000
6010	50	80	16	1	56	74	1	22.0	16.2	7 000	9 000
6011	55	90	18	1.1	62	83	1	30.2	21.8	6 300	8 000
6012	60	95	18	1.1	67	88	1	31.5	24.2	6 000	7 500
6013	65	100	18	1.1	72	93	1	32.0	24.8	5 600	7 000
6014	70	110	20	1.1	77	103	1	38.5	30.5	5 300	6 700
6015	75	115	20	1.1	82	108	1	40.2	33.2	5 000	6 300
6016	80	125	22	1.1	87	118	1	47.5	39.8	4 800	6 000
6017	85	130	22	1.1	92	123	1	50.8	42.8	4 500	5 600
6018	90	140	24	1.5	99	131	1.5	58.0	49.8	4 300	5 300
6019	95	145	24	1.5	104	136	1.5	59.8	50.0	4 000	5 000
6020	100	150	24	1.5	109	141	1.5	64.5	56.2	3 800	4 800
(0) 2尺寸系列											
6200	10	30	9	0.6	15	25	0.6	5.10	2.38	19 000	26 000
6201	12	32	10	0.6	17	27	0.6	6.82	3.05	18 000	24 000
6202	15	35	11	0.6	20	30	0.6	7.65	3.72	17 000	22 000
6203	17	40	12	0.6	22	35	0.6	9.58	4.78	16 000	20 000
6204	20	47	14	1	26	41	1	12.8	6.65	14 000	18 000
6205	25	52	15	1	31	46	1	14.0	7.88	12 000	16 000
6206	30	62	16	1	36	56	1	19.5	11.5	9 500	13 000
6207	35	72	17	1.1	42	65	1	25.5	15.2	8 500	11 000
6208	40	80	18	1.1	47	73	1	29.5	18.0	8 000	10 000
6209	45	85	19	1.1	52	78	1	31.5	20.5	7 000	9 000
6210	50	90	20	1.1	57	83	1	35.0	23.2	6 700	8 500
6211	55	100	21	1.5	64	91	1.5	43.2	29.2	6 000	7 500
6212	60	110	22	1.5	69	101	1.5	47.8	32.8	5 600	7 000
6213	65	120	23	1.5	74	111	1.5	57.2	40.0	5 000	6 300
6214	70	125	24	1.5	79	116	1.5	60.8	45.0	4 800	6 000
6215	75	130	25	1.5	84	121	1.5	66.0	49.5	4 500	5 600

续表

轴承代号	基本尺寸/mm				安装尺寸/mm			基本额定动载荷 C_r	基本额定静载荷 C_{0r}	极限转速/(r·mim^{-1})	
	d	D	B	r_s min	d_a min	D_a max	r_{as} max	kN		脂润滑	油润滑
6216	80	140	26	2	90	130	2	71.5	54.2	4 300	5 300
6217	85	150	28	2	95	140	2	83.2	63.8	4 000	5 000
6218	90	160	30	2	100	150	2	95.8	71.5	3 800	4 800
6219	95	170	32	2.1	107	158	2.1	110	82.8	3 600	4 500
6220	100	180	34	2.1	112	168	2.1	122	92.8	3 400	4 300
(0) 3尺寸系列											
6300	10	35	11	0.6	15	30	0.6	7.65	3.48	18 000	24 000
6301	12	37	12	1	18	31	1	9.72	5.08	17 000	22 000
6302	15	42	13	1	21	36	1	11.5	5.42	16 000	20 000
6303	17	47	14	1	23	41	1	13.5	6.58	15 000	19 000
6304	20	52	15	1.1	27	45	1	15.8	7.88	13 000	17 000
6305	25	62	17	1.1	32	55	1	22.2	11.5	10 000	14 000
6306	30	72	19	1.1	37	65	1	27.0	15.2	9 000	12 000
6307	35	80	21	1.5	44	71	1.5	33.2	19.2	8 000	10 000
6308	40	90	23	1.5	49	81	1.5	40.8	24.0	7 000	9 000
6309	45	100	25	1.5	54	91	1.5	52.8	31.8	6 300	8 000
6310	50	110	27	2	60	100	2	61.8	38.0	6 000	7 500
6311	55	120	29	2	65	110	2	71.5	44.8	5 300	6 700
6312	60	130	31	2.1	72	118	2.1	81.8	51.8	5 000	6 300
6313	65	140	33	2.1	77	128	2.1	93.8	60.5	4 500	5 600
6314	70	150	35	2.1	82	138	2.1	105	68.0	4 300	5 300
6315	75	160	37	2.1	87	148	2.1	112	76.8	4 000	5 000
6316	80	170	39	2.1	92	158	2.1	122	86.5	3 800	4 800
6317	85	180	41	3	99	166	2.5	132	96.5	3 600	4 500
6318	90	190	43	3	104	176	2.5	145	108	3 400	4 300
6319	95	200	45	3	109	186	2.5	155	122	3 200	4 000
6320	100	215	47	3	114	201	2.5	172	140	2 800	3 600
(0) 4尺寸系列											
6403	17	62	17	1.1	24	55	1	22.5	10.8	11 000	15 000
6404	20	72	19	1.1	27	65	1	31.0	15.2	9 500	13 000
6405	25	80	21	1.5	34	71	1.5	38.2	19.2	8 500	11 000
6406	30	90	23	1.5	39	81	1.5	47.5	24.5	8 000	10 000
6407	35	100	25	1.5	44	91	1.5	56.8	29.5	6 700	8 500
6408	40	110	27	2	50	100	2	65.5	37.5	6 300	8 000
6409	45	120	29	2	55	110	2	77.5	45.5	5 600	7 000
6410	50	130	31	2.1	62	118	2.1	92.2	55.2	5 300	6 700
6411	55	140	33	2.1	67	128	2.1	100	62.5	4 800	6 000
6412	60	150	35	2.1	72	138	2.1	108	70.0	4 500	5 600

续表

轴承代号	基本尺寸/mm				安装尺寸/mm			基本额定动载荷 C_r	基本额定静载荷 C_{0r}	极限转速 /(r·mim^{-1})	
	d	D	B	r_s min	d_a min	D_a max	r_{as} max	kN		脂润滑	油润滑
6413	65	160	37	2.1	77	148	2.1	118	78.5	4 300	5 300
6414	70	180	42	3	84	166	2.5	140	99.5	3 800	4 800
6415	75	190	45	3	89	176	2.5	155	115	3 600	4 500
6416	80	200	48	3	94	186	2.5	162	125	3 400	4 300
6417	85	210	52	4	103	192	3	175	138	3 200	4 000
6418	90	225	54	4	108	207	3	192	158	2 800	3 600
6420	100	250	58	4	118	232	3	222	195	2 400	3 200

注：1. 表中 C_r 值适用于轴承为真空脱气轴承钢材料。如为普通电炉钢，C_r 值降低；如为真空重熔或电渣重熔轴承钢，C_r 值提高。

2. r_{smin} 为 r 的单向最小倒角尺寸；r_{asmax} 为 r_{as} 的单向最大倒角尺寸。

表 15-2 圆柱滚子轴承（摘自 GB/T 283—2007）

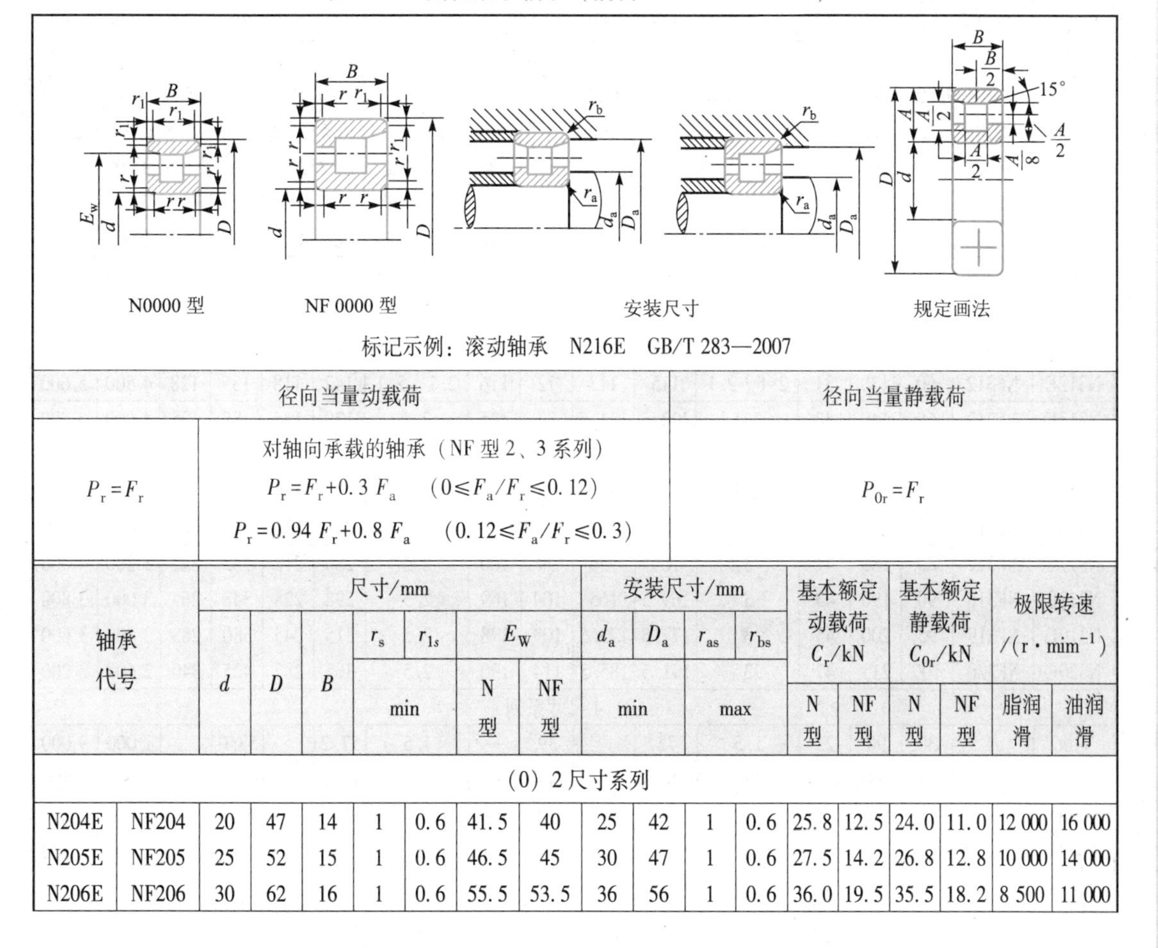

N0000 型　　NF 0000 型　　安装尺寸　　规定画法

标记示例：滚动轴承 N216E GB/T 283—2007

径向当量动载荷		径向当量静载荷
$P_r=F_r$	对轴向承载的轴承（NF 型 2、3 系列） $P_r=F_r+0.3F_a$ $(0\leqslant F_a/F_r\leqslant 0.12)$ $P_r=0.94F_r+0.8F_a$ $(0.12\leqslant F_a/F_r\leqslant 0.3)$	$P_{0r}=F_r$

轴承代号		尺寸/mm							安装尺寸/mm				基本额定动载荷 C_r/kN		基本额定静载荷 C_{0r}/kN		极限转速 /(r·mim^{-1})	
		d	D	B	r_s min	r_{1s} min	E_W N型	E_W NF型	d_a min	D_a min	r_{as} max	r_{bs} max	N型	NF型	N型	NF型	脂润滑	油润滑
(0) 2尺寸系列																		
N204E	NF204	20	47	14	1	0.6	41.5	40	25	42	1	0.6	25.8	12.5	24.0	11.0	12 000	16 000
N205E	NF205	25	52	15	1	0.6	46.5	45	30	47	1	0.6	27.5	14.2	26.8	12.8	10 000	14 000
N206E	NF206	30	62	16	1	0.6	55.5	53.5	36	56	1	0.6	36.0	19.5	35.5	18.2	8 500	11 000

续表

轴承代号		尺寸/mm							安装尺寸/mm				基本额定动载荷 C_r/kN		基本额定静载荷 C_{0r}/kN		极限转速/$(r \cdot mim^{-1})$	
		d	D	B	r_s	r_{1s}	E_W		d_a	D_a	r_{as}	r_{bs}						
					min		N型	NF型	min		max		N型	NF型	N型	NF型	脂润滑	油润滑
N207E	NF207	35	72	17	1.1	0.6	64	61.8	42	64	1	0.6	46.5	28.5	48.0	28.0	7 500	9 500
N208E	NF208	40	80	18	1.1	1.1	71.5	70	47	72	1	1	51.5	37.5	53.0	38.2	7 000	9 000
N209E	NF209	45	85	19	1.1	1.1	76.5	75	52	77	1	1	58.5	39.8	63.8	41.0	6 300	8 000
N210E	NF210	50	90	20	1.1	1.1	81.5	80.4	57	83	1	1	61.2	43.2	69.2	48.5	6 000	7 500
N211E	NF211	55	100	21	1.5	1.1	90	88.5	64	91	1.5	1	80.2	52.8	95.5	60.2	5 300	6 700
N212E	NF212	60	110	22	1.5	1.5	100	97	69	100	1.5	1.5	89.8	62.8	102	73.5	5 000	6 300
N213E	NF213	65	120	23	1.5	1.5	108.5	105.5	74	108	1.5	1.5	102	73.2	118	87.5	4 500	5 600
N214E	NF214	70	125	24	1.5	1.5	113.5	110.5	79	114	1.5	1.5	112	73.2	135	87.5	4 300	5 300
N215E	NF215	75	130	25	1.5	1.5	118.5	118.3	84	120	1.5	1.5	125	89.0	155	110	4 000	5 000
N216E	NF216	80	140	26	2	2	127.3	125	90	128	2	2	132	102	165	125	3 800	4 800
N217E	NF217	85	150	28	2	2	136.5	135.5	95	137	2	2	158	115	192	145	3 600	4 500
N218E	NF218	90	160	30	2	2	145	143	100	146	2	2	172	142	215	178	3 400	4 300
N219E	NF219	95	170	32	2.1	2.1	154.5	151.5	107	155	2.1	2.1	208	152	262	190	3 200	4 000
N220E	NF220	100	180	34	2.1	2.1	163	160	112	164	2.1	2.1	235	168	302	212	3 000	3 800
(0) 3尺寸系列																		
N304E	NF304	20	52	15	1.1	0.6	45.5	44.5	26.5	47	1	0.6	29.0	18.0	25.5	15.0	11 000	15 000
N305E	NF305	25	62	17	1.1	1.1	54	53	31.5	55	1	1	38.5	25.5	35.8	22.5	9 000	12 000
N306E	NF306	30	72	19	1.1	1.1	62.5	62	37	64	1	1	49.2	33.5	48.2	31.5	8 000	10 000
N307E	NF307	35	80	21	1.5	1.1	70.2	68.2	44	71	1.5	1	62.0	41.0	63.2	39.2	7 000	9 000
N308E	NF308	40	90	23	1.5	1.5	80	77.5	49	80	1.5	1.5	76.8	48.8	77.8	47.5	6 300	8 000
N309E	NF309	45	100	25	1.5	1.5	88.5	86.5	54	89	1.5	1.5	93.0	66.8	98.0	66.8	5 600	7 000
N310E	NF310	50	110	27	2	2	97	95	60	98	2	2	105	76.0	112	79.5	5 300	6 700
N311E	NF311	55	120	29	2	2	106.5	104.5	65	107	2	2	128	97.8	138	105	4 800	6 000
N312E	NF312	60	130	31	2.1	2.1	115	113	72	116	2.1	2.1	142	118	155	128	4 500	5 600
N313E	NF313	65	140	33	2.1		124.5	121.5	77	125	2.1		170	125	188	135	4 000	5 000
N314E	NF314	70	150	35	2.1		133	130	82	134	2.1		195	145	220	162	3 800	4 800
N315E	NF315	75	160	37	2.1		143	139.5	87	143	2.1		228	165	260	188	3 600	4 500
N316E	NF316	80	170	39	2.1		151	147	92	151	2.1		245	175	282	200	3 400	4 300
N317E	NF317	85	180	41	3		160	156	99	160	2.5		280	212	332	242	3 200	4 000
N318E	NF318	90	190	43	3		169.5	165	104	169	2.5		298	228	348	265	3 000	3 800
N319E	NF319	95	200	45	3		177.5	173.5	109	178	2.5		315	245	380	288	2 800	3 600
N320E	NF320	100	215	47	3		191.5	185.5	114	190	2.5		365	282	425	340	2 600	3 200
(0) 4尺寸系列																		
N406		30	90	23	1.5		73		39	—	1.5		57.2		53.0		7 000	9 000
N407		35	100	25	1.5		83		44	—	1.5		70.8		68.2		6 000	7 500
N408		40	110	27	2		92		50	—	2		90.5		89.8		5 600	7 000
N409		45	120	29	2		100.5		55	—	2		102		100		5 000	6 300
N410		50	130	31	2.1		110.8		62	—	2.1		120		120		4 800	6 000

续表

轴承代号		尺寸/mm							安装尺寸/mm				基本额定动载荷 C_r/kN		基本额定静载荷 C_{0r}/kN		极限转速/$(r \cdot min^{-1})$	
		d	D	B	r_s	r_{1s}	E_W		d_a	D_a	r_{as}	r_{bs}	N型	NF型	N型	NF型	脂润滑	油润滑
					min		N型	NF型	min		max							
N411		55	140	33	2.1		117.2		67	—	2.1		128		132		4 300	5 300
N412		60	150	35	2.1		127		72	—	2.1		155		162		4 000	5 000
N413		65	160	37	2.1		135.3		77	—	2.1		170		178		3 800	4 800
N414		70	180	42	3		152		84	—	2.5		215		232		3 400	4 300
N415		75	190	45	3		160.5		89	—	2.5		250		272		3 200	4 000
N416		80	200	48	3		170		94	—	2.5		285		315		3 000	3 800
N417		85	210	52	4		179.5		103	—	3		312		345		2 800	3 600
N418		90	225	54	4		191.5		108	—	3		352		392		2 400	3 200
N419		95	240	55	4		201.5		113	—	3		378		428		2 200	3 000
N420		100	250	58	4		211		118	—	3		418		480		2 000	2 800
22尺寸系列																		
N2204E		20	47	18	1	0.6	41.5		25	42	1	0.6	30.8		30.0		12 000	16 000
N2205E		25	52	18	1	0.6	46.5		30	47	1	0.6	32.8		33.8		11 000	14 000
N2206E		30	62	20	1	0.6	55.5		36	56	1	0.6	45.5		48.0		8 500	11 000
N2207E		35	72	23	1.1	0.6	64		42	64	1	0.6	57.5		63.0		7 500	9 500
N2208E		40	80	23	1.1	1.1	71.5		47	72	1	1	67.5		75.2		7 000	9 000
N2209E		45	85	23	1.1	1.1	76.5		52	77	1	1	71.0		82.0		6 300	8 000
N2210E		50	90	23	1.1	1.1	81.5		57	83	1	1	74.2		88.8		6 000	7 500
N2211E		55	100	25	1.5	1.1	90		64	91	1.5	1	94.8		118		5 300	6 700
N2212E		60	110	28	1.5	1.5	100		69	100	1.5	1.5	122		152		5 000	6 300
N2213E		65	120	31	1.5	1.5	108.5		74	108	1.5	1.5	142		180		4 500	5 600
N2214E		70	125	31	1.5	1.5	113.5		79	114	1.5	1.5	148		192		4 300	5 300
N2215E		75	130	31	1.5	1.5	118.5		84	120	1.5	1.5	155		205		4 000	5 000
N2216E		80	140	33	2	2	127.3		90	128	2	2	178		242		3 800	4 800
N2217E		85	150	36	2	2	136.5		95	137	2	2	205		272		3 600	4 500
N2218E		90	160	40	2	2	145		100	146	2	2	230		312		3 400	4 300
N2219E		95	170	43	2.1	2.1	154.5		107	155	2.1	2.1	275		368		3 200	4 000
N2220E		100	180	46	2.1	2.1	163		112	164	2.1	2.1	318		440		3 000	3 800

注：1. 同表15-1中注1。

2. r_{smin}、r_{1smin}分别为r、r_1的单向最小倒角尺寸；r_{asmax}、r_{bsmax}分别为r_{as}、r_{bs}的单向最大倒角尺寸。

3. 后缀带E为加强型圆柱滚子轴承，应优先选用。

4. GB/T 283—2007 NU、NJ、NUP三个系列，本表未列出。

表 15-3　调心球轴承（摘自 GB/T 281—2013）

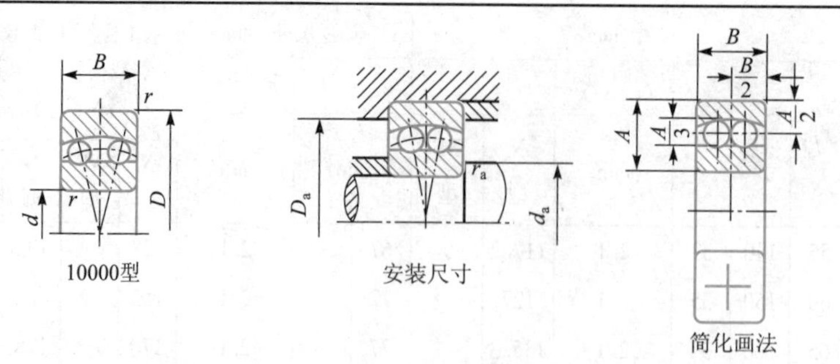

10000型　　安装尺寸　　简化画法

标记示例：滚动轴承　1207　GB/T 281—2013

径向当量动载荷	径向当量静载荷
当 $\frac{F_a}{F_r} \leqslant e$　$P_r = F_r + Y_1 F_a$ 当 $\frac{F_a}{F_r} > e$　$P_r = 0.65\ F_r + Y_2 F_a$	$P_{0r} = F_r + Y_0 F_a$

轴承代号	基本尺寸 /mm				安装尺寸 /mm			计算系数				基本额定动载荷 C_r	基本额定静载荷 C_{0r}	极限转速 /(r·min^{-1})	
	d	D	B	r_s min	d_a max	D_a max	r_{as} max	e	Y_1	Y_2	Y_0	kN		脂润滑	油润滑
(0) 2尺寸系列															
1200	10	30	9	0.6	15	25	0.6	0.32	2.0	3.0	2.0	5.48	1.20	24 000	28 000
1201	12	32	10	0.6	17	27	0.6	0.33	1.9	2.9	2.0	5.55	1.25	22 000	26 000
1202	15	35	11	0.6	20	30	0.6	0.33	1.9	3.0	2.0	7.48	1.75	18 000	22 000
1203	17	40	12	0.6	22	35	0.6	0.31	2.0	3.2	2.1	7.90	2.02	16 000	20 000
1204	20	47	14	1	26	41	1	0.27	2.3	3.6	2.4	9.95	2.65	14 000	17 000
1205	25	52	15	1	31	46	1	0.27	2.3	3.6	2.4	12.0	3.30	12 000	14 000
1206	30	62	16	1	36	56	1	0.24	2.6	4.0	2.7	15.8	4.70	10 000	12 000
1207	35	72	17	1.1	42	65	1	0.23	2.7	4.2	2.9	15.8	5.08	8 500	10 000
1208	40	80	18	1.1	47	73	1	0.22	2.9	4.4	3.0	19.2	6.40	7 500	9 000
1209	45	85	19	1.1	52	78	1	0.21	2.9	4.6	3.1	21.8	7.32	7 100	8 500
1210	50	90	20	1.1	57	83	1	0.20	3.1	4.8	3.3	22.8	8.08	6 300	8 000
1211	55	100	21	1.5	64	91	1.5	0.20	3.2	5.0	3.4	26.8	10.0	6 000	7 100
1212	60	110	22	1.5	69	101	1.5	0.19	3.4	5.3	3.6	30.2	11.5	5 300	6 300
1213	65	120	23	1.5	74	111	1.5	0.17	3.7	5.7	3.9	31.0	12.5	4 800	6 000
1214	70	125	24	1.5	79	116	1.5	0.18	3.5	5.4	3.7	34.5	13.5	4 800	5 600
1215	75	130	25	1.5	84	121	1.5	0.17	3.6	5.6	3.8	38.8	15.2	4 300	5 300
1216	80	140	26	2	90	130	2	0.18	3.6	5.5	3.7	39.5	16.8	4 000	5 000
1217	85	150	28	2	95	140	2	0.17	3.7	5.7	3.9	48.8	20.5	3 800	4 500
1218	90	160	30	2	100	150	2	0.17	3.8	5.7	4.0	56.5	23.2	3 600	4 300
1219	95	170	32	2.1	107	158	2.1	0.17	3.7	5.7	3.9	63.5	27.0	3 400	4 000
1220	100	180	34	2.1	112	168	2.1	0.18	3.5	5.4	3.7	68.5	29.2	3 200	3 800

续表

轴承代号	基本尺寸/mm				安装尺寸/mm			计算系数				基本额定动载荷 C_r	基本额定静载荷 C_{0r}	极限转速/$(r \cdot min^{-1})$	
	d	D	B	r_s min	d_a max	D_a max	r_{as} max	e	Y_1	Y_2	Y_0	kN		脂润滑	油润滑
(0) 3尺寸系列															
1300	10	35	11	0.6	15	30	0.6	0.33	1.9	3.0	2.0	7.22	1.62	20 000	24 000
1301	12	37	12	1	18	31	1	0.35	1.8	2.8	1.9	9.42	2.12	18 000	22 000
1302	15	42	13	1	21	36	1	0.33	1.9	2.9	2.0	9.50	2.28	16 000	20 000
1303	17	47	14	1	23	41	1	0.33	1.9	3.0	2.0	12.5	3.18	14 000	17 000
1304	20	52	15	1.1	27	45	1	0.29	2.2	3.4	2.3	12.5	3.38	12 000	15 000
1305	25	62	17	1.1	32	55	1	0.27	2.3	3.5	2.4	17.8	5.05	10 000	13 000
1306	30	72	19	1.1	37	65	1	0.26	2.4	3.8	2.6	21.5	6.28	8 500	11 000
1307	35	80	21	1.5	44	71	1.5	0.25	2.6	4.0	2.7	25.0	7.95	7 500	9 500
1308	40	90	23	1.5	49	81	1.5	0.24	2.6	4.0	2.7	29.5	9.50	6 700	8 500
1309	45	100	25	1.5	54	91	1.5	0.25	2.5	3.9	2.6	38.0	12.8	6 000	7 500
1310	50	110	27	2	60	100	2	0.24	2.7	4.1	2.8	43.2	14.2	5 600	6 700
1311	55	120	29	2	65	110	2	0.23	2.7	4.2	2.8	51.5	18.2	5 000	6 300
1312	60	130	31	2.1	72	118	2.1	0.23	2.8	4.3	2.9	57.2	20.8	4 500	5 600
1313	65	140	33	2.1	77	128	2.1	0.23	2.8	4.3	2.9	61.8	22.8	4 300	5 300
1314	70	150	35	2.1	82	138	2.1	0.22	2.8	4.4	2.9	74.5	27.5	4 000	5 000
1315	75	160	37	2.1	87	148	2.1	0.22	2.8	4.4	3.0	79.0	29.8	3 800	4 500
1316	80	170	39	2.1	92	158	2.1	0.22	2.9	4.5	3.1	88.5	32.8	3 600	4 300
1317	85	180	41	3	99	166	2.5	0.22	2.9	4.5	3.0	97.8	37.8	3 400	4 000
1318	90	190	43	3	104	176	2.5	0.22	2.8	4.4	2.9	115	44.5	3 200	3 800
1319	95	200	45	3	109	186	2.5	0.23	2.8	4.3	2.9	132	50.8	3 000	3 600
1320	100	215	47	3	114	201	2.5	0.24	2.7	4.1	2.8	142	57.2	2 800	3 400
22尺寸系列															
12200	10	30	14	0.6	15	25	0.6	0.62	1.0	1.6	1.1	7.12	1.58	24 000	28 000
12201	12	32	14	0.6	17	27	0.6	—	—	—	—	8.80	1.80	22 000	26 000
12202	15	35	14	0.6	20	30	0.6	0.50	1.3	2.0	1.3	7.65	1.80	18 000	22 000
12203	17	40	16	0.6	22	35	0.6	0.50	1.2	1.9	1.3	9.00	2.45	16 000	20 000
12204	20	47	18	1	26	41	1	0.48	1.3	2.0	1.4	12.5	3.28	14 000	17 000
12205	25	52	18	1	31	46	1	0.41	1.5	2.3	1.5	12.5	3.40	12 000	14 000
12206	30	62	20	1	36	56	1	0.39	1.6	2.4	1.7	15.2	4.60	10 000	12 000
12207	35	72	23	1.1	42	65	1	0.38	1.7	2.6	1.8	21.8	6.65	8 500	10 000
12208	40	80	23	1.1	47	73	1	0.24	1.9	2.9	2.0	22.5	7.38	7 500	9 000
12209	45	85	23	1.1	52	78	1	0.31	2.1	3.2	2.2	23.2	8.00	7 100	8 500
12210	50	90	23	1.1	57	83	1	0.29	2.2	3.4	2.3	23.2	8.45	6 300	8 000

续表

轴承代号	基本尺寸/mm				安装尺寸/mm			计算系数				基本额定动载荷 C_r	基本额定静载荷 C_{0r}	极限转速/$(r \cdot min^{-1})$	
	d	D	B	r_s min	d_a max	D_a max	r_{as} max	e	Y_1	Y_2	Y_0	kN		脂润滑	油润滑
12211	55	100	25	1.5	64	91	1.5	0.28	2.3	3.5	2.4	26.8	9.95	6 000	7 100
12212	60	110	28	1.5	69	101	1.5	0.28	2.3	3.5	2.4	34.0	12.5	5 300	6 300
12213	65	120	31	1.5	74	111	1.5	0.28	2.3	3.5	2.4	43.5	16.2	4 800	6 000
12214	70	125	31	1.5	79	116	1.5	0.27	2.4	3.7	2.5	44.0	17.0	4 500	5 600
12215	75	130	31	1.5	84	121	1.5	0.25	2.5	3.9	2.6	44.2	18.0	4 300	5 300
12216	80	140	33	2	90	130	2	0.25	2.5	3.9	2.6	48.8	20.2	4 000	5 000
12217	85	150	36	2	95	140	2	0.25	2.5	3.8	2.6	58.2	23.5	3 800	4 500
12218	90	160	40	2	100	150	2	0.27	2.4	3.7	2.5	70.0	28.5	3 600	4 300
12219	95	170	43	2.1	107	158	2.1	0.26	2.4	3.7	2.5	82.8	33.8	3 400	4 000
12220	100	180	46	2.1	112	168	2.1	0.27	2.3	3.6	2.5	97.2	40.5	3 200	3 800
23尺寸系列															
12300	10	35	17	0.6	15	30	0.6	0.66	0.95	1.5	1.0	11.0	2.45	18 000	22 000
12301	12	37	17	1	18	31	1	—	—	—	—	12.5	2.72	17 000	22 000
12302	15	42	17	1	21	36	1	0.51	1.2	1.9	1.3	12.0	2.88	14 000	18 000
12303	17	47	19	1	23	41	1	0.52	1.2	1.9	1.3	14.5	3.58	13 000	16 000
12304	20	52	21	1.1	27	45	1	0.51	1.2	1.9	1.3	17.8	4.75	11 000	14 000
12305	25	62	24	1.1	32	55	1	0.47	1.3	2.1	1.4	24.5	6.48	9 500	12 000
12306	30	72	27	1.1	37	65	1	0.44	1.4	2.2	1.5	31.5	8.68	8 000	10 000
12307	35	80	31	1.5	44	71	1.5	0.46	1.4	2.1	1.4	39.2	11.0	7 100	9 000
12308	40	90	33	1.5	49	81	1.5	0.43	1.5	2.3	1.5	44.8	13.2	6 300	8 000
12309	45	100	36	1.5	54	91	1.5	0.42	1.5	2.3	1.6	55.0	16.2	5 600	7 100
12310	50	110	40	2	60	100	2	0.43	1.5	2.3	1.6	64.5	19.8	5 000	6 300
12311	55	120	43	2	65	110	2	0.41	1.5	2.4	1.6	75.2	23.5	4 800	6 000
12312	60	130	46	2.1	72	118	2.1	0.41	1.6	2.5	1.6	86.8	27.5	4 300	5 300
12313	65	140	48	2.1	77	128	2.1	0.38	1.6	2.6	1.7	96.0	32.5	3 800	4 800
12314	70	150	51	2.1	82	138	2.1	0.38	1.7	2.6	1.8	110	37.5	3 600	4 500
12315	75	160	55	2.1	87	148	2.1	0.38	1.7	2.6	1.7	122	42.8	3 400	4 300
12316	80	170	58	2.1	92	158	2.1	0.39	1.6	2.5	1.7	128	45.5	3 200	4 000
12317	85	180	60	3	99	166	2.5	0.38	1.7	2.6	1.7	140	51.0	3 000	3 800
12318	90	190	64	3	104	176	2.5	0.39	1.6	2.5	1.7	142	57.2	2 800	3 600
12319	95	200	67	3	109	186	2.5	0.38	1.7	2.6	1.8	162	64.2	2 800	3 400
12320	100	215	73	3	114	201	2.5	0.37	1.7	2.6	1.8	192	78.5	2 400	3 200

注：同表15-1中注1、2。

表 15-4 调心滚子轴承（摘自 GB/T 288—2013）

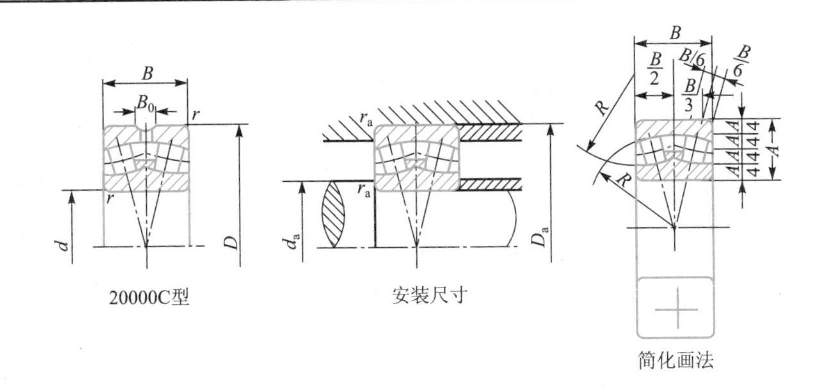

20000C型　　安装尺寸　　简化画法

标记示例：滚动轴承　22210C/W33　GB/T 288—2013

径向当量动载荷	径向当量静载荷
当 $\frac{F_a}{F_r} \leqslant e$　$P_r = F_r + Y_1 F_a$ 当 $\frac{F_a}{F_r} > e$　$P_r = 0.67\,F_r + Y_2 F_a$	$P_{0r} = F_r + Y_0 F_a$

轴承代号	尺寸/mm					安装尺寸/mm			计算系数				基本额定动载荷 C_r	基本额定静载荷 C_{0r}	极限转速/(r·min⁻¹)	
	d	D	B	r_s min	B_0 参考	d_a max	D_a max	r_{as} max	e	Y_1	Y_2	Y_0	kN		脂润滑	油润滑
22 尺寸系列																
22206C	30	62	20	1	—	36	56	1	0.33	2.0	3.0	2.0	51.8	56.8	6 300	8 000
22207C/W33	35	72	23	1.1	5.5	42	65	1	0.31	2.1	3.2	2.1	66.5	76.0	5 300	6 700
22208C/W33	40	80	23	1.1	5.5	47	73	1	0.28	2.4	3.6	2.3	78.5	90.8	5 000	6 000
22209C/W33	45	85	23	1.1	5.5	52	78	1	0.27	2.5	3.8	2.5	82.0	97.5	4 500	5 600
22210C/W33	50	90	23	1.1	5.5	57	83	1	0.24	2.8	4.1	2.7	84.5	105	4 000	5 000
22211C/W33	55	100	25	1.5	5.5	64	91	1.5	0.24	2.8	4.1	2.7	102	125	3 600	4 500
22212C/W33	60	110	28	1.5	5.5	69	101	1.5	0.24	2.8	4.1	2.7	122	155	3 200	4 000
22213C/W33	65	120	31	1.5	5.5	74	111	1.5	0.25	2.7	4.0	2.6	150	195	2 800	3 600
22214C/W33	70	125	31	1.5	5.5	79	116	1.5	0.23	2.9	4.3	2.8	158	205	2 600	3 400
22215C/W33	75	130	31	1.5	5.5	84	121	1.5	0.22	3.0	4.5	2.9	162	215	2 400	3 200
22216C/W33	80	140	33	2	5.5	90	130	2	0.22	3.0	4.5	2.9	175	238	2 200	3 000
22217C/W33	85	150	36	2	8.3	95	140	2	0.22	3.0	4.4	2.9	210	278	2 000	2 800
22218C/W33	90	160	40	2	8.3	100	150	2	0.23	2.9	4.4	2.8	240	322	1 900	2 600
22219C/W33	95	170	43	2.1	8.3	107	158	2.1	0.24	2.9	4.4	2.7	278	380	1 900	2 600
22220C/W33	100	180	46	2.1	8.3	112	168	2.1	0.23	2.9	4.3	2.8	310	425	1 800	2 400

续表

轴承代号	尺寸/mm					安装尺寸/mm			计算系数				基本额定动载荷 C_r	基本额定静载荷 C_{0r}	极限转速/(r·min^{-1})	
	d	D	B	r_s min	B_0 参考	d_a max	D_a max	r_{as} max	e	Y_1	Y_2	Y_0	kN		脂润滑	油润滑
23尺寸系列																
22308C/W33	40	90	33	1.5	5.5	49	81	1.5	0.38	1.8	2.6	1.7	120	138	4 300	5 300
22309C/W33	45	100	36	1.5	5.5	54	91	1.5	0.38	1.8	2.6	1.7	142	170	3 800	4 800
22310C/W33	50	110	40	2	5.5	60	100	2	0.37	1.8	2.7	1.8	175	210	3 400	4 300
22311C/W33	55	120	43	2	5.5	65	110	2	0.37	1.8	2.7	1.8	208	250	3 000	3 800
22312C/W33	60	130	46	2.1	5.5	72	118	2.1	0.37	1.8	2.7	1.8	238	285	2 800	3 600
22313C/W33	65	140	48	2.1	5.5	77	128	2.1	0.35	1.9	2.9	1.9	260	315	2 400	3 200
22314C/W33	70	150	51	2.1	8.3	82	138	2.1	0.35	1.9	2.9	1.9	292	362	2 200	3 000
22315C/W33	75	160	55	2.1	8.3	87	148	2.1	0.35	1.9	2.9	1.9	342	438	2 000	2 800
22316C/W33	80	170	58	2.1	8.3	92	158	2.1	0.35	1.9	2.9	1.9	385	498	1 900	2 600
22317C/W33	85	180	60	3	8.3	99	166	2.5	0.34	1.9	3.0	2.0	420	540	1 800	2 400
22318C/W33	90	190	64	3	8.3	104	176	2.5	0.34	2.0	2.9	2.0	475	622	1 800	2 400
22319C/W33	95	200	67	3	8.3	109	186	2.5	0.34	2.0	3.0	2.0	520	688	1 700	2 200
22320C/W33	100	215	73	3	11.1	114	201	2.5	0.35	1.9	2.9	1.9	608	815	1 400	1 800

注：同表15-1中注1、2；2. 代号中W33表示轴承外圈有润滑油槽和三个润滑油孔。

表15-5 角接触球轴承（摘自GB/T 292—2007）

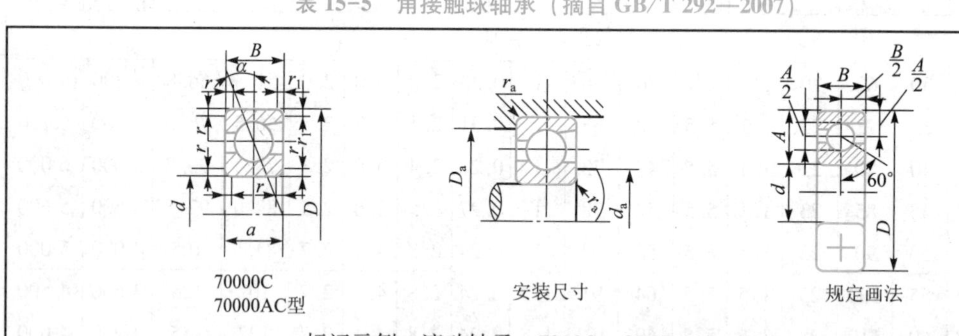

70000C
70000AC型
安装尺寸
规定画法

标记示例：滚动轴承 7210C GB/T 292—2007

<table>
<tr><th>iF_a/C_{0r}</th><th>e</th><th>Y</th><th>70000C 型</th><th>70000AC 型</th></tr>
<tr><td>0.015</td><td>0.38</td><td>1.47</td><td rowspan="5">径向当量动载荷
当 $F_a/F_r \leqslant e$ $P_r=F_r$
当 $F_a/F_r>e$ $P_r=0.44F_r+YF_a$</td><td rowspan="5">径向当量动载荷
当 $F_a/F_r \leqslant 0.68$ $P_r=F_r$
当 $F_a/F_r>0.68$ $P_r=0.41F_r+0.87F_a$</td></tr>
<tr><td>0.029</td><td>0.40</td><td>1.40</td></tr>
<tr><td>0.058</td><td>0.43</td><td>1.30</td></tr>
<tr><td>0.087</td><td>0.46</td><td>1.23</td></tr>
<tr><td>0.12</td><td>0.47</td><td>1.19</td></tr>
<tr><td>0.17</td><td>0.50</td><td>1.12</td><td rowspan="4">径向当量静载荷
$P_{0r}=0.5F_r+0.46F_a$
当 $P_{0r}<F_r$ 取 $P_{0r}=F_r$</td><td rowspan="4">径向当量静载荷
$P_{0r}=0.5F_r+0.38F_a$
当 $P_{0r}<F_r$ 取 $P_{0r}=F_r$</td></tr>
<tr><td>0.29</td><td>0.55</td><td>1.02</td></tr>
<tr><td>0.44</td><td>0.56</td><td>1.00</td></tr>
<tr><td>0.58</td><td>0.56</td><td>1.00</td></tr>
</table>

续表

轴承代号		基本尺寸/mm					安装尺寸/mm			70000C (α=15°)			70000AC (α=25°)			极限转速/(r·min⁻¹)	
		d	D	B	r_s	r_1	d_a	D_a	r_{as}	a/mm	基本额定动载荷 C_r	基本额定静载荷 C_{0r}	a/mm	基本额定动载荷 C_r	基本额定静载荷 C_{0r}	脂润滑	油润滑
					min	min	min	max	max		kN	kN		kN	kN		
(1) 0尺寸系列																	
7000C	7000AC	10	26	8	0.3	0.15	12.4	23.6	0.3	6.4	4.92	2.25	8.2	4.75	2.12	19 000	28 000
7001C	7001AC	12	28	8	0.3	0.15	14.4	25.6	0.3	6.7	5.42	2.65	8.7	5.20	2.55	18 000	26 000
7002C	7002AC	15	32	9	0.3	0.15	17.4	29.6	0.3	7.6	6.25	3.42	10	5.95	3.25	17 000	24 000
7003C	7003AC	17	35	10	0.3	0.15	19.4	32.6	0.3	8.5	6.60	3.85	11.1	6.30	3.68	16 000	22 000
7004C	7004AC	20	42	12	0.6	0.15	25	37	0.6	10.2	10.5	6.08	13.2	10.0	5.78	14 000	19 000
7005C	7005AC	25	47	12	0.6	0.15	30	42	0.6	10.8	11.5	7.45	14.4	11.2	7.08	12 000	17 000
7006C	7006AC	30	55	13	1	0.3	36	49	1	12.2	15.2	10.2	16.4	14.5	9.85	9 500	14 000
7007C	7007AC	35	62	14	1	0.3	41	56	1	13.5	19.5	14.2	18.3	18.5	13.5	8 500	12 000
7008C	7008AC	40	68	15	1	0.3	46	62	1	14.7	20.0	15.2	20.1	19.0	14.5	8 000	11 000
7009C	7009AC	45	75	16	1	0.3	51	69	1	16	25.8	20.5	21.9	25.8	19.5	7 500	10 000
7010C	7010AC	50	80	16	1	0.3	56	74	1	16.7	26.5	22.0	23.2	25.2	21.0	6 700	9 000
7011C	7011AC	55	90	18	1.1	0.6	62	83	1	18.7	37.2	30.5	25.9	35.2	29.2	6 000	8 000
7012C	7012AC	60	95	18	1.1	0.6	67	88	1	19.4	38.2	32.8	27.1	36.2	31.5	5 600	7 500
7013C	7013AC	65	100	18	1.1	0.6	72	93	1	20.1	40.0	35.5	28.2	38.0	33.8	5 300	7 000
7014C	7014AC	70	110	20	1.1	0.6	77	103	1	22.1	48.2	43.5	30.9	45.8	41.5	5 000	6 700
7015C	7015AC	75	115	20	1.1	0.6	82	108	1	22.7	49.5	46.5	32.2	46.8	44.2	4 800	6 300
7016C	7016AC	80	125	22	1.5	0.6	89	116	1.5	24.7	58.5	55.8	34.9	55.5	53.2	4 500	6 000
7017C	7017AC	85	130	22	1.5	0.6	94	121	1.5	25.4	62.5	60.2	36.1	59.2	57.2	4 300	5 600
7018C	7018AC	90	140	24	1.5	0.6	99	131	1.5	27.4	71.5	69.8	38.8	67.5	66.5	4 000	5 300
7019C	7019AC	95	145	24	1.5	0.6	104	136	1.5	28.1	73.5	73.2	40	69.5	69.8	3 800	5 000
7020C	7020AC	100	150	24	1.5	0.6	109	141	1.5	28.7	79.2	78.5	41.2	75	74.8	3 800	5 000
(0) 2尺寸系列																	
7200C	7200AC	10	30	9	0.6	0.15	15	25	0.6	7.2	5.82	2.95	9.2	5.58	2.82	18 000	26 000
7201C	7201AC	12	32	10	0.6	0.15	17	27	0.6	8	7.35	3.52	10.2	7.10	3.35	17 000	24 000
7202C	7202AC	15	35	11	0.6	0.15	20	30	0.6	8.9	8.68	4.62	11.4	8.35	4.40	16 000	22 000
7203C	7203AC	17	40	12	0.6	0.3	22	35	0.6	9.9	10.8	5.95	12.8	10.5	5.65	15 000	20 000
7204C	7204AC	20	47	14	1	0.3	26	41	1	11.5	14.5	8.22	14.9	14.0	7.82	13 000	18 000
7205C	7205AC	25	52	15	1	0.3	31	46	1	12.7	16.5	10.5	16.4	15.8	9.88	11 000	16 000
7206C	7206AC	30	62	16	1	0.3	36	56	1	14.2	23.0	15.0	18.7	22.0	14.2	9 000	13 000
7207C	7207AC	35	72	17	1.1	0.6	42	65	1	15.7	30.5	20.0	21	29.0	19.2	8 000	11 000
7208C	7208AC	40	80	18	1.1	0.6	47	73	1	17	36.8	25.8	23	35.2	24.5	7 500	10 000
7209C	7209AC	45	85	19	1.1	0.6	52	78	1	18.2	38.5	28.5	24.7	36.8	27.2	6 700	9 000
7210C	7210AC	50	90	20	1.1	0.6	57	83	1	19.4	42.8	32.0	26.3	40.8	30.5	6 300	8 500
7211C	7211AC	55	100	21	1.5	0.6	64	91	1.5	20.9	52.8	40.5	28.6	50.5	38.5	5 600	7 500
7212C	7212AC	60	110	22	1.5	0.6	69	101	1.5	22.4	61.0	48.5	30.8	58.2	46.2	5 300	7 000
7213C	7213AC	65	120	23	1.5	0.6	74	111	1.5	24.2	69.8	55.2	33.5	66.5	52.5	4 800	6 300
7214C	7214AC	70	125	24	1.5	0.6	79	116	1.5	25.3	70.2	60.0	35.1	69.2	57.5	4 500	6 000

续表

轴承代号		基本尺寸/mm					安装尺寸/mm			70000C (α=15°)			70000AC (α=25°)			极限转速/(r·min⁻¹)	
		d	D	B	r_s	r_1	d_a	D_a	r_{as}	a /mm	基本额定动载荷 C_r	基本额定静载荷 C_{0r}	a /mm	基本额定动载荷 C_r	基本额定静载荷 C_{0r}	脂润滑	油润滑
					min		min	max			kN			kN			
7215C	7215AC	75	130	25	1.5	0.6	84	121	1.5	26.4	79.2	65.8	36.6	75.2	63.0	4 300	5 600
7216C	7216AC	80	140	26	2	1	90	130	2	27.7	89.5	78.2	38.9	85.0	74.5	4 000	5 300
7217C	7217AC	85	150	28	2	1	95	140	2	29.9	99.8	85.0	41.6	94.8	81.5	3 800	5 000
7218C	7218AC	90	160	30	2	1	100	150	2	31.7	122	105	44.2	118	100	3 600	4 800
7219C	7219AC	95	170	32	2.1	1.1	107	158	2.1	33.8	135	115	46.9	128	108	3 400	4 500
7220C	7220AC	100	180	34	2.1	1.1	112	168	2.1	35.8	148	128	49.7	142	122	3 200	4 300
(0) 3尺寸系列																	
7301C	7301AC	12	37	12	1	0.3	18	31	1	8.6	8.10	5.22	12	8.08	4.88	16 000	22 000
7302C	7302AC	15	42	13	1	0.3	21	36	1	9.6	9.38	5.95	13.5	9.08	5.58	15 000	20 000
7303C	7303AC	17	47	14	1	0.3	23	41	1	10.4	12.8	8.62	14.8	11.5	7.08	14 000	19 000
7304C	7304AC	20	52	15	1.1	0.6	27	45	1	11.3	14.2	9.68	16.8	13.8	9.10	12 000	17 000
7305C	7305AC	25	62	17	1.1	0.6	32	55	1	13.1	21.5	15.8	19.1	20.8	14.8	9 500	14 000
7306C	7306AC	30	72	19	1.1	0.6	37	65	1	15	26.5	19.8	22.2	25.2	18.5	8 500	12 000
7307C	7307AC	35	80	21	1.5	0.6	44	71	1.5	16.6	34.2	26.8	24.5	32.8	24.8	7 500	10 000
7308C	7308AC	40	90	23	1.5	0.6	49	81	1.5	18.5	40.2	32.3	27.5	38.5	30.5	6 700	9 000
7309C	7309AC	45	100	25	1.5	0.6	54	91	1.5	20.2	49.2	39.8	30.2	47.5	37.2	6 000	8 000
7310C	7310AC	50	110	27	2	1	60	100	2	22	53.5	47.2	33	55.5	44.5	5 600	7 500
7311C	7311AC	55	120	29	2	1	65	110	2	23.8	70.5	60.5	35.8	67.2	56.8	5 000	6 700
7312C	7312AC	60	130	31	2.1	1.1	72	118	2.1	25.6	80.5	70.2	38.7	77.8	65.8	4 800	6 300
7313C	7313AC	65	140	33	2.1	1.1	77	128	2.1	27.4	91.5	80.5	41.5	89.8	75.5	4 300	5 600
7314C	7314AC	70	150	35	2.1	1.1	82	138	2.1	29.2	102	91.5	44.3	98.5	86.0	4 000	5 300
7315C	7315AC	75	160	37	2.1	1.1	87	148	2.1	31	112	105	47.2	108	97.0	3 800	5 000
7316C	7316AC	80	170	39	2.1	1.1	92	158	2.1	32.8	122	118	50	118	108	3 600	4 800
7317C	7317AC	85	180	41	3	1.1	99	166	2.5	34.6	132	128	52.8	125	122	3 400	4 500
7318C	7318AC	90	190	43	3	1.1	104	176	2.5	36.4	142	142	55.6	135	135	3 200	4 300
7319C	7319AC	95	200	45	3	1.1	109	186	2.5	38.2	152	158	58.5	145	148	3 000	4 000
7320C	7320AC	100	215	47	3	1.1	114	201	2.5	40.2	162	175	61.9	165	178	2 600	3 600
(0) 4尺寸系列																	
	7406AC	30	90	23	1.5	0.6	39	81	1				26.1	42.5	32.2	7 500	10 000
	7407AC	35	100	25	1.5	0.6	44	91	1.5				29	53.8	42.5	6 300	8 500
	7408AC	40	110	27	2	1	50	100	2				31.8	62.0	49.5	6 000	8 000
	7409AC	45	120	29	2	1	55	110	2				34.6	66.8	52.8	5 300	7 000
	7410AC	50	130	31	2.1	1.1	62	118	2.1				37.4	76.5	64.2	5 000	6 700
	7412AC	60	150	35	2.1	1.1	72	138	2.1				43.1	102	90.8	4 300	5 600
	7414AC	70	180	42	3	1.1	84	166	2.5				51.5	125	125	3 600	4 800
	7416AC	80	200	48	3	1.1	94	186	2.5				58.1	152	162	3 200	4 300

注：表中 C_r 值，对（1）0、（0）2系列为真空脱气轴承钢的负荷能力，对（0）3、（0）4系列为电炉轴承钢的负荷能力。

表 15-6　圆锥滚子轴承（摘自 GB/T 297—2015）

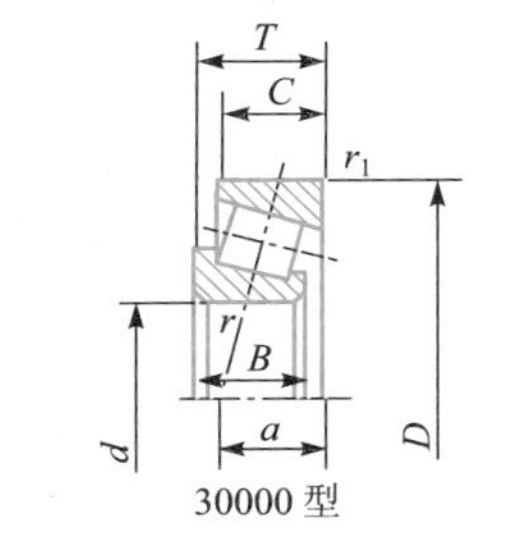

30000 型

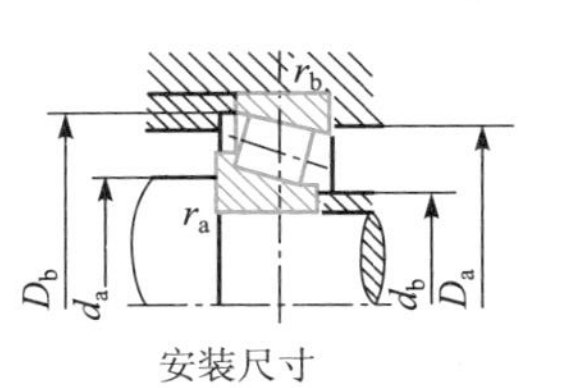

安装尺寸

简化画法

径向当量动载荷	当 $\frac{F_a}{F_r} \leqslant e$　$P_r = F_r$ 当 $\frac{F_a}{F_r} > e$　$P_r = 0.4F_r + YF_a$
径向当量静载荷	$P_{0r} = F_r$ $P_{0r} = 0.5F_r + Y_0F_a$ 取上列两式计算结果的较大值

标记示例：滚动轴承　30310　GB/T 297—2015

轴承代号	尺寸/mm								安装尺寸/mm									计算系数			基本额定		极限转速/(r·min^{-1})	
	d	D	T	B	C	r_s min	r_{1s} min	a ≈	d_a min	d_b max	D_a min	D_a max	D_b min	a_1 min	a_2 min	r_{as} max	r_{bs} max	e	Y	Y_0	动载荷 C_r	静载荷 C_{0r}		
																					kN		脂润滑	油润滑
02 尺寸系列																								
30203	17	40	13.25	12	11	1	1	9.9	23	23	34	34	37	2	2.5	1	1	0.35	1.7	1	20.8	21.8	9 000	12 000
30204	20	47	15.25	14	12	1	1	11.2	26	27	40	41	43	2	3.5	1	1	0.35	1.7	1	28.2	30.5	8 000	10 000
30205	25	52	16.25	15	13	1	1	12.5	31	31	44	46	48	2	3.5	1	1	0.37	1.6	0.9	32.2	37.0	7 000	9 000
30206	30	62	17.25	16	14	1	1	13.8	36	37	53	56	58	2	3.5	1	1	0.37	1.6	0.9	43.2	50.5	6 000	7 500
30207	35	72	18.25	17	15	1.5	1.5	15.3	42	44	62	65	67	3	3.5	1.5	1.5	0.37	1.6	0.9	54.2	63.5	5 300	6 700
30208	40	80	19.75	18	16	1.5	1.5	16.9	47	49	69	73	75	3	4	1.5	1.5	0.37	1.6	0.9	63.0	74.0	5 000	6 300
30209	45	85	20.75	19	16	1.5	1.5	18.6	52	53	74	78	80	3	5	1.5	1.5	0.4	1.5	0.8	67.8	83.5	4 500	5 600
30210	50	90	21.75	20	17	1.5	1.5	20	57	58	79	83	86	3	5	1.5	1.5	0.42	1.4	0.8	73.2	92.0	4 300	5 300
30211	55	100	22.75	21	18	2	1.5	21	64	64	88	91	95	4	5	2	1.5	0.4	1.5	0.8	90.8	115	3 800	4 800

续表

轴承代号	尺寸/mm								安装尺寸/mm									计算系数			基本额定		极限转速/(r·min⁻¹)	
	d	D	T	B	C	r_s min	r_{1s} min	a ≈	d_a min	d_b max	D_a min	D_a max	D_b min	a_1 min	a_2 min	r_{as} max	r_{bs} max	e	Y	Y_0	动载荷 C_r	静载荷 C_{0r}	脂润滑	油润滑
																					kN			
30212	60	110	23.75	22	19	2	1.5	22.3	69	69	96	101	103	4	5	2	1.5	0.4	1.5	0.8	102	130	3 600	4 500
30213	65	120	24.75	23	20	2	1.5	23.8	74	77	106	111	114	4	5	2	1.5	0.4	1.5	0.8	120	152	3 200	4 000
30214	70	125	26.25	24	21	2	1.5	25.8	79	81	110	116	119	4	5.5	2	1.5	0.42	1.4	0.8	132	175	3 000	3 800
30215	75	130	27.25	25	22	2	1.5	27.4	84	85	115	121	125	4	5.5	2	1.5	0.44	1.4	0.8	138	185	2 800	3 600
30216	80	140	28.25	26	22	2.5	2	28.1	90	90	124	130	133	4	6	2.1	2	0.42	1.4	0.8	160	212	2 600	3 400
30217	85	150	30.5	28	24	2.5	2	30.3	95	96	132	140	142	5	6.5	2.1	2	0.42	1.4	0.8	178	238	2 400	3 200
30218	90	160	32.5	30	26	2.5	2	32.3	100	102	140	150	151	5	6.5	2.1	2	0.42	1.4	0.8	200	270	2 200	3 000
30219	95	170	34.5	32	27	3	2.5	34.2	107	108	149	158	160	5	7.5	2.5	2.1	0.42	1.4	0.8	228	308	2 000	2 800
30220	100	180	37	34	29	3	2.5	36.4	112	114	157	168	169	5	8	2.5	2.1	0.42	1.4	0.8	255	350	1 900	2 600
03尺寸系列																								
30302	15	42	14.25	13	11	1	1	9.6	21	22	36	36	38	2	3.5	1	1	0.29	2.1	1.2	22.8	21.5	9 000	12 000
30303	17	47	15.25	14	12	1	1	10.4	23	25	40	41	43	3	3.5	1	1	0.29	2.1	1.2	28.2	27.2	8 500	11 000
30304	20	52	16.25	15	13	1.5	1.5	11.1	27	28	44	45	48	3	3.5	1.5	1.5	0.3	2	1.1	33.0	33.2	7 500	9 500
30305	25	62	18.25	17	15	1.5	1.5	13	32	34	54	55	58	3	3.5	1.5	1.5	0.3	2	1.1	46.8	48.0	6 300	8 000
30306	30	72	20.75	19	16	1.5	1.5	15.3	37	40	62	65	66	3	5	1.5	1.5	0.31	1.9	1.1	59.0	63.0	5 600	7 000
30307	35	80	22.75	21	18	2	1.5	16.8	44	45	70	71	74	3	5	2	1.5	0.31	1.9	1.1	75.2	82.5	5 000	6 300
30308	40	90	25.25	23	20	2	1.5	19.5	49	52	77	81	84	3	5.5	2	1.5	0.35	1.7	1	90.8	108	4 500	5 600
30309	45	100	27.25	25	22	2	1.5	21.3	54	59	86	91	94	3	5.5	2	1.5	0.35	1.7	1	108	130	4 000	5 000
30310	50	110	29.25	27	23	2.5	2	23	60	65	95	100	103	4	6.5	2	2	0.35	1.7	1	130	158	3 800	4 800
30311	55	120	31.5	29	25	2.5	2	24.9	65	70	104	110	112	4	6.5	2.5	2	0.35	1.7	1	152	188	3 400	4 300
30312	60	130	33.5	31	26	3	2.5	26.6	72	76	112	118	121	5	7.5	2.5	2.1	0.35	1.7	1	170	210	3 200	4 000
30313	65	140	36	33	28	3	2.5	28.7	77	83	122	128	131	5	8	2.5	2.1	0.35	1.7	1	195	242	2 800	3 600
30314	70	150	38	35	30	3	2.5	30.7	82	89	130	138	141	5	8	2.5	2.1	0.35	1.7	1	218	272	2 600	3 400

续表

轴承代号	尺寸/mm								安装尺寸/mm									计算系数			基本额定		极限转速/(r·min^{-1})	
	d	D	T	B	C	r_s min	r_{1s} min	a ≈	d_a min	d_b max	D_a min	D_a max	D_b min	a_1 min	a_2 min	r_{as} max	r_{bs} max	e	Y	Y_0	动载荷 C_r	静载荷 C_{0r}	脂润滑	油润滑
																					kN			
30315	75	160	40	37	31	3	2.5	32	87	95	139	148	150	5	9	2.5	2.1	0.35	1.7	1	252	318	2 400	3 200
30316	80	170	42.5	39	33	3	2.5	34.4	92	102	148	158	160	5	9.5	2.5	2.1	0.35	1.7	1	278	352	2 200	3 000
30317	85	180	44.5	41	34	4	3	35.9	99	107	156	166	168	6	10.5	3	2.5	0.35	1.7	1	305	388	2 000	2 800
30318	90	190	46.5	43	36	4	3	37.5	104	113	165	176	178	6	10.5	3	2.5	0.35	1.7	1	342	440	1 900	2 600
30319	95	200	49.5	45	38	4	3	40.1	109	118	172	186	185	6	11.5	3	2.5	0.35	1.7	1	370	478	1 800	2 400
30320	100	215	51.5	47	39	4	3	42.2	114	127	184	201	199	6	12.5	3	2.5	0.35	1.7	1	405	525	1 600	2 000
22尺寸系列																								
32206	30	62	21.25	20	17	1	1	15.6	36	36	52	56	58	3	4.5	1	1	0.37	1.6	0.9	51.8	63.8	6 000	7 500
32207	35	72	24.25	23	19	1.5	1.5	17.9	42	42	61	65	68	3	5.5	1.5	1.5	0.37	1.6	0.9	70.5	89.5	5 300	6 700
32208	40	80	24.75	23	19	1.5	1.5	18.9	47	48	68	73	75	3	6	1.5	1.5	0.37	1.6	0.9	77.8	97.2	5 000	6 300
32209	45	85	24.75	23	19	1.5	1.5	20.1	52	53	73	78	81	3	6	1.5	1.5	0.4	1.5	0.8	80.8	105	4 500	5 600
32210	50	90	24.75	23	19	1.5	1.5	21	57	57	78	83	86	3	6	1.5	1.5	0.42	1.4	0.8	82.8	108	4 300	5 300
32211	55	100	26.75	25	21	2	1.5	22.8	64	62	87	91	96	4	6	2	1.5	0.4	1.5	0.8	108	142	3 800	4 800
32212	60	110	29.75	28	24	2	1.5	25	69	68	95	101	105	4	6	2	1.5	0.4	1.5	0.8	132	180	3 600	4 500
32213	65	120	32.75	31	27	2	1.5	27.3	74	75	104	111	115	4	6	2	1.5	0.4	1.5	0.8	160	222	3 200	4 000
32214	70	125	33.25	31	27	2	1.5	28.8	79	79	108	116	120	4	6.5	2	1.5	0.42	1.4	0.8	168	238	3 000	3 800
32215	75	130	33.25	31	27	2	1.5	30	84	84	115	121	126	4	6.5	2	1.5	0.44	1.4	0.8	170	242	2 800	3 600
32216	80	140	35.25	33	28	2.5	2	31.4	90	89	122	130	135	5	7.5	2.1	2	0.42	1.4	0.8	198	278	2 600	3 400
32217	85	150	38.5	36	30	2.5	2	33.9	95	95	130	140	143	5	8.5	2.1	2	0.42	1.4	0.8	228	325	2 400	3 200
32218	90	160	42.5	40	34	2.5	2	36.8	100	101	138	150	153	5	8.5	2.1	2	0.42	1.4	0.8	270	395	2 200	3 000
32219	95	170	45.5	43	37	3	2.5	39.2	107	106	145	158	163	5	8.5	2.5	2.1	0.42	1.4	0.8	302	448	2 000	2 800
32220	100	180	49	46	39	3	2.5	41.9	112	113	154	168	172	5	10	2.5	2.1	0.42	1.4	0.8	340	512	1 900	2 600

续表

轴承代号	尺寸/mm								安装尺寸/mm									计算系数			基本额定		极限转速/(r·min^{-1})	
	d	D	T	B	C	r_s min	r_{1s} min	a ≈	d_a min	d_b max	D_a min	D_a max	D_b min	a_1 min	a_2 min	r_{as} max	r_{bs} max	e	Y	Y_0	动载荷 C_r	静载荷 C_{0r}	脂润滑	油润滑
																					kN			
23 尺寸系列																								
32303	17	47	20. 25	19	16	1	1	12. 3	23	24	39	41	43	3	4. 5	1	1	0. 29	2. 1	1. 2	35. 2	36. 2	8 500	11 000
32304	20	52	22. 25	21	18	1. 5	1. 5	13. 6	27	26	43	45	48	3	4. 5	1. 5	1. 5	0. 3	2	1. 1	42. 8	46. 2	7 500	9 500
32305	25	62	25. 25	24	20	1. 5	1. 5	15. 9	32	32	52	55	58	3	5. 5	1. 5	1. 5	0. 3	2	1. 1	61. 5	68. 8	6 300	8 000
32306	30	72	28. 75	27	23	1. 5	1. 5	18. 9	37	38	59	65	66	4	6	1. 5	1. 5	0. 31	1. 9	1. 1	81. 5	96. 5	5 600	7 000
32307	35	80	32. 75	31	25	2	1. 5	20. 4	44	43	66	71	74	4	8. 5	2	1. 5	0. 31	1. 9	1. 1	99. 0	118	5 000	6 300
32308	40	90	35. 25	33	27	2	1. 5	23. 3	49	49	73	81	83	4	8. 5	2	1. 5	0. 35	1. 7	1	115	148	4 500	5 600
32309	45	100	38. 25	36	30	2	1. 5	25. 6	54	56	82	91	93	4	8. 5	2	1. 5	0. 35	1. 7	1	145	188	4 000	5 000
32310	50	110	42. 25	40	33	2. 5	2	28. 2	60	61	90	100	102	5	9. 5	2	2	0. 35	1. 7	1	178	235	3 800	4 800
32311	55	120	45. 5	43	35	2. 5	2	30. 4	65	66	99	110	111	5	10	2. 5	2	0. 35	1. 7	1	202	270	3 400	4 300
32312	60	130	48. 5	46	37	3	2. 5	32	72	72	107	118	122	6	11. 5	2. 5	2. 1	0. 35	1. 7	1	228	302	3 200	4 000
32313	65	140	51	48	39	3	2. 5	34. 3	77	79	117	128	131	6	12	2. 5	2. 1	0. 35	1. 7	1	260	350	2 800	3 600
32314	70	150	54	51	42	3	2. 5	36. 5	82	84	125	138	141	6	12	2. 5	2. 1	0. 35	1. 7	1	298	408	2 600	3 400
32315	75	160	58	55	45	3	2. 5	39. 4	87	91	133	148	150	7	13	2. 5	2. 1	0. 35	1. 7	1	348	482	2 400	3 200
32316	80	170	61. 5	58	48	3	2. 5	42. 1	92	97	142	158	160	7	13. 5	2. 5	2. 1	0. 35	1. 7	1	388	542	2 200	3 000
32317	85	180	63. 5	60	49	4	3	43. 5	99	102	150	166	168	8	14. 5	3	2. 5	0. 35	1. 7	1	422	592	2 000	2 800
32318	90	190	67. 5	64	53	4	3	46. 2	104	107	157	176	178	8	14. 5	3	2. 5	0. 35	1. 7	1	478	682	1 900	2 600
32319	95	200	71. 5	67	55	4	3	49	109	114	166	186	187	8	16. 5	3	2. 5	0. 35	1. 7	1	515	738	1 800	2 400
32320	100	215	77. 5	73	60	4	3	52. 9	114	122	177	201	201	8	17. 5	3	2. 5	0. 35	1. 7	1	600	872	1 600	2 000

注：同表 15-1 中注 1、2。

15.2 滚动轴承的配合和游隙

表15-7 向心轴承的载荷状态（摘自GB/T 275—2015）

载荷大小	轻载荷	正常载荷	重载荷
$\dfrac{P_r(\text{径向当量动载荷})}{C_r(\text{径向额定动载荷})}$	≤0.06	>0.06～0.12	>0.12

表15-8 向心轴承和轴的配合——轴公差带（摘自GB/T 275—2015）

圆柱孔轴承						
载荷情况		举例	深沟球轴承、调心球轴承和角接触球轴承	圆柱滚子轴承和圆锥滚子轴承	调心滚子轴承	公差带
			轴承公称内径/mm			
内圈承受旋转载荷或方向不定载荷	轻载荷	输送机、轻载齿轮箱	≤18	—	—	h5
			>18～100	≤40	≤40	j6[a]
			>100～200	>40～140	>40～100	k6[a]
			—	>140～200	>100～200	m6[a]
	正常载荷	一般通用机械、电动机、泵、内燃机、正齿轮传动装置	≤18	—	—	j5 js5
			>18～100	≤40	≤40	k5[b]
			>100～140	>40～100	>40～65	m5[b]
			>140～200	>100～140	>65～100	m6
			>200～280	>140～200	>100～140	n6
			—	>200～400	>140～280	p6
			—	—	>280～500	r6
	重载荷	铁路机车车辆轴箱、牵引电机、破碎机等	—	>50～140	>50～100	n6[c]
				>140～200	>100～140	p6[c]
				>200	>140～200	r6[c]
				—	>200	r7[c]

续表

载荷情况			举例	深沟球轴承、调心球轴承和角接触球轴承	圆柱滚子轴承和圆锥滚子轴承	调心滚子轴承	公差带
				轴承公称内径/mm			
内圈承受固定载荷	所有载荷	内圈需在轴向易移动	非旋转轴上的各种轮子	所有尺寸			f6 g6
		内圈不需在轴向易移动	张紧轮、绳轮				h6 j6
仅有轴向载荷			所有尺寸				j6、js6
圆锥孔轴承							
所有载荷	铁路机车车辆轴箱		装在退卸套上	所有尺寸			h8（IT6）[d,e]
	一般机械传动		装在紧定套上	所有尺寸			h9（IT7）[d,e]

a 凡精度要求较高的场合，应用j5、k5、m5代替j6、k6、m6。

b 圆锥滚子轴承、角接触球轴承配合对游隙影响不大，可用k6、m6代替k5、m5。

c 重载荷下轴承游隙应选大于N组。

d 凡精度要求较高或转速要求较高的场合，应选用h7（IT5）代替h8（IT6）等。

e IT6、IT7表示圆柱度公差数值。

表15-9 向心轴承和轴承座孔的配合——孔公差带（摘自GB/T 275—2015）

载荷情况		举例	其他状况	公差带[a]	
				球轴承	滚子轴承
外圈承受固定载荷	轻，正常、重	一般机械、铁路机车车辆轴箱	轴向易移动，可采用剖分式轴承座	H7、G7[b]	
	冲击		轴向能移动，可采用整体或剖分式轴承座	J7、JS7	
方向不定载荷	轻、正常	电机、泵、曲轴主轴承			
	正常、重		轴向不移动，采用整体式轴承座	K7	
	重、冲击	牵引电机		M7	
外圈承受旋转载荷	轻	皮带张紧轮		J7	K7
	正常	轮毂轴承		M7	N7
	重			—	N7、P7

a 并列公差带随尺寸的增大从左至右选择。对旋转精度有较高要求时，可相应提高一个公差等级。

b 不适用于剖分式轴承座。

表 15-10　安装推力轴承的轴和孔公差带（摘自 GB/T 275—2015）

运转状态	载荷状态	安装推力轴承的轴公差带		安装推力轴承的轴承座孔公差带	
		轴承类型	公差带	轴承类型	公差带
仅有轴向载荷		推力球和推力圆柱滚子轴承	j6、js6	推力球轴承	H8
				推力圆柱、圆锥滚子轴承	H7

表 15-11　轴和轴承座孔的几何公差（摘自 GB/T 275—2015）

公称尺寸/mm		圆柱度 t/μm				轴向圆跳动 t_1/μm			
		轴颈		轴承座孔		轴肩		轴承座孔肩	
		轴承公差等级							
		/P0	/P6 (/P6x)	/P0	/P6 (/P6x)	/P0	/P6 (/P6x)	/P0	/P6 (/P6x)
>	≤	公差值/μm							
	6	2.5	1.5	4	2.5	5	3	8	5
6	10	2.5	1.5	4	2.5	6	4	10	6
10	18	3.0	2.0	5	3.0	8	5	12	8
18	30	4.0	2.5	6	4.0	10	6	15	10
30	50	4.0	2.5	7	4.0	12	8	20	12
50	80	5.0	3.0	8	5.0	15	10	25	15
80	120	6.0	4.0	10	6.0	15	10	25	15
120	180	8.0	5.0	12	8.0	20	12	30	20
180	250	10.0	7.0	14	10.0	20	12	30	20
250	315	12.0	8.0	16	12.0	25	15	40	25

注：轴承公差等级新、旧标准代号对照为：/P0-G 级；/P6-E 级；/P6x-Ex 级。

表 15-12　配合表面的粗糙度（摘自 GB/T 275—2015）

轴或轴承座孔直径/mm		轴或轴承座孔配合表面直径公差等级								
		IT7			IT6			IT5		
		表面粗糙度/μm								
>	≤	*Rz*	*Ra* 磨	*Ra* 车	*Rz*	*Ra* 磨	*Ra* 车	*Rz*	*Ra* 磨	*Ra* 车
	80	10	1.6	3.2	6.3	0.8	1.6	4	0.4	0.8
80	500	16	1.6	3.2	10	1.6	3.2	6.3	0.8	1.6
端面		25	3.2	6.3	25	3.2	6.3	10	1.6	3.2

注：与/P0、/P6（/P6x）级公差轴承配合的轴，其公差等级一般为 IT6，轴承座孔一般为 IT7。

第16章 润滑与密封

16.1 常用润滑剂

表16-1 常用润滑油的主要性能和用途

名　称	代　号	运动黏度（$mm^2 \cdot s^{-1}$）40/℃	运动黏度（$mm^2 \cdot s^{-1}$）100/℃	倾点/℃ ≤	闪点（开口）/℃≥	主要用途
全损耗系统用油（GB/T 443—1989）	L-AN5	4.14～5.06	—	-5	80	用于各种高速轻载机械轴承的润滑和冷却（循环式或油箱式），如转速在10 000 r/min以上的精密机械、机床及纺织纱锭的润滑和冷却
	L-AN7	6.12～7.48			110	
	L-AN10	9.00～11.0			130	
	L-AN15	13.5～16.5			150	用于小型机床齿轮箱、传动装置轴承，中小型电机，风动工具等
	L-AN22	19.8～24.2				
	L-AN32	28.8～35.2				用于一般机床齿轮变速箱、中小型机床导轨及100 kW以上电机轴承
	L-AN46	41.4～50.6			160	主要用在大型机床上、大型刨床上
	L-AN68	61.2～74.8				
	L-AN100	90.0～110			180	主要用在低速重载的纺织机械及重型机床、锻压、铸工设备上
	L-AN150	135～165				

续表

名　　称	代　号	运动黏度（$mm^2 \cdot s^{-1}$）		倾点/℃ ≤	闪点（开口）/℃≥	主要用途
		40/℃	100/℃			
工业闭式齿轮油（GB 5903—2011）	L-CKC68	61.2～74.8	—	-12	180	适用于煤炭、水泥、冶金工业部门大型封闭式齿轮传动装置的润滑
	L-CKC100	90.0～110			200	
	L-CKC150	135～165		-9		
	L-CKC220	198～242				
	L-CKC320	288～352				
	L-CKC460	414～506				
	L-CKC680	612～748		-5		
液压油（GB 11118.1—2011）	L-HL15	13.5～16.5		-12	140	适用于机床和其他设备的低压齿轮泵，也可以用于使用其他抗氧防锈型润滑油的机械设备（如轴承和齿轮等）
	L-HL22	19.8～24.2		-9	165	
	L-HL32	28.8～35.2		-6	175	
	L-HL46	41.4～50.6			185	
	L-HL68	61.2～74.8			195	
	L-HL100	90.0～110			205	
蜗轮机油（GB 11120—2011）	L-TSA32	28.8～35.2	—	-6	186	适用于电力、工业、船舶及其他工业汽轮机组、水轮机组的润滑
	L-TSA46	41.4～50.6				
	L-TSA68	61.2～74.8			195	
L—CKE/P 蜗轮蜗杆油（一级品）（SH/T 0094—1991）	220	198～242		-12		用于铜-钢配对的圆柱型、承受重负荷、传动中有振动和冲击的蜗轮蜗杆副
	320	288～352				
	460	414～506				
	680	612～748				
	1 000	900～1 100				

表 16-2　常用润滑脂的主要性能和用途

名　　称	代　号	滴点/℃（不低于）	工作锥入度（25 ℃，150 g）×（1/10）/mm	主要用途
钙基润滑脂（GB/T 491—2008）	1 号	80	310～340	有耐水性能。用于工作温度低于 55 ℃～60 ℃的各种工农业、交通运输机械设备的轴承润滑，特别是有水或潮湿的场合
	2 号	85	265～295	
	3 号	90	220～250	
	4 号	95	175～205	
钠基润滑脂（GB/T 492—1989）	2 号	160	265～295	不耐水或不耐潮湿。用于工作温度在 -10 ℃～110 ℃的一般中负荷机械设备轴承润滑
	3 号		220～250	

续表

名　称	代　号	滴点/℃（不低于）	工作锥入度（25 ℃，150 g）×（1/10）/mm	主要用途
通用锂基润滑脂（GB/T 7324—2010）	1号	170	310～340	有良好的耐水性和耐热性。适用于温度在-20 ℃～120 ℃范围内各种机械的滚动轴承、滑动轴承及其他摩擦部位的润滑
	2号	175	265～295	
	3号	180	220～250	
钙钠基润滑脂（SH/T 0368—1992）	2号	120	250～290	用于工作温度在 80 ℃～100 ℃、有水分或较潮湿环境中工作的机械润滑，多用于铁路机车、列车、小电动机、发电机滚动轴承（温度较高者）的润滑。不适于低温工作
	3号	135	200～240	
石墨钙基润滑脂（SH/T 0369—1992）	ZG-S	80	—	人字齿轮，起重机、挖掘机的底盘齿轮，矿山机械、绞车钢丝绳等高负荷、高压力、低速度的粗糙机械润滑及一般开式齿轮润滑、能耐潮湿
7407号齿轮润滑脂（SH/T 0469—1994）		160	75～90	适用于各种低速，中、重载荷齿轮、链和联轴器等的润滑，使用温度≤120 ℃，可承受冲击载荷
高温润滑脂（DB13/T 1491—2011）	00# 0# 1# 2#	265 275 300 320	400～430 355～385 310～340 269～295	适用于高温下各种滚动轴承的润滑，也可用于一般滑动轴承和齿轮的润滑。使用温度为-40 ℃～+200 ℃

16.2　油　　杯

表 16-3　直通式压注油杯（摘自 JB/T 7940.1—1995）　　mm

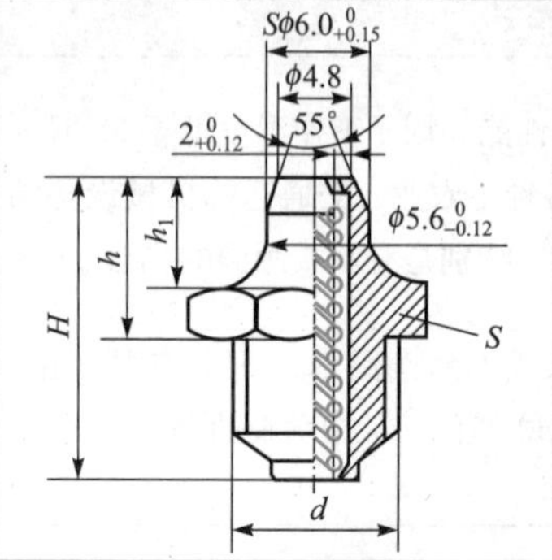

d	H	h	h_1	S	钢球（按 GB/T 308.1—2013）
M6	13	8	6	8	3
M8×1	16	9	6.5	10	
M10×1	18	10	7	11	

标记示例：

连接螺纹 M10×1、直通式压注油杯的标记为：油杯 M10×1 JB/T 7940.1—1995

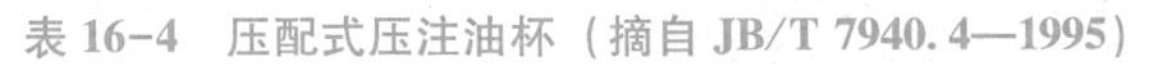

表16-4　压配式压注油杯（摘自 JB/T 7940.4—1995）　mm

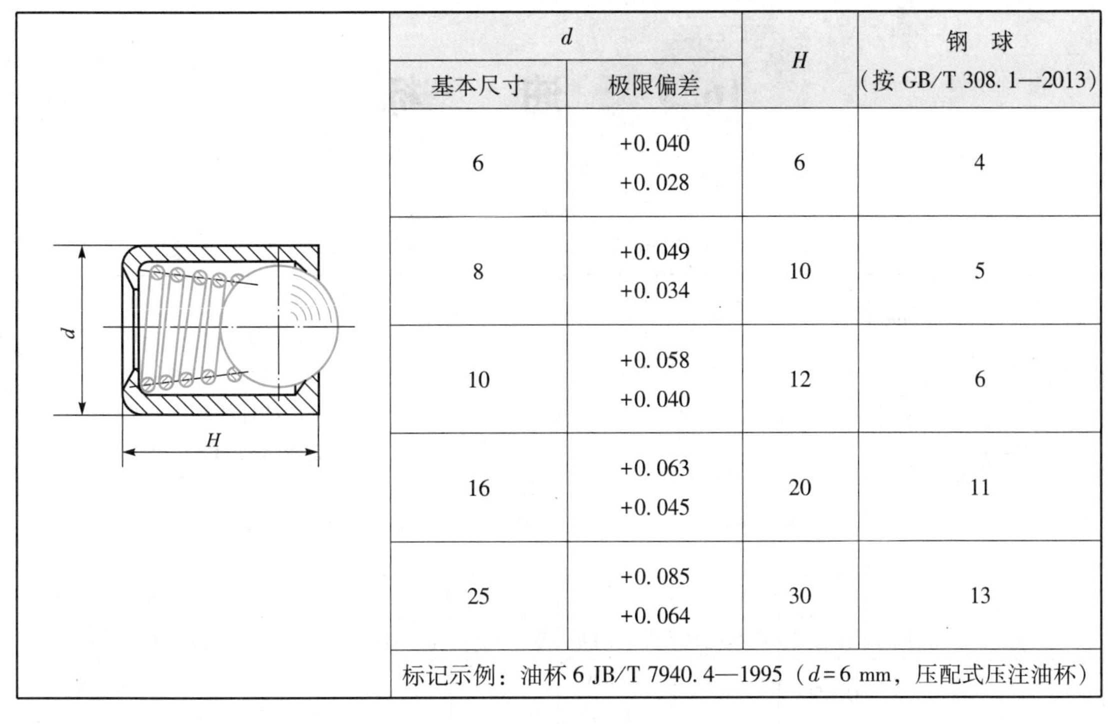

d		H	钢　球
基本尺寸	极限偏差		（按 GB/T 308.1—2013）
6	+0.040 +0.028	6	4
8	+0.049 +0.034	10	5
10	+0.058 +0.040	12	6
16	+0.063 +0.045	20	11
25	+0.085 +0.064	30	13

标记示例：油杯 6 JB/T 7940.4—1995（d=6 mm，压配式压注油杯）

表16-5　旋盖式压注油杯（摘自 JB/T 7940.3—1995）　mm

最小容量/cm^3	d	l	H	h	h_1	d_1	D		L_{max}	S	
							A 型	B 型		基本尺寸	极限偏差
1.5	M8×1	8	14	22	7	3	16	18	33	10	0 −0.22
3	M10×1		15	23	8	4	20	22	35	13	0 −0.27
6			17	26			26	28	40		
12	M14×1.5	12	20	30	10	5	32	34	47	18	
18			22	32			36	40	50		
25			24	34			41	44	55		
50	M16×1.5		30	44			51	54	70	21	0 −0.33
100			38	52			68	68	85		
200	M24×1.5	16	48	64	16	6	—	86	105	30	—

标记示例：油杯 A 25 JB/T 7940.3—1995（最小容量 25 cm^3，A 型旋盖式油杯）

注：B 型油杯除尺寸 D 和滚花部分尺寸稍有不同外，其余尺寸与 A 型相同。

16.3 油　　标

表 16-6　压配式圆形油标（摘自 JB/T 7941.1—1995）　　mm

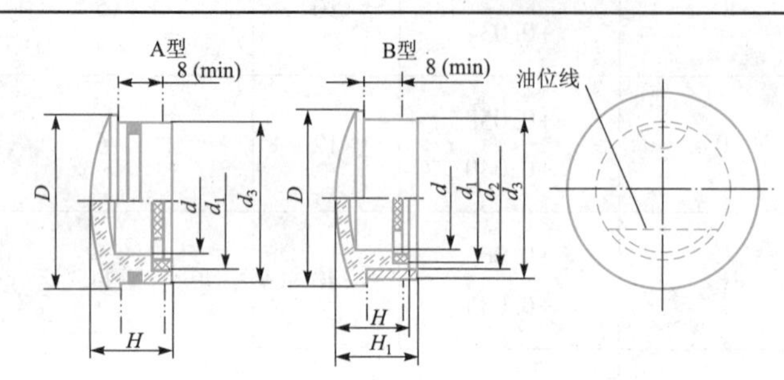

标记示例：
视孔 d=32、A 型压配式圆形油标的标记：
油标 A32 JB/T 7941.1—1995

<table>
<tr><th rowspan="2">d</th><th rowspan="2">D</th><th colspan="2">d₁</th><th colspan="2">d₂</th><th colspan="2">d₃</th><th rowspan="2">H</th><th rowspan="2">H₁</th><th rowspan="2">O 型橡胶密封圈（按 GB/T 3452.1）</th></tr>
<tr><th>基本尺寸</th><th>极限偏差</th><th>基本尺寸</th><th>极限偏差</th><th>基本尺寸</th><th>极限偏差</th></tr>
<tr><td>12</td><td>22</td><td>12</td><td rowspan="2">-0.050
-0.160</td><td>17</td><td>-0.050
-0.160</td><td>20</td><td rowspan="2">-0.065
-0.195</td><td rowspan="2">14</td><td rowspan="2">16</td><td>15×2.65</td></tr>
<tr><td>16</td><td>27</td><td>18</td><td>22</td><td rowspan="2">-0.065
-0.195</td><td>25</td><td>20×2.65</td></tr>
<tr><td>20</td><td>34</td><td>22</td><td rowspan="2">-0.065
-0.195</td><td>28</td><td>32</td><td rowspan="3">-0.080
-0.240</td><td rowspan="2">16</td><td rowspan="2">18</td><td>25×3.55</td></tr>
<tr><td>25</td><td>40</td><td>28</td><td>34</td><td rowspan="2">-0.080
-0.240</td><td>38</td><td>31.5×3.55</td></tr>
<tr><td>32</td><td>48</td><td>35</td><td rowspan="2">-0.080
-0.240</td><td>41</td><td>45</td><td rowspan="2">18</td><td rowspan="2">20</td><td>38.7×3.55</td></tr>
<tr><td>40</td><td>58</td><td>45</td><td>51</td><td rowspan="3">-0.100
-0.290</td><td>55</td><td rowspan="3">-0.100
-0.290</td><td>48.7×3.55</td></tr>
<tr><td>50</td><td>70</td><td>55</td><td rowspan="2">-0.100
-0.290</td><td>61</td><td>65</td><td rowspan="2">22</td><td rowspan="2">24</td><td rowspan="2">—</td></tr>
<tr><td>63</td><td>85</td><td>70</td><td>76</td><td>80</td></tr>
</table>

表 16-7　长形油标（摘自 JB/T 7941.3—1995）　　mm

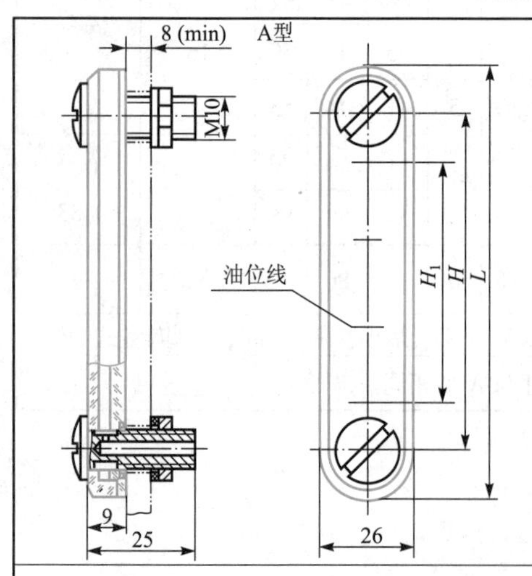

<table>
<tr><th colspan="2">H</th><th rowspan="2">H₁</th><th rowspan="2">L</th><th rowspan="2">n（条数）</th></tr>
<tr><th>基本尺寸</th><th>极限偏差</th></tr>
<tr><td>80</td><td rowspan="2">±0.17</td><td>40</td><td>110</td><td>2</td></tr>
<tr><td>100</td><td>60</td><td>130</td><td>3</td></tr>
<tr><td>125</td><td rowspan="2">±0.20</td><td>80</td><td>155</td><td>4</td></tr>
<tr><td>160</td><td>120</td><td>190</td><td>6</td></tr>
</table>

O 型橡胶密封圈（按 GB/T 3452.1）	六角螺母（按 GB/T 6172）	弹性垫圈（按 GB/T 861）
10×2.65	M10	10

标记示例：
H=80、A 型长形油标的标记：
油标 A80 JB/T 7941.3—1995

注：B 型长形油标见 JB/T 7941.3—1995。

表16-8　管状油标（摘自 JB/T 7941.4—1995）　　mm

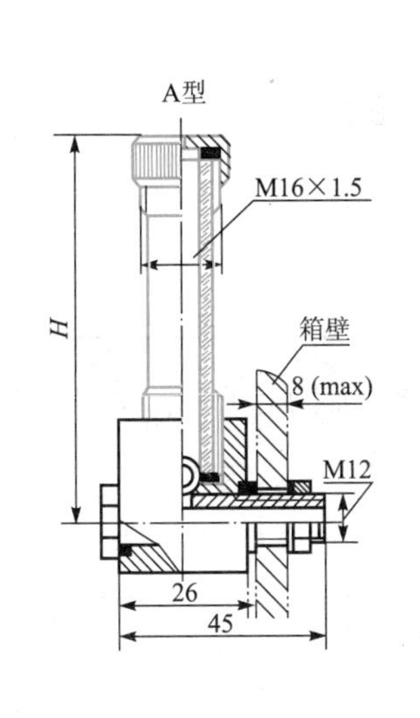

H	O型橡胶密封圈	六角薄螺母	弹性垫圈
80，100，125，160，200	11.8×2.65	M12	12

标记示例：

H=200、A型管状油标的标记：

油标　A200　JB/T 7941.4—1995

注：B型管状油标尺寸见 JB/T 7941.4—1995。

表16-9　油标尺的结构和尺寸　　mm

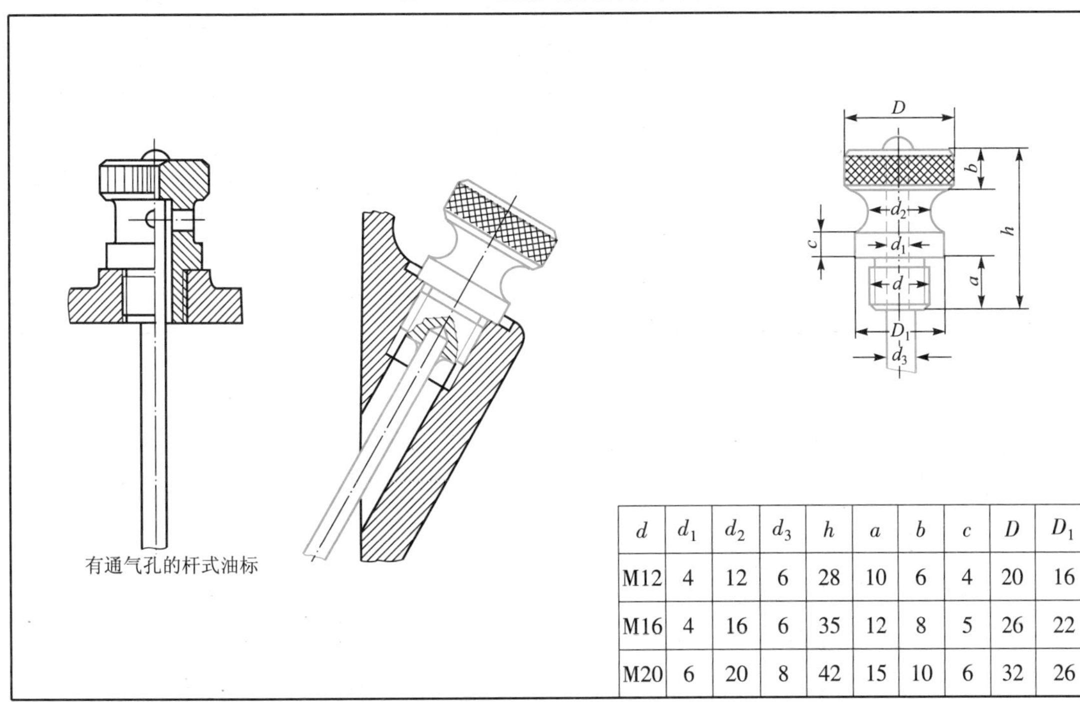

有通气孔的杆式油标

d	d_1	d_2	d_3	h	a	b	c	D	D_1
M12	4	12	6	28	10	6	4	20	16
M16	4	16	6	35	12	8	5	26	22
M20	6	20	8	42	15	10	6	32	26

16.4 密　封

表 16-10　外六角螺塞、纸封油圈、皮封油圈　　mm

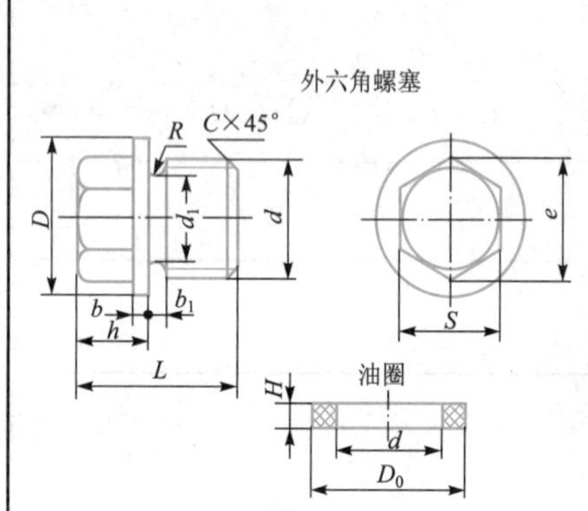

d	d_1	D	e	S	L	h	b	b_1	R	C	D_0	H 纸圈	H 皮圈
M10×1	8.5	18	12.7	11	20	10	3	2	0.5	0.7	18	2	2
M12×1.25	10.2	22	15	13	24	12				1.0	22		
M14×1.5	11.8	23	20.8	18	25			3	1				
M18×1.5	15.8	28	24.2	21	27	15					25		
M20×1.5	17.8	30			30						30		
M22×1.5	19.8	32	27.7	24			4			1.5	32	3	
M24×2	21	34	31.2	27	32	16		4			35		2.5
M27×2	24	38	34.6	30	35	17					40		
M30×2	27	42	39.3	34	38	18					45		

标记示例：螺塞 M20×1.5　QC/T 376—1999

油圈 30×20（D_0=30、d=20 的纸封油圈）

油圈 30×20（D_0=30、d=20 的皮封油圈）

材料：纸封油圈—石棉橡胶纸；皮封油圈—工业用革；螺塞—Q235。

表 16-11　油封毡圈及沟槽（摘自 FZ/T 92010—1991）　　mm

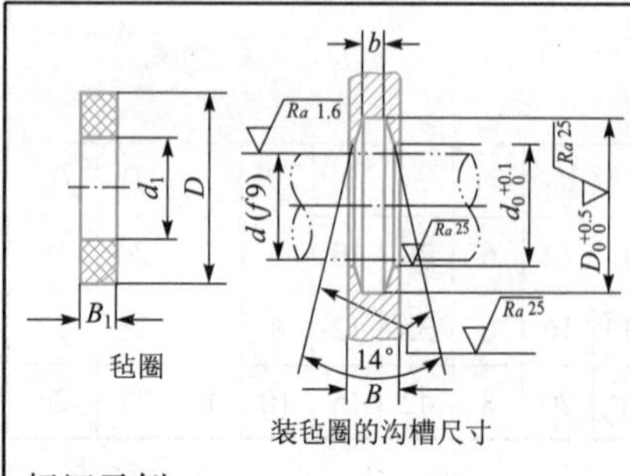

标记示例：

毡圈 40　FZ/T 92010—1991

（d=40 的毡圈）

材料：半粗羊毛毡

轴径 d	油封毡圈 d_1	油封毡圈 D	油封毡圈 B_1	油封毡圈 D_0	油封毡圈 d_0	沟槽 b	沟槽 B
10	9	18	2.5	19	11	2	3
12	11	20		21	13		
14	13	22		23	15		
15	14	23		24	16		
16	15	26	3.5	27	17	3	4.3
18	17	28		29	19		
20	19	30		31	21		
22	21	32		33	23		

续表

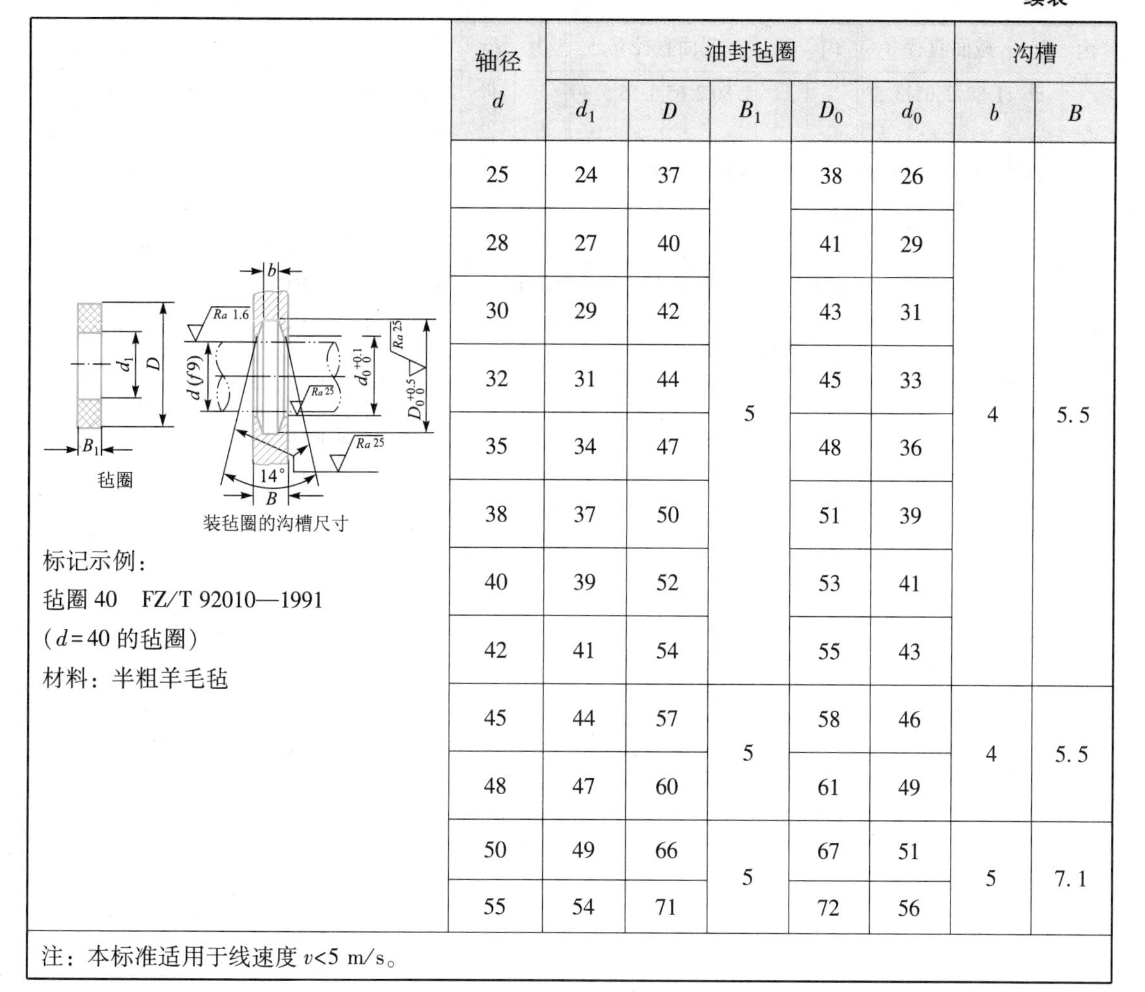

标记示例：

毡圈 40 FZ/T 92010—1991

（d=40 的毡圈）

材料：半粗羊毛毡

轴径 d	油封毡圈 d_1	油封毡圈 D	油封毡圈 B_1	油封毡圈 D_0	油封毡圈 d_0	沟槽 b	沟槽 B
25	24	37	5	38	26	4	5.5
28	27	40		41	29		
30	29	42		43	31		
32	31	44		45	33		
35	34	47		48	36		
38	37	50		51	39		
40	39	52		53	41		
42	41	54		55	43		
45	44	57	5	58	46	4	5.5
48	47	60		61	49		
50	49	66	5	67	51	5	7.1
55	54	71		72	56		

注：本标准适用于线速度 v<5 m/s。

表 16-12　O 型橡胶密封圈（代号 G）（摘自 GB/T 3452.1—2005）　mm

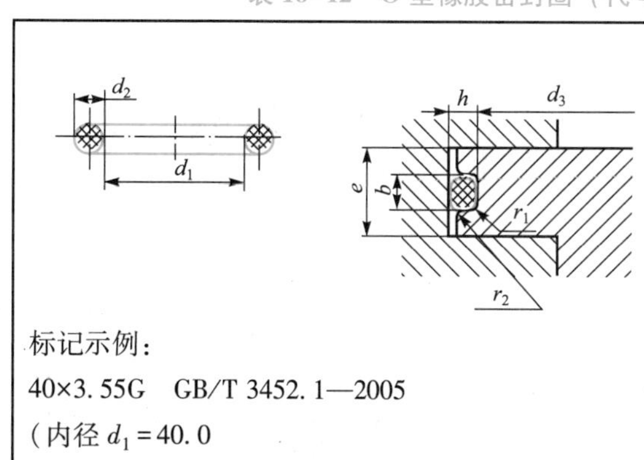

标记示例：

40×3.55G　GB/T 3452.1—2005

（内径 d_1=40.0

截面直径 d_2=3.55 的通用 O 型密封圈）

沟槽尺寸（GB/T 3452.3—2005）					
d_2	$b^{+0.25}_{0}$	$h^{+0.10}_{0}$	d_3 偏差值	r_1	r_2
1.8	2.4	1.38	0 −0.04	0.2～0.4	0.1～0.3
2.65	3.6	2.07	0 −0.05	0.4～0.8	
3.55	4.8	2.74	0 −0.06		
5.3	7.1	4.19	0 −0.07	0.8～1.2	
7.0	9.5	5.67	0 −0.09		

续表

内径 d_1	极限偏差	截面直径 d_2 1.80 ±0.08	2.65 ±0.09	3.55 ±0.10
13.2	±0.17	*	*	
14.0		*	*	
15.0		*	*	
16.0		*	*	
17.0		*	*	
18.0		*	*	*
19.0	±0.22	*	*	*
20.0		*	*	*
21.2		*	*	*
22.4		*	*	*
23.6		*	*	*
25.0		*	*	*
25.8		*	*	*
26.5		*	*	*
28.0		*	*	*
30.0		*	*	*
31.5	±0.30		*	*
32.5		*	*	*

内径 d_1	极限偏差	截面直径 d_2 1.80 ±0.08	2.65 ±0.09	3.55 ±0.10	5.30 ±0.13
33.5	±0.30		*	*	
34.5		*	*	*	
35.5			*	*	
36.5		*	*	*	
37.5			*	*	
38.7		*	*	*	
40.0			*	*	*
41.2	±0.36		*	*	*
42.5		*	*	*	*
43.7			*	*	*
45.0			*	*	*
46.2		*	*	*	*
47.5			*	*	*
48.7			*	*	*
50.0		*	*	*	*
51.5	±0.44		*	*	*
53.0			*	*	*
54.5			*	*	*

内径 d_1	极限偏差	截面直径 d_2 2.65 ±0.09	3.55 ±0.10	5.30 ±0.13
56.0	±0.44	*	*	*
58.0		*	*	*
60.0		*	*	*
61.5		*	*	*
63.0		*	*	*
65.0	±0.53		*	*
67.0		*	*	*
69.0			*	*
71.0		*	*	*
73.0			*	*
75.0		*	*	*
77.5			*	*
80.0		*	*	*
82.5	±0.65		*	*
85.0		*	*	*
87.5			*	*
90.0		*	*	*
92.5			*	*

内径 d_1	极限偏差	截面直径 d_2 2.65 ±0.09	3.55 ±0.10	5.30 ±0.13	7.0 ±0.15
95.0	±0.65	*	*	*	
97.5			*	*	
100		*	*	*	
103			*	*	
106		*	*	*	
109			*	*	*
112		*	*	*	*
115			*	*	*
118		*	*	*	*
122	±0.90		*	*	*
125		*	*	*	*
128			*	*	*
132		*	*	*	*
136			*	*	*
140		*	*	*	*
145			*	*	*
150		*	*	*	*
155			*	*	*

表 16-13　唇形密封圈的形式、尺寸及安装要求（摘自 GB/T 13871.1—2007）　mm

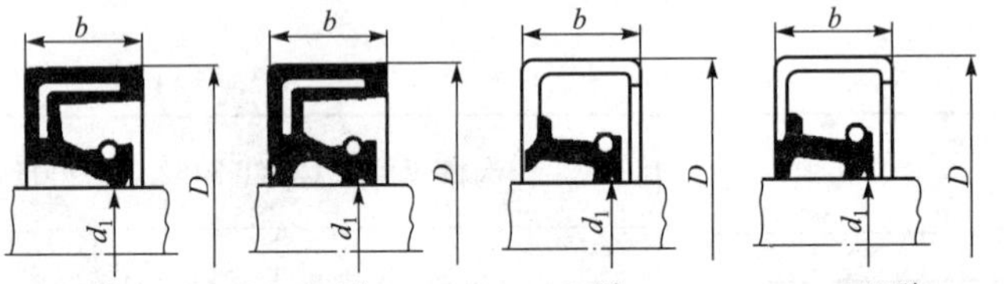

B型
内包骨架型

FB型
带副唇内包骨架型

W型
外露骨架型

FW型
带副唇外露骨架型

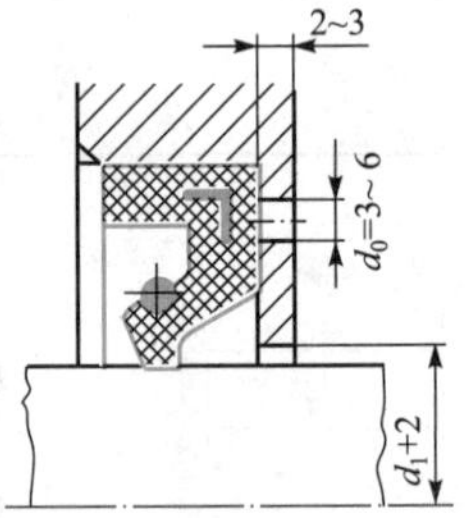

安装图

标记示例：
（F）B　120　150　GB/T 13871.1—2007
（带副唇的内包骨架型旋转轴唇形密封圈，$d_1=120$，$D=150$）

d_1	D	b	d_1	D	b	d_1	D	b
6	16，22	7	25	40，47，52	7	55	72，（75），80	8
7	22		28	40，47，52		60	80，85	
8	22，24		30	42，47，（50）		65	85，90	10
9	22		30	52	8	70	90，95	
10	22，25		32	45，47，52		75	95，100	
12	24，25，30		35	50，52，55		80	100，110	

续表

d_1	D	b	d_1	D	b	d_1	D	b
15	26，30，35	7	38	52，58，62	8	85	110，120	12
16	30，(35)		40	55，(60)，62		90	(115)，120	
18	30，35		42	55，62		95	120	
20	35，40，(45)		45	62，65		100	125	
22	35，40，47		50	68，(70)，72		105	(130)	

旋转轴唇形密封圈的安装要求

轴导入倒角

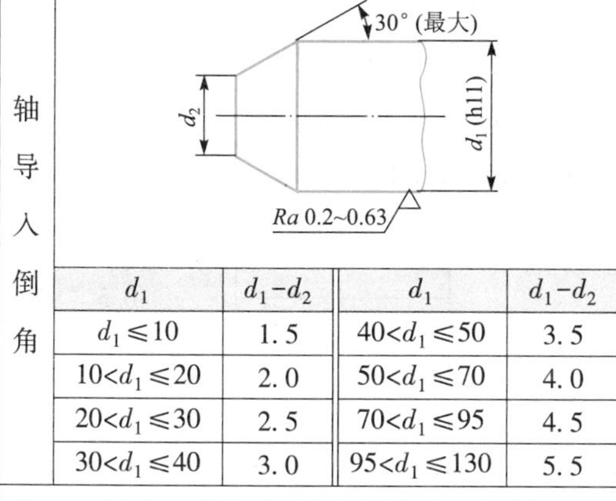

d_1	d_1-d_2	d_1	d_1-d_2
$d_1\leqslant10$	1.5	$40<d_1\leqslant50$	3.5
$10<d_1\leqslant20$	2.0	$50<d_1\leqslant70$	4.0
$20<d_1\leqslant30$	2.5	$70<d_1\leqslant95$	4.5
$30<d_1\leqslant40$	3.0	$95<d_1\leqslant130$	5.5

腔体内孔尺寸

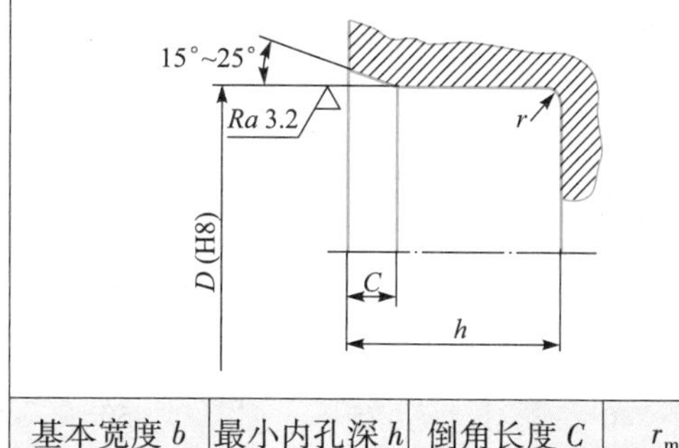

基本宽度 b	最小内孔深 h	倒角长度 C	r_{max}
≤10	b+0.9	0.70～1.00	0.50
>b	b+1.2	1.20～1.50	0.75

注：1. 标准中考虑到国内实际情况，除全部采用国际标准的基本尺寸外，还补充了若干种国内常用的规格，并加括号以示区别。
2. 安装要求中若轴端采用倒圆倒入导角，则倒圆的圆角半径不小于表中的 d_1-d_2 之值。

表 16-14 油沟密封槽（摘自 JB/ZQ 4245—2006） mm

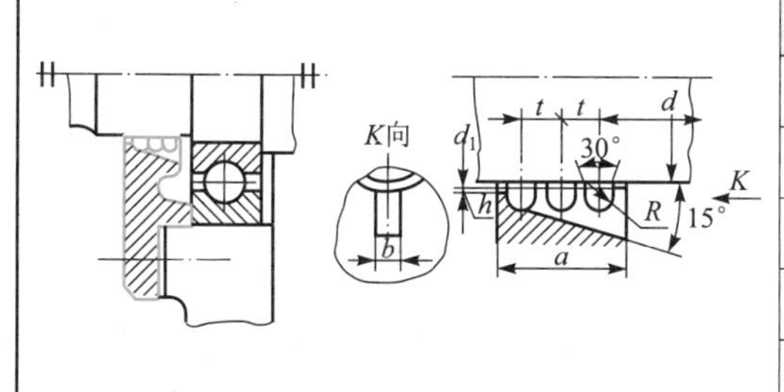

轴径 d	R	t	b	d_1	a_{min}	h
10～25	1	3	4	d+0.4	nt+R	1
>25～80	1.5	4.6	4	d+1		
>80～120	2	6	5			
>120～180	2.5	7.5	6			
>180	3	9	7			

注：1. 表中 R、t、b 尺寸，在个别情况下，可用于与表中不相对应的轴径上。
2. 一般槽数 n=2～4 个，使用 3 个的较多。

表 16-15 迷宫式密封槽（摘自 JB/ZQ 4245—2006） mm

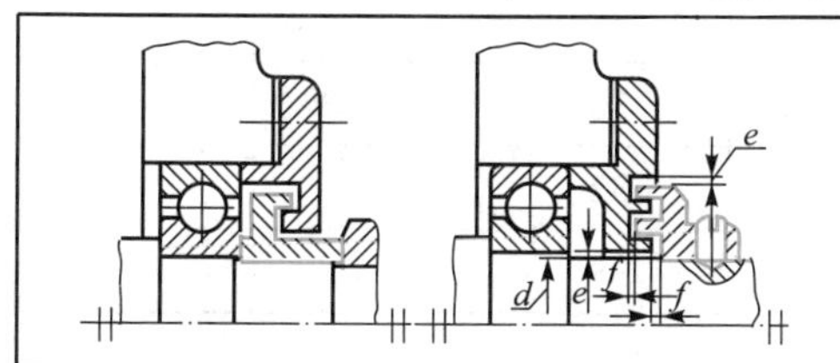

d	10～50	>50～80	>80～110	>110～180
e	0.2	0.3	0.4	0.5
f	1	1.5	2	2.5

表 16-16　甩油环（高速轴用）　　mm

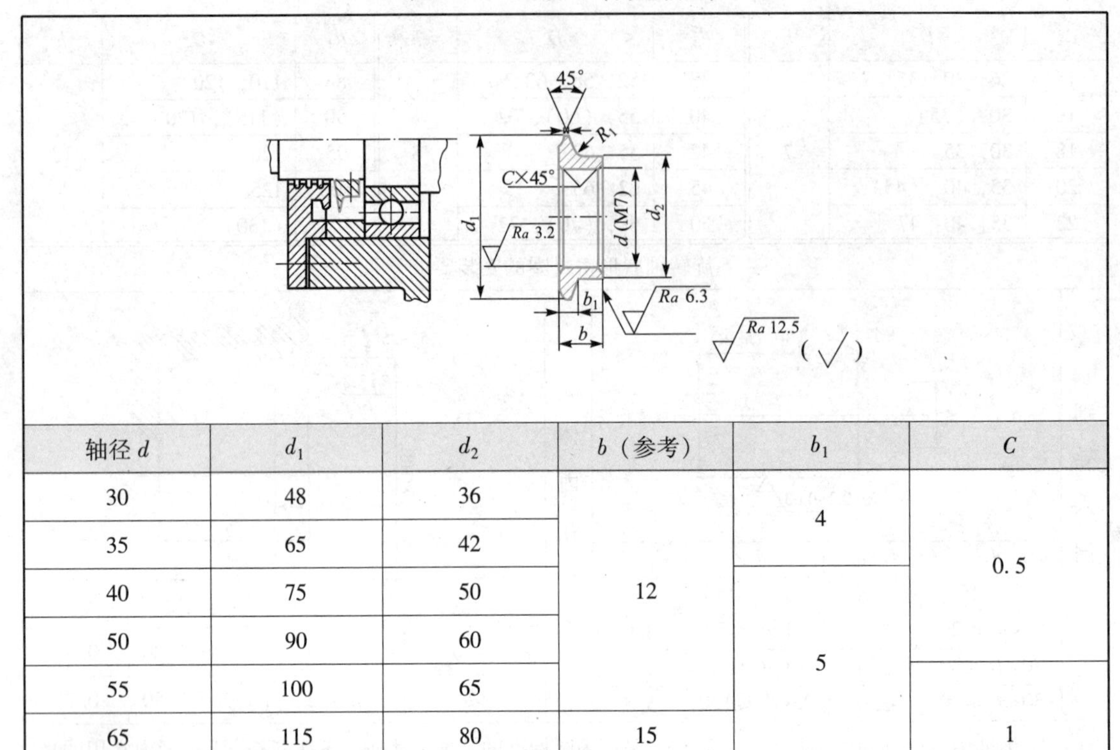

<table>
<tr><th>轴径 d</th><th>d_1</th><th>d_2</th><th>b（参考）</th><th>b_1</th><th>C</th></tr>
<tr><td>30</td><td>48</td><td>36</td><td rowspan="5">12</td><td rowspan="2">4</td><td rowspan="4">0. 5</td></tr>
<tr><td>35</td><td>65</td><td>42</td></tr>
<tr><td>40</td><td>75</td><td>50</td><td rowspan="4">5</td></tr>
<tr><td>50</td><td>90</td><td>60</td></tr>
<tr><td>55</td><td>100</td><td>65</td><td rowspan="3">1</td></tr>
<tr><td>65</td><td>115</td><td>80</td><td>15</td></tr>
<tr><td>80</td><td>140</td><td>95</td><td>30</td><td>7</td></tr>
</table>

表 16-17　甩油盘（低速轴用）　　mm

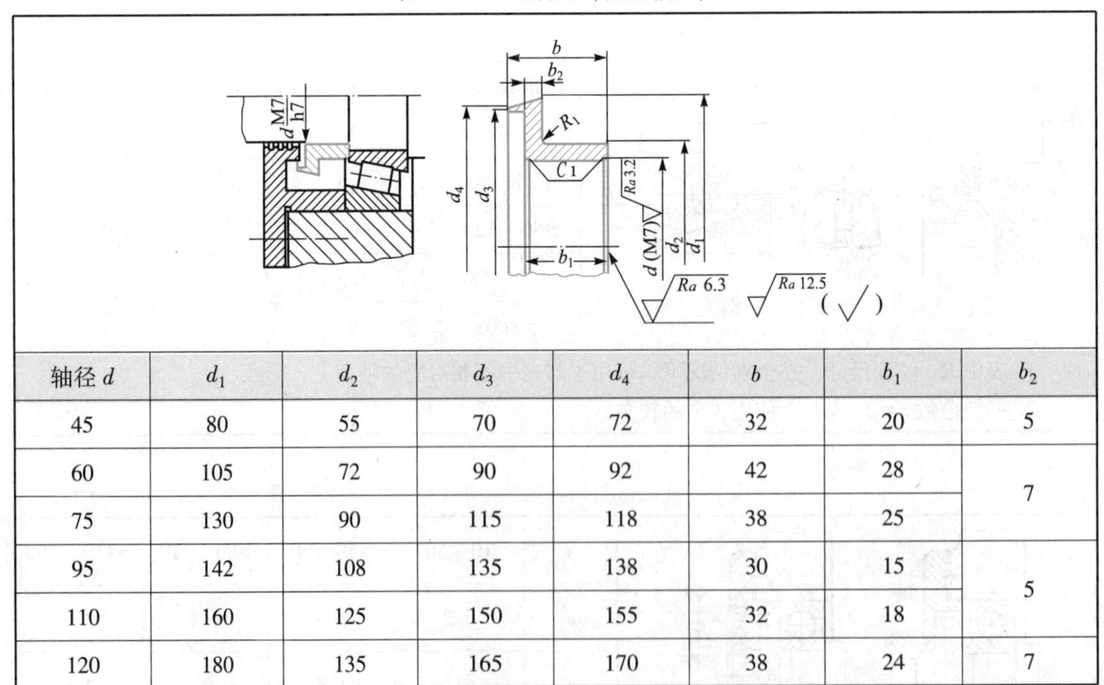

<table>
<tr><th>轴径 d</th><th>d_1</th><th>d_2</th><th>d_3</th><th>d_4</th><th>b</th><th>b_1</th><th>b_2</th></tr>
<tr><td>45</td><td>80</td><td>55</td><td>70</td><td>72</td><td>32</td><td>20</td><td>5</td></tr>
<tr><td>60</td><td>105</td><td>72</td><td>90</td><td>92</td><td>42</td><td>28</td><td rowspan="2">7</td></tr>
<tr><td>75</td><td>130</td><td>90</td><td>115</td><td>118</td><td>38</td><td>25</td></tr>
<tr><td>95</td><td>142</td><td>108</td><td>135</td><td>138</td><td>30</td><td>15</td><td rowspan="2">5</td></tr>
<tr><td>110</td><td>160</td><td>125</td><td>150</td><td>155</td><td>32</td><td>18</td></tr>
<tr><td>120</td><td>180</td><td>135</td><td>165</td><td>170</td><td>38</td><td>24</td><td>7</td></tr>
</table>

第 17 章 公差配合、表面粗糙度和齿轮、蜗杆传动精度

17.1 公差配合

表 17-1 标准公差和基本偏差代号（摘自 GB/T 1800.1—2020）

名称		代号
标准公差		IT01，IT0，IT1，IT2，…，IT18 共分 20 级
基本偏差	孔	A，B，C，CD，D，E，EF，F，FG，G，H，J，JS，K，M，N，P，R，S，T，U，V，X，Y，Z，ZA，ZB，ZC
	轴	a，b，c，cd，d，e，ef，f，fg，g，h，j，js，k，m，n，p，r，s，t，u，v，x，y，z，za，zb，zc

表 17-2 配合种类及其代号（摘自 GB/T 1800.1—2020）

种类	基孔制 H	基轴制 h	说明
间隙配合	a，b，c，cd，d，e，ef，f，fg，g，h	A，B，C，CD，D，E，EF，F，FG，G，H	间隙依次渐小
过渡配合	j，js，k，m，n	J，JS，K，M，N	依次渐紧
过盈配合	p，r，s，t，u，v，x，y，z，za，zb，zc	P，R，S，T，U，V，X，Y，Z，ZA，ZB，ZC	依次渐紧

表 17-3　基本尺寸至 500 mm 的标准公差值（摘自 GB/T 1800.1—2020）

基本尺寸/mm	等级							
	IT5	IT6	IT7	IT8	IT9	IT10	IT11	IT12
≤3	4	6	10	14	25	40	60	100
>3～6	5	8	12	18	30	48	75	120
>6～10	6	9	15	22	36	58	90	150
>10～18	8	11	18	27	43	70	110	180
>18～30	9	13	21	33	52	84	130	210
>30～50	11	16	25	39	62	100	160	250
>50～80	13	19	30	46	74	120	190	300
>80～120	15	22	35	54	87	140	220	350
>120～180	18	25	40	63	100	160	250	400
>180～250	20	29	46	72	115	185	290	460
>250～315	23	32	52	81	130	210	320	520
>315～400	25	36	57	89	140	230	360	570
>400～500	27	40	63	97	155	250	400	630

表 17-4　基本尺寸由大于 10 mm 至 315 mm 孔的极限偏差值
（摘自 GB/T 1800.2—2020）

公差带	等级	基本尺寸/mm							
		>10～18	>18～30	>30～50	>50～80	>80～120	>120～180	>180～250	>250～315
D	7	+68	+86	+105	+130	+155	+185	+216	+242
		+50	+65	+80	+100	+120	+145	+170	+190
	8	+77	+98	+119	+146	+174	+208	+242	+271
		+50	+65	+80	+100	+120	+145	+170	+190
	9	+93	+117	+142	+174	+207	+245	+285	+320
		+50	+65	+80	+100	+120	+145	+170	+190
	10	+120	+149	+180	+220	+260	+305	+355	+400
		+50	+65	+80	+100	+120	+145	+170	+190
	11	+160	+195	+240	+290	+340	+395	+460	+510
		+50	+65	+80	+100	+120	+145	+170	+190
E	6	+43	+53	+66	+79	+94	+110	+129	+142
		+32	+40	+50	+60	+72	+85	+100	+110
	7	+50	+61	+75	+90	+107	+125	+146	+162
		+32	+40	+50	+60	+72	+85	+100	+110
	8	+59	+73	+89	+106	+126	+148	+172	+191
		+32	+40	+50	+60	+72	+85	+100	+110
	9	+75	+92	+112	+134	+159	+185	+215	+240
		+32	+40	+50	+60	+72	+85	+100	+110
	10	+102	+124	+150	+180	+212	+245	+285	+320
		+32	+40	+50	+60	+72	+85	+100	+110

续表

公差带	等级	基本尺寸/mm							
		>10～18	>18～30	>30～50	>50～80	>80～120	>120～180	>180～250	>250～315
F	6	+27 +16	+33 +20	+41 +25	+49 +30	+58 +36	+68 +43	+79 +50	+88 +56
	7	+34 +16	+41 +20	+50 +25	+60 +30	+71 +36	+83 +43	+96 +50	+108 +56
	8	+43 +16	+53 +20	+64 +25	+76 +30	+90 +36	+106 +43	+122 +50	+137 +56
	9	+59 +16	+72 +20	+87 +25	+104 +30	+123 +36	+143 +43	+165 +50	+186 +56
H	5	+8 0	+9 0	+11 0	+13 0	+15 0	+18 0	+20 0	+23 0
	6	+11 0	+13 0	+16 0	+19 0	+22 0	+25 0	+29 0	+32 0
	7	+18 0	+21 0	+25 0	+30 0	+35 0	+40 0	+46 0	+52 0
	8	+27 0	+33 0	+39 0	+46 0	+54 0	+63 0	+72 0	+81 0
	9	+43 0	+52 0	+62 0	+74 0	+87 0	+100 0	+115 0	+130 0
	10	+70 0	+84 0	+100 0	+120 0	+140 0	+160 0	+185 0	+210 0
	11	+110 0	+130 0	+160 0	+190 0	+220 0	+250 0	+290 0	+320 0
JS	6	±5. 5	±6. 5	±8	±9. 5	±11	±12. 5	±14. 5	±16
	7	±9	±10	±12	±15	±17	±20	±23	±26
	8	±13	±16	±19	±23	±27	±31	±36	±40
	9	±21	±26	±31	±37	±43	±50	±57	±65
N	7	−5 −23	−7 −28	−8 −33	−9 −10	−10 −45	−12 −52	−14 −60	−14 −66
	8	−3 −30	−3 −36	−3 −42	−4 −50	−4 −58	−4 −67	−5 −77	−5 −86
	9	0 −43	0 −52	0 −62	0 −74	0 −87	0 −100	0 −115	0 −130
	10	0 −70	0 −84	0 −100	0 −120	0 −140	0 −160	0 −185	0 −210
	11	0 −110	0 −130	0 −160	0 −190	0 −220	0 −250	0 −290	0 −320

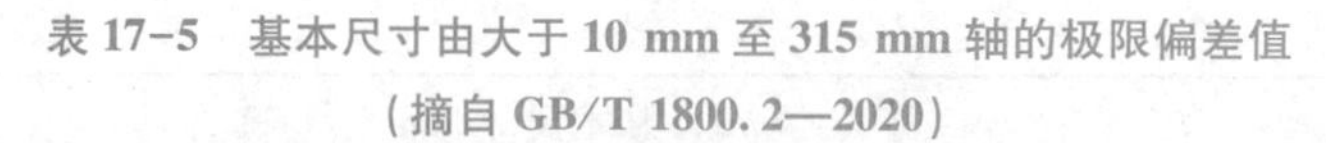

表 17-5 基本尺寸由大于 10 mm 至 315 mm 轴的极限偏差值

（摘自 GB/T 1800. 2—2020）

公差带	等级	基本尺寸/mm														
		>10~18	>18~30	>30~50	>50~65	>65~80	>80~100	>100~120	>120~140	>140~160	>160~180	>180~200	>200~225	>225~250	>250~280	>280~315
d	6	-50	-65	-80	-100		-120		-145			-170			-190	
		-66	-78	-96	-119		-142		-170			-199			-222	
	7	-50	-65	-80	-100		-120		-145			-170			-190	
		-68	-86	-105	-130		-155		-185			-216			-242	
	8	-50	-65	-80	-100		-120		-145			-170			-190	
		-77	-98	-119	-146		-174		-208			-242			-271	
	9	-50	-65	-80	-100		-120		-145			-170			-190	
		-93	-117	-142	-174		-207		-245			-285			-320	
	10	-50	-65	-80	-100		-120		-145			-170			-190	
		-120	-149	-180	-220		-260		-305			-355			-440	
	11	-50	-65	-80	-100		-120		-145			-170			-190	
		-160	-195	-240	-290		-340		-395			-460			-510	
f	7	-16	-20	-25	-30		-36		-43			-50			-56	
		-34	-41	-50	-60		-71		-83			-96			-108	
	8	-16	-20	-25	-30		-36		-43			-50			-56	
		-43	-53	-64	-76		-90		-106			-122			-137	
	9	-16	-20	-25	-30		-36		-43			-50			-56	
		-59	-72	-87	-104		-123		-143			-165			-186	
g	5	-6	-7	-9	-10		-12		-14			-15			-17	
		-14	-16	-20	-23		-27		-32			-35			-40	
	6	-6	-7	-9	-10		-12		-14			-15			-17	
		-17	-20	-25	-29		-34		-39			-44			-49	
	7	-6	-7	-9	-10		-12		-14			-15			-17	
		-24	-28	-34	-40		-47		-54			-61			-69	
h	5	0	0	0	0		0		0			0			0	
		-8	-9	-11	-13		-15		-18			-20			-23	
	6	0	0	0	0		0		0			0			0	
		-11	-13	-16	-19		-22		-25			-29			-32	
	7	0	0	0	0		0		0			0			0	
		-18	-21	-25	-30		-35		-40			-46			-52	
	8	0	0	0	0		0		0			0			0	
		-27	-33	-39	-46		-54		-63			-72			-81	
	9	0	0	0	0		0		0			0			0	
		-43	-52	-62	-74		-87		-100			-115			-130	
	10	0	0	0	0		0		0			0			0	
		-70	-84	-100	-120		-140		-160			-185			-210	
	11	0	0	0	0		0		0			0			0	
		-110	-130	-160	-190		-220		-250			-290			-320	

续表

公差带	等级	基本尺寸/mm														
		>10 ~18	>18 ~30	>30 ~50	>50 ~65	>65 ~80	>80 ~100	>100 ~120	>120 ~140	>140 ~160	>160 ~180	>180 ~200	>200 ~225	>225 ~250	>250 ~280	>280 ~315
js	5	±4	±4.5	±5.5	±6.5		±7.5		±9			±10			±11.5	
	6	±5.5	±6.5	±8	±9.5		±11		±12.5			±14.5			±16	
	7	±9	±10	±12	±15		±17		±20			±23			±26	
k	5	+9 +1	+11 +2	+13 +2	+15 +2		+18 +3		+21 +3			+24 +4			+27 +4	
	6	+12 +1	+15 +2	+18 +2	+21 +2		+25 +3		+28 +3			+33 +4			+36 +4	
	7	+19 +1	+23 +2	+27 +2	+32 +2		+38 +3		+43 +3			+50 +4			+56 +4	
m	5	+15 +7	+17 +8	+20 +9	+24 +11		+28 +13		+33 +15			+37 +17			+34 +20	
	6	+18 +7	+21 +8	+25 +9	+30 +11		+35 +13		+40 +15			+46 +17			+52 +20	
	7	+25 +7	+29 +8	+34 +9	+41 +11		+48 +13		+55 +15			+63 +17			+72 +20	
n	5	+20 +12	+24 +15	+28 +17	+33 +20		+38 +23		+45 +27			+51 +31			+57 +34	
	6	+23 +12	+28 +15	+33 +17	+39 +20		+45 +23		+52 +27			+60 +31			+66 +34	
	7	+30 +12	+36 +15	+42 +17	+50 +20		+58 +23		+67 +27			+77 +31			+86 +34	
p	5	+26 +18	+31 +22	+37 +26	+45 +32		+52 +37		+61 +43			+70 +50			+79 +56	
	6	+29 +18	+35 +22	+42 +26	+51 +32		+59 +37		+63 +43			+79 +50			+88 +56	
	7	+36 +18	+43 +22	+51 +26	+62 +32		+72 +37		+83 +43			+96 +50			+108 +56	
r	5	+31 +23	+37 +28	+45 +34	+54 +41	+56 +43	+66 +51	+69 +54	+81 +63	+83 +65	+86 +68	+97 +77	+100 +80	+104 +84	+117 +94	+121 +98
	6	+34 +23	+41 +28	+50 +34	+60 +41	+62 +43	+73 +51	+76 +54	+88 +63	+90 +65	+93 +68	+106 +77	+109 +80	+113 +84	+126 +94	+130 +98
	7	+41 +23	+49 +28	+59 +34	+71 +41	+73 +43	+86 +51	+89 +54	+103 +63	+105 +65	+108 +68	+123 +77	+126 +80	+130 +84	+146 +94	+150 +98

表 17-6　减速器主要零件的荐用配合

配合零件	荐用配合	装拆方法
一般情况下的齿轮、蜗轮、带轮、链轮、联轴器与轴的配合	$\frac{H7}{r6}$；$\frac{H7}{n6}$	用压力机
小锥齿轮及常拆卸的齿轮、带轮、链轮、联轴器与轴的配合	$\frac{H7}{m6}$；$\frac{H7}{k6}$	用压力机或手锤打入
蜗轮轮缘与轮芯的配合	轮箍式：H7/js6 螺栓连接式：H7/h6	加热轮缘或用压力机推入
轴套、挡油盘、溅油盘与轴的配合	$\frac{D11}{k6}$；$\frac{F9}{k6}$；$\frac{F9}{m6}$；$\frac{H8}{h7}$；$\frac{H8}{h8}$	徒手装配与拆卸
轴承套杯与箱体孔的配合	$\frac{H7}{js6}$；$\frac{H7}{h6}$	
轴承端盖与箱体孔（或套杯孔）的配合	$\frac{H7}{d11}$；$\frac{H7}{h8}$	
嵌入式轴承端盖的凸缘与箱体孔凹槽之间的配合	$\frac{H11}{h11}$	
与密封件相接触轴段的公差带	f9；h11	

17.2 形状和位置公差

表 17-7　直线度和平面度公差（摘自 GB/T 1184—1996）

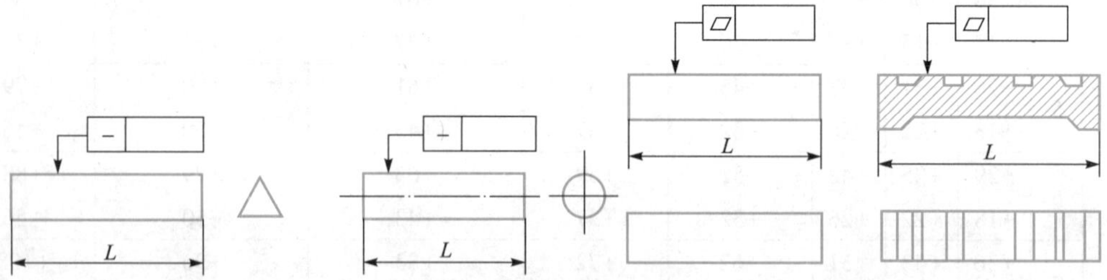

精度等级	主参数 L/mm										应用举例
	≤10	>10~16	>16~25	>25~40	>40~63	>63~100	>100~160	>160~250	>250~400	>400~630	
5	2	2.5	3	4	5	6	8	10	12	15	普通精度机床导轨
6	3	4	5	6	8	10	12	15	20	25	
7	5	6	8	10	12	15	20	25	30	40	轴承体支承面，减速器壳体，轴系支承轴承的接合面
8	8	10	12	15	20	25	30	40	50	60	

表 17-8 圆度和圆柱度公差（摘自 GB/T 1184—1996）

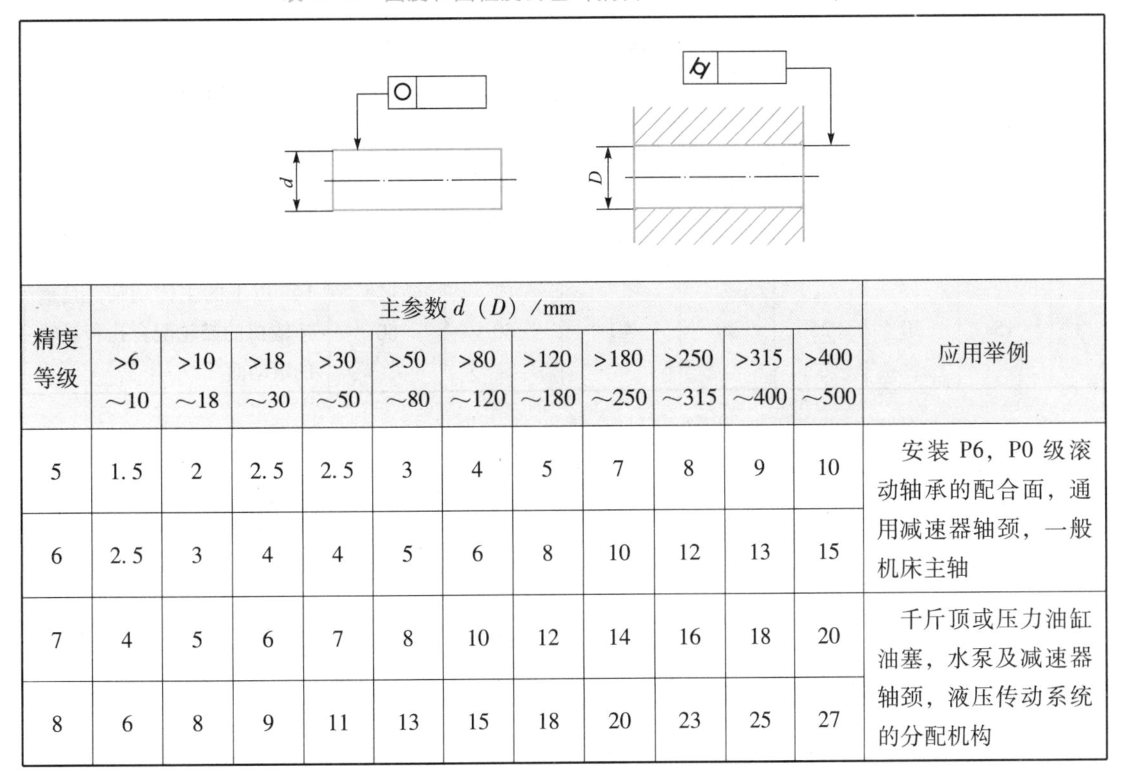

精度等级	主参数 d（D）/mm											应用举例
	>6 ~10	>10 ~18	>18 ~30	>30 ~50	>50 ~80	>80 ~120	>120 ~180	>180 ~250	>250 ~315	>315 ~400	>400 ~500	
5	1.5	2	2.5	2.5	3	4	5	7	8	9	10	安装 P6，P0 级滚动轴承的配合面，通用减速器轴颈，一般机床主轴
6	2.5	3	4	4	5	6	8	10	12	13	15	
7	4	5	6	7	8	10	12	14	16	18	20	千斤顶或压力油缸油塞，水泵及减速器轴颈，液压传动系统的分配机构
8	6	8	9	11	13	15	18	20	23	25	27	

表 17-9 同轴度、对称度、圆跳动和全跳动公差（摘自 GB/T 1184—1996）

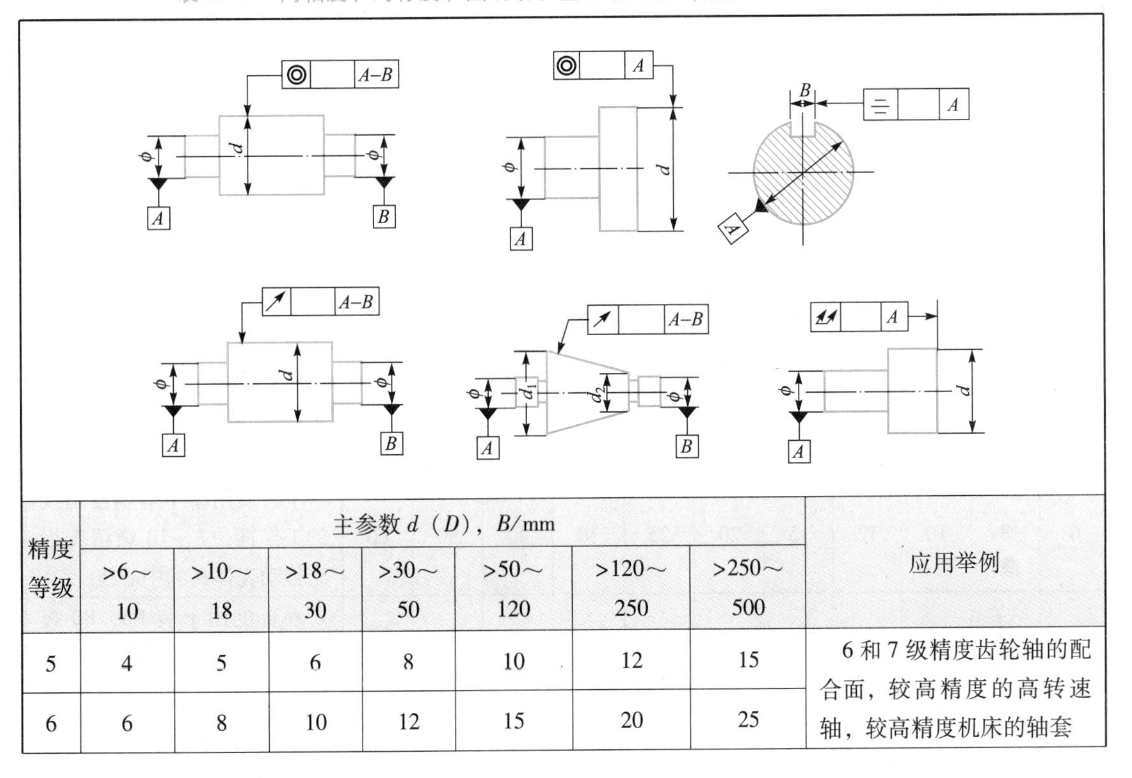

精度等级	主参数 d（D），B/mm							应用举例
	>6~ 10	>10~ 18	>18~ 30	>30~ 50	>50~ 120	>120~ 250	>250~ 500	
5	4	5	6	8	10	12	15	6 和 7 级精度齿轮轴的配合面，较高精度的高转速轴，较高精度机床的轴套
6	6	8	10	12	15	20	25	

续表

精度等级	主参数 d（D），B/mm							应用举例
	>6～10	>10～18	>18～30	>30～50	>50～120	>120～250	>250～500	
7	10	12	15	20	25	30	40	8和9级精度齿轮轴的配合面，普通精度高速轴（1 000 r/min以下），长度在1 m以下的主传动轴，起重运输机的鼓轮配合孔和导轮的滚动面
8	15	20	25	30	40	50	60	

表17-10　平行度、垂直度和倾斜度公差（摘自GB/T 1184—1996）

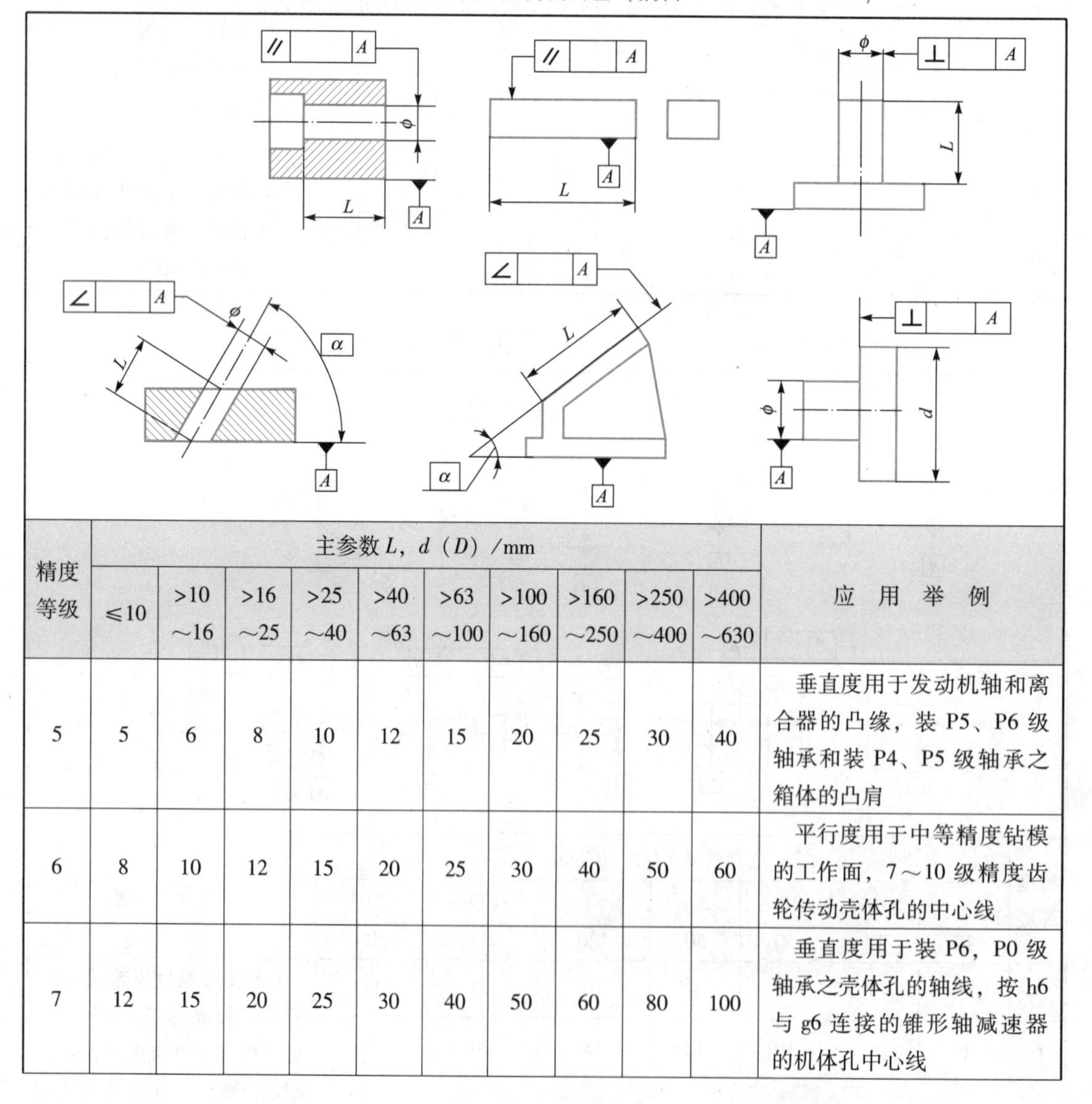

精度等级	主参数 L，d（D）/mm										应用举例
	≤10	>10～16	>16～25	>25～40	>40～63	>63～100	>100～160	>160～250	>250～400	>400～630	
5	5	6	8	10	12	15	20	25	30	40	垂直度用于发动机轴和离合器的凸缘，装P5、P6级轴承和装P4、P5级轴承之箱体的凸肩
6	8	10	12	15	20	25	30	40	50	60	平行度用于中等精度钻模的工作面，7～10级精度齿轮传动壳体孔的中心线
7	12	15	20	25	30	40	50	60	80	100	垂直度用于装P6，P0级轴承之壳体孔的轴线，按h6与g6连接的锥形轴减速器的机体孔中心线

续表

精度等级	主参数 L，d（D）/mm										应用举例
	≤10	>10~16	>16~25	>25~40	>40~63	>63~100	>100~160	>160~250	>250~400	>400~630	
8	20	25	30	40	50	60	80	100	120	150	平行度用于重型机械轴承盖的端面、手动传动装置中的传动轴

表 17-11 轴的形位公差推荐

类别	标注项目	精度等级	对工作性能的影响
形状公差	与滚动轴承相配合的直径的圆柱度	6	影响轴承与轴配合松紧及对中性，也会改变轴承内圈滚道的几何形状，缩短轴承寿命
位置公差	与滚动轴承相配合的轴颈表面对中心线的圆跳动	6	影响传动件及轴承的运转（偏心）
	轴承定位端面对中心线的垂直度或端面圆跳动	6	影响轴承的定位，造成轴承套圈歪斜；改变滚道的几何形状，恶化轴承的工作条件
	与齿轮等传动零件相配合表面对中心线的圆跳动	6~8	影响传动件的运转（偏心）
	齿轮等传动零件的定位端面对中心线的垂直度或端面圆跳动	6~8	影响齿轮等传动零件的定位及其受载均匀性
	键槽对轴中心线的对称度（要求不高时可不注）	7~9	影响键受载的均匀性及装拆的难易

表 17-12 箱体的形位公差推荐

类别	标注项目	荐用精度等级	对工作性能的影响
形状公差	轴承座孔的圆柱度	7	影响箱体与轴承的配合性能及对中性
	分箱面的平面度	7	影响箱体剖分面的防渗漏性能及密合性
位置公差	轴承座孔中心线相互间的平行度	6	影响传动零件的接触斑点及传动的平稳性
	轴承座孔的端面对其中心线的垂直度	7~8	影响轴承固定及轴向受载的均匀性
	锥齿轮减速器轴承座孔中心线相互间的垂直度	7	影响传动零件的传动平稳性和载荷分布的均匀性
	两轴承座孔中心线的同轴度	6~7	影响减速器的装配及传动零件载荷分布的均匀性

17.3 表面粗糙度

表 17-13 表面粗糙度的参数值及对应的加工方法（摘自 GB/T 1031—2009）

粗糙度	○✓	*Ra*25	*Ra*12.5	*Ra*6.3	*Ra*3.2	*Ra*1.6	*Ra*0.8	*Ra*0.4	*Ra*0.2
表现状态	除净毛刺	微见刀痕	可见加工痕迹	微见加工痕迹	看不见加工痕迹	可辨加工痕迹方向	微辨加工痕迹方向	不可辨加工痕迹方向	暗光泽面
加工方法	铸，锻，冲压，热轧，冷轧，粉末冶金	粗车，刨，立铣，平铣，钻	车，镗，刨，钻，平铣，立铣，锉，粗铰，磨，铣齿	车，镗，刨，铣，刮 1～2 点/cm^2，拉，磨，锉，滚压，铣齿	车，镗，刨，铣，铰，拉，磨，滚压，铣齿，刮 1～2 点/cm^2	车，镗，拉，磨，立铣，铰，滚压，刮 3～10 点/cm^2	铰，磨，镗，拉，滚压，刮 3～10 点/cm^2	布轮磨，磨，研磨，超级加工	超级加工

表 17-14 典型零件表面粗糙度的选择（摘自 GB/T 1031—2009）

<table>
<tr><th>表面特性</th><th>部位</th><th colspan="3">表面粗糙度 Ra 数值不大于/μm</th></tr>
<tr><td rowspan="2">键与键槽</td><td>工作表面</td><td colspan="3">6.3</td></tr>
<tr><td>非工作表面</td><td colspan="3">12.5</td></tr>
<tr><td rowspan="5">齿轮</td><td rowspan="2"></td><td colspan="3">齿轮的精度等级</td></tr>
<tr><td>7</td><td>8</td><td>9</td></tr>
<tr><td>齿面</td><td>0.8</td><td>1.6</td><td>3.2</td></tr>
<tr><td>外圆</td><td colspan="2">1.6～3.2</td><td>3.2～6.3</td></tr>
<tr><td>端面</td><td colspan="2">0.8～3.2</td><td>3.2～6.3</td></tr>
<tr><td rowspan="5">滚动轴承配合面</td><td rowspan="2">轴承座孔直径/mm</td><td colspan="3">轴或外壳配合表面直径公差等级</td></tr>
<tr><td>IT5</td><td>IT6</td><td>IT7</td></tr>
<tr><td>≤80</td><td>0.4～0.8</td><td>0.8～1.6</td><td>1.6～3.2</td></tr>
<tr><td>>80～500</td><td>0.8～1.6</td><td>1.6～3.2</td><td>1.6～3.2</td></tr>
<tr><td>端面</td><td>1.6～3.2</td><td colspan="2">3.2～6.3</td></tr>
<tr><td rowspan="2">传动件、联轴器等轮毂与轴的配合表面</td><td>轴</td><td colspan="3" rowspan="2">1.6～3.2</td></tr>
<tr><td>轮毂</td></tr>
<tr><td>轴端面、倒角、螺栓孔等非配合表面</td><td colspan="4">12.5～25</td></tr>
</table>

续表

表面特性	部位	表面粗糙度 Ra 数值不大于/μm		
轴密封处的表面	毡圈式	橡胶密封式		油沟及迷宫式
	与轴接触处的圆周速度/（$m \cdot s^{-1}$）			1.6～3.2
	≤3	>3～5	>5～10	
	0.8～1.6	0.4～0.8	0.2～0.4	
箱体剖分面	1.6～3.2			
观察孔与盖的接触面，箱体底面	6.3～12.5			
定位孔销	0.8～1.6			

17.4 渐开线圆柱齿轮精度

17.4.1 精度等级

GB/T 10095.1~2—2008 对渐开线圆柱齿轮及齿轮副规定了 13 个精度等级，按 0～12 级排序，第 0 级的精度最高，第 12 级的精度最低。齿轮副中两个齿轮的精度等级一般取成相同，也允许取成不同。一般机械制造及通用减速器中常用 6～9 级精度的齿轮。

按齿轮各项公差的特性，将其分成三个公差组，分别称为Ⅰ、Ⅱ、Ⅲ公差组，见表 17-15。根据使用要求的不同，各公差组可以选用相同的精度等级，也可以选用不同的精度等级。但在同一公差组内，各项公差与极限偏差应保持相同的精度等级。

表 17-15　齿轮各项公差的分组

公差组	公差与极限偏差项目	误差特性	对传动性能的主要影响
Ⅰ	F_i'，F_p，F_{pk}，F_i''，F_r，F_w	以齿轮一转为周期的误差	传递运动的准确性
Ⅱ	f_i'，f_f，f_{pt}，f_{pb}，f_i''，$f_{f\beta}$	在齿轮一周内，多次周期地重复出现的误差	传动的平稳性、噪声、振动
Ⅲ	F_β，F_b，F_{px}	齿向线的误差	载荷分布的均匀性
注：F_i'为切向综合公差；F_p 为齿距累积公差；F_{pk}为 k 个齿距累积公差；F_i''为径向综合公差；F_r 为齿圈径向跳动公差；F_W 为公法线长度变动公差；f_i'为切向一齿综合公差；f_f 为齿形公差；f_{pt}为齿距极限偏差；f_{pb}为基节极限偏差；f_i''为径向一齿综合公差；$F_{f\beta}$为螺旋线波动公差；F_β 为齿向公差；F_b 为接触线公差；F_{px}为轴向齿距极限偏差。			

齿轮精度应根据传动的用途、使用条件、传递的功率、圆周速度以及其他技术要求决

定。普通圆柱齿轮减速器（斜齿轮 v<18 m/s）齿轮的精度等级可参考表 17-16 选取。

表 17-16 普通减速器齿轮的荐用精度（摘自 GB/T 10095.1—2008）

齿轮圆周速度/（m·s⁻¹）		精度等级	
斜齿轮	直齿轮	软或中硬齿面	硬齿面
≤8	≤3	8-8-7	7-7-6
>3～12.5	>3～7	8-7-7	7-7-6
>12.5～18	>7～12	8-7-6	6

17.4.2 齿轮副侧隙

齿轮副的侧隙应根据工作条件用最大极限侧隙 j_{nmax}（或 j_{tmax}）和最小极限侧隙 j_{nmin}（或 j_{tmin}）来规定。侧隙是通过选择适当的中心距偏差，齿厚极限偏差（或公法线平均长度偏差）等来保证。齿轮副的最小法向侧隙推荐按表 17-17 选取。

表 17-17 最小法向侧隙 j_{nmin}（摘自 GB/T 10095.1—2008）

中心距 a/mm	≤80	>80～125	>125～180	>180～250
j_{nmin}/μm	120	140	10	185

标准中规定了 14 种齿厚（或公法线长度）极限偏差，按偏差数值由小到大的顺序依次用字母 C，D，E，…，S 表示。每个代号代表齿距极限偏差 f_{pt} 的倍数，见表 17-18。

选择极限偏差时，应根据对侧隙的要求，从图 17-1 中选择两种代号，组成齿厚上偏差和下偏差。例如选择齿厚极限偏差的代号 FL，表示齿厚的上偏差为 F（$=4f_{pt}$），下偏差为 L（$=-16f_{pt}$），参见图 17-1。关于齿厚（或公法线长度）极限偏差代号的具体选择，推荐参考表 17-19 查取，表中同时给出了偏差的数值。

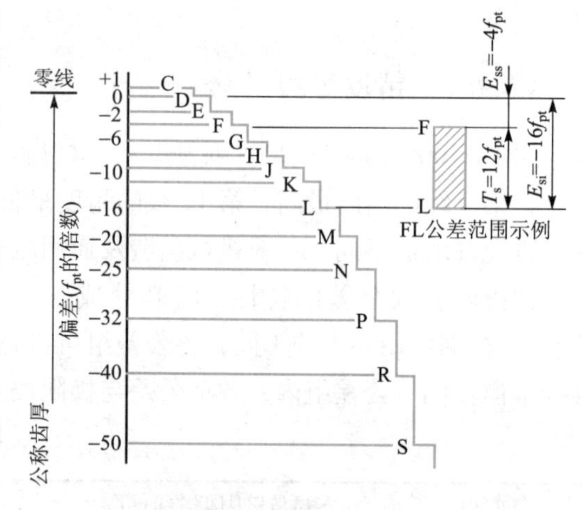

图 17-1 齿厚极限偏差代号

表 17-18 齿厚极限偏差（摘自 GB/T 10095.1—2008）

$C=+1f_{pt}$	$G=-6f_{pt}$	$L=-16f_{pt}$	$R=-40f_{pt}$
$D=0$	$H=-8f_{pt}$	$M=-20f_{pt}$	$S=-50f_{pt}$
$E=-2f_{pt}$	$J=-10f_{pt}$	$N=-25f_{pt}$	
$F=-4f_{pt}$	$K=-12f_{pt}$	$P=-32f_{pt}$	

注：对外啮合齿轮

公法线平均长度上偏差 $E_{ws}=E_{ss}\cos\alpha-0.72F_r\sin\alpha$

公法线平均长度下偏差 $E_{wi}=E_{si}\cos\alpha+0.72F_r\sin\alpha$

公法线平均长度公差 $T_w=T_s\cos\alpha-1.44F_r\sin\alpha$

表 17-19 齿厚极限偏差和公法线平均长度偏差

偏差	第Ⅱ公差组精度等级	法向模数 m_n/mm	分度圆直径/mm					
			≤80	>80～125	>125～180	>180～250	>250～315	>315～400
齿厚极限上偏差 E_{ss} 及下偏差 E_{si}	6	≥1～3.5	HK$\binom{-80}{-120}$	JL$\binom{-100}{-160}$	JL$\binom{-110}{-176}$	KM$\binom{-132}{-220}$	KM$\binom{-132}{-220}$	HK$\binom{-176}{-220}$
		>3.5～6.3	GJ$\binom{-78}{-130}$	HK$\binom{-104}{-156}$	HK$\binom{-112}{-168}$	JL$\binom{-140}{-224}$	JL$\binom{-140}{-224}$	KL$\binom{-168}{-224}$
		>6.3～10	GJ$\binom{-84}{-140}$	HK$\binom{-112}{-168}$	HK$\binom{-128}{-192}$	HK$\binom{-128}{-192}$	HK$\binom{-128}{-192}$	JL$\binom{-160}{-256}$
	7	≥1～3.5	HK$\binom{-112}{-168}$	HK$\binom{-112}{-168}$	HK$\binom{-128}{-192}$	HK$\binom{-128}{-192}$	JL$\binom{-160}{-256}$	KL$\binom{-192}{-256}$
		>3.5～6.3	GJ$\binom{-108}{-180}$	GJ$\binom{-108}{-180}$	GJ$\binom{-120}{-200}$	HK$\binom{-120}{-200}$	HK$\binom{-160}{-240}$	HK$\binom{-160}{-240}$
		>6.3～10	GJ$\binom{-120}{-200}$	GJ$\binom{-120}{-200}$	GJ$\binom{-132}{-220}$	GJ$\binom{-132}{-220}$	HK$\binom{-176}{-264}$	HK$\binom{-176}{-264}$
	8	≥1～3.5	GJ$\binom{-120}{-200}$	GJ$\binom{-120}{-200}$	GJ$\binom{-132}{-220}$	HK$\binom{-176}{-264}$	HK$\binom{-176}{-264}$	HK$\binom{-176}{-264}$
		>3.5～6.3	FH$\binom{-100}{-200}$	GH$\binom{-150}{-200}$	GJ$\binom{-168}{-280}$	GJ$\binom{-168}{-280}$	GJ$\binom{-168}{-280}$	GJ$\binom{-168}{-280}$
		>6.3～10	FG$\binom{-112}{-244}$	FG$\binom{-112}{-244}$	FH$\binom{-128}{-256}$	GJ$\binom{-192}{-320}$	GJ$\binom{-192}{-320}$	GJ$\binom{-192}{-320}$
公法线平均长度上偏差 E_{ws} 及下偏差 E_{wi}	6	≥1～3.5	HJ$\binom{-80}{-100}$	JL$\binom{-100}{-140}$	JL$\binom{-110}{-176}$	KL$\binom{-132}{-176}$	KL$\binom{-132}{-176}$	LM$\binom{-176}{-220}$
		>3.5～6.3	GH$\binom{-78}{-104}$	HJ$\binom{-104}{-130}$	HJ$\binom{-112}{-140}$	JL$\binom{-140}{-244}$	JL$\binom{-140}{-224}$	KL$\binom{-168}{-224}$
		>6.3～10	GH$\binom{-84}{-112}$	HJ$\binom{-112}{-140}$	HJ$\binom{-128}{-160}$	HJ$\binom{-128}{-160}$	HJ$\binom{-128}{-160}$	JL$\binom{-192}{-256}$
	7	≥1～3.5	HJ$\binom{-112}{-140}$	HJ$\binom{-112}{-140}$	HJ$\binom{-128}{-160}$	HJ$\binom{-128}{-160}$	JL$\binom{-160}{-256}$	KL$\binom{-160}{-256}$
		>3.5～6.3	GH$\binom{-108}{-144}$	GH$\binom{-108}{-144}$	GH$\binom{-120}{-160}$	HJ$\binom{-160}{-200}$	HJ$\binom{-160}{-200}$	HJ$\binom{-160}{-200}$
		>6.3～10	GH$\binom{-120}{-160}$	GH$\binom{-120}{-160}$	GH$\binom{-132}{-176}$	GH$\binom{-132}{-176}$	HJ$\binom{-176}{-220}$	HJ$\binom{-176}{-220}$
	8	≥1～3.5	GH$\binom{-120}{-160}$	GH$\binom{-120}{-160}$	GH$\binom{-132}{-176}$	HJ$\binom{-176}{-220}$	HJ$\binom{-176}{-220}$	HJ$\binom{-176}{-220}$
		>3.5～6.3	FG$\binom{-100}{-150}$	GH$\binom{-100}{-150}$	GH$\binom{-168}{-224}$	GH$\binom{-168}{-224}$	GH$\binom{-168}{-224}$	GH$\binom{-168}{-224}$
		>6.3～10	FH$\binom{-112}{-224}$	FG$\binom{-112}{-224}$	FG$\binom{-128}{-192}$	GH$\binom{-192}{-256}$	GH$\binom{-192}{-256}$	GH$\binom{-192}{-256}$

注：1. 本表不属于 GB/T 10095.1—2008，仅供参考。

2. 表中给出的偏差值适用于一般传动。

17.4.3 推荐的检验项目

齿轮及齿轮副的检验项目应根据工作要求，生产规模确定。对于6～8级精度的一般齿轮传动，推荐的检验项目列于表17-20。

表17-20 推荐的圆柱齿轮和齿轮副检验项目

项目		精度等级
		6～8
公差组	Ⅰ	F_r 与 F_w
	Ⅱ	f_f 与 f_{pb} 或 f_f 与 f_{pt}　f_{pt} 与 f_{fb}
	Ⅲ	（接触斑点）或 F_β
齿轮副	对齿轮	E_w 或 E_a
	对传动	接触斑点，f_a
	对箱体	f_x，f_y
齿轮毛坯公差		顶圆直径公差，基准面的径向跳动公差，基准面的端面跳动公差

17.4.4 图样标注

在齿轮工作图上应标注齿轮的精度等级和齿厚偏差字母代号。标注示例：

（1）齿轮的三个公差组精度同为7级，其齿厚上偏差为F，下偏差为L：

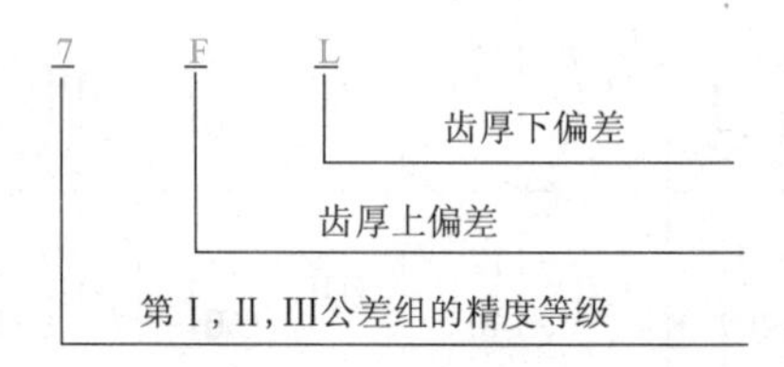

（2）齿轮的第Ⅰ公差组精度为7级，第Ⅱ公差组精度为6级，第Ⅲ公差组精度为6级，齿厚上偏差为G，下偏差为M：

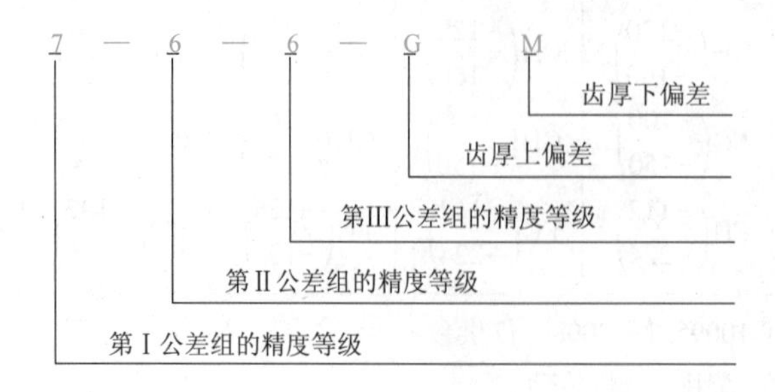

17.4.5　齿轮精度数值表

表 17-21　齿轮有关 F_r、F_w、f_f、f_{pt}、F_β 的值（摘自 GB/T 10095.1—2008）

分度圆直径/mm		法向模数 m_n/mm	第Ⅰ公差组						第Ⅱ公差组									第Ⅲ公差组				
			齿圈径向跳动公差 F_r			公法线长度变动公差 F_w			齿形公差 f_f			齿距极限偏差 $\pm f_{pt}$			基节极限偏差 $\pm f_{pb}$			齿向公差 F_β				
			精度等级															齿轮宽度/mm		精度等级		
大于	到		6	7	8	6	7	8	6	7	8	6	7	8	6	7	8			6	7	8
—	125	≥1～3.5	25	36	45	20	28	40	8	11	14	10	14	20	9	13	18	—	40	9	11	18
		>3.5～6.3	28	40	50				10	14	20	13	18	25	11	16	22					
		>6.3～10	32	45	56				12	17	22	14	20	28	13	18	25	40	100	12	16	25
125	400	≥1～3.5	36	50	63	25	36	50	9	13	18	11	16	22	10	14	20					
		>3.5～6.3	40	56	71				11	16	22	14	20	28	13	18	25	100	160	16	20	32
		>6.3～10	45	63	86				13	19	28	16	22	32	14	20	30					

表 17-22　轴线平行度公差（摘自 GB/T 10095.1—2008）

x 方向轴线平行度公差 $f_x = F_\beta$	对 F_β 见表 17-21
y 方向轴线平行度公差 $f_y = \frac{1}{2}F_\beta$	

表 17-23　中心距极限偏差 $\pm f_a$ 值（摘自 GB/T 10095.1—2008）

第Ⅱ公差组精度等级			6	7，8
f_a			$\frac{1}{2}$IT7	$\frac{1}{2}$IT8
中心距 a/mm	大于	到		
	80	120	17.5	27
	120	180	20	31.5
	180	250	23	36

表 17-24　齿坯尺寸和形位公差（摘自 GB/T 10095.1—2008）

齿轮精度等级①		6	7，8
孔	尺寸公差、形状公差	IT6	IT7
轴	尺寸公差、形状公差	IT5	IT6
顶圆直径公差②		IT8	

注：1. 当三个公差组的精度等级不同时，按最高的精度等级确定公差值。
2. 当顶圆不作测量齿厚的基准时，尺寸公差按 IT11 给定，但不大于 0.1 m_n。

表 17-25　接触斑点（摘自 GB/T 10095.1—2008）

接触斑点	单位	精度等级		
		6	7	8
按高度不小于	%	50（40）	45（35）	40（30）
按长度不小于	%	70	60	50

注：1. 接触斑点的分布位置趋近齿面中部，齿顶和两端部棱边处不允许接触。

2. 括号内数值，用于轴向重合度 $\varepsilon_\beta=\dfrac{b\sin\beta}{\pi m_n}>0.8$ 的斜齿轮。

表 17-26　齿坯基准面径向和端面跳动公差（摘自 GB/T 10095.2—2008）

分度圆直径/mm		精度等级	
大于	到	6 级	7 或 8 级
—	125	11	18
125	400	14	22
400	800	20	32

注：当以顶圆做基准面时，本栏就指顶圆的径向跳动。

17.4.6　齿厚和公法线长度

表 17-27　固定弦齿厚和弦齿高（$\alpha=\alpha_n=20°$，$h_a^*=1$）（摘自 GB/T 10095.1—2008）

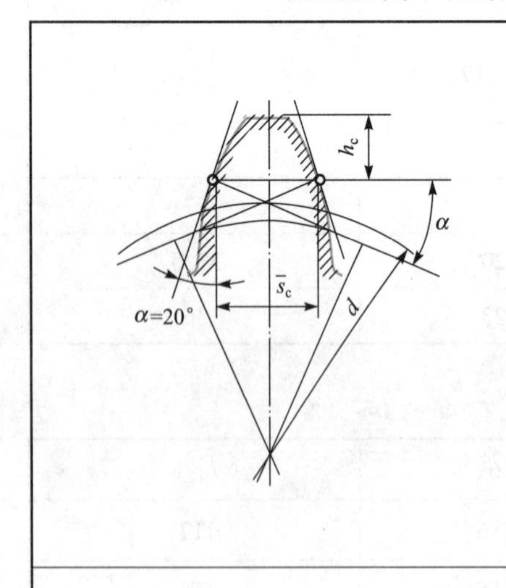

固定弦齿厚 $\bar{s}_c=1.387\ m$；固定弦齿高 $\bar{h}_c=0.7476\ m$					
m	$\bar{s}_c$/mm	$\bar{h}_c$/mm	m	$\bar{s}_c$/mm	$\bar{h}_c$/mm
1	1.387 1	0.747 6	4	5.548 2	2.990 3
1.25	1.733 8	0.934 4	4.5	6.241 7	3.364 1
1.5	2.080 6	1.121 4	5	6.935 3	3.737 9
1.75	2.427 3	1.308 2	5.5	7.628 8	4.111 7
2	2.774 1	1.495 1	6	8.322 3	4.485 4
2.25	3.120 9	1.682 0	7	9.709 3	5.233 0
2.5	3.467 7	1.868 9	8	11.096 4	5.980 6
3	4.161 2	2.242 7	9	12.483 4	6.728 2
3.5	4.854 7	2.616 5	10	13.870 5	7.475 7

注：1. 对于标准斜齿圆柱齿轮，表中的模数 m 指的是法面模数；对于直齿圆锥齿轮，m 指的是大端模数。

2. 对于变位齿轮，其固定弦齿厚及弦齿高可按下式计算：$\bar{s}_c=1.387\ 1\ m+0.642\ 8\ xm$；$\bar{h}_c=0.747\ 6\ m+0.883\ xm-\Delta ym$。式中 x 及 Δy 分别为变位系数及齿高变动系数。

表 17-28　标准齿轮分度圆弦齿厚和弦齿高（$m=m_n=1$，$\alpha=\alpha_n=20°$，$h_a^*=h_{an}^*=1$）
（摘自 GB/T 10095.1—2008）

齿数 z	分度圆弦齿厚 $\bar{s}^*$/mm	分度圆弦齿高 $\bar{h}_a^*$/mm	齿数 z	分度圆弦齿厚 $\bar{s}^*$/mm	分度圆弦齿高 $\bar{h}_a^*$/mm	齿数 z	分度圆弦齿厚 $\bar{s}^*$/mm	分度圆弦齿高 $\bar{h}_a^*$/mm	齿数 z	分度圆弦齿厚 $\bar{s}^*$/mm	分度圆弦齿高 $\bar{h}_a^*$/mm
6	1.552 9	1.102 2	40	1.570 4	1.015 4	74	1.570 7	1.008 4	108	1.570 7	1.005 7
7	1.550 8	1.087 3	41	1.570 4	1.015 0	75	1.570 7	1.008 3	109	1.570 7	1.005 7
8	1.560 7	1.076 9	42	1.570 4	1.014 7	76	1.570 7	1.008 1	110	1.570 7	1.005 6
9	1.562 8	1.068 4	43	1.570 5	1.014 3	77	1.570 7	1.008 0	111	1.570 7	1.005 6
10	1.564 3	1.061 6	44	1.570 5	1.014 0	78	1.570 7	1.007 9	112	1.570 7	1.005 5
11	1.565 4	1.055 9	45	1.570 5	1.013 7	79	1.570 7	1.007 8	113	1.570 7	1.005 5
12	1.566 3	1.051 4	46	1.570 5	1.013 4	80	1.570 7	1.007 7	114	1.570 7	1.005 4
13	1.567 0	1.047 4	47	1.570 5	1.013 1	81	1.570 7	1.007 6	115	1.570 7	1.005 4
14	1.567 5	1.044 0	48	1.570 5	1.012 9	82	1.570 7	1.007 5	116	1.570 7	1.005 3
15	1.567 9	1.041 1	49	1.570 5	1.012 6	83	1.570 7	1.007 4	117	1.570 7	1.005 3
16	1.568 3	1.035 8	50	1.570 5	1.012 3	84	1.570 7	1.007 4	118	1.570 7	1.005 3
17	1.568 6	1.036 2	51	1.570 6	1.012 1	85	1.570 7	1.007 3	119	1.570 7	1.005 2
18	1.568 8	1.034 2	52	1.570 6	1.011 9	86	1.570 7	1.007 2	120	1.570 7	1.005 2
19	1.569 0	1.032 4	53	1.570 6	1.011 7	87	1.570 7	1.007 1	121	1.570 7	1.005 1
20	1.569 2	1.030 8	54	1.570 6	1.011 4	88	1.570 7	1.007 0	122	1.570 7	1.005 1
21	1.569 4	1.029 4	55	1.570 6	1.011 2	89	1.570 7	1.006 9	123	1.570 7	1.005 0
22	1.569 5	1.028 1	56	1.570 6	1.011 0	90	1.570 7	1.006 8	124	1.570 7	1.005 0
23	1.569 6	1.026 8	57	1.570 6	1.010 8	91	1.570 7	1.006 8	125	1.570 7	1.004 9
24	1.569 7	1.025 7	58	1.570 6	1.010 6	92	1.570 7	1.006 7	126	1.570 7	1.004 9
25	1.569 8	1.024 7	59	1.570 6	1.010 5	93	1.570 7	1.006 7	127	1.570 7	1.004 9
26	1.569 8	1.023 7	60	1.570 6	1.010 2	94	1.570 7	1.006 6	128	1.570 7	1.004 8
27	1.569 9	1.022 8	61	1.570 6	1.010 1	95	1.570 7	1.006 5	129	1.570 7	1.004 8
28	1.570 0	1.022 0	62	1.570 6	1.010 0	96	1.570 7	1.006 4	130	1.570 7	1.004 7
29	1.570 0	1.021 3	63	1.570 6	1.009 8	97	1.570 7	1.006 4	131	1.570 8	1.004 7
30	1.570 1	1.020 5	64	1.570 6	1.009 7	98	1.570 7	1.006 3	132	1.570 8	1.004 7
31	1.570 1	1.019 9	65	1.570 6	1.009 5	99	1.570 7	1.006 2	133	1.570 8	1.004 7
32	1.570 2	1.019 3	66	1.570 6	1.009 4	100	1.570 7	1.006 1	134	1.570 8	1.004 6
33	1.570 2	1.018 7	67	1.570 6	1.009 2	101	1.570 7	1.006 1	135	1.570 8	1.004 6
34	1.570 2	1.018 1	68	1.570 6	1.009 1	102	1.570 7	1.006 0	140	1.570 8	1.004 4
35	1.570 2	1.017 6	69	1.570 7	1.009 0	103	1.570 7	1.006 0	145	1.570 8	1.004 2
36	1.570 3	1.017 1	70	1.570 7	1.008 8	104	1.570 7	1.005 9	150	1.570 8	1.004 1
37	1.570 3	1.016 7	71	1.570 7	1.008 7	105	1.570 7	1.005 9	齿条	1.570 8	1.000 0
38	1.570 3	1.016 2	72	1.570 7	1.008 6	106	1.570 7	1.005 8			
39	1.570 3	1.015 8	73	1.570 7	1.0085	107	1.570 7	1.005 8			

注：1. 当 m（m_n）$\neq 1$ 时，分度圆弦齿厚 $\bar{s}=\bar{s}^*m$（$\bar{s}_n=\bar{s}_n^*m_n$），分度圆弦齿高 $\bar{h}_a=\bar{h}_a^*m$（$\bar{h}_{an}=\bar{h}_{an}^*m_n$）。

2. 对于斜齿圆柱齿轮和圆锥齿轮，本表也可以用，但要按照当量齿数 z_v 查取。

3. 如果当量齿数带小数，就要用比例插入法，把小数部分考虑进去。

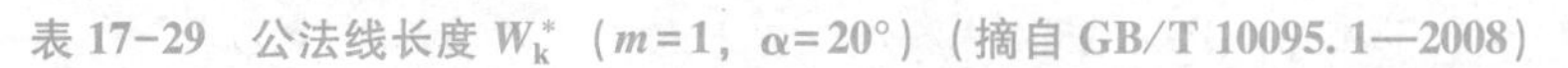

表 17-29　公法线长度 W_k^*（$m=1$，$\alpha=20°$）（摘自 GB/T 10095.1—2008）

齿轮齿数 z	跨测齿数 k	公法线长度 W_k^*/mm	齿轮齿数 z	跨测齿数 k	公法线长度 W_k^*/mm	齿轮齿数 z	跨测齿数 k	公法线长度 W_k^*/mm	齿轮齿数 z	跨测齿数 k	公法线长度 W_k^*/mm	齿轮齿数 z	跨测齿数 k	公法线长度 W_k^*/mm
			41	5	13.858 8	81	10	29.179 7	121	14	41.548 4	161	18	53.917 1
			42	5	8 728	82	10	29.193 7	122	14	5 624	162	19	56.883 3
			43	5	8 868	83	10	2 077	123	14	5 764	163	19	56.897 2
4	2	4.484 2	44	5	9 008	84	10	2 217	124	14	5 904	164	19	9 113
5	2	4.494 2	45	6	16.867 0	85	10	2 357	125	14	6 044	165	19	9 253
6	2	4.512 2	46	6	16.881 0	86	10	2 497	126	15	44.570 6	166	19	9 393
7	2	4.526 2	47	6	8 950	87	10	2 637	127	15	44.584 6	167	19	9 533
8	2	4.540 2	48	6	9 090	88	10	2 777	128	15	5 986	168	19	9 673
9	2	4.554 2	49	6	9 230	89	10	2 917	129	15	6 126	169	19	9 813
10	2	4.568 3	50	6	9 370	90	11	32.257 9	130	15	6 266	170	19	9 953
11	2	4.582 3	51	6	9 510	91	11	32.271 8	131	15	6 406	171	20	59.961 5
12	2	5 963	52	6	9 660	92	11	2 858	132	15	6 546	172	20	59.975 4
13	2	6 103	53	6	9 790	93	11	2 998	133	15	6 686	173	20	9 894
14	2	6 243	54	7	19.945 2	94	11	3 136	134	15	6 826	174	20	60.003 4
15	2	6 383	55	7	19.959 1	95	11	3 279	135	16	47.649 0	175	20	0 174
16	2	6 523	56	7	9 731	96	11	3 419	136	16	6 627	176	20	0 314
17	2	6 663	57	7	9 871	97	11	3 559	137	16	6 767	177	20	0 455
18	3	7.632 4	58	7	20.001 1	98	11	3 699	138	16	6 907	178	20	0 595
19	3	7.646 4	59	7	0 152	99	12	35.336 1	139	16	7 047	179	20	0 735
20	3	7.660 4	60	7	0 292	100	12	35.350 0	140	16	7 187	180	21	63.039 7
21	3	6 744	61	7	0 432	101	12	3 640	141	16	7 327	181	21	63.053 6
22	3	6 884	62	7	0 572	102	12	3 780	142	16	7 408	182	21	0 676
23	3	7 024	63	8	23.023 3	103	12	3 920	143	16	7 608	183	21	0 816
24	3	7 165	64	8	23.037 3	104	12	4 060	144	17	50.727 0	184	21	0 956
25	3	7 305	65	8	0 513	105	12	4 200	145	17	50.740 9	185	21	1 099
26	3	7 445	66	8	0 653	106	12	4 340	146	17	7 549	186	21	1 236
27	4	10.710 6	67	8	0 793	107	12	4 481	147	17	7 689	187	21	1 376
28	4	10.724 6	68	8	0 933	108	13	38.414 2	148	17	7 829	188	21	1 516
29	4	7 386	69	8	1 073	109	13	38.428 2	149	17	7 969	189	22	66.117 9
30	4	7 526	70	8	1 213	110	13	4 422	150	17	8 109	190	22	66.131 8
31	4	7 666	71	8	1 353	111	13	4 562	151	17	8 249	191	22	1 458
32	4	7 806	72	9	26.101 5	112	13	4 702	152	17	8 389	192	22	1 598
33	4	7 946	73	9	26.115 5	113	13	4 842	153	18	53.805 1	193	22	1 738
34	4	8 086	74	9	1 295	114	13	4 982	154	18	53.819 1	194	22	1 878
35	4	8 226	75	9	1 435	115	13	5 122	155	18	8 331	195	22	2 018
36	5	13.788 8	76	9	1 575	116	13	5 262	156	18	8 471	196	22	2 158
37	5	13.802 8	77	9	1 715	117	14	41.492 4	157	18	8 611	197	22	2 298

续表

齿轮齿数 z	跨测齿数 k	公法线长度 W_k^*/mm	齿轮齿数 z	跨测齿数 k	公法线长度 W_k^*/mm	齿轮齿数 z	跨测齿数 k	公法线长度 W_k^*/mm	齿轮齿数 z	跨测齿数 k	公法线长度 W_k^*/mm	齿轮齿数 z	跨测齿数 k	公法线长度 W_k^*/mm
38	5	8 168	78	9	1 855	118	14	41. 506 4	158	18	8 751	198	23	69. 196 1
39	5	8 308	79	9	1 995	119	14	5 204	159	18	8 891	199	23	69. 210 1
40	5	8 448	80	9	2 135	120	14	5 344	160	18	9 031	200	23	2 241

注：1. 对标准直齿圆柱齿轮，公法线长度 $W_k=W_k^* m$，W_k^* 为 $m=1$ mm，$\alpha=20°$时的公法线长度。

2. 对变位直齿圆柱齿轮，当变位系数较小，$|x|<0.3$ 时，跨测齿数 k 不变，按照上表查出；而公法线长度 $W_k=(W_k^*+0.684x)m$，x 为变位系数；当变位系数 x 较大，$|x|>0.3$ 时，跨测齿数为 k' 可按下式计算：$k'=z\dfrac{a_z}{180°}+0.5$，式中 $a_z=\cos^{-1}\dfrac{2d\cos\alpha}{d_a+d_f}$，而公法线长度为 $W_k=[2.9521(k-0.5)+0.14z+0.684x]m$。

3. 斜齿轮的公法线长度 W_{nk} 在法面内测量，其值也可按上表确定，但必须按假想齿轮 z'（$z'=K\cdot z$）查表，其中 K 为与分度圆柱上齿的螺旋角 β 有关的假想齿数系数，见表 17-30。假想齿数常为非整数，其小数部分 Δz 所对应的公法线长度 ΔW_n^* 可查表 17-31。故总的公法线长度：$W_{nk}=(W_k^*+\Delta W_n^*)m_n$，式中 m_n 为法面模数；W_k^* 为与假想齿轮 z'整数部分相对应的公法线长度，查表 17-29。

表 17-30　假想齿数系数 K（$\alpha_n=20°$）（摘自 GB/T 10095. 1—2008）

β	K	差值	β	K	差值	β	K	差值	β	K	差值
1°	1. 000	0. 002	6°	1. 016	0. 006	11°	1. 054	0. 011	16°	1. 119	0. 017
2°	1. 002	0. 002	7°	1. 022	0. 006	12°	1. 065	0. 012	17°	1. 136	0. 018
3°	1. 004	0. 003	8°	1. 028	0. 008	13°	1. 077	0. 016	18°	1. 154	0. 019
4°	1. 007	0. 004	9°	1. 036	0. 009	14°	1. 090	0. 014	19°	1. 173	0. 021
5°	1. 011	0. 005	10°	1. 045	0. 009	15°	1. 114	0. 015	20°	1. 194	

注：对于 β 中间值的系数 K 和差值可按内插法求出。

表 17-31　公法线长度 ΔW_n^*（摘自 GB/T 10095. 1—2008）

$\Delta z'$	0. 00	0. 01	0. 02	0. 03	0. 04	0. 05	0. 06	0. 07	0. 08	0. 09
0. 0	0. 000 0	0. 000 1	0. 000 3	0. 000 4	0. 000 6	0. 000 7	0. 000 8	0. 001 0	0. 001 1	0. 001 3
0. 1	0. 001 4	0. 001 5	0. 001 7	0. 001 8	0. 002 0	0. 002 1	0. 002 2	0. 002 4	0. 002 5	0. 002 7
0. 2	0. 002 8	0. 002 9	0. 003 1	0. 003 2	0. 003 4	0. 003 5	0. 003 6	0. 003 8	0. 003 9	0. 004 1
0. 3	0. 004 2	0. 004 3	0. 004 5	0. 004 6	0. 004 8	0. 004 9	0. 005 1	0. 005 2	0. 005 3	0. 005 5
0. 4	0. 005 6	0. 005 7	0. 005 9	0. 006 0	0. 006 1	0. 006 3	0. 006 4	0. 006 6	0. 006 7	0. 006 9
0. 5	0. 007 0	0. 007 1	0. 007 3	0. 007 4	0. 007 6	0. 007 7	0. 007 9	0. 008 0	0. 008 1	0. 008 3
0. 6	0. 008 4	0. 008 5	0. 008 7	0. 008 8	0. 008 9	0. 009 1	0. 009 2	0. 009 4	0. 009 5	0. 009 7
0. 7	0. 009 8	0. 009 9	0. 010 1	0. 010 2	0. 010 4	0. 010 5	0. 010 6	0. 010 8	0. 010 9	0. 011 1
0. 8	0. 011 2	0. 011 4	0. 011 5	0. 011 6	0. 011 8	0. 011 9	0. 012 0	0. 012 2	0. 012 3	0. 012 4
0. 9	0. 012 6	0. 012 7	0. 012 9	0. 013 0	0. 013 2	0. 013 3	0. 013 5	0. 013 6	0. 013 7	0. 013 9

查取示例：$\Delta z'=0.65$ 时，由上表查得 $\Delta W_n^*=0.0091$。

17.5 锥齿轮精度

17.5.1 精度等级

GB/T 11365—2019 对锥齿轮及齿轮副规定了 10 个精度等级，第 2 级的精度最高，第 11 级的精度最低。齿轮副中两个齿轮的精度等级一般取成相同，也允许取成不同。一般机械制造及通用减速器中常用 7～9 级精度的齿轮。

按锥齿轮各项误差特性及其对传动性能的影响，将锥齿轮及其齿轮副的公差项目分成三个公差组，见表 17-32。根据使用要求的不同，各公差组可以选用相同的精度等级，也可以选用不同的精度等级。但在同一公差组内，各项公差与极限偏差应保持相同的精度等级。

表 17-32　锥齿轮各项公差的分组（摘自 GB/T 11365—2019）

公差组	公差与极限偏差项目	误差特性	对传动性能的主要影响
Ⅰ	F_i'，F_p，F_{pk}，F_r，$F''_{i\Sigma}$	以齿轮一转为周期的误差	传递运动的准确性
Ⅱ	f_i'，$f''_{i\Sigma}$，f_{zk}，$\pm f_{pt}$，f_c，f_{zk}	在齿轮一周内，多次周期地重复出现的误差	传动的平稳性、噪声、振动
Ⅲ	接触斑点	齿向线的误差	载荷分布的均匀性

注：F_i'为切向综合公差；F_p 为齿距累积公差；F_{pk} 为 k 个齿距累积公差；F_r 为齿圈径向跳动公差；$f''_{i\Sigma}$ 为轴交角综合公差；f_i'为切向相邻齿综合公差；$f''_{i\Sigma}$ 为轴交角相邻齿综合公差；f_{zk} 为周期误差的公差；f_{pt} 为齿距极限偏差；f_c 为齿形相对误差的公差。

锥齿轮精度应根据传动的用途、使用条件、传递的功率、圆周速度以及其他技术要求决定。锥齿轮Ⅱ组公差的精度主要根据圆周速度决定，见表 17-33。

表 17-33　锥齿轮Ⅱ组公差的精度等级的选择

Ⅱ组精度等级	直齿		非直齿	
	≤350 HBW	>350 HBW	≤350 HBW	>350 HBW
	圆周速度/（$m \cdot s^{-1}$）≤			
7	7	6	16	13
8	4	3	9	7
9	3	2.5	6	5

注：1. 表中的圆周速度按锥齿轮平均直径计算。
2. 此表不属于国家标准内容，仅供参考。

表 17-34 最小法向侧隙j_{nmin}值（摘自 GB/T 11365—2019）

中点锥距/mm		小轮分锥角/（°）		最小法向侧隙j_{nmin}值/μm		
				最小法向侧隙种类		
大于	到	大于	到	b	c	d
	50	—	15	58	36	22
		15	25	84	52	33
		25	—	100	62	39
50	100	—	15	84	52	33
		15	25	100	62	39
		25	—	120	74	46
100	200	—	15	100	62	39
		15	25	140	87	54
		25	—	160	100	63

注：1. 表中数值用于$\alpha=20°$的正交齿轮副。
2. 对正交齿轮副按中点锥距R_m值查取j_{nmin}值。

17.5.2 齿轮副侧隙

标准规定齿轮副的最小法向侧隙种类为 6 种：a、b、c、d、e、h，最小法向侧隙以 a 为最大，h 为零。最小法向侧隙的种类与精度等级无关。其值见表 17-34，当最小法向侧隙的种类确定后，由表 17-36 与表 17-41 查取齿厚上偏差E_{ss}和轴交角极限偏差E_{Σ}。

最大法向侧隙应按下式计算：$j_{nmax}=(|E_{ss1}+E_{ss2}|+T_{s2}+E_{s\Delta1}+E_{s\Delta2})\cos\alpha$，式中$E_{s\Delta}$为$j_{nmax}$制造误差的补偿部分，其值见表 17-36。齿厚公差按表 17-35 查取。

标准规定法向侧隙的公差种类为：A、B、C、D、H 五种。

推荐法向侧隙公差种类与最小侧隙种类的对应关系见图 17-2。

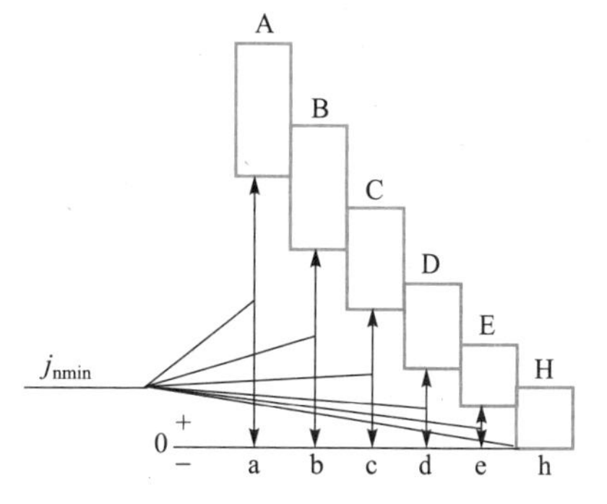

图 17-2 法向侧隙公差种类与最小侧隙种类的对应关系

表 17-35 齿厚公差T_s值（摘自 GB/T 11365—2019） μm

齿圈跳动公差		齿厚公差T_s值		
		法向侧隙公差种类		
大于	到	B	C	D
32	40	85	70	55
40	50	100	80	65
50	60	120	95	75
60	80	130	110	90
80	100	170	140	110

表 17－36　锥齿轮有关 E_{ss} 值与 $E_{s\Delta}$ 值（摘自 GB/T 11365—2019）

		齿厚上偏差 E_{ss} 值						最大法向侧隙 j_{nmax} 的制造误差补偿部分 $E_{s\Delta}$ 值 /μm																	
								第Ⅱ组精度等级																	
	中点法向模数/mm	中点分度圆直径/mm						7						8						9					
								中点分度圆直径/mm																	
		≤125			>125～400			≤125			>125～400			≤125			>125～400			≤125			>125～400		
		分锥角/（°）						分锥角/（°）																	
基本值		≤20	>20～45	>45	≤20	>20～45	>45	≤20	>20～45	>45	≤20	>20～45	>45	≤20	>20～45	>45	≤20	>20～45	>45	≤20	>20～45	>45	≤20	>20～45	>45
	>1～3.5	-20	-20	-22	-28	-32	30	20	20	22	28	32	30	22	22	24	30	36	32	24	24	25	32	38	36
	>3.5～6.3	-22	-22	-25	-32	-32	-30	22	22	25	32	32	30	24	24	28	36	36	32	25	25	30	38	38	36

系数	最小法向侧隙种类	第Ⅱ组精度等级		
		7	8	9
	d	2	2.2	—
	c	2.7	3.0	3.2
	b	3.8	4.2	4.6

注：各最小法向侧隙种类和各种精度等级齿轮的 E_{ss} 值，由本表查出基本值乘以系数得出。

17.5.3　推荐的检验项目

锥齿轮及齿轮副的检验项目应根据工作要求，生产规模确定。对于7～9级精度的一般齿轮，推荐的检验项目列于表17-37。

表17-37　推荐的锥齿轮和锥齿轮传动检验项目（摘自GB/T 11365—2019）

项目		精度等级		
		7	8	9
公差组	Ⅰ	F_p		F_r
	Ⅱ	f_{pt}		
	Ⅲ	接触斑点		
锥齿轮副	对锥齿轮	E_{ss}，E_{si}		
	对箱体	f_a		
	对传动	f_{AM}，f_a，E_{Σ}，j_{nmin}		
齿轮毛坯公差		齿坯顶锥母线跳动公差，基准端面跳动公差 外径尺寸极限偏差 齿坯轮冠距和顶锥角极限偏差		

17.5.4　图样标注

在齿轮工作图上应标注齿轮的精度等级及法向侧隙种类和法向侧隙公差种类的数字（字母）代号。标注示例：

（1）齿轮的三个公差组精度同为7级，最小法向侧隙种类为b，法向侧隙公差种类为B。

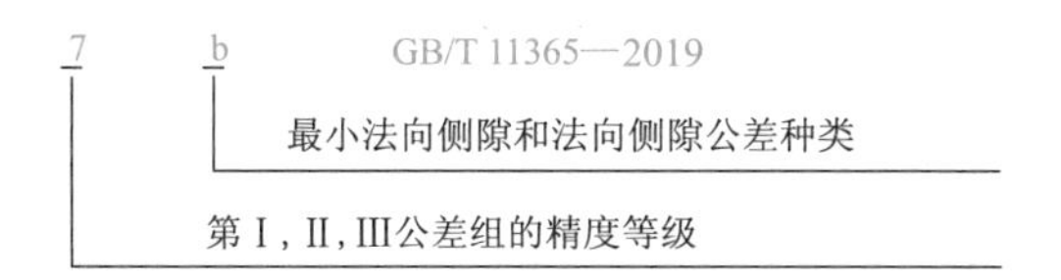

（2）齿轮的三个公差组精度同为7级，最小法向侧隙为120 μm，法向侧隙公差种类为B。

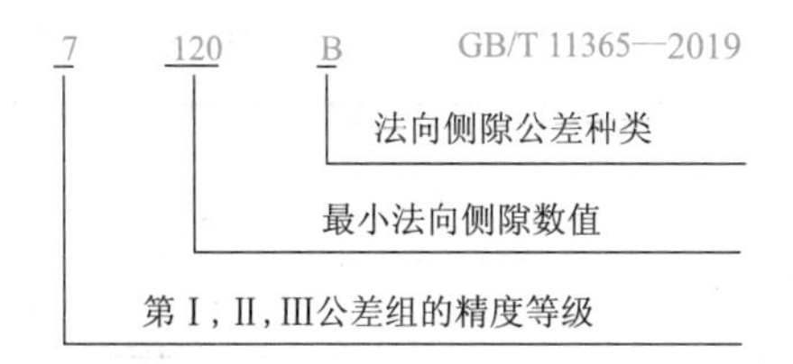

（3）齿轮的第Ⅰ公差组精度为8级，第Ⅱ、Ⅲ公差组精度为7级，最小法向侧隙种类为c，法向侧隙公差种类为B。

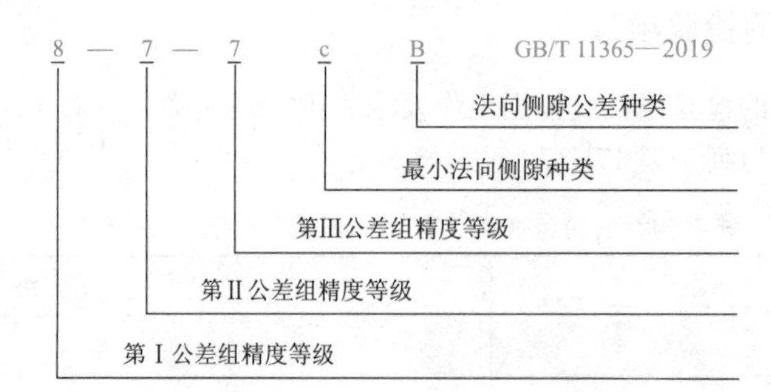

17.5.5 锥齿轮精度数值

表 17-38 锥齿轮有关 F_r、$\pm f_{pt}$（摘自 GB/T 11365—2019）

中点分度圆直径 /mm		中点法向模数 /mm	齿圈径向跳动公差 F_r/μm			齿距极限偏差 $\pm f_{pt}$/μm		
			第Ⅰ组精度等级			第Ⅱ组精度等级		
			7	8	9	7	8	9
—	125	≥1～3.5	36	45	56	14	20	28
		>3.5～6.3	40	50	63	18	25	36
125	400	≥1～3.5	50	63	80	16	22	32
		>3.5～6.3	56	71	90	20	28	40

表 17-39 锥齿轮齿距累积公差值 F_P（摘自 GB/T 11365—2019）

中点分度圆弧长 L/mm		第Ⅰ组精度等级/μm		
大于	到	7	8	9
50	80	36	50	71
80	160	45	63	90
160	315	63	90	125
315	630	90	125	180

注：F_P 按中点分度圆弧长 L（mm）查表，$L=\frac{\pi d_m}{2}=\frac{\pi m_{nm} z}{2\cos\beta}$，
式中 β 为锥齿轮螺旋角；d_m 为齿宽中点分度圆直径；m_{nm} 为中点法向模数。

表 17-40 接触斑点（摘自 GB/T 11365—2019）

第Ⅲ组精度等级	7	8.9
沿齿长方向/%	50～70	35～60
沿齿高方向/%	55～75	40～70

表 17-41　锥齿轮副检验安装误差项目$\pm f_a$、$\pm f_{AM}$、$\pm E_{\Sigma}$（摘自 BG/T 11365—2019）

中点锥距/mm		轴间距极限偏差$\pm f_a$			齿圈轴向位移极限偏差$\pm f_{AM}$								轴交角极限偏差$\pm E_{\Sigma}$				
		精度等级			分锥角（°）		精度等级						小轮分锥角/（°）		最小法向侧隙种类		
							7		8		9						
							中点法向模数/mm										
大于	到	7	8	9	大于	到	≥1～3.5	>3.5～6.3	≥1～3.5	>3.5～6.3	≥1～3.5	>3.5～6.3	大于	到	d	c	d
—	50	18	28	36	—	20	20	11	28	16	40	22	—	15	11	18	30
					20	45	17	9.5	24	13	34	19	15	25	16	26	42
					45	—	71	4	10	5.6	14	8	25	—	19	30	50
50	100	20	30	45	—	20	67	38	95	53	140	75	—	15	16	26	42
					20	45	56	32	80	45	120	63	15	25	19	30	50
					45	—	24	13	34	17	48	26	25	—	22	32	60
100	200	25	36	55	—	20	150	80	200	120	300	160	—	15	19	30	50
					20	45	130	71	180	100	260	140	15	25	26	45	71
					45	—	53	30	75	40	105	60	25	—	32	50	80

注：1. 表中$\pm f_a$值用于无纵向修形的齿轮副。
2. 表中$\pm f_{AM}$值用于$\alpha=20°$的非修形齿轮。
3. 表中$\pm E_{\Sigma}$值用于$\alpha=20°$的正交齿轮副；其公差带位置相对于零线，可以不对称或取在一侧。

17.5.6　锥齿轮齿坯公差

表 17-42　齿坯顶锥母线跳动和基准面跳动公差（摘自 GB/T 11365—2019）

项目		尺寸范围		精度等级	
		大于	到	7，8	9
顶锥母线跳动公差	外径/mm	30	50	30	60
		50	120	40	80
		120	150	50	100
		250	500	60	120
基准端面跳动公差	基准端面直径/mm	30	50	12	20
		50	120	15	25
		120	250	20	30
		250	500	25	40

注：当三个公差组精度等级不同时，按最高的精度等级确定公差值。

表 17-43　齿坯尺寸公差（摘自 GB/T 11365—2019）

精度等级	7，8	9
轴径尺寸公差	IT6	IT7
孔径尺寸公差	IT7	IT8
外径尺寸极限偏差	$\begin{pmatrix}0\\-IT8\end{pmatrix}$	$\begin{pmatrix}0\\-IT9\end{pmatrix}$

表 17-44　齿坯轮冠距与顶锥角极限偏差（摘自 GB/T 11365—2019）

中点法向模数/mm	轮冠距极限偏差/μm	顶锥角极限偏差/（′）
>1.2～10	0 -75	+8 0

17.6　圆柱蜗杆、蜗轮精度

17.6.1　精度等级

GB/T 10089—2018 对圆柱蜗杆、蜗轮和蜗杆传动规定了 12 个精度等级，第 1 级的精度最高，第 12 级的精度最低。蜗杆和配对蜗轮的精度等级一般取成相同，也允许取成不同。对有特殊要求的蜗杆传动，除 F_r、F''_i、f''_i、f_r项目外，其蜗杆、蜗轮左右齿面的精度等级也可取成不相同。

按照公差的特殊性及其对传动性能的主要保证作用，将蜗杆、蜗轮和蜗杆传动每个等级的各项公差（或极限偏差）分成三个公差组，见表 17-45。根据使用要求的不同，各公差组可以选用相同的精度等级，也可以选用不同的精度等级。但在同一公差组内，各项公差与极限偏差应保持相同的精度等级。

表 17-45　蜗杆、蜗轮和蜗杆传动各项公差的分组（摘自 GB/T 10089—2018）

公差组	检验对象	公差与极限偏差项目	误差特性	对传动性能的主要影响
Ⅰ	蜗杆 蜗轮 传动	 F'_i，F''_i，F_p，F_{pk}，F_r f'_{ic}	一转为周期的误差	传递运动的准确性
Ⅱ	蜗杆 蜗轮 传动	f_h，f_{hL}，f_{px}，f_{pxL}，F_r f'_i，f''_i，f_{pt} f'_{ic}	一周内多次周期重复出现的误差	传动的平稳性、噪声、振动
Ⅲ	蜗杆 蜗轮 传动	f_{f1} f_{f2} 接触斑点，f_a，f_Σ，f_x	齿向线的误差	载荷分布的均匀性

注：F'_i 为蜗轮切向综合公差；F''_i 为蜗轮径向综合公差；F_p 为蜗轮齿距累积公差；F_{pk} 为蜗轮 k 个齿距累积公差；F_r 为蜗轮齿圈径向跳动公差；F'_{ic} 为传动切向综合公差；f_h 为蜗杆一转螺旋线公差；f_{hL} 为蜗杆螺旋线公差；f_{px} 为蜗杆轴向齿距偏差；f_{pxL} 为蜗杆轴向齿距累积公差；f_r 为蜗杆齿槽径向跳动公差；f'_i 为蜗杆相邻齿切向综合公差；f''_i 为蜗杆相邻齿径向综合公差；f_{pt} 为蜗轮齿距极限偏差；f'_{ic} 为传动相邻齿切向综合公差；f_{f1} 为蜗杆齿形公差；f_{f2} 为蜗轮齿形公差；f_a 为传动中心距极限偏差；f_Σ 为传动轴交角极限偏差；f_x 为传动中间平面极限偏差。

蜗杆、蜗轮精度应根据传动的用途、使用条件、传递的功率、圆周速度以及其他技术要求决定。第Ⅱ公差组的精度主要根据蜗轮圆周速度决定，见表 17-46。

表 17-46 第Ⅱ公差组的精度等级与蜗轮圆周速度的关系

项　目	第Ⅱ公差组精度等级		
	7	8	9
蜗轮圆周速度/（$m \cdot s^{-1}$）	≤7.5	≤3	≤1.5

17.6.2 侧隙

蜗杆传动的侧隙种类按传动的最小法向侧隙 j_{nmin} 的大小分为八种：a、b、c、d、e、f、g、h。a 中的最小法向侧隙最大，h 为零，其他依次减小，如图 17-3 所示。侧隙种类是根据工作条件和使用要求对蜗杆传动应保持的最小法向侧隙选定的，侧隙种类用代号（字母）表示，且与精度等级无关。各种侧隙的最小法向侧隙 j_{nmin} 值按表 17-47 的规定确定。

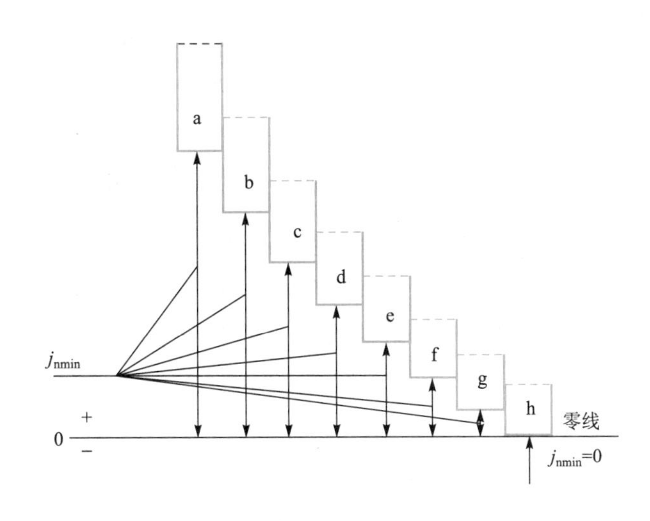

图 17-3 蜗杆传动的侧隙种类

传动的最小法向侧隙由蜗杆齿厚减薄量来保证。

蜗杆齿厚上偏差 $E_{ss1}=-(j_{nmin}/\cos\alpha_n+E_{s\Delta})$

蜗杆齿厚下偏差 $E_{si1}=E_{ss1}-T_{s1}$

式中　$E_{s\Delta}$ 为蜗杆制造误差对 E_{ss1} 的补偿部分；T_{s1} 为蜗杆齿厚公差。

蜗轮齿厚上偏差 $E_{s2}=0$

蜗轮齿厚下偏差 $E_{si2}=-T_{s2}$

式中　T_{s2} 为蜗轮齿厚公差。

T_{s1} 和 T_{s2} 查表 17-48，$E_{s\Delta}$ 查表 17-49。

表 17-47　传动的最小法向侧隙 j_{nmin}（摘自 GB/T 10089—2018）

传动中心距 a/mm	侧隙种类		
	b	c	d
>30～50	100	62	39
>50～80	120	74	46
>80～120	140	87	54
>120～180	160	100	63
>180～250	180	115	72

注：传动的最小圆周侧隙 $j_{tmin} \approx j_{nmin}/(\cos\gamma' \cdot \cos\alpha_n)$，式中 γ' 为蜗杆节圆柱导程角；α_n 为蜗杆法向齿形角。

表 17-48　蜗杆齿厚公差 T_{s1} 和蜗轮齿厚公差 T_{s2}（摘自 GB/T 10089—2018）

蜗杆分度圆直径 d_1	蜗轮分度圆直径 d_2/mm	模数 m/mm	蜗杆齿厚公差 T_{s1}/μm			蜗轮齿厚公差 T_{s2}/μm		
			精度等级					
			7	8	9	7	8	9
任意	>125～140	≥1～3.5	45	53	67	100	120	140
		>3.5～6.3	56	71	90	120	140	170
		>6.3～10	71	90	110	130	160	190
		>10～16	95	120	150	140	170	210

注：1. T_{s1} 按蜗杆第Ⅱ公差组精度等级确定；T_{s2} 按蜗轮第Ⅱ公差组精度等级确定。
2. 当传动最大法向侧隙 j_{nmax} 无要求时，允许 T_{s1} 增大，最大不超过表中值的两倍。
3. 在最小法向侧隙能保证的条件下，T_{s2} 公差带允许采用对称分布。

表 17-49　蜗杆齿厚上偏差（E_{ss1}）中制造误差补偿部分 $E_{s\Delta}$
（摘自 GB/T 10089—2018）

传动中心距 a/mm	精度等级 7				8				9			
	模数 m/mm											
	≥1～3.5	>3.5～6.3	>6.3～10	>10～16	≥1～3.5	>3.5～6.3	>6.3～10	>10～16	≥1～3.5	>3.5～6.3	>6.3～10	>10～16
>50～80	50	58	65	—	58	75	90	—	90	100	120	—
>80～120	56	63	71	80	63	78	90	110	95	105	125	160
>120～180	60	68	75	85	68	80	95	115	100	110	130	165
>180～250	71	75	80	90	75	85	100	115	110	120	140	170

注：精度等级按蜗杆第Ⅱ公差组确定。

17.6.3　推荐的检验项目

蜗杆、蜗轮和蜗杆传动的检验项目应根据工作的要求、生产规模和生产条件确定。对于 7～9 级精度的一般圆柱蜗杆传动，推荐的检验项目见表 17-50。

表 17-50　推荐的圆柱蜗杆、蜗轮和蜗杆传动的检验项目

（摘自 GB/T 10089—2018）

<table>
<tr><th colspan="3" rowspan="2">项　目</th><th colspan="3">精　度　等　级</th></tr>
<tr><th>7</th><th>8</th><th>9</th></tr>
<tr><td rowspan="6">公差组</td><td rowspan="2">Ⅰ</td><td>蜗杆</td><td colspan="3">—</td></tr>
<tr><td>蜗轮</td><td colspan="2">F_p，F_r</td><td>F_r</td></tr>
<tr><td rowspan="2">Ⅱ</td><td>蜗杆</td><td colspan="3">f_{px}，f_{pxL}</td></tr>
<tr><td>蜗轮</td><td colspan="3">f_{pt}</td></tr>
<tr><td rowspan="2">Ⅲ</td><td>蜗杆</td><td colspan="3">f_{f1}</td></tr>
<tr><td>蜗轮</td><td colspan="3">f_{f2}</td></tr>
<tr><td rowspan="4">蜗杆副</td><td colspan="2">对蜗杆</td><td colspan="3">E_{ss1}，E_{si1}</td></tr>
<tr><td colspan="2">对蜗轮</td><td colspan="3">f_{a0}，f_{x0}，$f_{\Sigma 0}$，E_{ss2}，E_{si2}</td></tr>
<tr><td colspan="2">对箱体</td><td colspan="3">f_a，f_x，f_Σ</td></tr>
<tr><td colspan="2">对传动</td><td colspan="3">接触斑点，f_a，j_{nmin}</td></tr>
<tr><td colspan="3">毛坯公差</td><td colspan="3">蜗杆、蜗轮齿坯尺寸公差，形状公差；基准面径向和端面跳动公差</td></tr>
<tr><td colspan="6">注：1. f_{a0}为加工时的中心距极限偏差，可取$f_{a0}=0.75f_a$；f_{x0}为加工时的中间平面极限偏差，可取$f_{x0}=0.75f_x$；$f_{\Sigma 0}$为加工时的轴交角极限偏差，可取$f_{\Sigma 0}=0.75f_\Sigma$。
2. 当蜗杆副的接触斑点有要求时，蜗轮的齿形误差f_{f2}可不检验。</td></tr>
</table>

17.6.4　图样标注

在蜗杆和蜗轮的工作图上应分别标注各自的精度等级和齿厚极限偏差或侧隙种类代号。标注示例如下：

（1）蜗杆的Ⅱ、Ⅲ公差组精度等级是 8 级，齿厚极限偏差为非标准值，如上偏差为 -0.27 mm，下偏差为-0.4 mm。

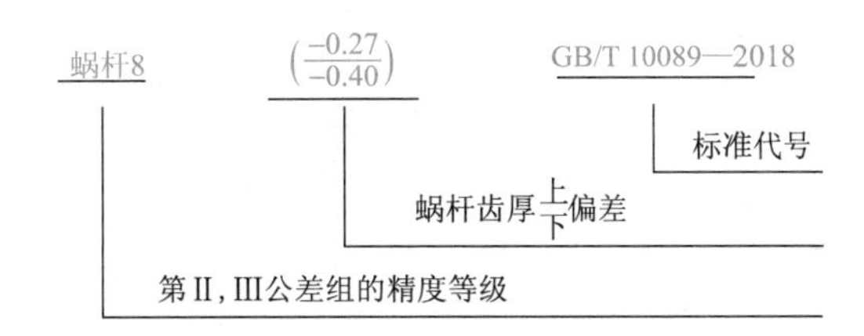

（2）蜗轮的第Ⅰ公差组精度为7级，第Ⅱ、Ⅲ公差组精度为8级，齿厚极限偏差为标准值，相配侧隙种类为c。

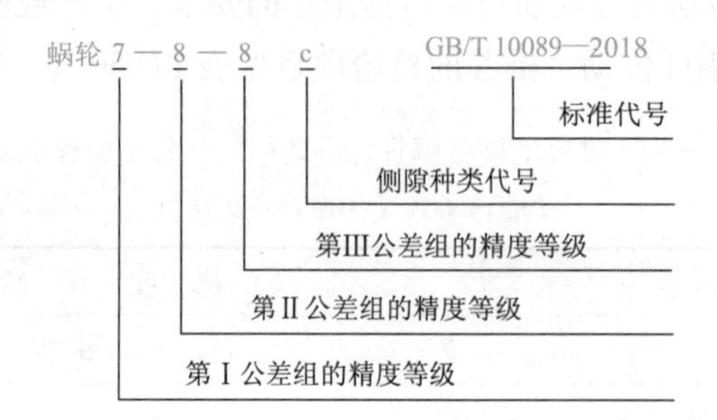

（3）蜗杆的Ⅰ、Ⅱ公差组精度为8级，齿厚极限偏差为标准值，相配侧隙种类为c。

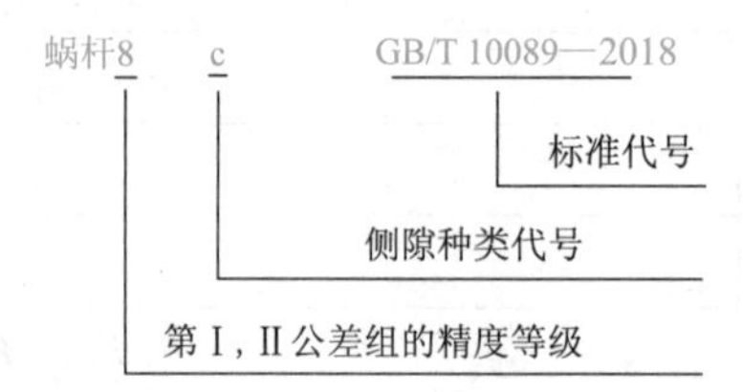

（4）蜗轮的三个公差组的精度等级同为8级，齿厚极限偏差为标准值，相配侧隙种类为c。

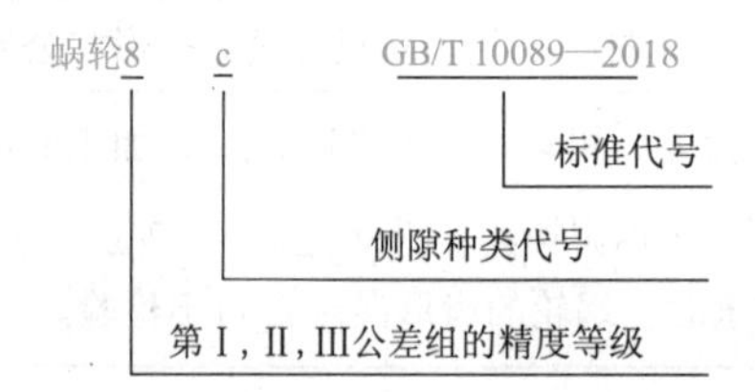

17.6.5 蜗杆、蜗轮和蜗杆传动精度数值表

表17-51 蜗杆的公差和极限偏差 f_{pxL}、f_{px}、f_{f1}（摘自GB/T 10089—2018）

模数 m/mm	蜗杆轴向齿距累积公差 f_{pxL}/μm			蜗杆轴向齿距偏差 $\pm f_{px}$/μm			蜗杆齿形公差 f_{f1}/μm		
	精度等级								
	7	8	9	7	8	9	7	8	9
≥1～3.5	18	25	36	11	14	20	16	22	32
>3.5～6.3	24	34	48	14	20	25	22	32	45
>6.3～10	32	45	63	17	25	32	28	40	53
>10～16	40	56	80	22	32	46	36	53	75

表 17-52 蜗轮齿距累积公差 F_p（摘自 GB/T 10089—2018）

精度等级	分度圆弧长 L/mm						
	≤11.2	>11.2～20	>20～32	>32～50	>50～80	>80～160	>160～315
7	16	22	28	32	36	45	63
8	22	32	40	45	50	63	90
9	32	45	56	63	71	90	125

注：F_p 按分度圆弧长 $L=\frac{1}{2}\pi d_2=\frac{1}{2}\pi m z_2$ 查表。

表 17-53 蜗轮的公差和极限偏差 F_r、f_{f2}、f_{pt}（摘自 GB/T 10089—2018）

分度圆直径 d_2/mm	模数 m/mm	蜗轮齿圈径向跳动公差 F_r/μm			蜗轮齿形公差 f_{f2}/μm			蜗轮周节极限偏差 $\pm f_{pt}$/μm		
		精度等级								
		7	8	9	7	8	9	7	8	9
>125～400	≥1～3.5	45	56	71	13	18	28	16	22	32
	>3.5～6.3	56	71	90	16	22	36	20	28	40
	>6.3～10	63	80	100	19	28	45	22	32	45
	>10～16	71	90	112	22	32	50	25	36	50

表 17-54 传动接触斑点（摘自 GB/T 10089—2018）

精度等级	接触面积的百分比/%		接触位置
	沿齿高不小于	沿齿长不小于	
7 和 8	55	50	接触斑点痕迹应偏于啮出端，但不允许在齿顶和啮入、啮出端的棱边接触
9	45	40	

注：采用修形齿面的蜗杆传动，接触斑点的要求可不受本标准规定的限制。

表 17-55 传动有关极限偏差 f_a、f_x、f_Σ（摘自 GB/T 10089—2018）

传动中心距 a/mm	传动中心距极限偏差 $\pm f_a$/μm			传动中间平面极限偏差 $\pm f_x$/μm			蜗轮宽度 b_2/mm	传动轴交角极限偏差 $\pm f_\Sigma$/μm		
	精度等级							精度等级		
	7	8	9	7	8	9		7	8	9
>50～80	37		60	30		48	≤30	12	17	24
>80～120	44		70	36		56	>30～50	14	19	28
>120～180	50		80	40		64	>50～80	16	22	32
>180～250	58		92	47		74	>80～120	19	24	36

17.6.6 蜗杆、蜗轮的齿坯公差

表 17-56 蜗杆、蜗轮齿坯尺寸和形位公差（摘自 GB/T 10089—2018）

精度等级		7	8	9
孔	尺寸公差	IT7		IT8
	形状公差	IT6		IT7
轴	尺寸公差	IT6		IT7
	形状公差	IT5		IT6
齿顶圆直径公差		IT8		IT9

注：1. 当三个公差组的精度等级不同时，按最高精度等级确定公差。
2. 当齿顶圆不作测量齿厚基准时，尺寸公差按 IT11 确定，但不得大于 0.1 mm。

表 17-57 蜗杆、蜗轮齿坯基准面径向和端面跳动公差（摘自 GB/T 10089—2018）

基准面直径 d/mm	精度等级	
	7，8	9
≤31.5	7	10
>31.5～63	10	16
>63～125	14	22
>125～400	18	28
>400～800	22	36

注：1. 当三个公差组精度等级不同时，按最高的精度等级确定公差。
2. 当以齿顶圆作为测量基准时，也即为蜗杆、蜗轮的齿坯基准面。

参 考 文 献

[1] 颜伟. 机械设计课程设计 [M]. 北京：北京理工大学出版社，2017.
[2] 任秀华. 机械设计基础课程设计 [M]. 北京：机械工业出版社，2017.
[3] 冯立艳. 机械设计课程设计 [M]. 北京：机械工业出版社，2017.
[4] 李海萍，姚云英. 机械设计基础课程设计 [M]. 北京：机械工业出版社，2017.
[5] 黄珊秋. 机械设计课程设计 [M]. 北京：机械工业出版社，2017.
[6] 赵永刚. 机械设计基础课程设计指导书 [M]. 北京：机械工业出版社，2017.
[7] 宋宝玉. 机械设计课程设计指导书 [M]. 北京：高等教育出版社，2016.
[8] 栾学钢，朱立达. 机械设计基础课程设计 [M]. 北京：高等教育出版社，2015.
[9] 陈铁鸣. 新编机械设计课程设计图册（第 3 版）[M]. 北京：高等教育出版社，2015.
[10] 李文荣，刘力红. 机械设计基础课程设计 [M]. 北京：高等教育出版社，2014.
[11] 陆玉、何在州，佟延伟. 机械设计课程设计 [M]. 北京：机械工业出版社，2005.
[12] 王三民. 机械原理与设计课程设计 [M]. 北京：机械工业出版社，2005.
[13] 孙德志，王春华，董美云，等. 机械设计基础课程设计 [M]. 沈阳：东北大学出版社，2000.
[14] 王大康，卢颂峰. 机械设计课程设计 [M]. 北京：北京工业大学出版社，2000.
[15] 孙宝钧. 机械设计课程设计 [M]. 北京：机械工业出版社，2001.
[16] 陈秀宁，施高义. 机械设计课程设计 [M]. 杭州：浙江大学出版社，2003.
[17] 任金泉. 机械设计课程设计 [M]. 西安：西安交通大学出版社，2003.
[18] 唐增宝，何永然，刘安俊. 机械设计课程设计 [M]. 武汉：华中科技大学出版社，2004.
[19] 王世刚. 机械设计实践 [M]. 哈尔滨：哈尔滨工程大学出版社，2001.
[20] 任嘉卉. 机械设计课程设计 [M]. 北京：北京航空航天大学出版社，2001.
[21] 李育锡. 机械设计课程设计（第二版）[M]. 北京：高等教育出版社，2015.
[22] 游文明 李业农. 机械设计基础课程设计 [M]. 北京：高等教育出版社，2011.
[23] 吴宗泽，高志，罗圣国，等. 机械设计课程设计手册 [M]. 北京：高等教育出版社，2012.

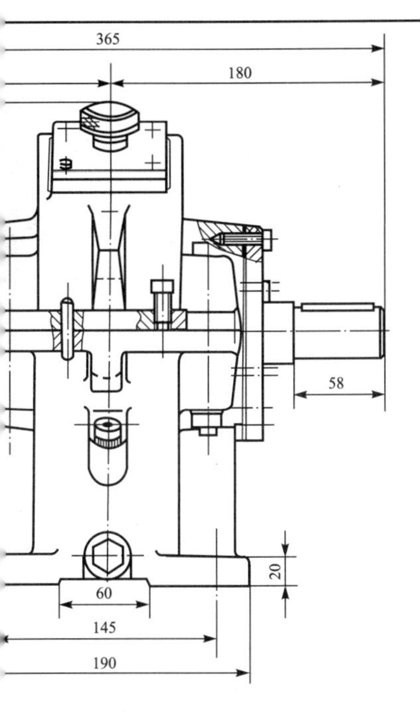

技 术 特 性

比	效率	传动特性				
	η	β	m_n	齿数		精度等级
	0.95	9°59′12″	2	z_1	26	8FH GB/T 10095.1-2008
				z_2	104	8GJ–GB/T 10095.1-2008

技 术 要 求

按图纸检查零件配合尺寸，合格零件才能
有零件装配前用煤油清洗，轴承用汽油清
内不许有任何杂物存在，箱体内壁涂耐油

分面、各接触面及密封处均不允许漏油、
体剖分面允许涂以密封油漆或水玻璃，不
其他任何填料；
定轴承时应留有轴向间隙 0.05~0.10 mm；
后应用涂色法检查接触斑点，沿齿高不小
沿齿长不小于 50%；
装 N90工业齿轮油，油量达到规定的深度；
表面涂灰色油漆；
程进行试验。

40	螺母 M12	6	8 级	GB/T 6170–2015	
39	垫圈 12	6	65Mn	GB/T 9074.1–2018	
38	螺栓 M12×120	6	8.8 级	GB/T 5782–2016	
37	螺栓M8×20	24	8.8 级	GB/T 5783–2016	
36	挡油盘	2	Q235		
35	调整垫片	2	08F		成组
34	滚动轴承 30307E	2		GB/T 297–2015	外购
33	闷盖	1	HT200		
32	齿轮	1	45		
31	滚动轴承 30309E	2		GB/T 297–2015	外购
30	键 10×50	1	45	GB/T 1096–2003	
29	轴封 PD40×60×12	1		GB/T 34896–2017	外购
28	轴套	1	Q235		
27	透盖	1	HT200		
26	箱座	1	HT200		
25	螺栓 M10×40	2	8.8 级	GB/T 5782–2016	
24	螺母 M10	2	8 级	GB/T 6170–2015	
23	垫圈 10	2	Mn	GB/T 9074.1–2018	
22	调整垫片	2	08F		成组
21	键 14×45	1	45	GB/T 1096–2003	
20	轴	1	45		
19	闷盖	1	HT200		
18	透盖	1	HT200		
17	轴封 PD32×52×12	1		GB/T 34896–2017	外购
16	齿轮轴	1	45		
15	键 8×40	1	45	GB/T 1096–2003	
14	挡圈 B35	1	Q235	GB/T 892–1986	
13	垫圈 6	1	6.5Mn	GB/T 9074.1–2018	
12	螺栓 M6×16	1	8.8 级	GB/T 5783–2016	
11	油尺	1	Q235		
10	垫片	1	石棉橡胶板		
9	螺塞 M20×1.5	1	Q235		
8	销 8×35	2	35	GB/T 117–2000	
7	启盖螺钉 M10×25	1	14H 级	GB/T 85–2018	
6	箱盖	1	HT200		
5	垫片	1	软钢纸板		
4	视孔盖	1	Q235		
3	螺栓 M6×20	4	8.8 级	GB/T 5783–2016	
2	垫板	1	Q235		
1	通气器 M18×1.5	1			组合件
序号	名　称	数量	材　料	标　准	备注

单级圆柱齿轮减速器				图　号	
				材　料	
设　计		年　月		机械设计课程设计	(学校、专业、班级)
审　核		年　月			

轮减速器装配工作图

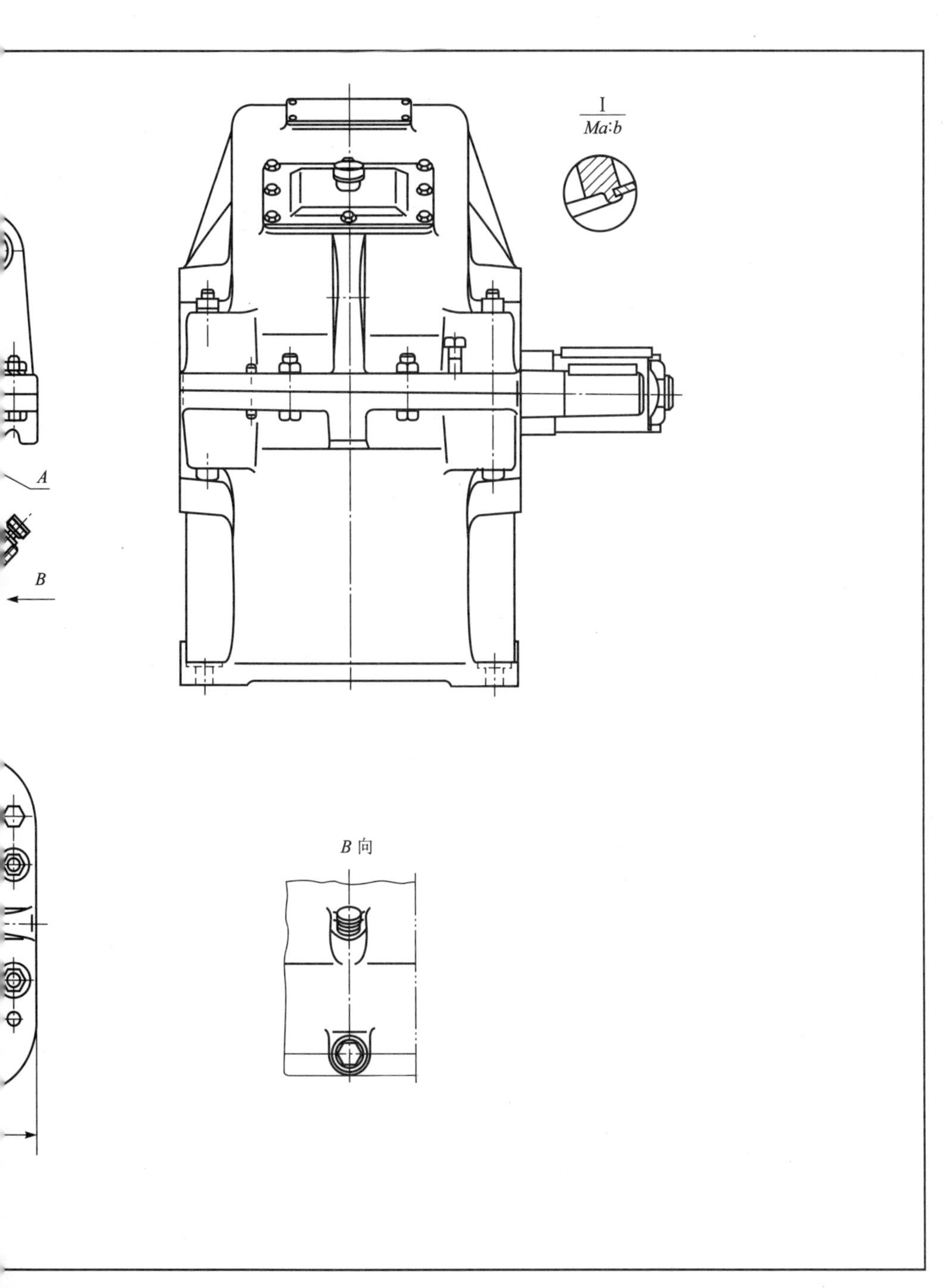

速器装配工作图（一）

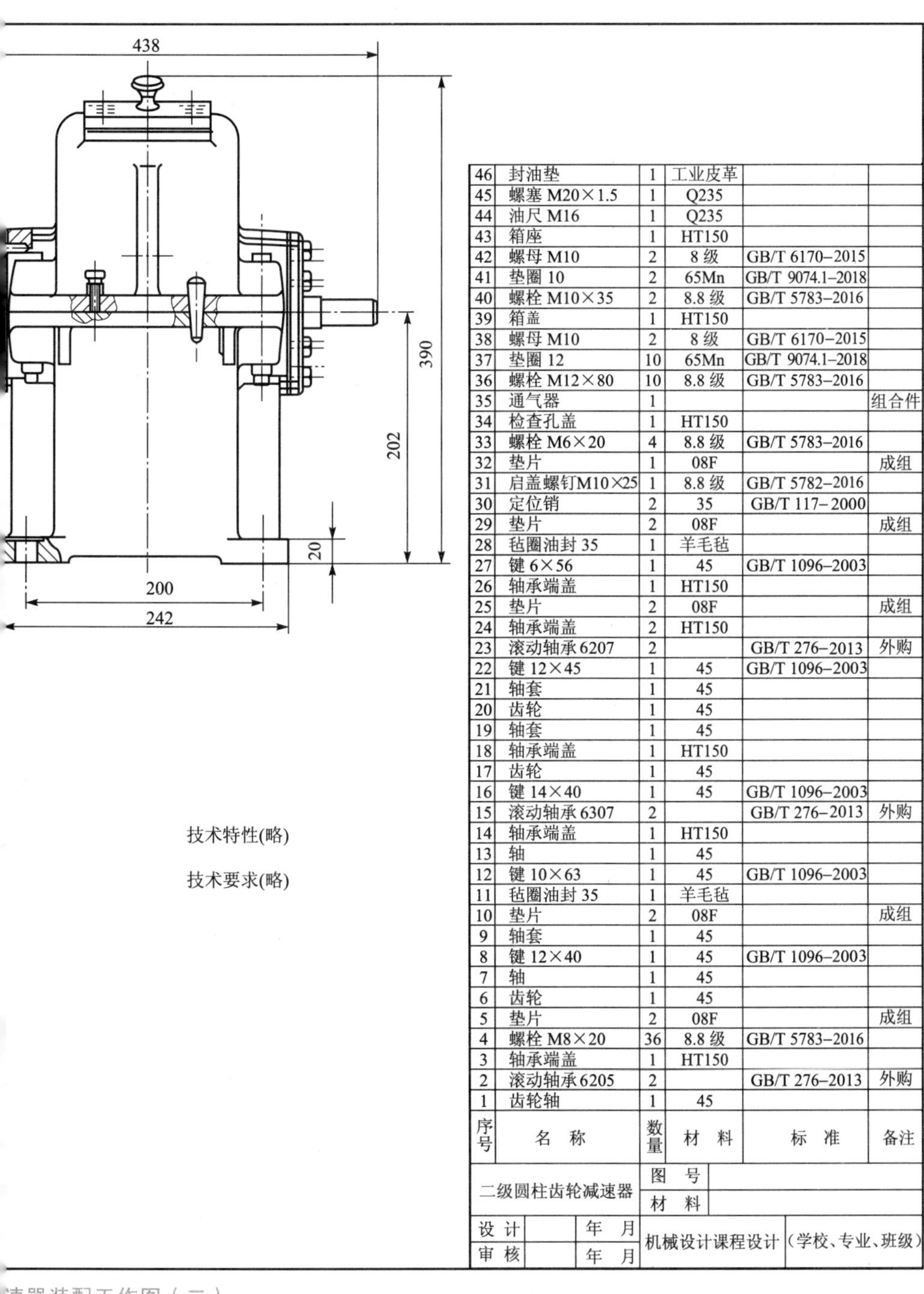

序号	名 称	数量	材 料	标 准	备注
46	封油垫	1	工业皮革		
45	螺塞 M20×1.5	1	Q235		
44	油尺 M16	1	Q235		
43	箱座	1	HT150		
42	螺母 M10	2	8 级	GB/T 6170–2015	
41	垫圈 10	2	65Mn	GB/T 9074.1–2018	
40	螺栓 M10×35	2	8.8 级	GB/T 5783–2016	
39	箱盖	1	HT150		
38	螺母 M10	2	8 级	GB/T 6170–2015	
37	垫圈 12	10	65Mn	GB/T 9074.1–2018	
36	螺栓 M12×80	10	8.8 级	GB/T 5783–2016	
35	通气器	1			组合件
34	检查孔盖	1	HT150		
33	螺栓 M6×20	4	8.8 级	GB/T 5783–2016	
32	垫片	1	08F		成组
31	启盖螺钉M10×25	1	8.8 级	GB/T 5782–2016	
30	定位销	2	35	GB/T 117–2000	
29	垫片	2	08F		成组
28	毡圈油封 35	1	羊毛毡		
27	键 6×56	1	45	GB/T 1096–2003	
26	轴承端盖	1	HT150		
25	垫片	2	08F		成组
24	轴承端盖	2	HT150		
23	滚动轴承 6207	2		GB/T 276–2013	外购
22	键 12×45	1	45	GB/T 1096–2003	
21	轴套	1	45		
20	齿轮	1	45		
19	轴套	1	45		
18	轴承端盖	1	HT150		
17	齿轮	1	45		
16	键 14×40	1	45	GB/T 1096–2003	
15	滚动轴承 6307	2		GB/T 276–2013	外购
14	轴承端盖	1	HT150		
13	轴	1	45		
12	键 10×63	1	45	GB/T 1096–2003	
11	毡圈油封 35	1	羊毛毡		
10	垫片	2	08F		成组
9	轴套	1	45		
8	键 12×40	1	45	GB/T 1096–2003	
7	轴	1	45		
6	齿轮	1	45		
5	垫片	2	08F		成组
4	螺栓 M8×20	36	8.8 级	GB/T 5783–2016	
3	轴承端盖	1	HT150		
2	滚动轴承 6205	2		GB/T 276–2013	外购
1	齿轮轴	1	45		

二级圆柱齿轮减速器			图 号	
			材 料	
设 计		年 月	机械设计课程设计	(学校、专业、班级)
审 核		年 月		

速器装配工作图（二）

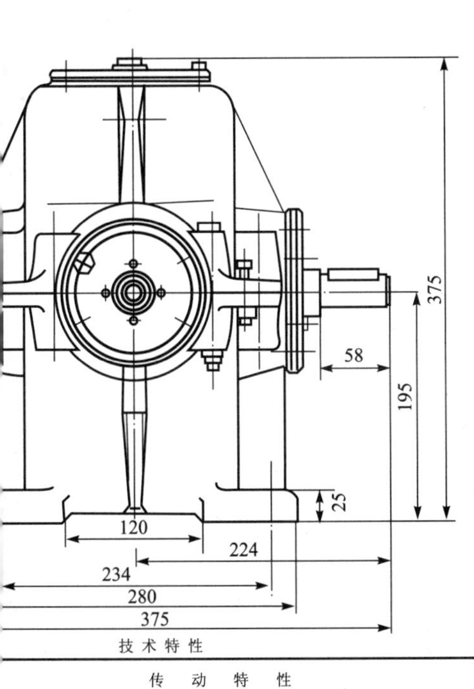

技 术 特 性

传动特性								
第一级			第二级					
齿数		精度等级	m_n	β	齿数		精度等级
z_1	23	8GB/T 11365–1989	3	11°28′42″	z_1	20	8GJGB/T 10095.1-2008
z_2	69				z_2	78	8HKGB/T 10095.1-2008

技 术 要 求

己前，轴承用汽油清洗，其余所有零件装配前用煤油清洗；
本内壁涂耐油油漆，减速器外表面涂灰色油漆；
速器剖分面，各接触面及密封处均不允许漏油、渗油，箱体
分面允许涂以密封油漆或水玻璃；
整、固定轴承时应留有轴向游隙，高速轴承0.04~0.07 mm，
轴承0.05~0.10 mm；
涂色法检查接触斑点，圆柱齿轮沿齿长不小于50%，沿齿高
小于30%，锥齿轮沿齿长不小于50%，沿齿高不小于55%；
齿轮侧隙为0.01 mm，圆柱齿轮侧隙为−0.160 mm，侧隙用压
法检查，所用铅丝直径不得大于最小侧隙的两倍；
速器内装220工业齿轮油，油量达到规定的深度；
试验规程进行试验；
圈轴向位移极限偏差f_{AM1}=±0.095 mm；f_{AM2}=±0.034 mm；
]距极限偏差f_a=±0.03 mm；
交角极限偏差E_{Σ}=0.05 mm。

50	启盖螺钉M10×30	1	8.8 级	GB/T 5783–2016
49	油尺	1	Q235A	
48	垫圈 6	4	65Mn	GB/T 9074.1–2018
47	螺栓 M6×20	4	8.8 级	GB/T 5783–2016
46	通气器	1	Q235A	
45	视孔盖	1	Q235A	
44	垫片	1	软钢纸板	
43	箱盖	1	HT200	
42	螺栓 M12×115	8	8.8 级	GB/T 5782–2016
41	垫圈 12	8	65Mn	GB/T 9074.1–2018
40	螺母 M12	8	8 级	GB/T 6170–2015
39	键 6×50	1	45	GB/T 1096–2003
38	销 8×40	2	35	GB/T 117–2000
37	螺栓 M10×40	4	8.8 级	GB/T 5782–2016
36	垫圈 10	4	65Mn	GB/T 9074.1–2018
35	螺母 M10	4	8 级	GB/T 6170–2015
34	箱座	1	HT200	
33	挡圈 B32	1	Q235A	GB/T 891–1986
32	垫圈 8	1	65Mn	GB/T 9074.1–2018
31	螺栓 M8×20	1	8.8 级	GB/T 5783–2016
30	透盖	1	HT150	
29	螺栓 M8×30	6	8.8 级	GB/T 5783–2016
28	调整垫片	1	08F	
27	密封圈 B28×47×7	1		GB/T 1387.1.1–2007
26	套环	1	HT200	
25	轴	1	45	
24	调整垫片	1	08F	
23	圆锥滚子轴承30206E	2		GB/T 297–2015
22	键 6×36	1	45	GB/T 1096–2003
21	小锥齿轮	1	45	
20	键 14×40	1	45	GB/T 1096–2003
19	轴套	1	Q235A	
18	圆锥滚子轴承30207E	2		GB/T 297–2015
17	齿轮轴	1	45	
16	大锥齿轮	1	45	
15	调整垫片	2	08F	
14	闷盖	2	HT150	
13	密封圈 B35×55×8	1		GB/T 1387.1.1–2007
12	键 6×50	1	45	GB/T 1096–2003
11	螺栓 M8×25	24	8.8 级	GB/T 5783–2016
10	透盖	1	HT150	
9	调整垫片	2	08F	
8	圆锥滚子轴承30208E	2		GB/T 297–2015
7	轴	1	45	
6	键 14×58	1	45	GB/T 1096–2003
5	大斜齿轮	1	45	
4	轴套	1	Q235A	
3	闷盖	1	HT150	
2	垫片	1	石棉橡胶板	
1	螺塞 M20×1.5	1	Q235A	
序号	名 称	数量	材 料	备 注

圆锥-圆柱齿轮减速器			图 号	
			材 料	
设 计		年 月	机械设计课程设计	（学校、专业、班级）
审 核		年 月		

速器装配工作图

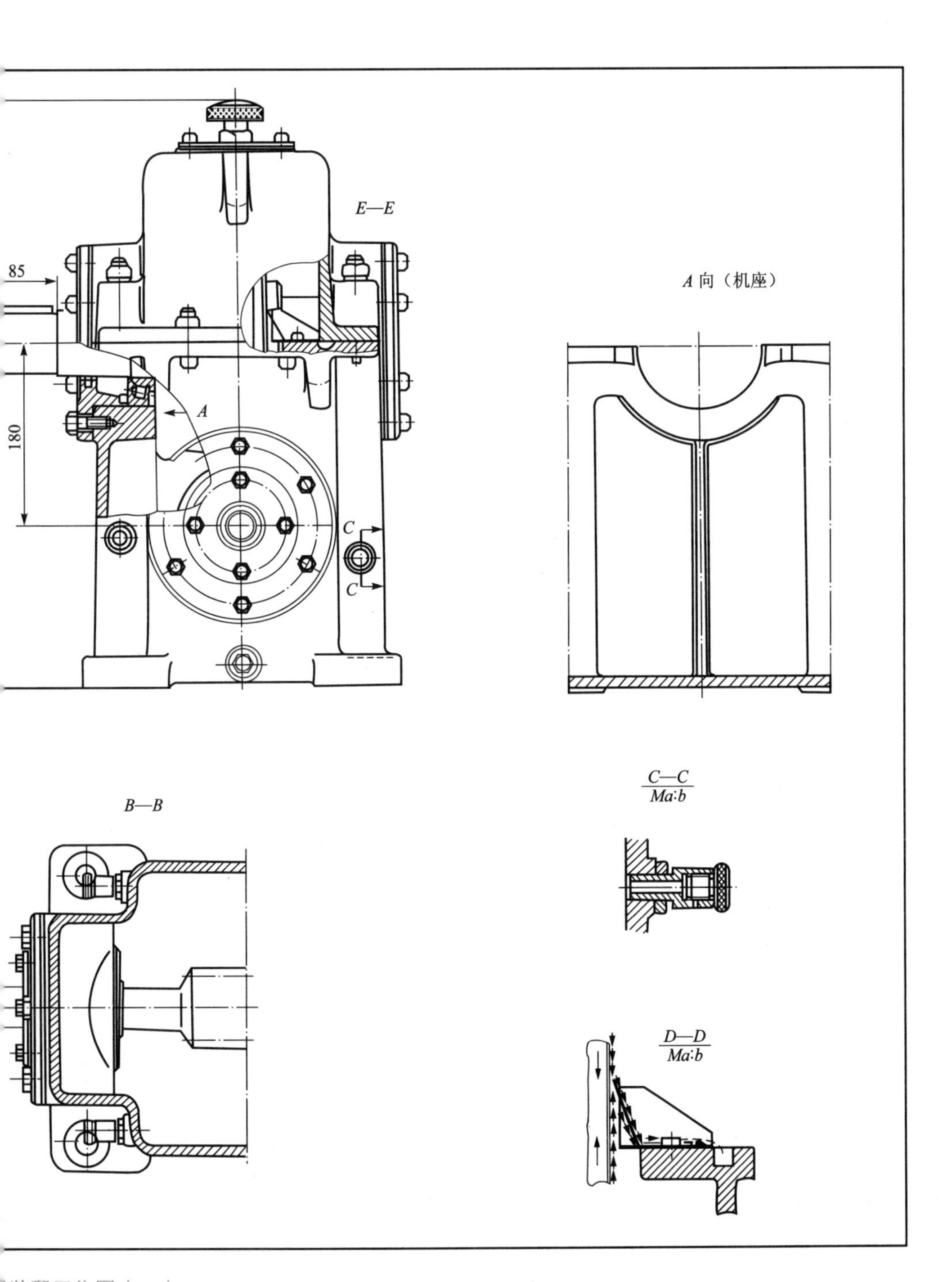

器装配工作图（一）

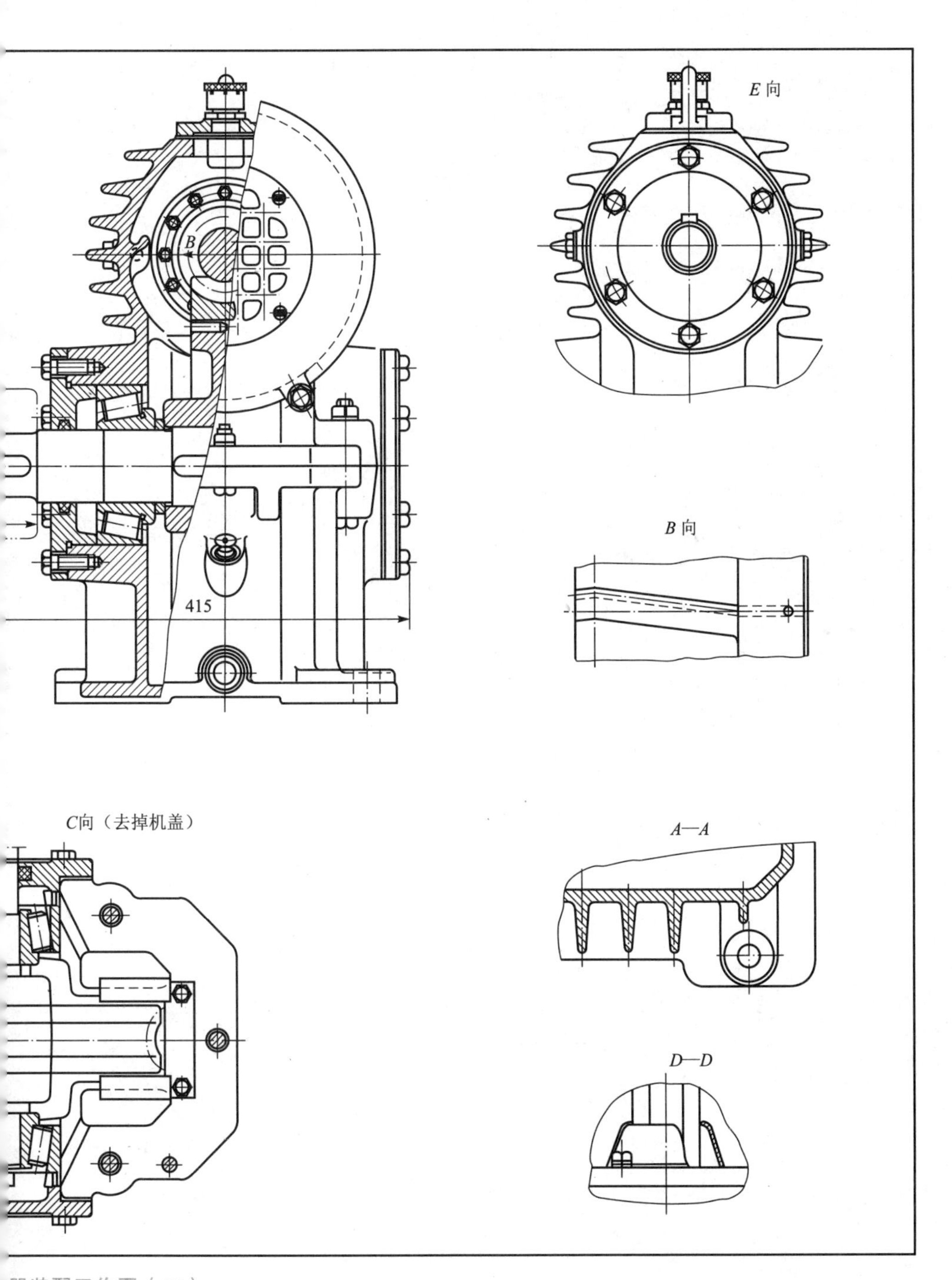

器装配工作图（二）

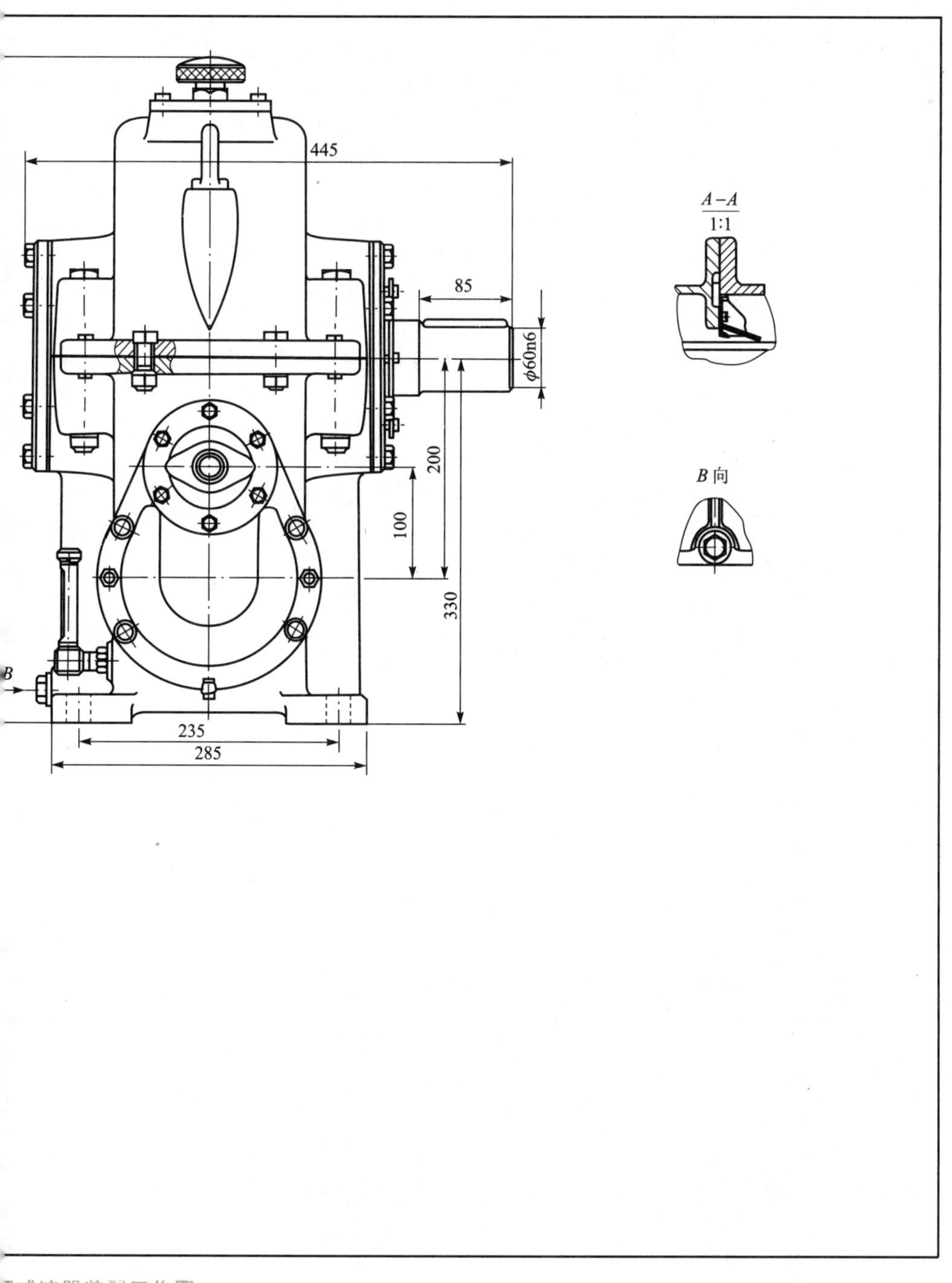

杆减速器装配工作图

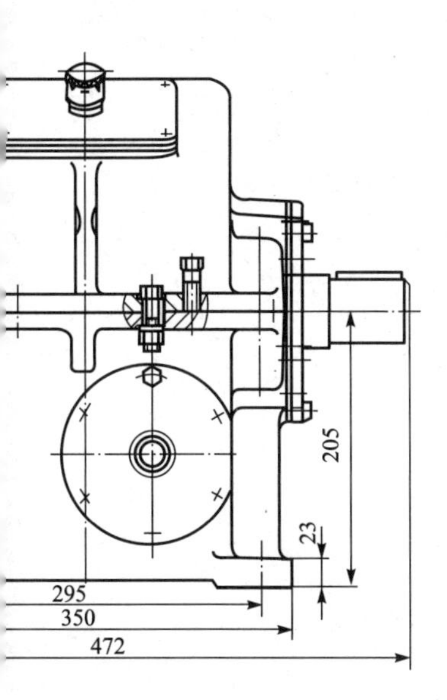

技术特性(略)

技术要求(略)

序号	名称	数量	材料	备注
56	螺母 10	4	8 级	GB/T 6170-2015
55	垫圈 10	4	65Mn	GB/T 9074.1-2018
54	螺栓 M10×35	4	8.8级	GB/T 5782-2016
53	键 16×63	1	45	GB/T 1096-2003
52	蜗轮	1		
51	套筒	1	Q235	
50	封油环	2	Q235	
49	键 8×40	1	45	GB/T 1096-2003
48	键 14×50	1	45	GB/T 1096-2003
47	密封圈 B55×80×8	1		GB/T 13871.1-2007
46	轴承 6312	2		GB/T 276-2013
45	轴承端盖	1	HT150	
44	螺塞 M24×1.5	1	Q235	
43	油封垫	1	石棉橡胶板	
42	油尺 M16	1	Q235	
41	垫片	2	08F	
40	轴承端盖	1	HT150	
39	套筒	1	Q235	
38	键 18×70	1	45	GB/T 1096-2003
37	轴	1	45	
36	封油盘	2	Q235	
35	大齿轮	1	45	
34	圆螺母 M39×1.5	1	45	GB/T 812-1988
33	止动垫圈 39	1	Q235	GB/T 854-1988
32	轴承 6308	1		GB/T 276-2013
31	套筒	1	Q235	
30	挡油盘	1	Q235	
29	轴承端盖	2	HT150	
28	轴承 7310*C*	2		GB/T 292-2007
27	齿轮轴	1	45	
26	垫片	2	08F	
25	轴承 7208*C*	2		GB/T 292-2007
24	套	1	Q235	
23	箱座	1	HT150	
22	套杯	1	HT150	
21	垫片	1	08F	
20	垫片	1	08F	
19	轴承端盖	1	HT150	
18	止动垫圈 39	12	Q235	GB/T 858-1988
17	圆螺母 M39×1.5	1	45	GB/T 812-1988
16	密封圈 B32×52×8	1		GB/T 13871.1-2007
15	螺栓 M8×30	6	8.8 级	GB/T 5783-2016
14	启盖螺钉 M10×30	1	8.8 级	GB/T 5783-2016
13	套筒	1	Q235	
12	挡油盘	1	Q235	
11	蜗杆轴	1	45	
10	箱盖	1	HT150	
9	螺栓 M8×20	24	8.8 级	GB/T 5783-2016
8	通气器	1		
7	视孔盖	1	Q235	
6	螺栓 M6×20	4	8.8 级	GB/T 5783-2016
5	垫片	1	软钢制板	
4	螺母 M12	6	8 级	GB/T 6170-2015
3	垫圈 12	6	65Mn	GB/T 9074.1-2018
2	螺栓 M12×110	6	8.8 级	GB/T 5782-2016
1	销 8×35	2	35	GB/T 117-2000

蜗杆-齿轮减速器			图 号	
			材 料	
设 计		年 月	机械设计课程设计	（学校、专业、班级）
审 核		年 月		

装配工作图

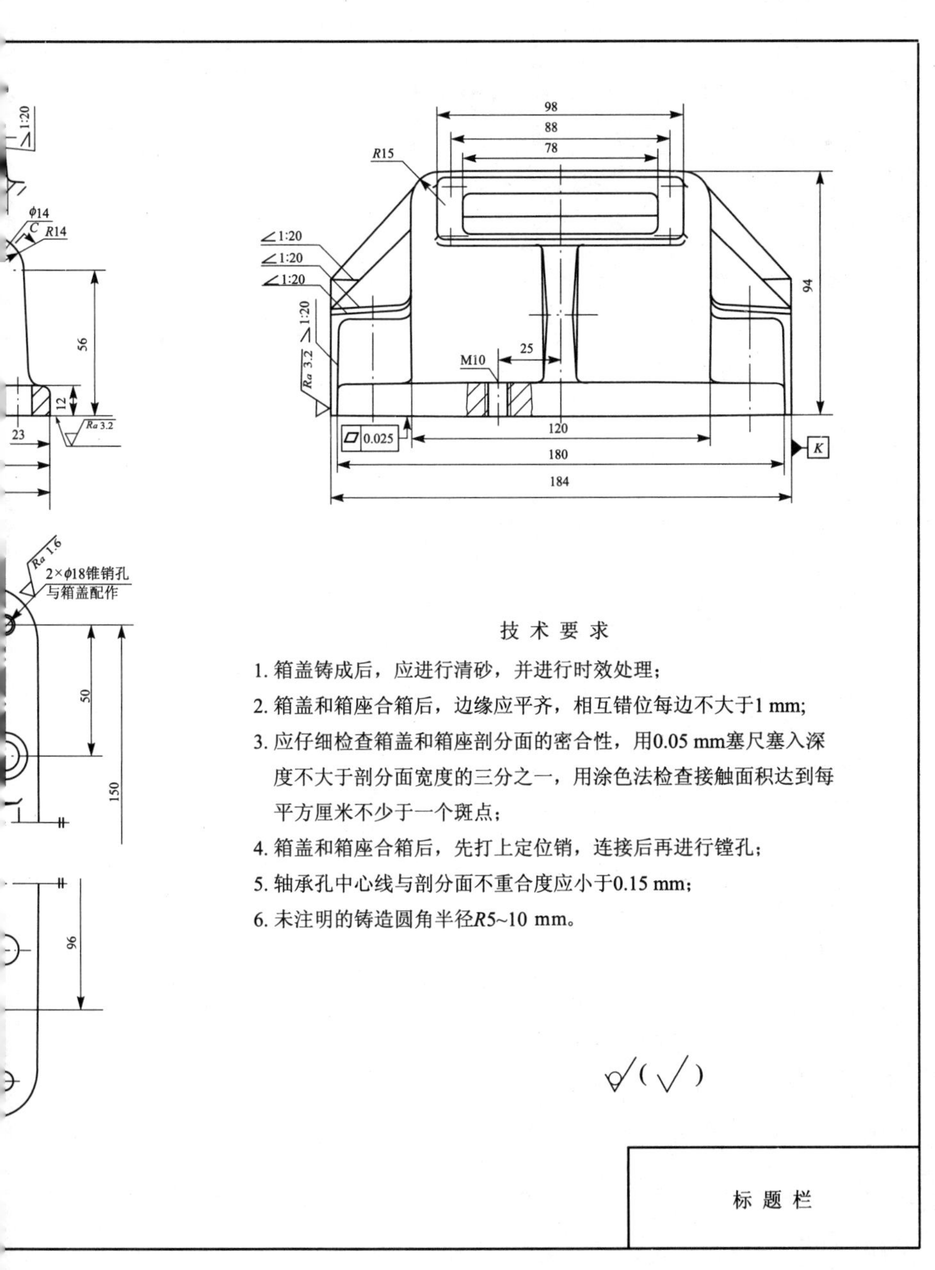

98
88
78
R15
94
∠1:20
∠1:20
∠1:20
1:20
Ra 3.2
M10
25
0.025
120
180
184
K
1:20
φ14
C
R14
56
12
23
Ra 3.2
Ra 1.6
2×φ18锥销孔
与箱盖配作
50
150
96
技术要求
1. 箱盖铸成后，应进行清砂，并进行时效处理；
2. 箱盖和箱座合箱后，边缘应平齐，相互错位每边不大于1 mm；
3. 应仔细检查箱盖和箱座剖分面的密合性，用0.05 mm塞尺塞入深度不大于剖分面宽度的三分之一，用涂色法检查接触面积达到每平方厘米不少于一个斑点；
4. 箱盖和箱座合箱后，先打上定位销，连接后再进行镗孔；
5. 轴承孔中心线与剖分面不重合度应小于0.15 mm；
6. 未注明的铸造圆角半径R5~10 mm。
标题栏

速器箱盖的零件工作图

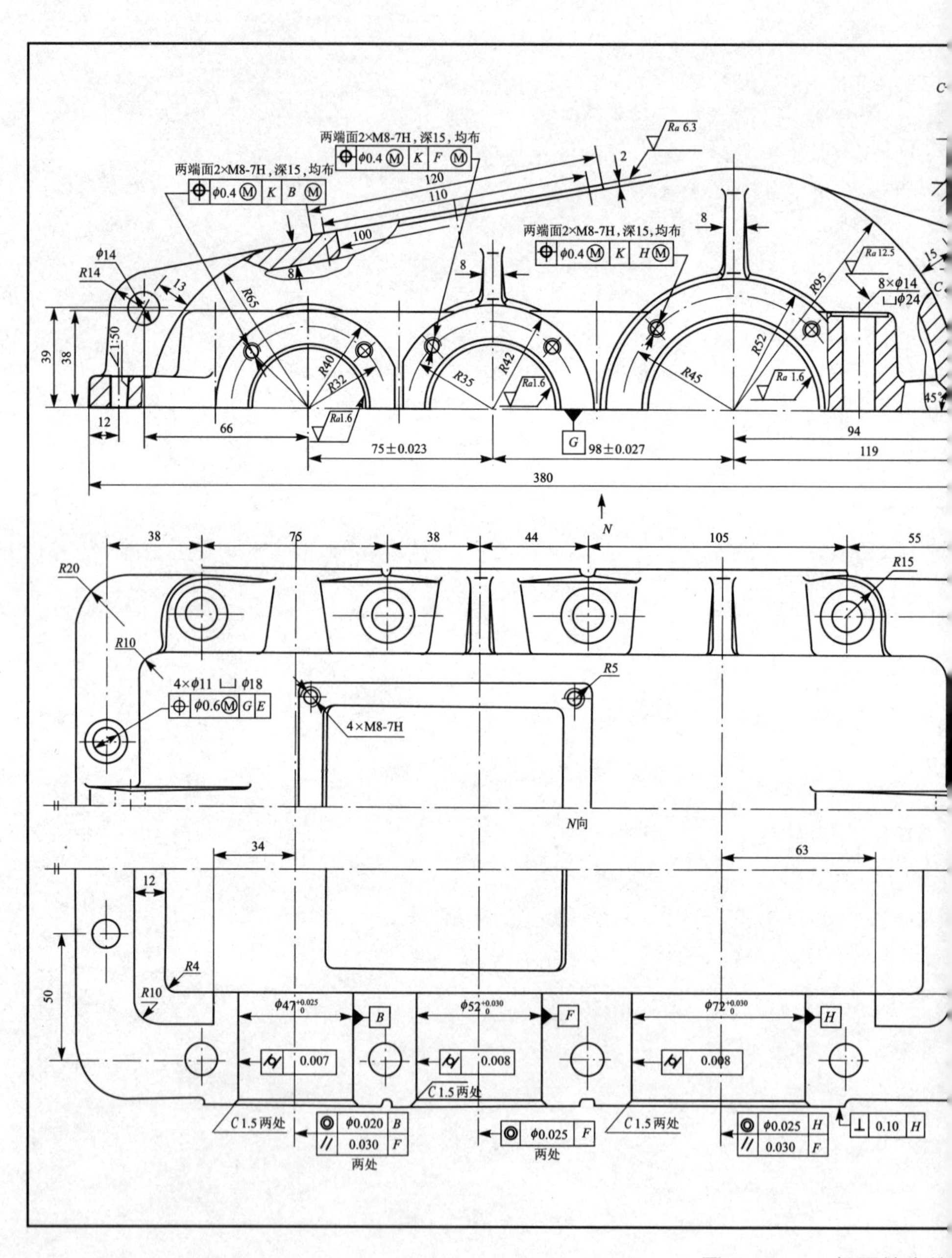

图10-18　二级圆柱齿轮

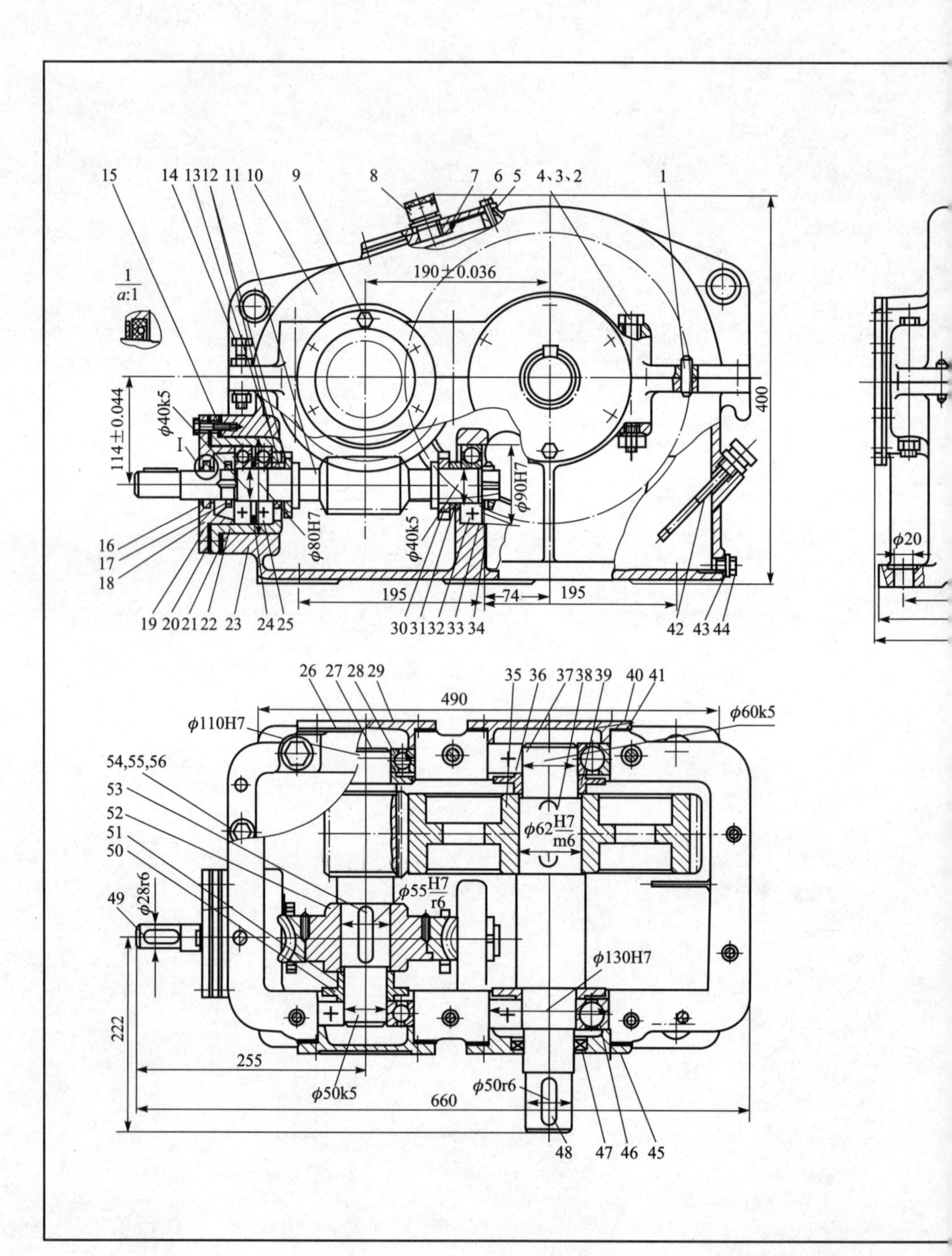

15
14 13 12 11 10
9
8
7
6
5
4、3、2
1
$\frac{1}{a:1}$
190±0.036
400
114±0.044
φ40k5
I
φ80H7
φ40k5
φ90H7
φ20
16
17
18
19 20 21 22
23
24 25
195
74
195
30 31 32 33 34
42 43 44
26 27 28 29
35 36 37 38 39
40 41
490
φ110H7
φ60k5
54,55,56
53
52
51
50
φ62 H7/m6
φ55 H7/r6
φ28r6
49
φ130H7
222
255
φ50k5
φ50r6
660
48
47 46 45

图10-8　蜗杆-齿轮减速

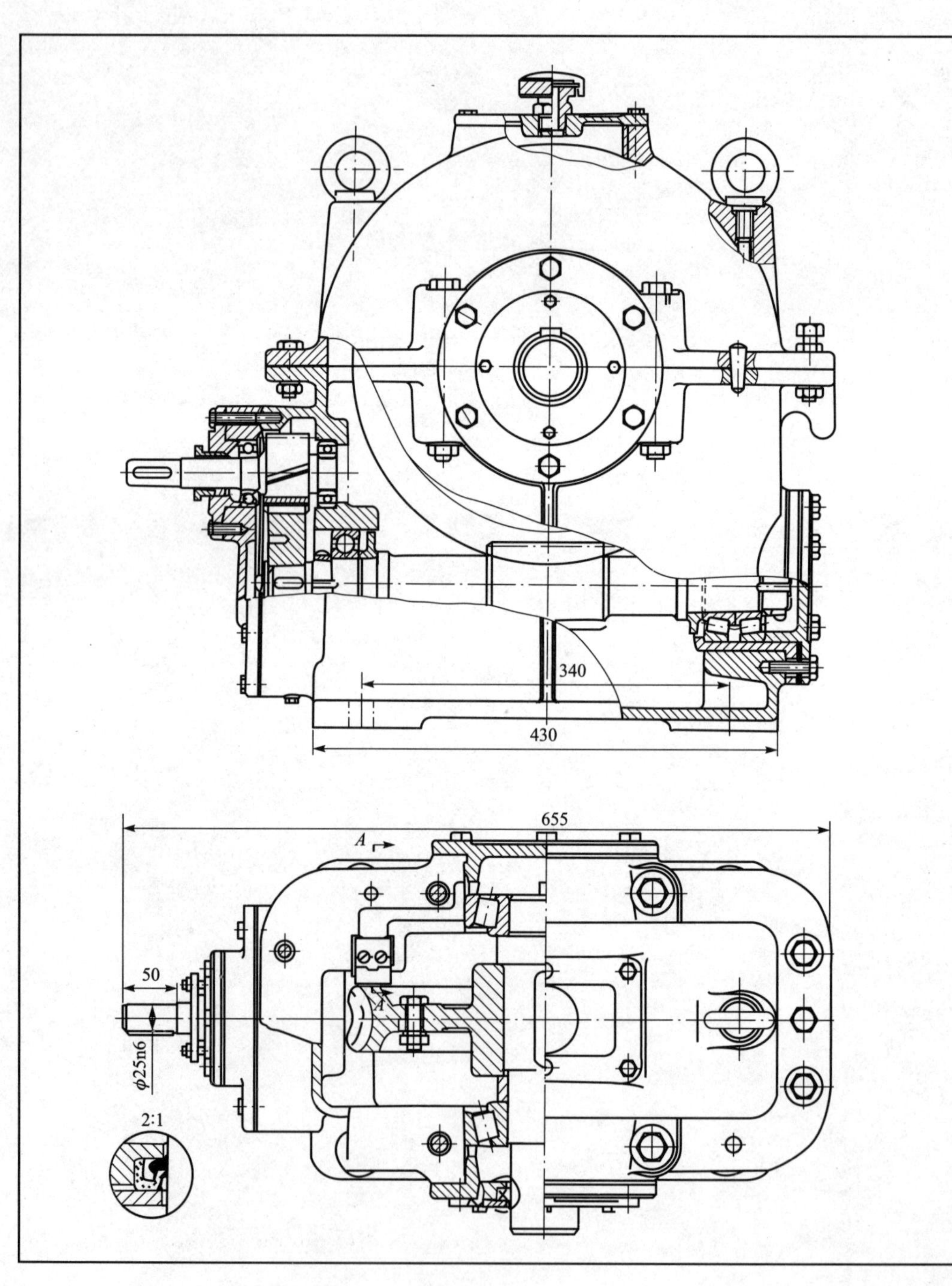

图10-7　齿轮-

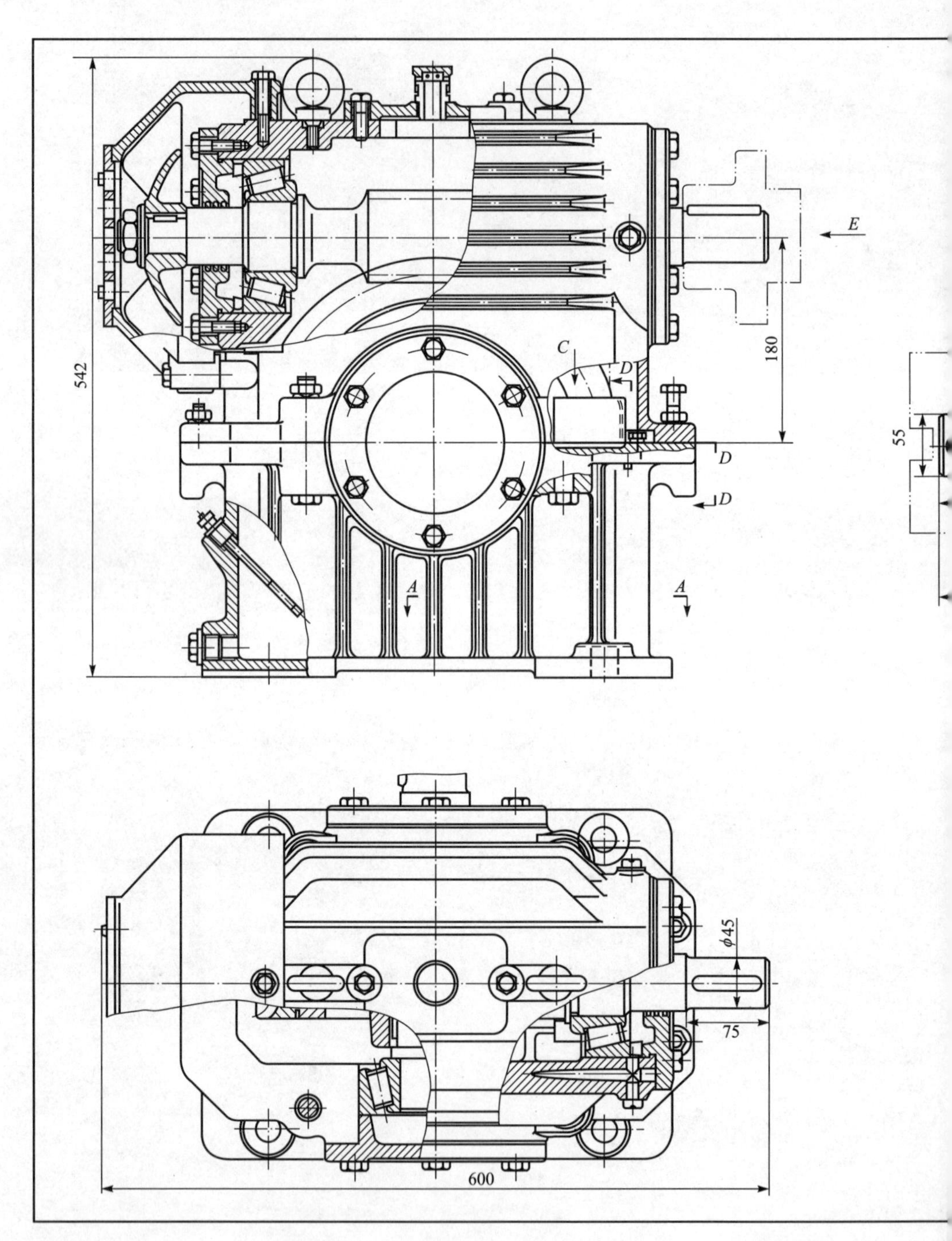

图10-6　蜗杆

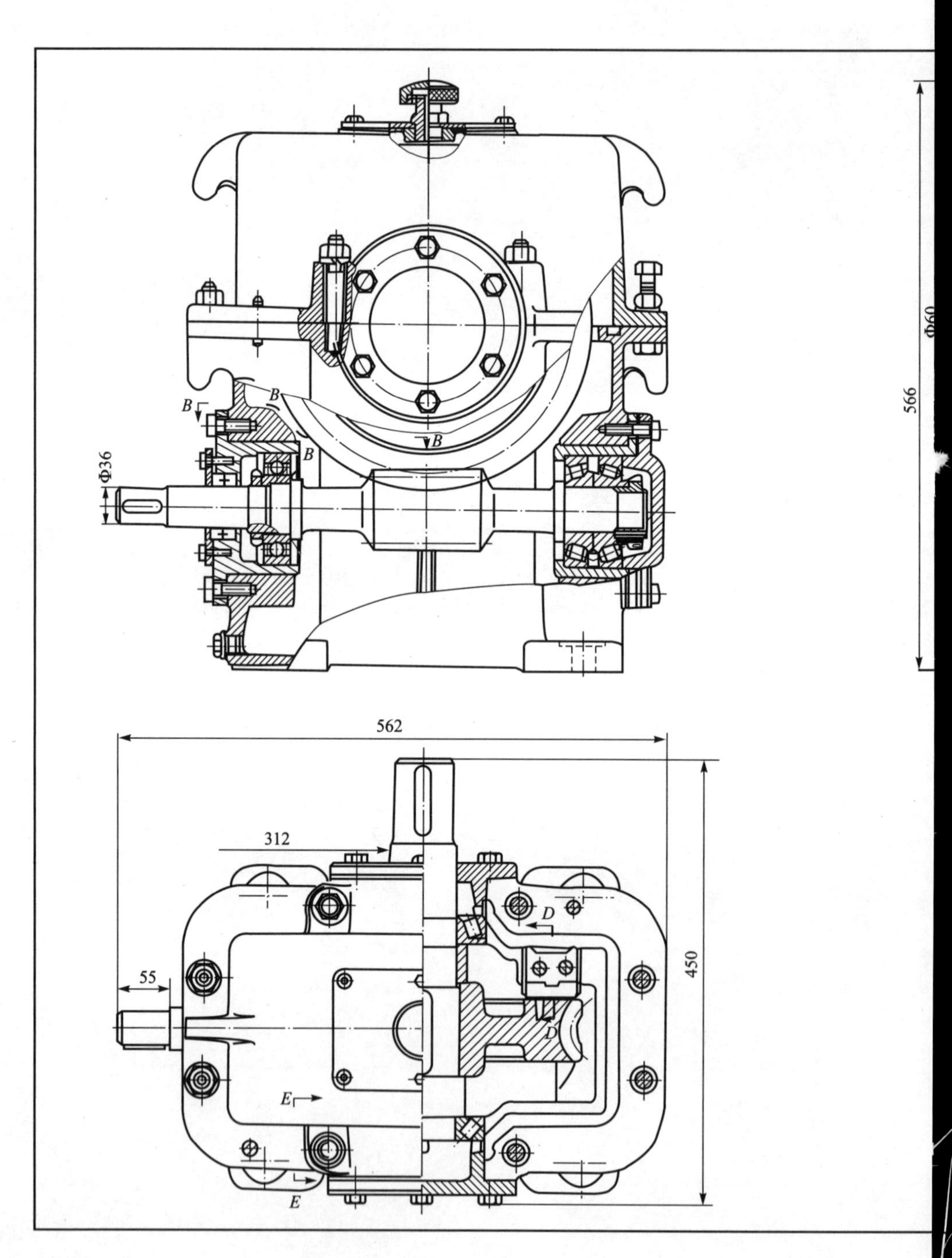

图10-5　蜗杆减

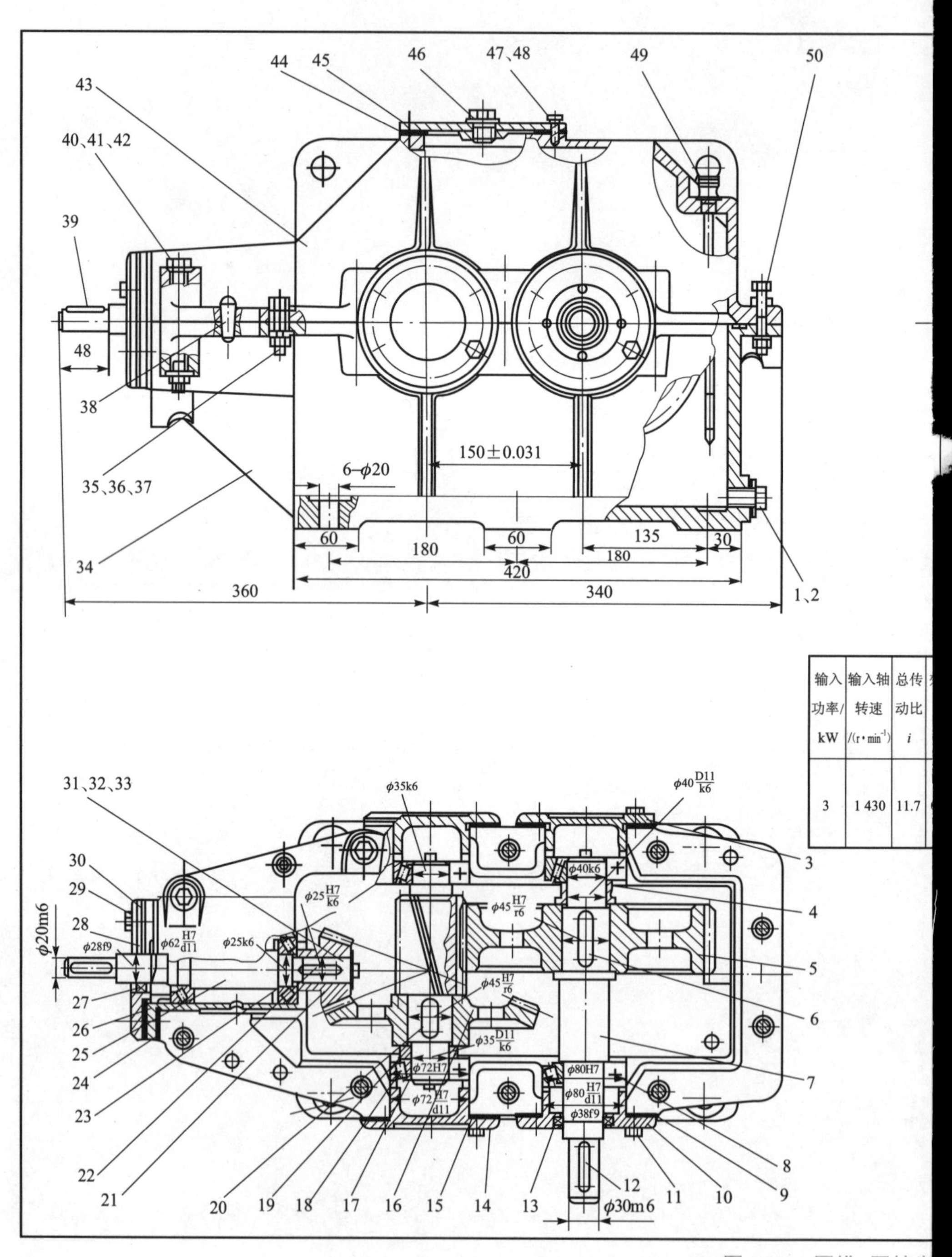

输入功率/kW	输入轴转速/(r·min⁻¹)	总传动比 i
3	1 430	11.7

图10-4　圆锥-圆柱齿

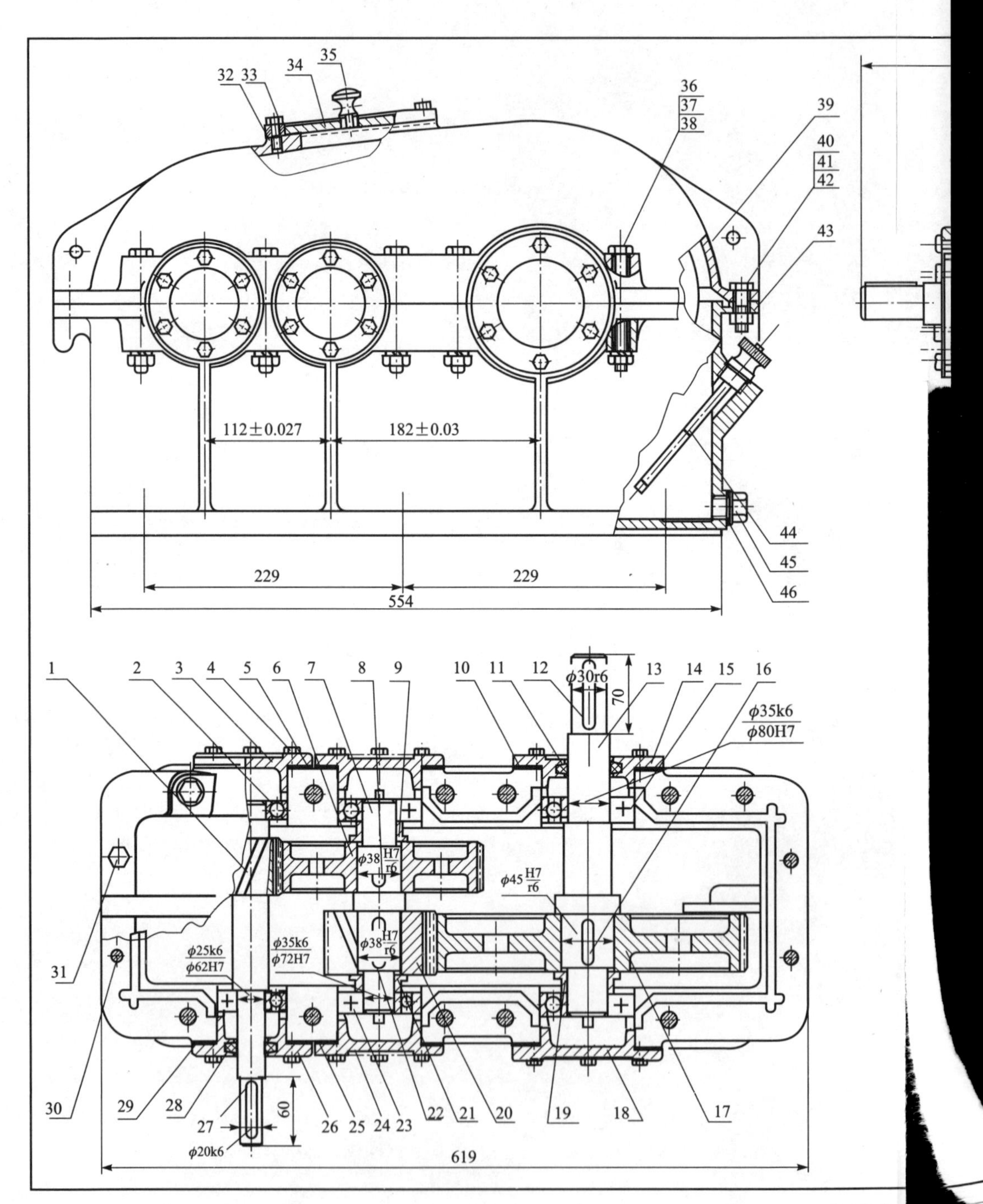
32 33
34
35
36
37
38
39
40
41
42
43
44
45
46
112±0.027
182±0.03
229
229
554
1
2
3
4
5
6
7
8
9
10
11
12
13
14
15
16
φ30r6
70
φ35k6
φ80H7
φ38 H7/r6
φ45 H7/r6
φ38 H7/r6
φ25k6
φ62H7
φ35k6
φ72H7
31
30
29
28
27
26
25
24
23
22
21
20
19
18
17
60
φ20k6
619

图10-3　二级圆柱齿

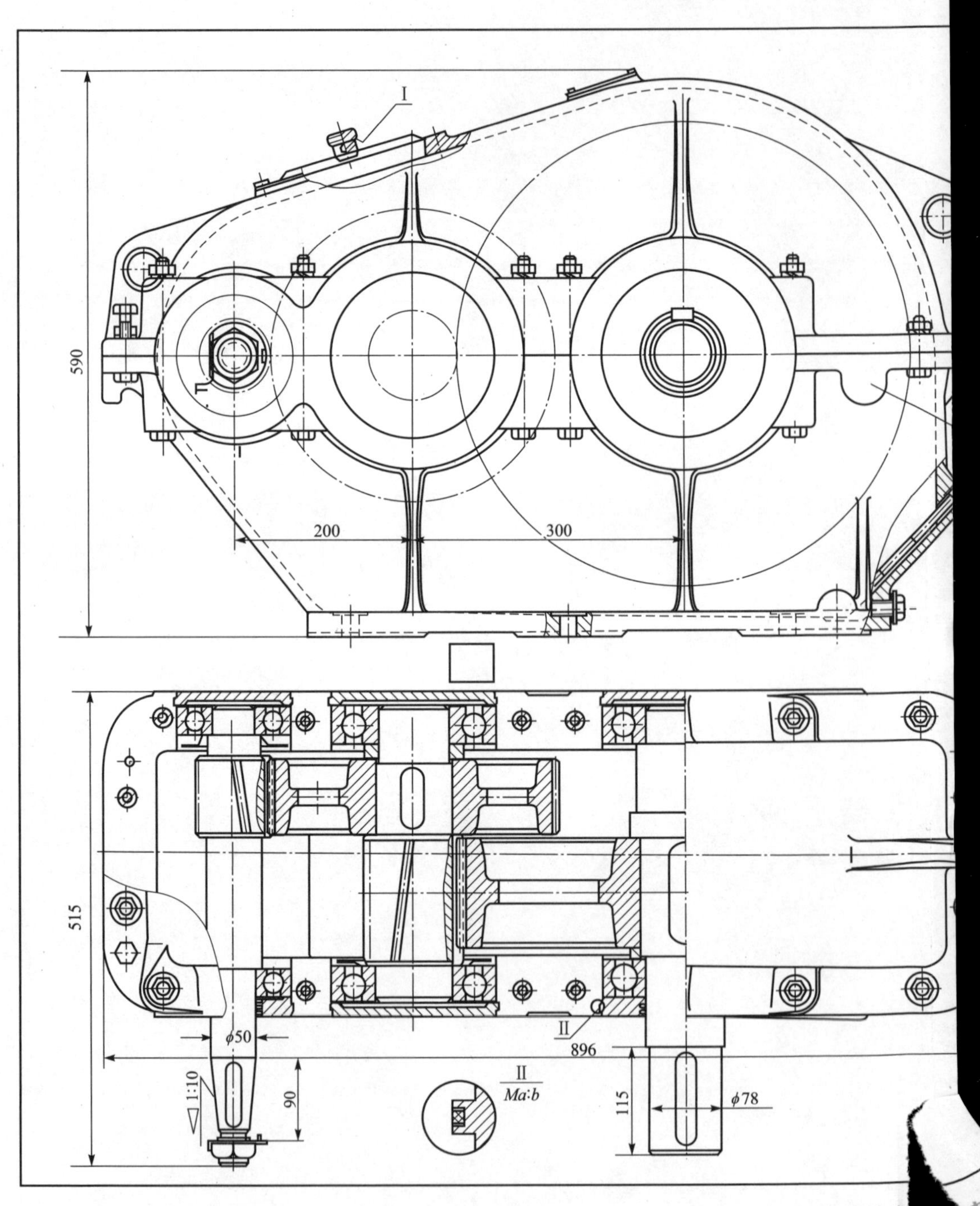

图10-2 二级圆柱齿

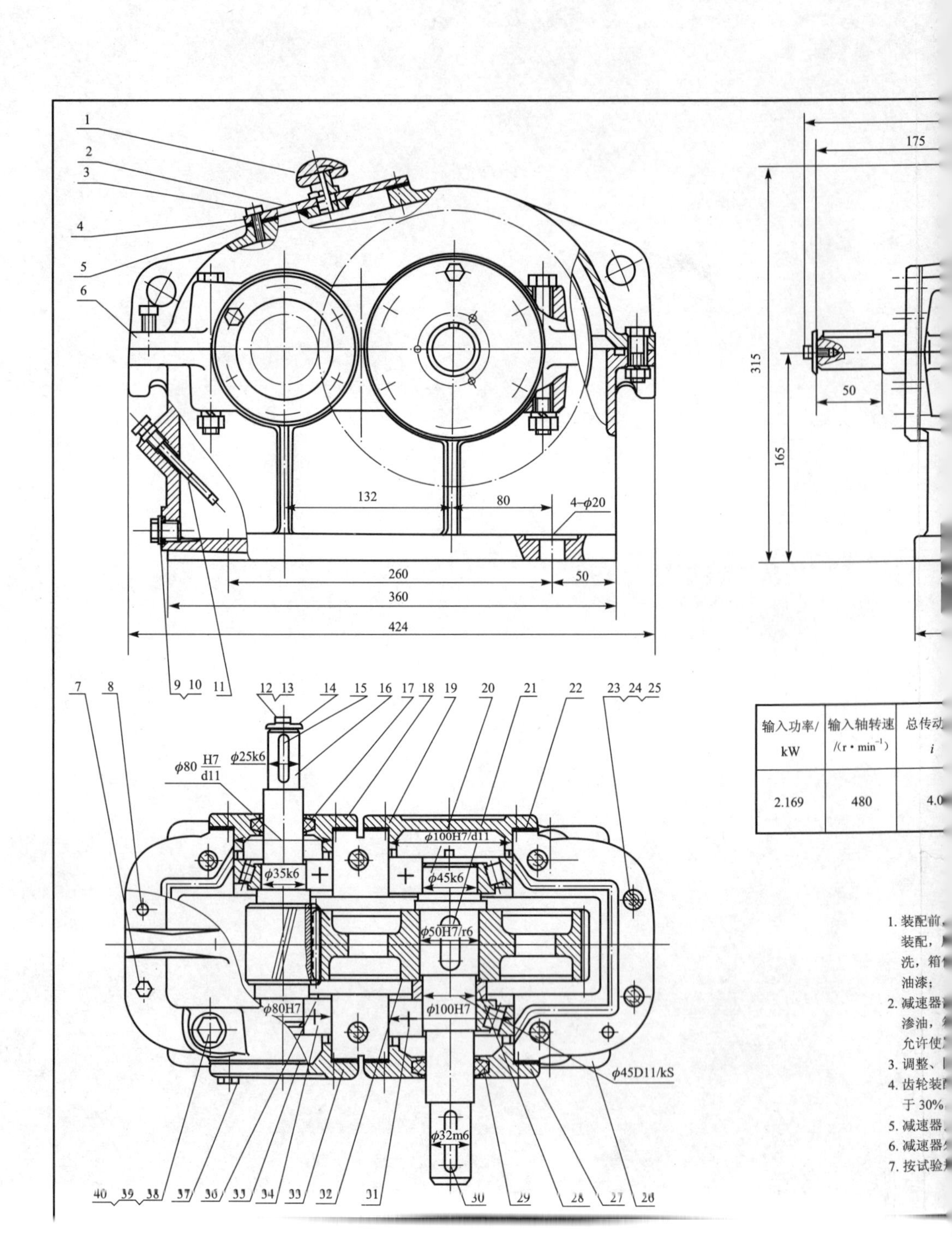

输入功率/kW	输入轴转速/(r·min^{-1})	总传动 i
2.169	480	4.0

图10-1　单级圆柱齿